光伏组件典型缺陷诊断分析技术

国家重点研发项目计划“分布式光伏运维系统智慧运维技术”项目组　组编

来广志　魏海坤 等　著

中国水利水电出版社
www.waterpub.com.cn
·北京·

内 容 提 要

本书梳理了光伏组件热斑和隐裂等缺陷诊断的背景、发展现状和难点，提出了远景和近景定点协同的热斑诊断方法，实现了远距离图像下的快速预检测及近距离图像下的精确定位；提出了数据挖掘和图像处理技术相结合的隐裂检测诊断技术，实现了噪声背景下的隐裂识别分类；建立了光伏组件和组件串在遮挡情况下的机理模型，实现了多状态异常遮挡的检测；最后建立了光伏组件危害程度评估体系，研制了智能诊断与健康评估装置，实现了光伏组件缺陷的有效诊断。

本书可供从事光伏电站运行与维护的工程技术人员参考，也可作为光伏行业技术人员、能源相关专业师生的参考学习材料。

图书在版编目（CIP）数据

光伏组件典型缺陷诊断分析技术 / 来广志等著 ; 国家重点研发项目计划“分布式光伏运维系统智慧运维技术”项目组组编. -- 北京 : 中国水利水电出版社, 2023.4
ISBN 978-7-5226-1300-0

Ⅰ. ①光… Ⅱ. ①来… ②国… Ⅲ. ①太阳能电池－缺陷检测 Ⅳ. ①TM914.4

中国国家版本馆CIP数据核字(2023)第068682号

书　　名	**光伏组件典型缺陷诊断分析技术** GUANGFU ZUJIAN DIANXING QUEXIAN ZHENDUAN FENXI JISHU
作　　者	国家重点研发项目计划“分布式光伏运维系统智慧运维技术”项目组　组编 来广志　魏海坤　等 著
出版发行	中国水利水电出版社 （北京市海淀区玉渊潭南路 1 号 D 座　100038） 网址：www.waterpub.com.cn E－mail：sales@mwr.gov.cn 电话：(010) 68545888（营销中心）
经　　售	北京科水图书销售有限公司 电话：(010) 68545874、63202643 全国各地新华书店和相关出版物销售网点
排　　版	中国水利水电出版社微机排版中心
印　　刷	天津嘉恒印务有限公司
规　　格	184mm×260mm　16 开本　17.25 印张　420 千字
版　　次	2023 年 4 月第 1 版　2023 年 4 月第 1 次印刷
印　　数	0001—2000 册
定　　价	**98.00** 元

本 书 编 委 会

主　编： 来广志

副主编： 魏海坤

编　委： 张侃健　谢利萍

前言

随着全球人口的不断增长以及经济的迅速发展，国内外对于电能的需求量呈现出了指数增长的趋势。当前电能的主要来源依旧是传统的化石燃料燃烧，包括煤、石油、天然气等，但由于其造成的污染问题以及资源的有限性，发展可再生清洁能源产业成为世界各国都要面对的重要问题。与此同时，光伏发电技术发展迅速，光伏设备也由于其所具有的在世界范围内可用、运行无噪声、易于安装、价格实惠以及可靠性高等优点受到了广泛的欢迎。目前太阳能已经成为一种主流的清洁能源，实现将太阳能转化为电能的光伏电站的规模也在迅速扩大。我国政府十分重视光伏产业的发展，光伏设备的安装规模也在全球处于绝对领先地位。为了实现光伏电能应用规模的扩大，分布式光伏发电系统的安装量也在不断增加。

随着光伏发电装机容量的迅速增长，光伏电站运维中的技术问题和成本问题成为制约光伏发电发展的主要原因。在光伏发电系统中，太阳能光伏组件是光伏发电系统的核心组件，它的质量能够直接影响光伏电站的发电效率和稳定性。由于工作环境恶劣，太阳能光伏组件不可避免地受到自然界或外界因素的破坏，容易在组件内部产生肉眼不易察觉的隐形缺陷。组件制造或运行过程中出现的损坏、老化以及不均匀遮光现象等都有可能会造成组件发热，即出现热斑故障。其中不均匀遮光是由外部环境造成的，例如鸟粪、树叶、尘土等遮挡物的遮挡以及周围树木和建筑物的阴影遮挡等。在电致发光（Electroluminescence，EL）作用下能够采集到组件内部隐形缺陷的图像。组件内部的EL缺陷会引起电池片整片失效，引起组件输出功率衰减，影响光伏电站的发电效率，带来经济损失。更严重的是，长期不更换的存在热斑或隐裂等缺陷的组件可能会引发火灾，威胁到光伏电站周围居民的生命财产安全。因此需要对光伏电站进行定期的检查维护，采取智能化的手段检测光伏组件中的缺陷，从而保障光伏电站的正常运行。

本书梳理了光伏组件热斑和隐裂等缺陷诊断的背景、发展现状和难点，提出了远景和近景定点协同的热斑诊断方法，实现了远距离图像下的快速预检测及近距离图像下的精确定位；提出了数据挖掘和图像处理技术相结合的隐裂检测诊断技术，实现了噪声背景下的隐裂识别分类；建立了光伏组件和组件串在遮挡情况下的机理模型，实现了多状态异常遮挡的检测；最后建立了光伏组件危害程度评估体系，研制了智能诊断与健康评估装置，实现了光伏组件缺陷的有效诊断。

全书一共分为7章，第1章是光伏组件热斑和隐裂等缺陷诊断的研究背景和意义，以及国内外研究现状部分，第2章和第3章分别为基于远景红外图像的热斑组件预检测和基于近景红外图像的热斑精确定位，第4章和第5章分别为基于组件生产过程的EL图像隐裂检测和基于光伏电站现场的EL图像其他缺陷检测，第6章为基于多源数据的光伏组件遮挡异常检测，第7章是基于多源信息融合的组件健康评估。本书的研究内容得到了国家重点研发计划项目“分布式光伏系统智慧运维技术”（项目编号：2018YFB1500800）的资助。

在本书的编写过程中，东南大学、东北电力大学、无锡尚德太阳能电力有限公司、国网安徽省电力有限公司等单位给予了大力支持，提出了宝贵意见，在此表示衷心的感谢。

另外，还要特别感谢国家电网有限公司数字化工作部、科技创新部、发展策划部、财务资产部、安全监察部、市场营销部、物资管理部、产业发展部、法律合规部、国家电力调度控制中心、北京电力交易中心有限公司，以及国网宁夏电力有限公司、国网辽宁省电力有限公司、国网青海省电力公司、国网甘肃省电力公司、国网北京市电力公司、国网四川省电力公司、国网湖南省电力有限公司、国网山西省电力公司、国网山东省电力公司、国网冀北电力有限公司、国网浙江省电力有限公司、国网吉林省电力有限公司等，还要感谢国家电网有限公司信息通信分公司、国家电网有限公司客户服务中心对本书的有力支持。

由于时间仓促、作者水平有限，书中难免存在不足之处，欢迎广大专家、读者提出宝贵意见和建议。

编　者

2022年5月于南京

主要缩略词（按字母排序）

缩写名词	英 文 全 称	中 文 全 称
CNN	Convolutional Neural Network	卷积神经网络
DAN	Deep Adaptation Network	深度适配网络
DBSCAN	Density - Based Spatial Clustering of Applications with Noise	基于密度的含噪数据空间聚类
EL	Electroluminescence	电致发光
FCN	Fully Convolutional Networks	完全卷积网络
FMM	Fast Marching Method	快速进行方法
GAN	Generative Adversarial Networks	对抗生成网络
GE	Generalization Error	泛化误差
GLCM	Gray Level Co - Occurrence Matrix	灰度共生矩阵
GMM	Gaussian Mixture Model	高斯混合模型
HOG	Histogram of Oriented Gradients	方向梯度直方图
ICA	Independent Component Analysis	独立成分分析
KNN	*K* - Nearest Neighbor	*K* 近邻
LAPART	Laterally Primed Adaptive Resonance Theory	横向引物自适应共振理论
LBP	Local Binary Pattern	局部二值模式
LDA	Linear Discriminant Analysis	线性判别分析
LWIR	Long Wavelength Infrared	长波红外
MAP	Maximum a Posteriori	最大后验概率
MLP	Multilayer Perceptron	多层感知器
MMD	Maximum Mean Discrepancy	最大均值差异

续表

缩写名词	英 文 全 称	中 文 全 称
MPP	Maximum Power Point	最大功率点
MPPT	Maximum Power Point Tracking	最大功率点跟踪
MSER	Maximally Stable Extremal Regions	最大稳定极值区域
NOCT	Normal Operating Cell Temperature	电池片标称工作温度
OR	Object Recognition	目标识别
PCA	Principal Component Analysis	主成分分析
PL	Photoluminescence	光致发光
PNN	Probabilistic Neural Network	概率神经网络
PPL	Percentage of Power Loss	功率损失率
RANSAC	Random Sample Consensus	随机抽样一致
RKHS	Reproducing Kernel Hilbert Space	再生核希尔伯特空间
ROI	Region of Interest	感兴趣区域
RUV	Resonant Ultrasonic Vibration	共振超声波振动
SDM	Single - Diode Model	单二极管模型
SGD	Stochastic Gradient Descent	随机梯度下降
SSD	Single Shot MultiBox Detector	单步多框检测器
SSM	Structure Similarity Measure	结构相似度度量
STC	Standard Test Conditions	标准测试条件
SVD	Singular Value Decomposition	奇异值分解
SVM	Support Vector Machine	支持向量机
SWIR	Short Wavelength Infra - Red	短波红外
UVF	Ultraviolet Fluorescence	紫外荧光

目录

第1章

绪　论

1.1　研究背景和意义

全球能源消费量不断增长，长期以来，以煤炭、石油、天然气为主的化石能源在全球能源消费结构中占据了主体地位，导致化石能源的储量正在逐渐减少。长期的开采和使用传统的化石能源，导致全球范围内出现环境污染问题和气候问题。1973年第一次石油危机爆发后，全球各国开始研究、开发和应用新能源的技术，期望新能源能够替代传统化石能源，以此应对全球能源危机，全球能源消费结构也开始向着多元化、清洁化和低碳化的趋势发展[1]。光伏发电作为新能源体系中的重要技术之一，在过去的20年里得到了快速的发展。2000—2020年全球光伏装机容量如图1-1所示，装机容量自2000年的1.25GW提升至2020年的760.4GW，年复合增长率达40.12%[2]。

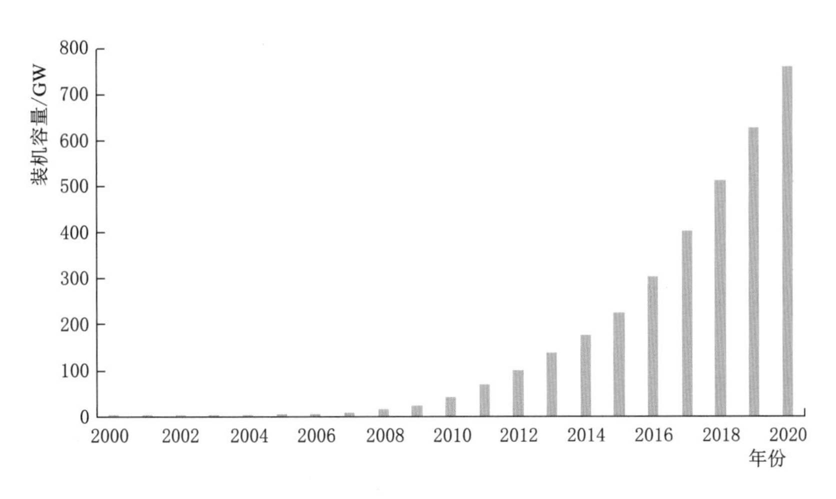

图1-1　2000—2020年全球光伏装机容量

2020年9月，中国向世界承诺了“碳达峰，碳中和”的目标。当前，中国每年开采的煤炭一半用于发电，在“双碳”目标的驱动下，优化能源结构势在必行[3]。近年来，中国政府对新能源产业的重视程度持续提升，国家和地方政府推出了一系列政策鼓励光伏发电产业的发展，中国的光伏发电经历了爆发式增长的阶段[4]，光伏装机容量迅速增长，光伏装机容量自2013年的19.42GW增加至2020年的252.88GW，累计装机容量排名全球第一。

随着分布式光伏发电技术的应用范围不断扩大，光伏发电系统的稳定性和效率受到了更多的重视，对于系统的运维能力也有了更高的要求。一般来说，分布式光伏电站具有站点分散、数量众多、装机容量小等特点，其安装环境大多为住宅屋顶和山区，因此集中式光伏电站的运维技术难以应用在分布式光伏电站上。为了实现在降低运维成本的同时提高运维质量，当前分布式光伏电站的运维技术正在趋向智能化发展。光伏电站运维技术的有关研究主要包括信息监测、电量预测、故障诊断以及并网配置优化等方面，其中，光伏组件的典型缺陷诊断分析技术是非常重要的一个研究方向。

在制造、运输以及使用的过程中，光伏组件可能会出现各种故障，导致光伏发电系统的电能损失以及一系列安全问题[5]。组件制造或运行过程中出现的损坏、老化以及不均匀遮光现象等都有可能会造成组件发热，即出现热斑故障。太阳能电池组件在生产或运输过程中产生的隐形裂纹（以下简称：隐裂[6]）是典型的损伤，指当电池片或组件受到较大的机械或热应力时，产生不可见的隐性裂纹，需要通过特殊手段才能发现。同时，还可能拍摄到微裂纹、断栅、碎片、明暗片、黑片等电致发光（Electroluminescence，EL）图像缺陷。另外，在实际光伏发电现场，除了常见故障以外，还会频繁地受到多云天气、建筑物、表面灰尘、鸟粪、落叶等形成的阴影或遮挡的影响，造成光伏组件的串并联失效等问题。这些都是光伏组件可能存在的典型缺陷。

近年来，随着深度学习的发展，计算机视觉与深度学习相结合已经成为一种势不可挡的研究趋势[7]。计算机视觉系统在国内各重点领域均发挥了巨大作用，不仅能够提升生产率和产品质量，而且在融入自动化部署后，还能在一些特定场合代替人工。然而，目前企业在实际生产中，多采用人工识别光伏组件缺陷，人工检测存在一定的错漏检风险，检验效率也较低，导致产品存在质量问题，给企业带来一定的经济损失，同时也限制了企业生产规模。计算机视觉技术用于检测将大大提高生产企业的检出率和检验效率，对光伏电站的运维也具有重要意义。基于以上原因，亟须发展快速且准确的光伏组件典型缺陷自动检测系统。

1.2 典型缺陷诊断技术简介

1.2.1 热斑检测技术

热斑是分布式光伏电站中最常见的故障类型之一，造成组件出现热斑现象的原因有很多，主要分为组件损坏以及外部遮挡两大类。其中，组件损坏是造成热斑故障的内部原因，可以分为很多类型，例如电池片的裂纹[8]、二极管和接线盒故障[9]、组件封装过程中的焊接不良、组件内部开路或短路以及组件的电势诱导衰减[10]等。当前，有部分学者对这类情况下的组件发热现象进行了研究。Akram等人[11]探索了不同类型的内部损坏对半片组件和全片组件的热斑形成所造成的影响。Hasan 等人[12] 分析了组件老化的原因，并研究了其对组件热斑的影响。Dhimish 等人[13] 研究了电池片的四种裂纹模式对于组件温度的影响。这些由组件内部损坏所导致的热斑现象只能通过更换组件来解决。

遮挡是组件热斑形成的外部因素，此时，被遮挡的区域作为负载消耗其他电池片产生的电能[14]，散发热量[15]。与集中式光伏电站选择安装在偏远空旷的环境中不同，对于分布式光伏电站来说，其安装环境往往是山区或者住宅屋顶，组件表面经常会出现落叶、鸟粪、尘土等遮挡物，有时还会有树木以及建筑物的阴影遮挡，从而导致光伏组件出现热斑。而遮挡情况下的热斑作为一种可运维的故障类型，是可以通过清扫而消除的，具有十分重要的研究意义。针对遮挡情况下热斑温度变化情况，Clement 等人[16] 基于叠瓦型光伏组件，在室内进行了遮挡实验，并将实验结果与半片式光伏组件进行比较。Mohammed 等人[17] 开发了一个电热 PSPICE 模型来分析遮挡情况下光伏组件的温度分布，并研究了旁路二极管对温度分布的影响。张映斌等人[18] 利用数值模拟的方法，对光伏组件热斑现象进行实验研究，发现遮挡情况下光伏组件热斑温度与太阳能电池片的反向电流正相关。但这些研究大多是在理想的实验室环境下进行的，而实验室的模拟环境与实际光伏电站的环境存在一定的差异，因此本书将基于实际运行的屋顶光伏平台进行遮挡实验研究。

光伏组件中电池片的温度是由热功率以及热传递来决定的，早期有研究基于电池片所吸收的太阳能以及产生的电功率来实现对电池片热功率的估算[19]。基于已有的遮挡情况下的光伏组件模型，Li 等人[20] 提出了一个多物理模型，用于估算正常以及遮挡情况下光伏组件的热功率，但是这个方法只适用于电池片被全部遮挡的情况。而关于电池片内部的热传递过程，当前研究主要是基于有限元法来实现[21,22]。但是实际情况中，对于部分遮挡的太阳能电池片，遮挡区域和未遮挡区域的温度有所不同，因此本书基于所提出的遮挡情况下的光伏组件模型对两部分的热功率分别进行估算。并且，当前研究并没有实现对于遮挡情况下热斑形成的定量分析，在组件热斑温度估计方面的研究存在缺失。本书将结合电池片的热功率计算以及内部传热两部分研究内容，在遮挡模型建立的基础上，实现对不同外部环境以及遮挡情况下的组件热斑温度估算。

热斑检测技术的研究是发展光伏运维技术过程中很重要的一个方面。为了实现光伏组件的热斑缺陷检测，现有研究中采用了许多方法[23]，例如基于组件的电气特性[24,25]、电致发光技术[26]、光致发光（Photoluminescence，PL）技术[27] 等。除此之外，随着热成像技术的迅速发展，基于红外图像的光伏组件热斑检测技术由于其非接触式检测等优点，也得到了广泛的应用[28,29]。但是对大量的红外图像进行人工检查的成本过高，需要采用相关技术实现对光伏组件热斑故障的自动检测。根据拍摄距离的不同，可以分为基于近景红外图像和基于远景红外图像的热斑检测。

对于近景红外图像，早期研究大多是基于传统图像处理算法来实现组件热斑检测的。Tsanakas 等人基于分割和 Canny 边缘检测算法来实现热斑的检测[30] 和定位[31]。Afifah 等人[32] 基于最大类间差方法来实现红外图像中的组件热斑检测，检测过程包括图像预处理、Ostu 阈值分割以及识别三个部分。另外，蒋琳等人[33] 还提出了一种基于灰度直方图的 B 样条最小二乘拟合的图像处理方法，实现对红外图像噪声的抑制，从而提高热斑检测精度。除了传统方法之外，机器学习和深度学习算法在相关研究中也有应用。Ali 等人[34] 采用数据融合的方法，将红外图像的 RGB 特征、纹理特征、方向梯度直方图（Histogram of Oriented Gradients，HOG）特征以及局部二值模式（Local Binary Pattern，LBP）特征混合为一种新特征，提出了一种基于混合特征的支持向量机（Support Vector Machine，SVM）模型，实现光伏组件热斑检测。王道累等人[35] 基于 SpotFPN 学习模块，对 Faster R - CNN 进行改进，从而实现红外图像中的热斑检测，来广志等人[36] 对 Faster R - CNN 改进并用于光伏电站的烟雾检测中。

现有研究没有从实际应用的角度考虑算法的实时性问题，缺乏对不同方法的准确度和实时性的对比分析。此外，组件的热斑面积与电功率的损失密切相关，现有文献仅在近景红外图像中检测出热斑，却没有实现对热斑面积的评估。

光伏组件的远景红外图像由于拍摄距离较远导致清晰度不足，且受到复杂背景的影响，热斑检测的实现难度更高。Aghaei 等人[37] 基于传统的数字图像处理算法，利用高斯滤波器和拉普拉斯模型来实现热斑检测，检测精度仍有待提高。Di Tommaso 等人[38] 利用 YOLOv3 网络以及计算机视觉技术，提出了一种新型的多阶段模型，实现基于远景红外图像的组件热斑检测。一般来说，基于远景红外图像的热斑检测过程可以分为三个部分——光伏阵列提取、组件分割以及组件热斑检测。Henry 等人[39] 首先基于 Canny 边缘检测算法实现可见光图像中的组件分割，再对可见光图像和红外图像进行配准，从而实现远景红外图像中的组件分割，在此技术上进行组件热斑检测。Arenella 等人[40] 基于 Hough 变换对光伏阵列进行提取和分割，并利用 Sobel 边缘检测来实现热斑检测。Carletti 等人[41] 利用 Canny 边缘检测算法识别光伏组件边界，并基于注水算法实现热斑检测。光伏组件的有效分割在基于远景红外图像的热斑检测过程中至关重要，然而现有文献中只是使用了通用的图像处理算法来实现组件分割，没有结合光伏组件的特点，其准确性有待提高。

当前，基于红外图像的热斑检测技术已经得到了广泛的应用，但大部分都是利用单一的近景红外图像或是远景红外图像，并基于传统的图像处理算法实现的。为了提高热斑检测效率，本书提出了一种远景和近景协同的热斑检测方法，分别实现了基于远景红外图像的疑似热斑光伏组件预筛选，以及近景红外图像的精确热斑检测。在基于远景红外图像的疑似热斑光伏组件的预筛选过程中，结合图像处理的方法以及光伏组件的特点，实现更加精确的光伏组件分割，从而获得更好的疑似热斑组件预检效果。在基于近景红外图像的精确热斑检测方面，充分利用红外增强图像中的组件特征信息，对比分析不同热斑检测方法的实时性和准确性，并进一步实现对组件热斑的定量评估。

1.2.2 EL 图像缺陷检测技术

光伏组件在生产、运输、安装、运维等过程中，不可避免地受到自然界或外界因素的破坏，容易在组件内部产生肉眼不易察觉的隐性缺陷，需要通过特殊手段才能发现。组件内部的隐性缺陷可能会使电池片整片失效，引起组件输出功率衰减，影响光伏电站的发电效率，带来经济损失。更严重的是，长期不更换的缺陷组件可能会引发火灾，威胁到光伏电站周围居民的生命财产安全。组件内部缺陷的图像可以通过光致发光、电致发光[42] 和紫外荧光（Ultraviolet Fluorescence，UVF）成像等技术采集得到。三种缺陷成像技术的原理、优点和缺点的对比见表 1 - 1。

表 1 - 1 三种缺陷成像技术对比

成像技术	原　理	优　点	缺　点
光致发光成像	在特定光源的照射下使光伏组件的硅片层激发出荧光	不需要通电，能够不接触、无损伤成像	成本较高
电致发光成像	对光伏组件施加电压，光伏组件的硅材料因电流通过而发光	成像质量较高，能明显观察到存在的内部缺陷；成本适中，能广泛应用于工业现场	需给光伏组件两极施加反向电压
紫外荧光成像	大功率紫外光照射，使光伏组件发射出比吸收的紫外光辐射具有更长波长的可见光	使用普通数码相机即可采集图像；图像采集过程简单，操作方便	适用于单晶光伏组件；光伏组件需在室外运行一段时间[43]

电致发光成像技术能够拍摄到隐裂、微裂纹、断栅、碎片、明暗片、黑片等 EL 图像缺陷，且能够直观地显示出缺陷区域的位置、大小和形状，目前被广泛地应用在太阳能光伏组件生产线上，用于检测光伏组件是否存在内部缺陷及光伏组件出厂前的质量检测。电致发光成像技术极大地推动了太阳能光伏组件内部缺陷的检测过程，是目前太阳能光伏领域主流的组件图像采集方式，当前的研究大多基于电致发光技术提出多种检测太阳能电池缺陷的方法。

电致发光成像技术的基本原理是对光伏组件的两极施加电压，在强电场的作用下电子能量增加，高能量的电子碰撞原子，使得处于基态的原子获得能量被激发至激发态，处于激发态的原子不稳定，通过发射光子回到基态。电致发光成像技术得到的图像亮度均匀，辐射光的波长处于近红外光的波段内，能够用特定波长的近红外相机在黑暗环境中采集到光伏组件的图像，当光伏组件的硅片层存在缺陷时，缺陷区域硅片破碎损坏，成像后缺陷区域会较暗或者无法发光。含缺陷区域的 EL 图像如图 1 - 2 所示，亮度较暗或者黑色区域即为缺陷区域，在 EL 图像中呈现出的组件内部缺陷被称为 EL 缺陷。

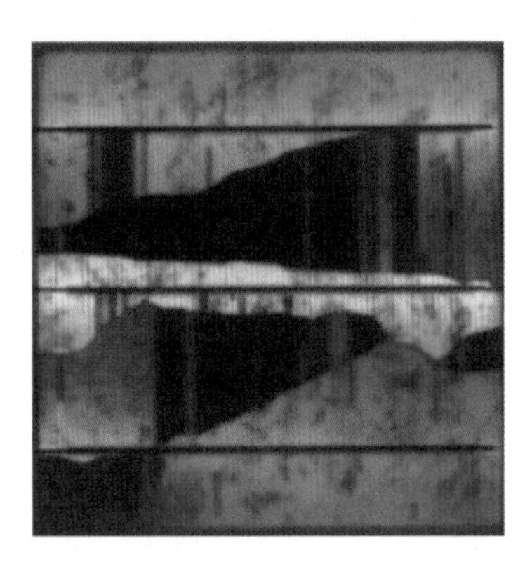

图 1 - 2　含缺陷区域的 EL 图像

团体标准《电致发光成像测试晶体硅光伏组件缺陷的方法》（T/CPIA 0009—2019）明确规定了 EL 测试的缺陷分类，可以归纳为形状类、亮度类、位置类[44]。按照不同的分类又可细分为不同的类型。

（1）形状类可细分为隐裂、微裂纹、裂片、黑斑及绒丝等类型。

1）隐裂：以栅线或电池上某一点为起点，延伸裂开，并且隐裂两侧的明暗可能不一致。

2）微裂纹：微裂纹可分为单条微裂纹和交叉微裂纹两种，方向大小不一。

3）裂片：图像中黑色或暗色区域，这些区域已经从电路中部分或全部分离。

4）黑斑：组件中不规则的黑色斑状区域，大小各异，一般由光伏组件制作过程中电池片的烧结工艺和扩散工艺引起。

5）绒丝：组件中绒状或云状的暗色区域，由于硅片错位引起，是电池片工艺中引起的缺陷。

（2）亮度类可细分为失配、短路、暗斑及亮斑等类型。

1）失配：由于电流分布不均匀导致失配，同一组件中不同电池片亮度不同。

2）短路：组件中的电池串或电池片呈现黑色。

3）暗斑：由于虚焊导致电流分布不均匀，呈现为黑色区域或暗色区域，在电池片中沿水平方向整齐延伸。

4）亮斑：由于电流分布不均匀或不同效率的电池片混串导致的明亮区域。

（3）位置类可细分为断栅、黑边及黑角等类型。

1）断栅：由于副栅线断裂引起，呈现为黑色区域或者暗色区域，位于两根主栅线之间的条状区域。

2）黑边：电池片边缘的黑色区域。

3）黑角：电池片角的黑色区域。

由于隐裂更难以检测，本书研究将EL图像缺陷分为隐裂以及微裂纹等其他缺陷两个部分，分两章分别介绍相关技术方法。

一般来说，隐裂对发电效率不会有直接影响，但作为影响光伏系统健康的重要潜在因素，应及时检测维护，对于出现隐裂的组件及时更换，延长其使用寿命，同时保证发电效率。Song等人[45]提出了一种基于多尺度金字塔和改进区域增长的光伏图像隐裂检测算法，在噪声抑制、可疑隐裂去除和隐裂完整性检测方面具有较好的性能。Ostapenko等人[46]提出了一种利用共振超声振动（Resonant Ultrasonic Vibration，RUV）的技术，能快速检测光伏组件电池片上的隐裂长度。Liu等人[47]提出一种能够检测位于电池边缘亚毫米级的隐裂模型，可以实现每个晶片少于1s的扫描吞吐量。Stromer等人[48]将veselness算法应用于多晶硅太阳电池电致发光图像的自动处理，在多晶硅太阳能电池隐裂分割中取得了很好的效果。Dhimish等人[49]提出一种两阶段的隐裂检测方法，能够识别隐裂的大小、位置和方向。王宇等人[50]针对隐裂不易检测、自动化检测水平较低等问题，设计了一种自动检测系统，针对单晶硅电池片的隐裂识别率达到99%。田晓杰等人[51]同样针对单晶EL隐裂，选择了优化的单个神经网络检测目标（Single Shot MultiBox Detector，SSD），解决了短小隐裂（低于0.01mm）难以检测的问题。陈冉[52]利用Otsu算法提取电池片划痕、黑片等外观缺陷，基于双直方图均衡算法解决了EL图像中缺陷与背景的灰度对比较小的问题。Wang等人[53]利用自适应参数的滤波过滤栅线，改善了电池片栅线难以去除的问题。Tang等人[54]利用对抗生成网络（Generative Adversarial Networks，GAN）生成了大量高分辨率的图像样本，解决了数据较少的问题。

除了隐裂，电致发光成像技术还能够拍摄到微裂纹、断栅、碎片、明暗片、黑片等EL缺陷，且能够直观的显示出缺陷区域的位置、大小和形状。2012年，Tsai等人[55]提出了一种基于傅里叶图像变换重构出了多晶硅电池片的EL缺陷图像，能够检测出微裂纹、断栅、碎片等EL缺陷。Chen等人[56]提出了一种结构相似度度量（Structure Similarity Measure，SSM）函数，削弱了多晶硅电池片不均匀的背景的干扰，基于密集计算的方法检测电池片 EL 缺陷，将每张电池片检测时间降低到 0.053s。Deitsch 等人[57] 提出使用卷积神经网络对太阳能电池片进行 EL 缺陷检测。Akram 等人[58] 提出了一种基于卷积神经网络的改进框架，在电池片数据集上实现了是否存在 EL 缺陷的二分类结果。Karimi 等人[59] 将拍摄的 EL 组件图像切割成电池片，以电池片为检测的最小单元使用卷积神经网络和支持向量机的方法将 EL 缺陷进行了五分类，在三分类监督学习的情况下支持向量机、随机森林、卷积神经网络算法对电池片 EL 缺陷检测的准确率分别是 99.43%、97.46%、99.71%[60]。

本书针对组件生产过程中的单晶和多晶光伏组件的隐裂检测问题，分别提出了基于栅线补全的单晶隐裂检测算法和基于深度方法的多晶隐裂检测算法，均取得了理想的效果。对于光伏电站现场的 EL 图像微裂纹等缺陷，本书分别提出了基于组件的电站现场和基于电池片的云端 EL 图像微裂纹等缺陷检测算法，并完成了检测系统的整体设计，图像采集系统的设计与选型，以及最终的实现。

1.2.3 遮挡异常检测技术

当光伏组件表面受到的光照均匀时，光伏组件输出的电流-电压（$I-V$）曲线及功率-电压（$P-V$）曲线和光伏电池一致，具有唯一的峰值。但当光伏组件受到局部遮挡异常时，光伏组件表面的光照不再均匀，输出的曲线会出现多个峰值，因此有必要建立局部遮挡异常下的光伏组件模型。

一般来说，光伏组件由多个光伏电池串组成，每个电池串包含串联的光伏电池及旁路二极管。因此，对于组件被部分遮挡的情况，需要分析每个光伏电池串的遮挡情况，进而实现准确高效的建模。Trzmiel 等人[61] 研究了局部遮挡对光伏组件整体功能的影响，并且通过实验表明，在部分遮挡的情况下，单二极管模型的性能最好。针对不同透光性的遮挡情况，Bharadwaj 等人[62] 提出了一种考虑漫射光效应的光伏电池被遮挡模型，并且包括了光伏电池的温度变化。Bastidas - Rodriguez 等人[63]基于每个光伏组件的电流—电压关系，创建了一组非线性方程，并且利用传统的数值方法进行求解，从而实现了对于非均匀光照情况下光伏组件的建模。Bai 等人[64] 在实现光伏组件正常情况下的 $I-V$ 特性建模的基础上，提出了一种光伏组件中旁路二极管状态的判断方法，从而实现了具有多个分段函数的计算算法，实现光伏系统在部分阴影或不匹配条件下的多峰特性。除了考虑到遮挡情况下光伏电池光生电流的减小，也需要考虑到串联电阻及并联电阻的变化。Li 等人[65] 分析了部分遮挡对于光生电流和串联电阻的影响，建立了简化数学模型，进一步针对遮挡情况下的光伏电池建模做了研究。Ra 等人[66] 提出了一种适用于串联配置的调节器，该调节器可以实现光伏组件部分被遮挡情况的模拟和仿真。

目前，文献［61］～［66］针对遮挡情况下的光伏组件输出特性，并且基于此进行等效建模，大多是基于正常情况下的等效电路模型进行变化。光伏组件的输出特性和光照特性与遮挡情况等多方面因素相关，通过建立准确的等效模型，更加有助于相关的研究。

1. 基于电气特性的遮挡异常检测

在实际运行中，光伏发电系统可能受到影响，比如较为常见的遮挡异常。随着相关技术的进步，有越来越多的研究将重点放在光伏组件遮挡异常检测上。目前常用的遮挡异常检测方法之一即是利用电气特性进行光伏组件遮挡异常检测。而基于电气特性的遮挡异常检测分为以下两种方法。

一种方法需要结合电气输出数据与光伏组件或阵列的仿真模型进行检测，利用建立的等效模型实现对于光伏发电系统的仿真，将实际值和基于温度及辐照度等因素进行理论计算得到的理论结果进行相比，从而判别故障异常，可以利用的数据包括输出功率、$I-V$ 曲线等。当存在遮挡异常时，仿真结果将和光伏发电系统实际的输出结果具有明显差异，一方面，目前已有许多搭载了 $I-V$ 曲线测试功能的逆变器可以利用该种方法实现实时在线的故障检测；另一方面，也可以利用光伏发电系统实际的发电性能与基于仿真模型预测得到的结果进行对比，从而能够得到当前光伏阵列的运行状态[66]。夏超浩[67] 利用概率神经网络（Probabilistic neural network，PNN）算法建立了基于模型的光伏组件故障诊断模型，实现了遮挡异常的检测。Silvestre[68] 利用模型仿真得到的输出功率与实际功率进行计算，利用功率损失来确定故障类型，能够有效检测出存在部分阴影的运行状态。Davarifar 等人[69] 提出一种检测光伏系统故障的方法，主要是利用测量的功率与模型实时获得功率之间的差值，可以辨识出遮挡故障。Chepp 等人[70] 提出一种利用模型进行阴影预测和损失评估的方法。Harrou 等人[71] 利用单二极管模型以及单变量和多变量指数加权移动平均图来实现光伏阵列的故障检测，并利用实测数据表明该方法能够检测光伏系统的部分阴影。

另一种方法是采集光伏组件或阵列的输出电压、输出电流、$I-V$ 曲线等电气数据，分析发电系统的运行状态，利用分类算法实现对于遮挡异常的检测。Rouani 等人[72] 使用顶点主成分分析（Principal Component Analysis，PCA）检测光伏组件局部遮挡异常，提出的是一种数据驱动方法，结合了线性模型的简单性和测量的不确定性，与标准主成分分析相比，该方法表现出了更强的性能。Gao 等人[73] 在分析不同故障状态下光伏阵列 $I-V$ 曲线差异的基础上，将 $I-V$ 曲线、温度和辐照度作为输入数据，建立卷积神经网络与残差门控循环单元（Res-GRU）的融合模型，实现了局部遮光的异常检测。王悦[74] 使用光伏阵列最大功率点的功率及电压数据作为输入，采用线性判别分析法减少数据样本的维度，利用 ABC-SVM 算法实现了光伏阵列在不同程度下的阴影遮挡检测。Aziz 等人[75] 提出了一种基于深度二维卷积神经网络的算法，从光伏发电系统的输出数据生成的二维尺度图中提取特征，从而有效地进行光伏组件异常检测和故障分类。Jones 等人[76] 中介绍了横向引物自适应共振理论（Laterally Primed Adaptive Resonance Theory，LAPART）算法，LAPART 算法可以快速学习光伏组件及阵列输出的性能数据，利用该人工神经网络来实现光伏阵列的故障诊断及分类，能够有效识别出光伏组件的遮挡异常。这种检测方法具有结果直观、检测准确率高等特点，并且在进行检测的同时也不影响光伏发电系统的实际运行，然而对于大型的光伏发电系统来说，该方法需要安装大量且复杂的实验设备，如果利用深度学习等方法，需要大量的数据进行训练，运行和维护的经济及人力成本都很高，需要耗费更多的时间。

2. 基于图像的遮挡异常检测

除了电气特征外，目前也有一些基于图像的检测方法被提出。这种方法需要在光伏发电系统现场安装摄像头，或者利用相机、无人机等新型设备进行图像采集，将数字图像识别与检测技术运用于光伏发电系统的故障诊断中，实现图像处理和分析定位，从而进行光伏组件的识别及异常检测。常见的可用于光伏发电系统故障诊断的图像有两大类，即可见光图像和红外图像。

可见光图像的特点在于光伏组件具有明显的颜色和大小，例如黑色或蓝色的光伏电池片、银白色的栅格线等，同时，光伏厂商在产品手册上也会提供光伏组件相关的尺寸大小，如组件面积等。利用这些先验特点，可以实现光伏组件的识别及异常的检测。随着传感器和无人机相关技术的发明及发展，许多光伏可见光图像采集及识别的工作通过无人机进行完成，能够实现快速、可靠的检测解决方案，尤其是在山区、沙漠等人迹罕至的地区。由于光伏发电站都处于户外，自然环境背景复杂、气象条件不可控等多种因素都影响着采集图像的质量和数量，获得的原始图像也很难直接用于异常检测[77]，因此有许多关于光伏组件图像预处理的研究。Grimaccia 等人[78] 将 RGB 图像转换到 HSV 颜色空间中，利用颜色阈值参数将光伏组件从背景中分离出来。Wang 等人[79] 利用一种多尺度分割技术，通过使用 Canny 边缘检测算法，结合模板匹配技术来分割光伏组件。徐伟[80] 设计了相关算法，实现了运动模糊检测、运动模糊复原，在此基础上利用无人机图像实现光伏组件的异常检测。除了传统的图像处理算法外，Robinson 等人[81] 利用光伏组件的可见光 RGB 图像和环境数据，设计了基于区域的卷积神经网络和监督学习的识别算法，从而实现了对光伏组件在遮挡情况下的功率损耗的预测。Ding 等人[82] 使用 GoogLeNet 神经网络解决了光伏组件 RGB 图像分类问题，实现了 98.96%的平均准确率。Chen 等人[83] 提出一种基于 RGB 单独通道的卷积神经网络，用于对光伏组件制造缺陷进行分类，和共同处理三个通道的典型模型相比，该模型具有更好的分类能力。除此之外，还有一些研究利用图像处理算法，从光伏组件的图像中获取相关信息。如吕科霏[84] 通过图像增强、边缘检测等多种图像处理算法，提取出光伏组件上被遮挡的阴影面积，从而结合光照强度等相关信息，实现对光伏阵列的输出特性的预测。

红外图像又可分为长波红外（Long Wavelength Infrared，LWIR）及短波红外(Short Wavelength Infrared，SWIR)[85]。长波红外图像主要是利用热成像技术，这是一种无损、快速、可靠的检测技术，可以用于热斑等表现出温度异常的光伏组件故障检测工作中。常用的 LWIR 相机可以将入射的热辐射转换为可以被测量的物理量（如电流、电压等)，然后再将其转换为数值温度值。LWIR 图像一般针对长时间遮挡形成的热斑进行检测，Akram 等人[86] 使用 K 均值聚类算法来定义光伏组件的三种状态：具有较低值的“正常”、具有中间值的“轻度缺陷”和具有最高值的“严重损坏”。随着神经网络算法的发展，利用卷积神经网络识别精度高的优点提出了许多新的检测算法。贾帅康[87] 提出一种基于注意力的密集深度可分离多尺度残差网络用来实现光伏组件的热斑检测。Cipriani 等人[88] 针对光伏组件的灰尘和热斑图像分类问题，测试了五种具有不同参数的卷积神经模型，调整的参数主要是卷积和池化层的数量、过滤器的数量、优化算法、训练时间，性能最好的模型达到了 98%的精度。短波红外图像主要是利用电致发光成像原理，该项技术最早由 Fuyuki 等人提出[89]，目前光伏产业使用较多的是太阳能电池正向偏置下少子注入式的电致发光，EL 图像一般用于光伏组件表面的裂纹检测。

本书分别从组串功率数据和安防摄像头进行遮挡类型的辨识和遮挡异常检测，提出了一种基于组串功率数据的光伏组件遮挡类型辨识方法和一种基于安防摄像图像的光伏组件遮挡异常检测方法。为了进一步对遮挡异常进行定量评估，又分析了光伏组件在不同面积遮挡下的曲线输出特性。

1.2.4 组件健康评估装置

随着光伏发电在电网中所占比重的逐渐增大，准确评估光伏组件健康状况对于保障电力系统的安全运行具有重要意义[90]。光伏组件的健康状况由多个因素导致，如热斑、隐裂、遮挡等[91,92]。目前，大多对于光伏组件健康状况的研究还是停留在理论或者只停留在一个维度上，如单独研究热斑、隐裂、积灰等异常对光伏组件发电的影响，并没有一个能够综合多个因素的诊断方法。同时，对光伏组件的运维检测装置也都处于单因素研究，并没有一个能够融合多个因素综合评估光伏组件健康状况的检测装置。另一方面，光伏发电与许多其他的传统能源发电方式不一样，光伏组件的辐照度、工作温度、湿度、热斑、灰尘等都会影响光伏组件的发电效率，进而影响光伏组件的健康度[93]。

1. 热斑对光伏组件健康度的影响

在光伏的实际应用过程中，光伏板大多由串联或并联的多个光伏电池组件构成，用以获得用于发电的电流与电压。通常情况下，为了获得较高的光电转换率也就是发电效率，光伏组件内大多使用相同或相似特性的电池片。但是，在实际的发电中，组件内的部分电池片会由于长时间遮挡与其他电池片特性不完全一致，进而成为消耗能源的负载。此时，这部分电池片就会被加热，形成热斑。热斑不仅会导致光伏组件温度快速升高，局部温度高达150℃，同时会导致组件表面某些区域的烧伤和焊点、铜焊带的损坏、EVA胶粘膜的劣化、表面的钢化玻璃裂等，从而大大减少了光伏组件的寿命以及运行安全系数[94,95]。最重要的，热斑所导致的高温，还会进一步加快电池焊点的熔化速度，造成电池内部结构与主栅线的严重损坏。由国际权威机构统计测算，热斑会使得光伏组件的实际运行时间比生产时标定的时间缩短12%以上[96]。

2. 阴影对光伏组件健康度的影响

太阳能电池板的电输出对阴影非常敏感。功率损耗取决于面板上的阴影区域和阴影类型。阴影的着色源有软性源和硬性源两种类型。软性源即由于烟囱、通风口等物体而产生的阴影从很远的地方散开，从而使落在模块上的太阳光发生散射，导致柔和的光源阴影。硬性源即阻止光线到达光伏组件表面，形成明显的光源阴影。同时，光伏组件表面上的树叶、鸟粪、雪、厚厚的灰尘或其他杂质会导致硬性源。由于电池是串联连接的，因此所有电池都承载相同的电流，功率输出都将相同。如果是部分阴影，将减少电流，从而降低整个串联电池串的功率。因此，在这种情况下，功率损耗与PV面板的阴影区域成比例[97]。如果太阳能电池完全被遮蔽，它将消耗功率而不是发电，并充当负载，同样降低光伏组件的发电效率，影响健康度。

3. 工作温度对光伏组件健康度的影响

太阳能电池组件的工作温度是光伏转换过程的关键变量。人们普遍认为，随着效率的提高，光伏组件的工作温度会升高。电池温度过高是导致模块效率和功率输出降低的关键因素，带隙会随着温度的升高而收缩，这就是为什么开路电压 V_{oc} 会大大降低的原因。通过吸收高辐射，电荷的流动从价带增加到导带[98]。温度对单晶太阳能电池的影响高于对多晶硅和薄膜太阳能电池的影响。单晶硅太阳能电池和薄膜太阳能电池的效率分别降低了15%和5%[99]。Singh 和 Ravindra[100] 研究了组件温度 273～523 K 之间的光伏组件性能，他们分析了三种情况下太阳能电池的效率，V_{oc} 以及填充因子会随着电池温度的升高和流过电池的反向电流的增加而降低，而带隙随着温度的升高减小，即 V_{oc} 的趋势是随着 PV 电池的温度升高而降低，这导致光伏电池的整体效率降低。太阳能电池的功率转换效率 η_c 为

$$\eta_c = \frac{P_{\max}}{P_{\text{in}}} = \frac{I_{\max} \times V_{\max}}{I(t) \times A_C} \tag{1-1}$$

式中：$I_{\max}$ 为最大电流；$V_{\max}$ 为最大电压；$I(t)$ 为太阳辐射强度；A_C 为 PV 电池面积[101]。

结果表明，太阳能电池的温度取决于天气变量，例如太阳辐射和环境温度等。

目前光伏组件健康评估装置大多使用组件优化器。组件优化器使用最大功率点追踪(Maximum Power Point Tracking，MPPT）算法使光伏电池始终工作在最大功率输出状态。目前常用恒定电压法、扰动观察法和电导增量法进行追踪。恒定电压法是相对简单的一种方法，只需将工作电压钳位到最大功率输出时的电压即可，忽略了环境变化对光伏电池输出特性的影响。扰动观察法测量参数少，控制方式简单容易实现，但会在最大功率点附近出现左右摇摆的情况。电导增量法的控制精度高，追踪速度较快，但控制算法比较复杂，对系统的硬件设施要求较高。柏宗元等人[102] 将模糊控制与电导增量法相结合，能够快速实现对最大功率输出点的追踪，但引入了模糊规则，需要有专业人员根据相关经验进行操作，容易导致误判。邢梦晴等人[103] 提出了一种变步长电导增量法，能够快速地搜寻到最大功率点，且系统振荡较小。

目前，健康评估装置多从电气角度对光伏组件进行分析，并没有结合图像以及环境参数综合分析光伏组件性能。基于此，研制出一套光伏组件健康评估一体化装置。此装置基于 NVIDIA TX2 开发，体积小，质量轻，计算能力强，功能齐全，便于携带，能够极大地减少光伏运维人员的压力，带来直接的经济价值。此装置软件同时配有发电效率计算、热斑检测以及健康评估模块三部分。

1.3 章节组织架构

本书共分为 7 章，章节组织架构如图 1-3 所示。

第 1 章为绪论，介绍光伏发电对于当前社会发展的现实意义，揭示了其对于碳达峰、碳中和及能源产业转型的重大价值，依次对国内外关于热斑检测技术、EL 图像缺陷检测技术和遮挡异常检测技术等相关内容的研究近况进行综述。基于相关研究进展及存在的局限性，分析了针对热斑、EL 图像缺陷（隐裂、微裂纹等）遮挡异常进行研究的实际需求分析，阐述了本书的研究内容和价值。

第 2 章对基于远景红外图像的热斑组件预检测方法进行了阐述。在介绍了分布式光伏

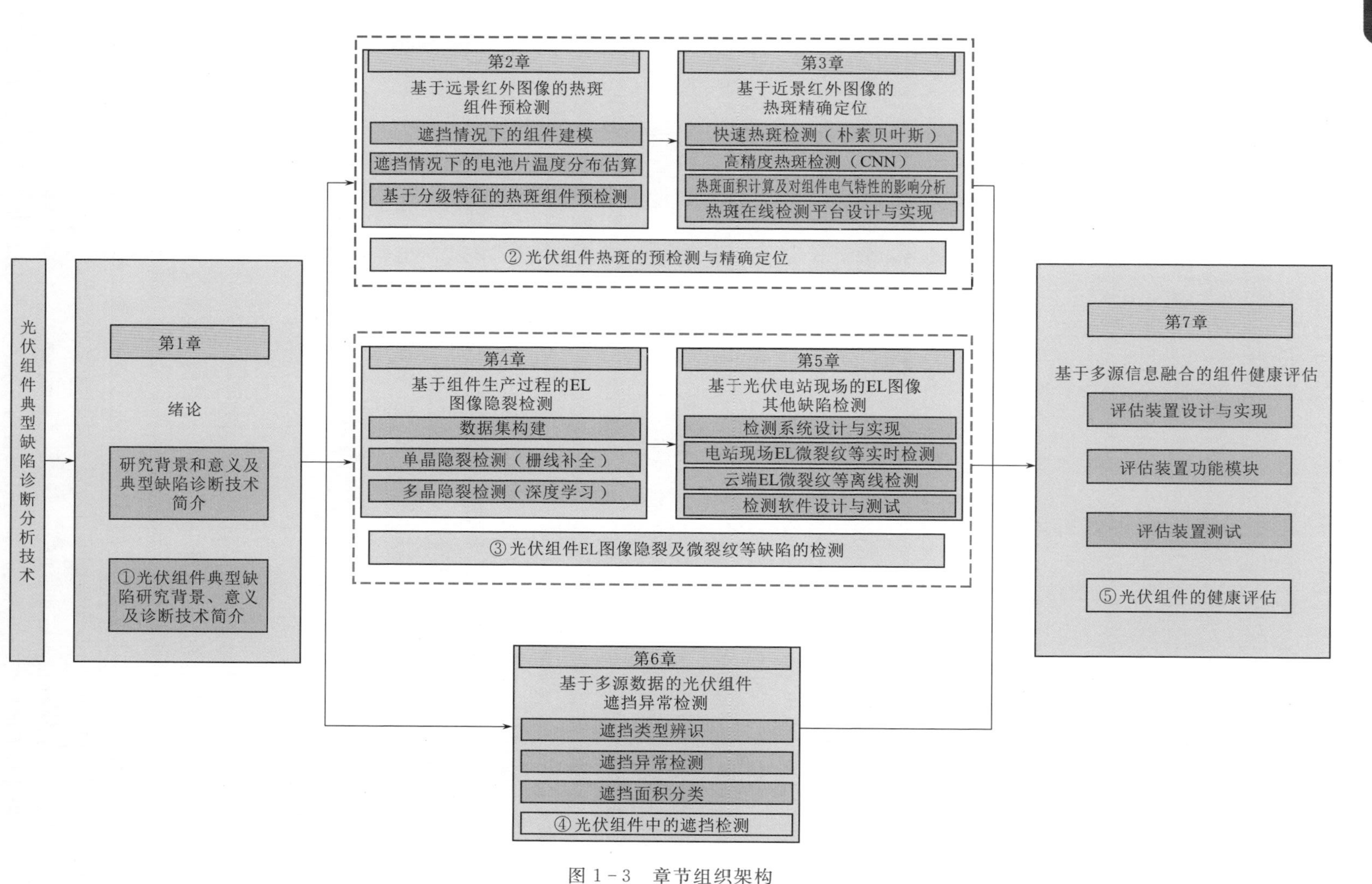
光伏组件典型缺陷诊断分析技术
第1章
绪论
研究背景和意义及典型缺陷诊断技术简介
①光伏组件典型缺陷研究背景、意义及诊断技术简介
第2章
基于远景红外图像的热斑组件预检测
遮挡情况下的组件建模
遮挡情况下的电池片温度分布估算
基于分级特征的热斑组件预检测
第3章
基于近景红外图像的热斑精确定位
快速热斑检测（朴素贝叶斯）
高精度热斑检测（CNN）
热斑面积计算及对组件电气特性的影响分析
热斑在线检测平台设计与实现
②光伏组件热斑的预检测与精确定位
第4章
基于组件生产过程的EL图像隐裂检测
数据集构建
单晶隐裂检测（栅线补全）
多晶隐裂检测（深度学习）
第5章
基于光伏电站现场的EL图像其他缺陷检测
检测系统设计与实现
电站现场EL微裂纹等实时检测
云端EL微裂纹等离线检测
检测软件设计与测试
③光伏组件EL图像隐裂及微裂纹等缺陷的检测
第6章
基于多源数据的光伏组件遮挡异常检测
遮挡类型辨识
遮挡异常检测
遮挡面积分类
④光伏组件中的遮挡检测
第7章
基于多源信息融合的组件健康评估
评估装置设计与实现
评估装置功能模块
评估装置测试
⑤光伏组件的健康评估

图 1-3 章节组织架构

电站和光伏组件模型等相关工作后，首先完成了对光伏组件建模的研究，分别建立了遮挡情况下的电池片模型和组件模型。然后在分析了局部遮挡情况下热斑的形成过程后，基于实际屋顶光伏平台进行了组件遮挡实验，记录了不同材质、不同大小、不同遮挡位置的遮挡物遮挡情况下的热斑温度，从而估算得到不同遮挡情况下的组件热斑温度。最后基于远景红外图像，通过光伏阵列提取、组件分割，最终实现热斑组件的预检测，提出了基于分级特征的热斑组件预检测算法，最终检测精度达到了98.75%。

第3章研究基于近景红外图像的热斑精确定位方法。基于光伏组件近景红外增强图像，分别基于机器学习和深度学习两类算法来实现检测。首先利用朴素贝叶斯分类算法，检测精度为88.36%；然后使用四层卷积神经网络，检测精度为98.32%。同时，还基于霍夫变换与投影矩阵消除了红外增强图像中光伏组件的投影畸变，对组件热斑面积占比进行了简单估算，精度为93.31%。基于此，对导致光伏组件产生热斑故障的原因进行了分类总结。通过对实际运行电站中内部缺陷导致热斑故障的光伏组件相关电气数据进行采集，并结合电池片工作原理对故障原因展开分析。最后，完成了热斑在线检测平台。

第4章研究基于组件生产过程的EL图像隐裂检测方法。首先构建了EL图像数据集，对于组件EL图像，提出了一套自动切割电池片的流程；对于电池片EL图像，提出了一套栅线检测流程；并对所有数据进行手动分类。然后提出了一种基于栅线补全的单晶光伏组件隐裂检测算法，再进行滤波等手段突出隐裂特征；最后根据形态学特征判断有无隐裂，并确定位置，最终检测准确率达到了90.63%。最后提出了一种基于深度学习的多晶光伏组件隐裂检测算法，结合多晶图像特点提出了一种新的感兴趣区域筛选策略，在Fast R-CNN基础上进行算法的改进，最终检测准确率达到了89.89%。

第5章研究基于光伏电站现场的EL图像其他缺陷检测方法。首先在完成检测系统的设计与实现后，确定了电站现场需检测的EL缺陷类型为：黑片、明暗片、裂片和暗斑，设计了基于组件、采用传统数字图像处理技术的图像增强、组件分割、EL微裂纹等缺陷实时检测算法，准确率为95.45%，检测一张图像平均用时107.98ms。然后提出基于电池片的云端EL其他缺陷离线检测算法，采用深度学习和迁移学习技术提取特征，完成电池片分类及微裂纹等缺陷定位，准确率约77%。最后完成实时检测软件的设计与测试，在电站现场进行实证。

第6章研究基于多源数据的光伏组件遮挡异常检测方法。在介绍完相关工作后，分析了光伏组件遮挡异常情况下的输出特性，根据特性提出了一种基于组串功率数据的光伏组件遮挡类型辨识方法。考虑到光伏发电系统的实际需求，提出了一种基于安防摄像图像的光伏组件遮挡异常检测方法，实现光伏组件遮挡异常的检测及定位，达到了96.67%的检测成功率及88.33%的定位准确率。为了进一步对遮挡异常进行定量评估，在分析了光伏组件在不同面积遮挡下的曲线输出特性，提出了基于BP神经网络的光伏组件遮挡面积分类算法及评价指标，达到了86.7%的准确率。

第7章研究基于多源信息融合的组件健康评估装置。目前对光伏组件发电效率及健康状况的影响研究多停留在单个因素，还没有能够综合多个因素评估光伏组件健康状况的装置。针对这些问题，研制一种能够同时读取环境数据和光伏组件电气数据并计算发电效率，能够检测热斑，并综合评估光伏组件健康状况的一体化装置。分别介绍了光伏组件健康评估装置整体功能规划需求，评估装置的各个功能模块介绍，以及对光伏组件健康评估装置进行测试。

参考文献

[1] 梁玲，孙静，岳脉健，等．全球能源消费结构近十年数据对比分析 [J]. 世界石油工业，2020，27 (3)：41-47.

[2] 舟丹．世界光伏发电动态 [J]. 中外能源，2021，26 (11)：37.

[3] 刘思敏．从碳达峰碳中和谈光伏发电 [J]. 农村电工，2021，29 (11)：10-11.

[4] 韩雪，任东明，胡润青．中国分布式可再生能源发电发展现状与挑战 [J]. 中国能源，2019，41 (6)：32-36，47.

[5] AKRAM M W，LI G Q，JIN Y，et al. Improved outdoor thermography and processing of infrared images for defect detection in PV modules [J]. Solar Energy，2019，190：549-560.

[6] ANWAR S A，ABDULLAH M Z. Micro-crack detection of Multicrystalline Solar Cells Featuring Shape Analysis and Support Vector Machines [C] //2012 IEEE International Conference on Control System，Computing and Engineering. Penang：IEEE，2012：143-148.

[7] CHEN H Y，PANG Y，HU Q D，et al. Solar cell surface defect inspection based on multispectral convolutional neural network [J]. Journal of Intelligent Manufacturing，2020，31 (2)：453-468.

[8] LI G Q，AKRAM M W，JIN Y，et al. Thermo-mechanical behavior assessment of smart wire connected and busbarPV modules during production，transportation，and subsequent field loading stages [J]. Energy，2019，168：931-945.

[9] GALLARDO-SAAVEDRA S，HERNÁNDEZ-CALLEJO L，ALONSO-GARCÍA M D C，et al. Nondestructive characterization of solar PV cells defects by means of electroluminescence，infrared thermography，I-V curves and visual tests：Experimental study and comparison [J]. Energy，2020，205：117930.

[10] DHIMISH M，TYRRELL A M. Power loss and hotspot analysis for photovoltaic modules affected by potential induced degradation [J]. npj Materials Degradation，2022，6 (1)：1-8.

[11] AKRAM M W，LI G Q，JIN Y，et al. Study of manufacturing and hotspot formation in cut cell and full cell PV modules [J]. Solar Energy，2020，203：247-259.

[12] HASAN K，YOUSUF S B，Das B K，et al. Effects of different environmental and operational factors on the PV performance：A comprehensive review [J]. Energy Science & Engineering，2022，10 (2)：656-675.

[13] DHIMISH M，LAZARIDIS P I. An empirical investigation on the correlation between solar cell cracks and hotspots [J]. Scientific Reports，2021，11 (1)：23961.

[14] BANA S，SAINI R P. Experimental investigation on power output of different photovoltaic array configurations under uniform and partial shading scenarios [J]. Energy，2017，127：438-453.

[15] BRESSAN M，GUTIERREZ A，GUTIERREZ L G，et al. Development of a real-time hot-spot prevention using an emulator of partially shaded PV systems [J]. Renewable Energy，2018，127：334-343.

[16] CLEMENT C E，SINGH J P，BIRGERSSON E，et al. Hotspot development and shading response of shingled PV modules [J]. Solar Energy，2020，207：729-735.

[17] MOHAMMED H, KUMAR M, GUPTA R. Bypass diode effect on temperature distribution in crystalline silicon photovoltaic module under partial shading [J]. Solar Energy, 2020, 208: 182 - 194.

[18] 张映斌，夏登福，全鹏，等．晶体硅光伏组件热斑失效问题研究 [J]. 太阳能学报，2017，38 (7)：1854 - 1861.

[19] ZHOU J C, YI Q, WANG Y Y, et al. Temperature distribution of photovoltaic module based on finite element simulation [J]. Solar Energy, 2015, 111: 97 - 103.

[20] LI Q X, ZHU L, SUN Y, et al. Performance prediction of Building Integrated Photovoltaics under no - shading, shading and masking conditions using a multi - physics model [J]. Energy, 2020, 213: 118795.

[21] ALY S P, AHZI S, BARTH N, et al. Using energy balance method to study the thermal behavior of PV panels under time - varying field conditions [J]. Energy Conversion and Management, 2018, 175: 246 - 262.

[22] LUO Y Q, ZHANG L, SU X S, et al. Improved thermal - electrical - optical model and performance assessment of a PV - blind embedded glazing façade system with complex shading effects [J]. Applied Energy, 2019, 255: 113896.

[23] RAHMAN M M, KHAN I, ALAMEH K. Potential measurement techniques for photovoltaic module failure diagnosis: A review [J]. Renewable and Sustainable Energy Reviews, 2021, 151: 111532.

[24] FADHEL S, DELPHA C, DIALLO D, et al. PV shading fault detection and classification based on I - V curve using principal component analysis: Application to isolated PV system [J]. Solar Energy, 2019, 179: 1 - 10.

[25] NDJAKOMO ESSIANE S, GNETCHEJO P J, ELE P, et al. Faults detection and identification in PV array using kernel principal components analysis [J]. International Journal of Energy and Environmental Engineering, 2022, 13: 153 - 178.

[26] BEDRICH K, BOKALI Č M, BLISS M, et al. Electroluminescence Imaging of PV Devices: Advanced Vignetting Calibration [J]. IEEE Journal of Photovoltaics. 2018, 8 (5): 1297 - 1304.

[27] DOLL B, HEPP J, HOFFMANN M, et al. Photoluminescence for Defect Detection on Full - Sized Photovoltaic Modules [J]. IEEE Journal of Photovoltaics, 2021, 11 (6): 1419 - 1429.

[28] 蒋琳，苏建徽，李欣，等．基于可见光和红外热图像融合的光伏阵列热斑检测方法 [J]. 太阳能学报，2022，43 (01)：393 - 397.

[29] BERARDONE I, GARCIA J L, PAGGI M. Analysis of electroluminescence and infrared thermal images of monocrystalline silicon photovoltaic modules after 20 years of outdoor use in a solar vehicle [J]. Solar Energy, 2018, 173: 478 - 486.

[30] TSANAKAS J A, CHRYSOSTOMOU D, BOTSARIS P N, et al. Fault diagnosis of photovoltaic modules through image processing and Canny edge detection on field thermographic measurements [J]. International Journal of Sustainable Energy, 2015, 34 (6): 351 - 372.

[31] TSANAKAS J A, VANNIER G, PLISSONNIER A, et al. Fault Diagnosis and Classification of Large - Scale Photovoltaic Plants through Aerial Orthophoto Thermal Mapping [C] //31st European Photovoltaic Solar Energy Conference and Exhibition. Hamburg: EU PVSEC, 2015: 1783 - 1788.

[32] AFIFAH A N N, INDRABAYU, SUYUTI A, et al. Hotspot Detection in Photovoltaic Module using Otsu Thresholding Method [C] //2020 IEEE International Conference on Communication, Networks and Satellite (Comnetsat) . Batam: IEEE, 2020: 408 - 412.

[33] 蒋琳，苏建徽，施永，等．基于红外热图像处理的光伏阵列热斑检测方法 [J]. 太阳能学报，

2020，41（08）：180－184.

[34] ALI M U，KHAN H F，MASUD M，et al. A machine learning framework to identify the hotspot in photovoltaic module using infrared thermography [J]. Solar Energy，2020，208：643－651.

[35] 王道累，李超，李明山，等．基于深度卷积神经网络的光伏组件热斑检测 [J]. 太阳能学报，2022，43（01）：412－417.

[36] 来广志，樊涛，王栋，等．基于改进特征增强 Faster－RCNN 的光伏电站烟雾检测方法 [J]. 电力信息与通信技术，2023，1：19－25.

[37] AGHAEI M，GANDELLI A，GRIMACCIA F，et al. IR real－time Analyses for PV system monitoring by Digital Image Processing Techniques [C] //2015 International Conference on Event－based Control，Communication，and Signal Processing（EBCCSP）. Kraków：IEEE，2015，391－396.

[38] DI TOMMASO A，BETTI A，FONTANELLI G，et al. A multi－stage model based on YOLOv3 for defect detection in PV panels based on IR and visible imaging by unmanned aerial vehicle [J]. Renewable Energy，2022，193：941－962.

[39] HENRY C，POUDEL S，LEE S W，et al. Automatic Detection System of Deteriorated PV Modules Using Drone with Thermal Camera [J]. Applied Sciences，2020，10（11）：3802.

[40] ARENELLA A，GRECO A，SAGGESE A，et al. Real Time Fault Detection in Photovoltaic Cells by Cameras on Drones [C] //International Conference Image Analysis and Recognition. Avellino：A. I. Tech s. r. l.，2017：617－625.

[41] CARLETTI V，GRECO A，SAGGESE A，et al. An intelligent flying system for automatic detection of faults in photovoltaic plants [J]. Journal of Ambient Intelligence and Humanized Computing，2020，11：2027－2040.

[42] EBNER R，KUBICEK B，ÚJVÁRJ G. Non－destructive techniques for quality control of PV modules：Infrared thermography，electro－and photoluminescence imaging [C] //IECON 2013－39th Annual Conference of the IEEE Industrial Electronics Society. Vienna：IEEE，2013：8104－8109.

[43] KÖNTGES M，MORLIER A，EDER G，et al. Review：Ultraviolet Fluorescence as Assessment Tool for Photovoltaic Modules [J]. IEEE Journal of Photovoltaics，2020，10（2）：616－633.

[44] T/CPIA 0009—2019，电致发光成像测试晶体硅光伏组件缺陷的方法 [S]. 北京：中国光伏行业协会，2019.

[45] SONG M，CUI D，YU C，et al. Crack Detection Algorithm for Photovoltaic Image Based on Multi－Scale Pyramid and Improved Region Growing [C] //2018 IEEE 3rd International Conference on Image，Vision and Computing（ICIVC）. Chongqing：IEEE，2018：128－132.

[46] OSTAPENKO S，DALLAS W，HESS D，et al. Crack Detection and Analyses using Resonance Ultrasonic Vibrations in Crystalline Silicon Wafers [C] //2006 IEEE 4th World Conference on Photovoltaic Energy Conference. Waikoloa：IEEE，2006：920－923.

[47] LIU Z，WIEGHOLD S，MEYER L T，et al. Design of a Submillimeter Crack－Detection Tool for Si Photovoltaic Wafers Using Vicinal Illumination and Dark－Field Scattering [J]. IEEE Journal of Photovoltaics，2018，8（6）：1449－1456.

[48] STROMER D，VETTER A，OEZKAN H C，et al. Enhanced Crack Segmentation（eCS）：A Reference Algorithm for Segmenting Cracks in Multicrystalline Silicon Solar Cells [J]. IEEE Journal of Photovoltaics，2019，9（3）：752－758.

[49] DHIMISH M，HOLMES V，MATHER P. Novel Photovoltaic Micro Crack Detection Technique [J]. IEEE Transactions on Device and Materials Reliability，2019，19（2）：304－312.

[50] 王宇，孙智权，赵不贿. 基于机器视觉的太阳能电池硅片隐裂检测 [J]. 组合机床与自动化加工技术，2019（12）：95－97，102.

[51] 田晓杰，程耀瑜，常国立．基于深度学习优化 SSD 算法的硅片隐裂检测识别 [J]．机床与液压，2019，47 (01)：36-40，60.

[52] 陈冉．基于图像处理的太阳能电池无损检测技术研究 [D]．西安：西安科技大学，2019.

[53] WANG Z T，YANG F，PAN G F，et al. Research on Detection Technology for Solar Cells Multi-Defects in Complicated Background [J]. Journal of Information & Computational Scinece，2014，11 (2)：449-459.

[54] TANG W Q，YANG Q，XIONG K X，et al. Deep learning based automatic defect identification of photovoltaic module using electroluminescence images [J]. Solar Energy，2020，201：453-460.

[55] TSAI D M，WU S C，LI W C. Defect detection of solar cells in electroluminescence images using Fourier image reconstruction [J]. Solar Energy Materials and Solar Cells，2012，99：250-262.

[56] CHEN H Y，ZHAO H F，HAN D，et al. Structure-aware-based crack defect detection for multicrystalline solar cells [J]. Measurement，2020，151：107170.

[57] DEITSCH S，CHRISTLEIN V，BERGER S，et al. Automatic classification of defective photovoltaic module cells in electroluminescence images [J]. Solar Energy，2019，185：455-468.

[58] AKRAM M W，LI G Q，JIN Y，et al. CNN based automatic detection of photovoltaic cell defects in electroluminescence images [J]. Energy，2019，189：116319.

[59] KARIMI A M，FADA J S，LIU J Q，et al. Feature Extraction，Supervised and Unsupervised Machine Learning Classification of PV Cell Electroluminescence Images [C] //2018 IEEE 7th World Conference on Photovoltaic Energy Conversion (WCPEC) (A Joint Conference of 45th IEEE PVSC，28th PVSEC & 34th EU PVSEC). Waikoloa：IEEE，2018：418-424.

[60] KARIMI A M，FADA J S，HOSSAIN M A，et al. Automated Pipeline for Photovoltaic Module Electroluminescence Image Processing and Degradation Feature Classification [J]. IEEE Journal of Photovoltaics，2019，9 (5)：1324-1335.

[61] TRZMIEL G，GUCHY D，D KURZ. The impact of shading on the exploitation of photovoltaic installations [J]. Renewable Energy，2020，153：480-498.

[62] BHARADWAJ P，JOHN V. Subcell Modeling of Partially Shaded Photovoltaic Modules [J]. IEEE Transactions on Industry Applications，2019，55 (3)：3046-3054.

[63] BASTIDAS-RODRIGUEZ J D，CRUZ-DUARTE J M，CORREA R. Mismatched Series-Parallel Photovoltaic Generator Modeling：An Implicit Current-Voltage Approach [J]. IEEE Journal of Photovoltaics，2019，9 (3)：768-774.

[64] BAI J B，CAO Y，HAO Y Z，et al. Characteristic output of PV systems under partial shading or mismatch conditions [J]. Solar Energy，2015，112：41-54.

[65] ZHU L，LI Q X，CHEN M D，et al. A simplified mathematical model for power output predicting of Building Integrated Photovoltaic under partial shading conditions [J]. Energy Conversion and Management，2019，180：831-843.

[66] AYOP R，TAN C W，MAHMUD M S A，et al. A simplified and fast computing photovoltaic model for string simulation under partial shading condition [J]. Sustainable Energy Technologies and Assessments，2020，42：100812.

[67] 夏超浩．光伏组件模型参数辨识及其故障识别研究 [D]．西安：西安理工大学，2021.

[68] CHOUDER A，SILVESTRE S. Automatic supervision and fault detection of PV systems based on power losses analysis [J]. Energy Conversion and Management，2010，51 (10)：1929-1937.

[69] DAVARIFAR M，RABHI A，EI-HAJJAJI A，et al. Real-time model base fault diagnosis of PV panels using statistical signal processing [C] //2013 International Conference on Renewable Energy Research and Applications (ICRERA) . Modrid：IEEE，2013：599-604.

[70] CHEPP E D, KRENZINGER A. A methodology for prediction and assessment of shading on PV systems [J]. Solar Energy, 2021, 216: 537 - 550.
[71] HARROU F, SUN Y, TAGHEZOUIT B, et al. Reliable fault detection and diagnosis of photovoltaic systems based on statistical monitoring approaches [J]. Renewable Energy, 2018, 116: 22 - 37.
[72] ROUANI L, HARKAT M F, KOUADRI A, et al. Shading fault detection in a grid - connected PV system using vertices principal component analysis [J]. Renewable Energy, 2021, 164: 1527 - 1539.
[73] GAO W, WAI R J. A Novel Fault Identification Method for Photovoltaic Array via Convolutional Neural Network and Residual Gated Recurrent Unit [J]. IEEE Access, 2020, 8: 159493 - 159510.
[74] 王悦．基于支持向量机的光伏阵列阴影遮挡智能检测方法研究 [D]. 西安：西安理工大学，2021.
[75] AZIZ F, HAQ A U, AHMAD S, et al. A Novel Convolutional Neural Network - Based Approach for Fault Classification in Photovoltaic Arrays [J]. IEEE Access, 2020, 8: 41889 - 41904.
[76] JONES C B, STEIN J S, GONZALEZ S, et al. Photovoltaic system fault detection and diagnostics using Laterally Primed Adaptive Resonance Theory neural network [C] //2015 IEEE 42nd Photovoltaic Specialist Conference (PVSC) . New Orleans: IEEE, 2015: 1 - 6.
[77] SOVETKIN E, STELAND A. Automatic processing and solar cell detection in photovoltaic electroluminescence images [J]. Integrated Computer - Aided Engineering, 2019, 26 (2): 123 - 137.
[78] GRIMACCIA F, LEVA S, NICCOLAI A. PV plant digital mapping for modules' defects detection by unmanned aerial vehicles [J]. IET Renewable Power Generation, 2017, 11 (10): 1221 - 1228.
[79] WANG M, CUI Q, SUN Y J, et al. Photovoltaic panel extraction from very high - resolution aerial imagery using region - line primitive association analysis and template matching [J]. ISPRS Journal of Photogrammetry and Remote Sensing, 2018, 141: 100 - 111.
[80] 徐伟．基于图像处理的光伏组件异常检测技术研究 [D]. 南京：东南大学，2020.
[81] CAVIERES R, BARRAZA R, ESTAY D, et al. Automatic soiling and partial shading assessment on PV modules through RGB images analysis [J]. Applied Energy, 2022, 306: 117964.
[82] DING S H, YANG Q, LI X X, et al. Transfer Learning based Photovoltaic Module Defect Diagnosis using Aerial Images [C] //2018 International Conference on Power System Technology (POWERCON) . Guangzhou: IEEE, 2018: 4245 - 4250.
[83] CHEN H Y, PANG Y, HU Q D, et al. Solar cell surface defect inspection based on multispectral convolutional neural network [J]. Journal of Intelligent Manufacturing, 2020, 31 (2): 453 - 468.
[84] 吕科霏．光伏电池局部阴影遮蔽的图像处理技术研究 [D]. 长春：长春理工大学，2021.
[85] MANTEL C, VILLEBRO F, DOS REIS BENATTO G A, et al. Machine Learning Prediction of Defect Types for Electroluminescence Images of Photovoltaic Panels [C] //SPIE Conference on Applications of Machine Learning. San Diego: SPIE, 2019: 1113904.
[86] AKRAM M W, LI G Q, JIN Y, et al. Improved outdoor thermography and processing of infrared images for defect detection in PV modules [J]. Solar Energy, 2019, 190: 549 - 560.
[87] 贾帅康．基于残差注意力机制的光伏组件热斑图像检测方法研究 [D]. 保定：华北电力大学，2021.
[88] CIPRIANI G, D'AMICO A, GUARINO S, et al. Convolutional Neural Network for Dust and Hotspot Classification in PV Modules [J]. Energies, 2020, 13 (23): 6357.
[89] FUYUKI T, KONDO H, YAMAZAKI T, et al. Photographic surveying of minority carrier diffusion length in polycrystalline silicon solar cells by electroluminescence [J]. Applied Physics Letters, 2005, 86 (26): 262108.

[90] SINGH P, RAVINDRA N M. Temperature dependence of solar cell performance—an analysis [J]. Solar Energy Materials and Solar Cells, 2012 (101): 36-45.

[91] LIU J, HERRIN D W. Effect of dust and oil contamination on the performance of microperforated panel absorbers [J]. INTER-NOISE and NOISE-CON Congress and Conference Proceedings, 2011, 2011 (1): 1111-1122.

[92] HEE J Y, KUMAR L V, DANNER A J, et al. The Effect of Dust on Transmission and Self-cleaning Property of Solar Panels [J]. Energy Procedia, 2012 (15): 421-427.

[93] MERAL M E, DINCER F. A review of the factors affecting operation and efficiency of photovoltaic based electricity generation systems [J]. Renewable and Sustainable Energy Reviews, 2011, 15 (5): 2176-2184

[94] 伊纪禄，刘文祥，马洪斌，等．太阳电池热斑现象和成因的分析 [J]. 电源技术，2012，36 (06): 816-818.

[95] Whan S, Chul Y, Hwang, et al. Electric and thermal characteristics of photovoltaic modules under partial shading and with a damaged bypass diode [J]. Energy, 2017, 128: 232-243.

[96] 刘雪晴．光伏组件热斑效应检测及仿真分析 [D]. 呼和浩特：内蒙古大学，2017.

[97] TYAGI V V, RAHIM N A A, RAHIM N A, et al. Progress in solar PV technology: Research and achievement [J]. Renewable and Sustainable Energy Reviews, 2013, 20: 443-461.

[98] DINCER F, MERAL M E. Critical Factors that Affecting Efficiency of Solar Cells [J]. Smart Grid and Renewable Energy, 2010, 1 (1): 47-50.

[99] KUMAR R, ROSEN M A. A critical review of photovoltaic-thermal solar collectors for air heating [J]. Applied Energy, 2011, 88 (11): 3603-3614.

[100] SINGH P, RAVINDRA N M. Temperature dependence of solar cell performance—an analysis [J]. Solar Energy Materials and Solar Cells, 2012, 101: 36-45.

[101] TIWARI G N, DUBEY S, HUNT J C. Fundamentals of Photovoltaic Modules and their Applications [M]. 9781849730204: RSC, 2009.

[102] 柏宗元，张继勇，李敏艳．基于模糊控制的光伏电池最大功率点跟踪算法仿真研究 [J]. 科技创新与应用，2021 (10): 26-28.

[103] 邢梦晴，白春艳，闫淑婷，等．基于变步长电导增量法的光伏最大功率点跟踪策略 [J]. 电气时代，2020 (3): 72-75.

第2章

基于远景红外图像的热斑组件预检测

热斑是分布式光伏电站中的一种常见的组件故障现象，及时检测到光伏组件热斑故障可以有效提高系统的可靠性和安全性。通常来说，基于近景红外图像来实现光伏组件热斑检测可以获得较高的检测精度，但一张近景红外图像中通常只包含极少数的光伏组件，在检测过程中需要拍摄大量的红外图像，会花费更多的时间成本。为了进一步提高热斑检测的效率，本章基于远景红外图像首先对光伏电站进行预检，筛选出可能存在热斑的光伏组件。基于此结果，再利用该组件的近景红外图像实现精确的热斑检测，进一步确定是否存在热斑，从而实现远景和近景协同的高效热斑检测。

2.1 电池片模型介绍

通常来说，分布式光伏电站大多安装在住宅屋顶、农村或者是山区，安装环境更加复杂，经常会出现由于落叶、鸟粪、杂草、尘土等遮挡物导致的组件遮挡现象，如图2-1所示，从而造成组件热斑。对于分布式光伏电站来说，组件遮挡情况无法避免，会对光伏系统的发电效率产生很大的影响，还有可能造成很严重的安全问题。但该情况不是永久存在的，可以通过清扫等手段进行消除。因此，分析遮挡情况下的组件热斑故障有助于优化光伏系统的运维策略，而实现遮挡情况下的光伏组件建模可以为计算光伏组件热功率提供模型基础，有利于进一步估算得到不同遮挡情况下的组件热斑温度。现有研究中的遮挡情况下光伏组件模型没有考虑到遮挡对于分流电阻的影响，模型精度有所不足，同时也无法为后续进一步实现遮挡情况下组件热功率计算提供良好的模型基础。因此，本节基于现有的经典单二极管模型，提出了一种新的遮挡情况下的太阳能电池片模型，计算了不同遮挡情况下的分流电阻值，为后续进一步计算得到组件的热功率提供理论支持。

2.1.1 无遮挡情况下太阳能电池片模型

光伏组件是由一系列太阳能电池片串联组成的，电池片将太阳能转化为电能。在正常工作情况下，对光伏组件进行建模根本上就是实现对于单个太阳能电池片的建模。当前关

图 2-1 安装在山区的光伏电站

于正常情况下光伏组件模型的研究已经有很多，本小节主要对一种应用最为广泛的单二极管模型（Single Diode Model，SDM）进行介绍。后续将以该模型为基础，实现对遮挡情况下的光伏组件建模的进一步研究。

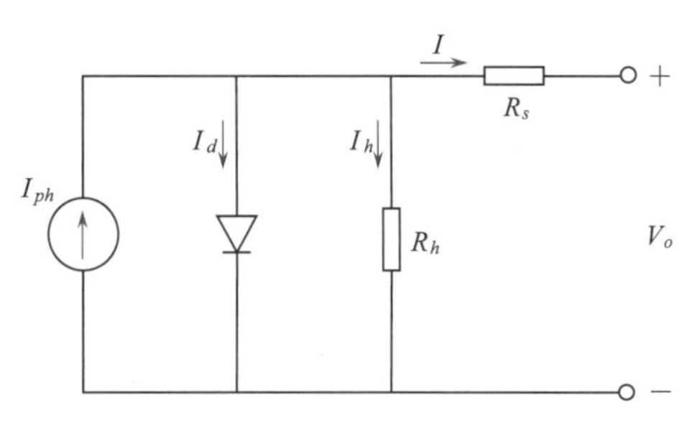

图 2-2 单二极管模型等效电路图

I_d—流过二极管电流；I_h—流过分流电阻电流；V_o—电池输出电压

在现有的多种太阳能电池片模型中，单二极管模型在模型精度和复杂性之间实现了一个很好的平衡，因此得到了广泛应用。该模型的等效电路图如图 2-2[1] 所示，其中 I_{ph} 表示光生电流，电流值大小由太阳辐照度的值决定；R_h 表示高阻值的分流电阻；R_s 表示串联电阻，阻值较小。

电池片的电流 I 和输出电压 V_o 之间的关系表达式为

$$I = I_{ph} - I_o\left[\exp\left(\frac{V_o + I \cdot R_s}{a}\right) - 1\right] - \frac{V_o + I \cdot R_s}{R_h} \tag{2-1}$$

$$a = n \cdot V_T = \frac{nkT}{q} \tag{2-2}$$

式中：I_o 为二极管反向饱和电流；n 为二极管的理想因子；V_T 为热电压；a 为修正后的理想因子；k 为玻尔兹曼常数（1.38×10^{-23}J/K）；q 为电子电荷量（1.6×10^{-19}C）；T 为电池片温度。

由于可以将分流电阻 R_h 的阻值视为无穷大，因此可以对式（2-1）进行简化，近似得到输出电压 V_o 与电流 I 之间的关系表达式为

$$V_o = a \cdot \ln\left(\frac{I_{ph} - I}{I_o} + 1\right) - I \cdot R_s \tag{2-3}$$

2.1.2 模型参数计算

为了获得准确的太阳能电池片模型，需要确定 5 个参数，分别是光生电流 I_{ph}、二极管反向饱和电流 I_o、修正后的理性因子 a、分流电阻 R_h 和串联电阻 R_s。根据目前已有相

关文献提出二极管模型的参数确定方法，得到参数的求解公式为

$$R_s=\frac{V_{mp}\left(\frac{\mathrm{d}V}{\mathrm{d}I}\bigg|_{I=0}-\frac{\mathrm{d}V}{\mathrm{d}I}\bigg|_{V=0}\right)\cdot\left[\frac{\mathrm{d}V}{\mathrm{d}I}\bigg|_{V=0}(I_{sc}-I_{mp})+V_{mp}\right]-\frac{\mathrm{d}V}{\mathrm{d}I}\bigg|_{I=0}\left(\frac{\mathrm{d}V}{\mathrm{d}I}\bigg|_{V=0}\cdot I_{mp}+V_{mp}\right)\left(\frac{\mathrm{d}V}{\mathrm{d}I}\bigg|_{V=0}\cdot I_{sc}+V_{oc}\right)}{I_{mp}\left(\frac{\mathrm{d}V}{\mathrm{d}I}\bigg|_{I=0}-\frac{\mathrm{d}V}{\mathrm{d}I}\bigg|_{V=0}\right)\left[\frac{\mathrm{d}V}{\mathrm{d}I}\bigg|_{V=0}(I_{sc}-I_{mp})+V_{mp}\right]+\left(\frac{\mathrm{d}V}{\mathrm{d}I}\bigg|_{V=0}\cdot I_{mp}+V_{mp}\right)\left(\frac{\mathrm{d}V}{\mathrm{d}I}\bigg|_{V=0}\cdot I_{sc}+V_{oc}\right)} \tag{2-4}$$

$$R_h=-R_s-\frac{\mathrm{d}V}{\mathrm{d}I}\bigg|_{V=0} \tag{2-5}$$

$$I_{ph}=I_{sc}(1+R_s/R_h) \tag{2-6}$$

$$a=\frac{\left(\frac{\mathrm{d}V}{\mathrm{d}I}\bigg|_{I=0}+R_s\right)\left(\frac{\mathrm{d}V}{\mathrm{d}I}\bigg|_{V=0}\cdot I_{sc}+V_{oc}\right)}{\frac{\mathrm{d}V}{\mathrm{d}I}\bigg|_{I=0}-\frac{\mathrm{d}V}{\mathrm{d}I}\bigg|_{V=0}} \tag{2-7}$$

$$I_o=\frac{I_{ph}-V_{oc}/R_h}{\exp(V_{oc}/a)-1} \tag{2-8}$$

式中：I_{sc} 为光伏组件的短路电流；V_{oc} 为开路电压；V_{mp} 为峰值工作电压；I_{mp} 为峰值工作电流；$\frac{\mathrm{d}V}{\mathrm{d}I}\bigg|_{I=0}$ 为光伏组件 $I-V$ 曲线位于（V_{oc}，0）处的斜率；$\frac{\mathrm{d}V}{\mathrm{d}I}\bigg|_{V=0}$ 为光伏组件 $I-V$ 曲线位于（I_{sc}，0）处的斜率。

标准测试条件（Standard Test Conditions，STC）下的上述参数具体数据由光伏组件生产商提供。

上述 5 个参数中，二极管反向饱和电流 I_o 和修正后的理想因子 a 与辐照度大小无关，光生电流 I_{ph}、串联电阻 R_s 以及分流电阻 R_h 的大小取决于太阳辐照度和电池片工作的环境温度，计算公式[2] 为

$$I_{ph}=\frac{G}{G_{ref}}[I_{ph,ref}+\mu_{I,sc}\cdot(T_a+T_{a,ref})] \tag{2-9}$$

$$R_s=\frac{T_a}{T_{a,ref}}\left(1-\beta\cdot\ln\frac{G}{G_{ref}}\right)\cdot R_{s,ref} \tag{2-10}$$

$$R_h=\frac{G}{G_{ref}}\cdot R_{h,ref} \tag{2-11}$$

式中：G 为实时辐照度；T_a 为电池片工作的环境温度；$\mu_{I,sc}$ 为光伏组件短路电流温度系数；G_{ref}，$I_{ph,ref}$，$T_{a,ref}$，$R_{s,ref}$，$R_{h,ref}$ 分别为 STC 下的辐照度，光生电流，温度，串联电阻以及分流电阻；β 为权重系数，约等于 0.217。

事实上，STC 下的辐照度、光生电流、温度、串联电阻、分流电阻以及光伏组件短路电流温度系数等数据都由组件生产商提供得到。

2.2 遮挡情况下的组件建模

2.2.1 遮挡情况下的电池片模型

通常情况下，分布式光伏电站由于其复杂的搭建环境，经常会被各种不同的遮挡物遮

挡，常见的遮挡物为树叶、积灰和鸟粪等。本小节以树叶遮挡情况为例，太阳能电池片被树叶遮挡时的示意以及该电池片的内部结构如图 2-3 所示，单个太阳能电池片的尺寸为 15.6cm×15.6cm。

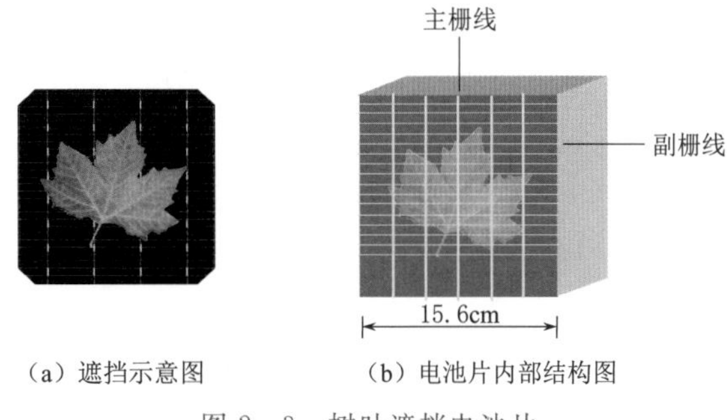

图 2-3 树叶遮挡电池片

太阳能电池是一种通过光电效应来实现太阳能转化为电能的装置，该装置将太阳能转化为电能的过程被称为“光生伏打效应”。本著作所研究的太阳能电池材料为晶体硅，电池本身可以被视为一个 P-N 结，如图 2-4 所示，现对其发电原理进行简单描述[3]。

从物理学的角度来看，每个原子最外围的电子都会因为受到原子核的约束而保持在固定的位置上。但当这些电子吸收到来自外部的能量之后，就有可能会摆脱原子核的约束，从而变成自由电子，原来的位置就会因此产生带正电的空穴，而空穴是可以运动的电荷。一般来说，纯净的晶体硅会拥有数量相当的自由电子和空穴，而在太阳能电池中，N 型区的晶体硅中由于掺杂有能释放电子的磷原子而变成了电子型半导体，P 型区中则由于掺杂有能俘获电子的硼原子而成为空穴型半导体。因此，在电子和空穴的运动之下，两部分半导体的交界处将形成 P-N 结，而结的两端也将形成内建电场。

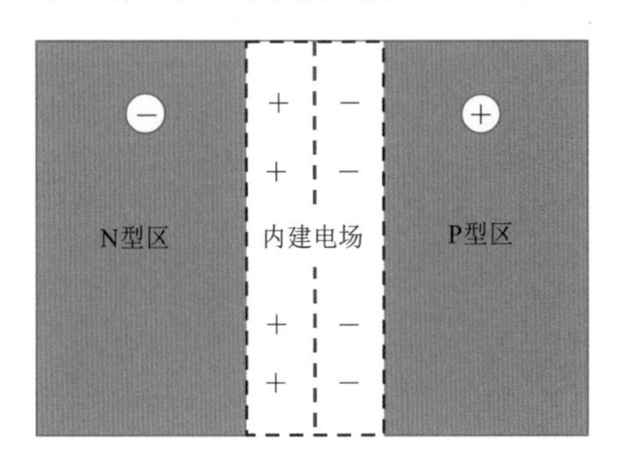

图 2-4 P-N 结

当太阳光照射到 P-N 结上，晶体硅将吸收一部分的太阳能，此时电子将发生跃迁，形成了新的电子-空穴对。在 P-N 结附近内建电场的作用下，空穴往 P 型区流动，电子则往 N 型区流动，最后在 P-N 结附近产生了光生电场，该电场方向与内建电场相反。此时的 P 型区带正电，N 型区带负电，从而产生光生伏打电动势，接上负载之后就会有光生电流流过，也就会有功率输出。

在部分遮挡的情况下，太阳能电池中遮挡区域和未遮挡区域的工作方式有所不同，所以可以对两部分分别进行建模。对于遮挡部分来说，能够到达电池片表面的太阳光强度大幅度减弱，而对应区域的光生电流将明显减小，分流电阻变大。另外，遮挡会导致电池片温度升高，产生热斑现象，遮挡区域和未遮挡区域会出现严重温差。

基于上述原理及现象，假设太阳能电池的遮挡部分和未遮挡部分之间是并联关系，从而提出一种新的电路模型[4]，如图 2-5 所示，该模型考虑了遮挡对于电路中分流电阻值的影响，图中左侧区域为未遮挡部分，右侧灰色区域为遮挡部分。

为了对电路模型进行简化，将电路中的二极管 D_1 和 D_2、光生电流 I_{ph1} 和 I_{ph2}，分流电阻 R_{h1} 和 R_{h2} 分别进行合并，得到等效二极管模型，如图 2-6 所示，可以看出，经典的单二极管模型为该模型的特例。

与正常情况下的太阳能电池片模型类似，在得到遮挡情况下的电池片的电路模型之

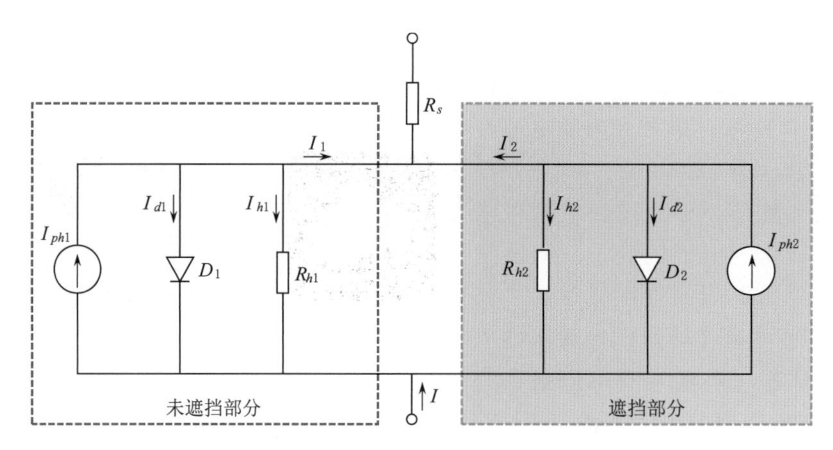

图 2-5 部分遮挡电池片电路示意图

后，需要对模型中的参数进行计算。通常来说，电路模型中的二极管反向饱和电流 I_o 和二极管的理想因子 n 与辐照度大小无关，而串联电阻 R_s 的值受到辐照度的影响很小，因此可以忽略遮挡物的影响，因此将这三个参数在遮挡部分与未遮挡部分中的值视为相等。而光生电流 I_{ph} 以及分流电阻 R_h 受到太阳辐照度的影响较大，所以需要分析遮挡物的透光率以及遮挡比例对于参数 I_{ph} 和 R_h 的影响。

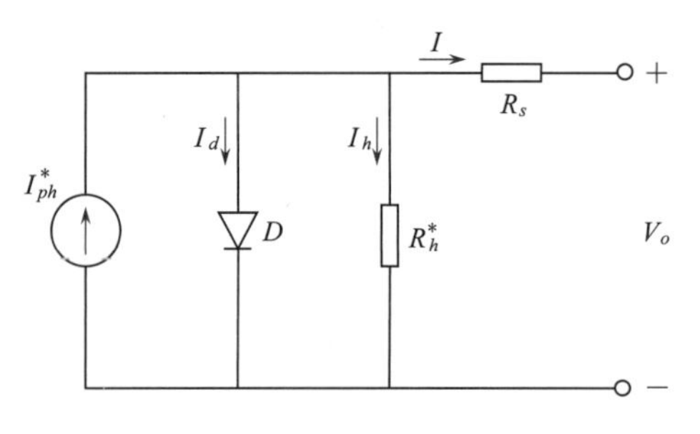

图 2-6 等效单二极管模型

假设遮挡物的遮挡比例为 $r\%$，材质的透光率为 $tr(0\leqslant tr\leqslant 1)$，图 2-4 中未遮挡部分和遮挡部分的光生电流 I_{ph1} 和 I_{ph2} 分别为

$$I_{ph1}=I_{ph}\cdot(1-r\%) \tag{2-12}$$

$$I_{ph2}=I_{ph}\cdot tr\cdot r\% \tag{2-13}$$

当遮挡材料为不透光材料时，透光率为 0，此时遮挡部分的光生电流 I_{ph2} 约为 0。

将光生电流 I_{ph1} 和 I_{ph2} 合并得到部分遮挡情况下光生电流 I_{ph}^*，计算公式为

$$I_{ph}^*=I_{ph1}+I_{ph2} \tag{2-14}$$

同时，未遮挡区域和遮挡区域的分流电阻 R_{h1} 和 R_{h2} 分别为

$$R_{h1}=\frac{R_h}{1-r\%} \tag{2-15}$$

$$R_{h2}=\frac{R_{h,\ shade}}{r\%} \tag{2-16}$$

$$R_{h,shade}=\frac{1}{tr}R_h \tag{2-17}$$

式中：R_h 为无遮挡情况下的分流电阻值；$R_{h,shade}$ 为电池片被全部遮挡时的分流电阻值。

将 R_{h1} 和 R_{h2} 合并得到部分遮挡情况下分流电阻 R_h^*，计算公式为

$$R_h^*=\frac{R_{h1}\cdot R_{h2}}{R_{h1}+R_{h2}} \tag{2-18}$$

从而可以得到遮挡情况下电池片的输出电压 V_o 与电流 I 之间的关系为

$$V_o = a \cdot \ln\left(\frac{I_{ph}^* - I}{I_o} + 1\right) - I \cdot R_s \tag{2-19}$$

2.2.2 遮挡情况下的组件模型

光伏组件由一系列排列整齐的太阳能电池片组成，可以将其细分为光伏子串，每个子串由串联的太阳能电池片和旁路二极管组成，如图 2-7 所示。假设组件中子串个数为 N，每个子串有 M 个太阳能电池片。当光伏组件正常工作时，子串中的旁路二极管处于反向偏置状态，没有电流经过；当光伏组件被遮挡时，旁路二极管正向偏置，有电流经过。

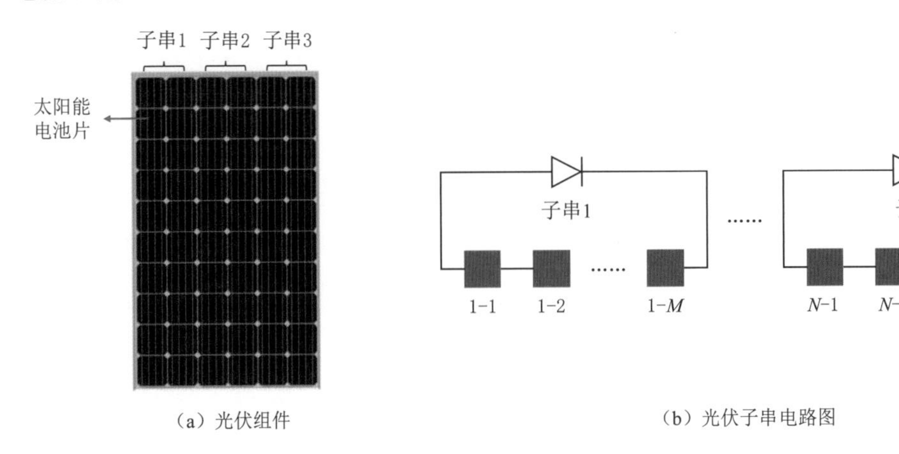

（a）光伏组件　　（b）光伏子串电路图

图 2-7　光伏组件结构图

在上述所得到的单个太阳能电池片模型的基础上，可以实现对光伏子串的建模。当光伏组件被遮挡时，未被遮挡电池片的光生电流大于被遮挡电池片的光生电流，而同一子串中的所有电池片是串联的，所以此时流经被遮挡电池片的电流可能会大于其产生的光生电流，如图 2-8 所示。因此，当组件中某个或某几个电池片被遮挡时，流经该电池片中分流电阻的电流方向与未遮挡电池片相反，且该电池片的二极管此时处于反向偏置状态，没有电流经过。本小节中，假定图 2-8 中串联电路电流为 I，子串中第 i 个电池片的光生电流为 $I_{ph,i}$，分流电阻为 $R_{h,i}$，电压为 $V_{o,i}$。

基于上述分析，电池片的输出电压分为以下几种情况分别计算。

（1）当 $I \leqslant I_{ph,i}$ 时，电池片的输出电压 $V_{o,i}$ 的计算公式为

$$V_{o,i} = a \cdot \ln\left(\frac{I_{ph,i} - I}{I_o} + 1\right) - I \cdot R_s \tag{2-20}$$

（2）当 $I > I_{ph,i}$ 时，电池片的输出电压 $V_{o,i}$ 的计算公式为

$$V_{o,i} = -(I - I_{ph,i}) \cdot R_{h,i} - I \cdot R_s \tag{2-21}$$

对于被遮挡太阳能电池片的光生电流 $I_{ph,i}$、分流电阻 $R_{h,i}$，以及正常无遮挡的电池片的二极管模型的相关参数计算公式前文均已介绍，而文献［5］中还介绍了不同运行条件

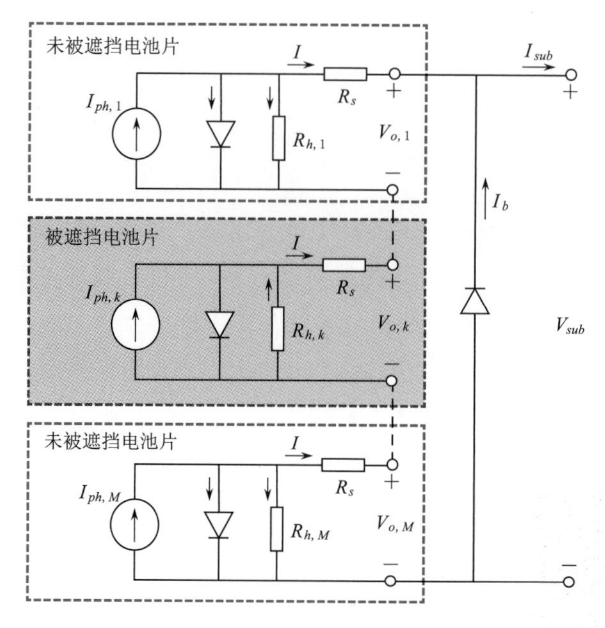

图 2-8　光伏子串等效电路图

下的光伏组件单二极管模型参数计算方法。综上，当给定子串的电流值 I，就可以得到子串的输出电压为

$$V_{sub}=\sum_{i=1}^{M}V_{o,i} \tag{2-22}$$

对于子串的旁路二极管来说，当整个子串正常工作时，该二极管处于反向偏置状态，没有电流经过；当子串中存在被遮挡的电池片时，旁路二极管可能会处于正向偏置状态，此时有大小为 I_b 的电流经过，I_b 的计算公式为

$$I_b=\begin{cases}0, & V_{sub}\geqslant 0\\ I_{bo}\cdot\left[\exp\left(\dfrac{-V_{sub}}{a_b}-1\right)\right], & V_{sub}<0\end{cases} \tag{2-23}$$

式中：I_{bo}，a_b 分别为子串旁路二极管的反向饱和电流以及理想因子。若这两个参数未知，则可以对其进行估算，即 $I_{bo}\approx I_o$，$a_b\approx a$。可以得到子串电流为 I_{sub} 计算公式为

$$I_{sub}=I+I_b \tag{2-24}$$

基于上述对于子串的建模结果，可以最终实现对遮挡情况下的光伏组件进行建模[14]。由于光伏组件是由子串串联而成的，因此光伏组件的电流 I_{md} 等于子串的电流 $I_{sub,k}(k=1,\cdots,N)$，光伏组件的电压 V_{md} 为 N 个子串电压 $V_{sub,k}$ 之和，计算公式为

$$V_{md}=\sum_{k=1}^{N}V_{sub,k}(k=1,\cdots,N) \tag{2-25}$$

2.2.3 实验及结果分析

为了验证所提出的光伏组件模型的准确性，本小节利用测量仪器获得遮挡情况下光伏

组件的 $I-V$ 曲线，将该结果与模型的仿真结果进行比较。光伏组件的 $I-V$ 曲线是指，当电流 I_{md} 以固定步长逐渐增大时，光伏组件输出电压 V_{md} 的变化情况。事实上，由于受到光生电流的限制，组件电流 I_{md} 的取值范围 $0 \sim I_{ph}$。

本小节选择在多晶光伏组件上进行遮挡实验，组件参数见表 2-1。

表 2-1 多晶光伏组件参数

参数	标准测试条件	电池片标称工作温度
峰值功率（P_{max}）/Wp	275	200.6
峰值工作电压（V_{mpp}）/V	31.2	28.5
峰值工作电流（I_{mpp}）/A	8.82	7.05
开路电压（V_{oc}）/V	38.1	34.8
短路电流（I_{sc}）/A	9.27	7.5
温度系数（V_{oc}）/(%/℃)	−0.41	
温度系数（I_{sc}）/(%/℃)	0.067	
电池片数量	60	
旁路二极管数	3	
电池片规格/(mm×mm)	156×156	

表中，标准测试条件（Standard Test Conditions，STC），即辐照度 1000W/m^2，环境温度为 25℃，风速为 0m/s 的实验环境；电池片标称工作温度（Normal Operating Cell Temperature，NOCT），表示当光伏组件处于开路状态，并在具有代表性情况时所达到的温度，此时的环境参数见表 2-2。

表 2-2 代表性情况环境参数

参数	值	参数	值
辐照度/(W/m^2)	800	电负荷	无（开路）
环境温度/℃	20	安装角度/(°)	45
风速/(m/s)	1	支架结构	后背面打开
NOCT/℃	45±2	大气参数	1.5

本小节基于多晶光伏组件进行一系列遮挡实验，同时记录实验时的辐照度和温度，得到实验条件下的组件 $I-V$ 曲线。实验选用的遮挡材料为易裁剪的遮光布，该遮光布的透光率大约为 5%。将测量得到的 $I-V$ 曲线与前文所提出的遮挡情况下组件模型的仿真结果进行比较，从而实现对模型精度的验证。

实验过程中，将遮光布裁剪为单个电池片大小的 10%～90%，分别对组件中单个电池片进行遮挡，测量得到组件 $I-V$ 曲线，记录得到实验时的气象环境数据见表 2-3。基于实验时的气象环境数据，利用前文所述模型可以得到不同遮挡情况下的光伏组件 $I-V$ 曲线的预测结果，最后得到光伏组件的实测 $I-V$ 曲线以及模型模拟得到的预测 $I-V$ 曲线，如图 2-9 所示。

表2-3 气象环境数据

遮挡比例/%	环境温度/℃	风速/(m/s)	辐照度/(W/m²)
10	5.3	3.4	623
20	5.6	3.4	634
30	5.8	2.6	643
40	6.4	2.2	632
50	6.2	3.4	636
60	5.8	2.3	623
70	6.3	2.5	616
80	5.9	2.5	612
90	6.1	3.3	582

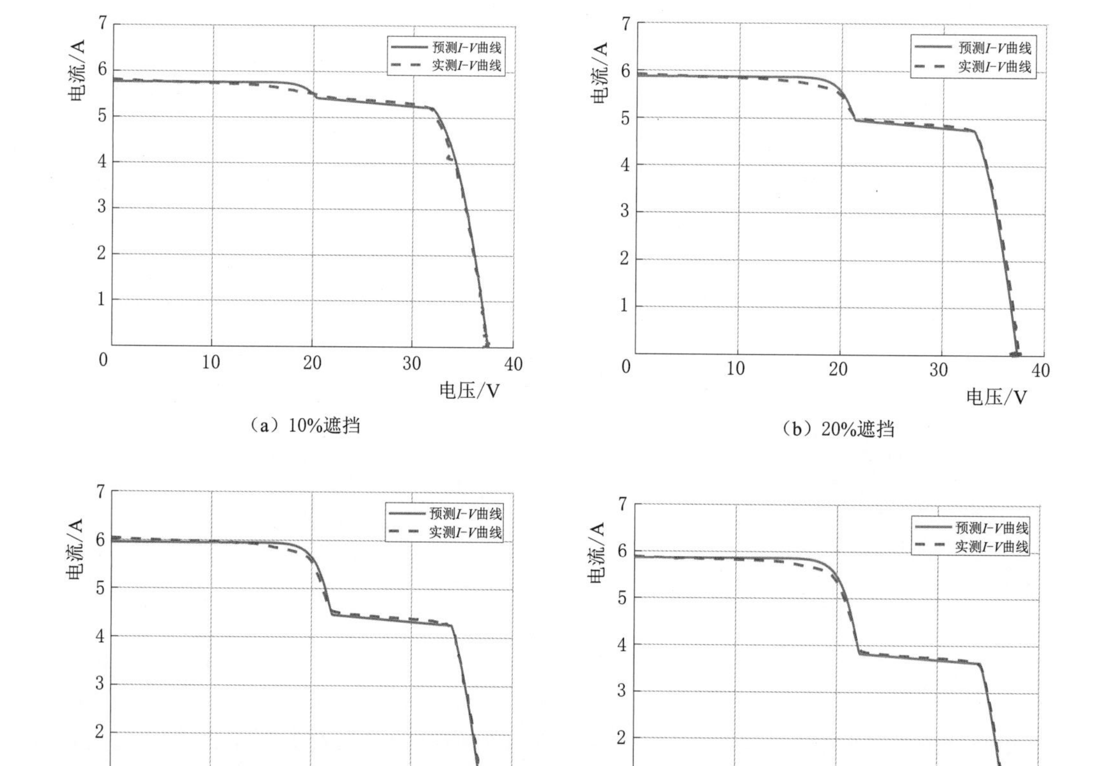

图2-9(一) 实测 $I-V$ 曲线和预测 $I-V$ 曲线结果对比

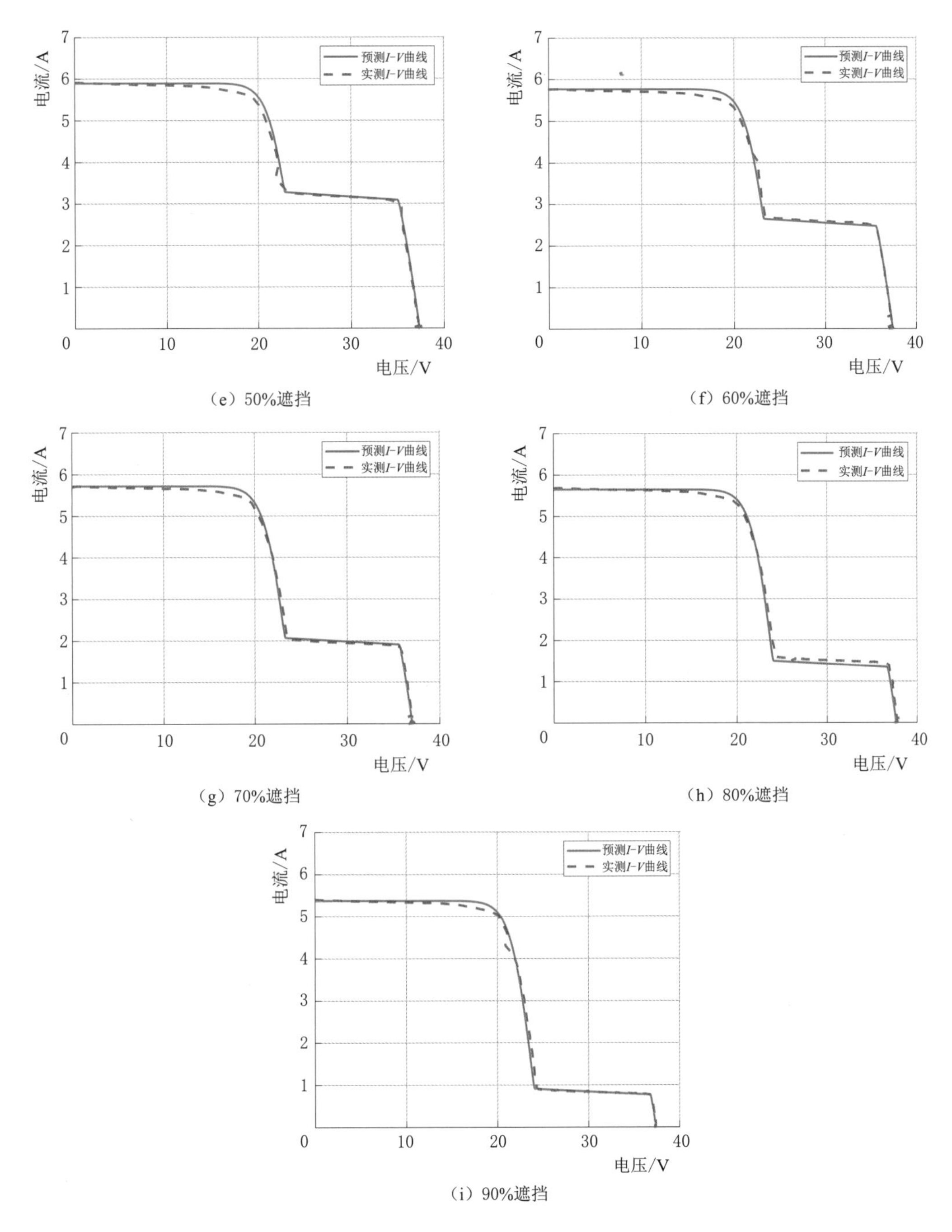

图 2-9（二） 实测 $I-V$ 曲线和预测 $I-V$ 曲线结果对比

由实验结果可知，实测 $I-V$ 曲线和预测得到的结果差别很小，说明本模型具有较好的精度。相较于现有研究中的光伏组件模型，本小节所提出的模型除了考虑遮挡对电池片光生电流的影响之外，还对遮挡情况下电池片分流电阻的大小做出了更加精确的估算，模型中的分流电阻值将随着遮挡比例的上升而增大。为了证明本小节提出的模型的优越性，以遮挡 90%的情况为例，将本章节提出的遮挡情况下光伏组件模型仿真实验结果与现有

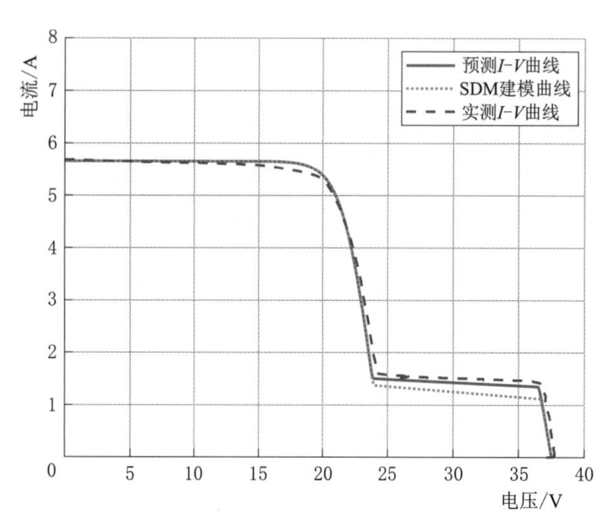

图2-10 模型对比实验结果

的遮挡情况下的光伏组件SDM建模模型进行对比，模型对比实验结果如图2-10所示。由实验结果可知，相比于现有模型，本章节提出的遮挡情况下组件模型的准确度更高一些。

事实上，遮挡现象除了会对光伏组件的电气特性造成明显的影响，导致系统出现电量损失，同时也会使得电池片温度明显升高，出现热斑故障，并缩短组件寿命，造成安全隐患。为了进一步分析分布式光伏电站的热斑形成过程，将进一步实现对不同遮挡情况下的组件热斑温度估算。本小节所提出的新模型，考虑了遮挡情况对于电路中分流电阻的影响，在提高模型准确度的同时，也为后续计算组件热功率提供了基础，有利于提高热斑温度估算结果的准确度。

2.3 遮挡情况下的电池片温度分布估算

光伏电站的热斑形成原因主要分为两大类，一类是光伏组件内部缺陷，这种情况只能通过更换组件来解决，需要在运维过程中根据热斑的严重程度来决定是否进行维护；另一类是组件外部遮挡，此时的热斑故障可以通过清扫而解决，如果在运维过程中得到及时的处理，就可以避免组件的进一步损坏。而对于遮挡情况下的热斑，其最高温度可达到200℃，不仅将加速组件的老化，还有可能导致潜在的火灾风险。因此，为了避免这些情况的出现，需要对热斑温度进行估算。热斑的形成是缓慢的，其温度由电池片热功率以及内部的传热过程决定。当前对于遮挡情况下的热斑现象研究主要局限于实验室环境之中，为了模拟真实运行环境，本节基于正在运行的屋顶光伏平台进行了组件遮挡实验研究。同时，以2.1节提出的光伏组件模型为基础对组件热功率进行计算，提出了一种遮挡情况下的热斑温度估算方法，该方法还考虑了不同的外部环境条件，比如环境温度和风速对热斑温度的影响，弥补了当前热斑温度估算方面研究的空白。本节主要对遮挡导致的热斑故障进行了重点分析，为进一步提高光伏系统运维能力提供了基础，并简要介绍了组件自身缺陷所造成的热斑类型。

2.3.1 热斑形成原理与电池片传热过程分析

1. 热斑形成原理

光伏组件是由太阳能电池片排列组成的，当组件中的某个或某几个电池片被遮挡时，会出现热斑现象。本章在2.1节中介绍了遮挡情况下的光伏组件模型，基于该模型，简要介绍遮挡情况下光伏组件热斑的形成原理。

当太阳光照射到光伏组件上时，太阳辐射产生的太阳能有很少的一部分会被反射出去，剩余的大部分能量被光伏组件吸收，从而转化为电能和热能。对于部分遮挡的电池片来说，被遮挡部分吸收到的太阳能小于未遮挡部分时，整体产生的光生电流值小于其他电池片，当该电池片的光生电流小到一定程度时，电池片会处于反向偏置状态，从而作为负载消耗功率散发热量，造成热斑现象。而热功率是决定热斑温度的决定性因素之一，本节将对于电池片的热功率计算进行简单介绍。

太阳能电池片的电功率 P_{ele} 的计算公式为

$$P_{ele}=I\cdot U_o \tag{2-26}$$

式中：I 为电池片的电流；U_o 为电池片的输出电压。

由图 2-6 的等效单二极管模型可计算得到电池片的二极管电流 I_d，计算公式为

$$I_d=I_s\left[\exp\left(\frac{U_o+I\cdot R_s}{a}\right)-1\right] \tag{2-27}$$

未遮挡部分和遮挡部分的二极管电流 I_{d1} 和 I_{d2}（图 2-5）分别为

$$I_{d1}=I_d(1-r\%) \tag{2-28}$$

$$I_{d2}=I_d\cdot r\% \tag{2-29}$$

未遮挡部分和遮挡部分中经过分流电阻的电流 I_{h1} 和 I_{h2}（图 2-5）分别为

$$I_{h2}=\frac{U_o+I\cdot R_s}{R_{h2}} \tag{2-30}$$

$$I_{h1}=\frac{U_o+I\cdot R_s}{R_{h1}} \tag{2-31}$$

其中，R_{h1} 和 R_{h2} 值的大小受到遮挡情况的影响。

未遮挡部分的电流 I_1 以及遮挡部分的电流 I_2（图 2-5）分别为

$$I_1=I_{ph1}-I_{d1}-I_{h1} \tag{2-32}$$

$$I_2=I_{ph2}-I_{d2}-I_{h2} \tag{2-33}$$

基于 2.1 节中提出的遮挡情况下的电池片并联电路模型，可以计算得到被遮挡电池片中遮挡部分的电功率 $P_{ele,shade}$ 以及未遮挡部分的电功率 $P_{ele,normal}$ 分别为

$$P_{ele,shade}=I_1\cdot U_o \tag{2-34}$$

$$P_{ele,normal}=I_2\cdot U_o \tag{2-35}$$

从物理构造的角度，电池片可以分为玻璃表面、EVA 层、硅电池以及 TPT 背板四个部分，正常情况下，吸收到的总太阳能 E_{solar} 为这四个部分分别吸收到的太阳能的总和。而在遮挡情况下，吸收到的总太阳能 E_{solar} 还包括遮挡物吸收到的太阳能，而到达电池片其他部分的太阳能将变少。因此，可以得到电池片的热功率 P_{ther} 计算公式为

$$P_{ther}=E_{solar}-P_{ele} \tag{2-36}$$

对于部分遮挡的电池片，未遮挡部分的热功率 $P_{ther,normal}$ 以及遮挡部分的热功率 $P_{ther,shade}$ 计算公式为

$$P_{ther,normal}=E_{solar}\cdot(1-r\%)-P_{ele,normal} \tag{2-37}$$

$$P_{ther,shade}=E_{solar}\cdot r\%-P_{ele,shade} \tag{2-38}$$

综上可知，遮挡情况下分流电阻值的确定有助于提高电池片热功率的计算准确度，在实现电池片热功率计算的基础上，结合遮挡实验现象和相关物理学知识，可以实现对遮挡情况下光伏组件热斑形成过程的分析。为了给遮挡情况下电池片温度分布估算提供进一步的实验支撑，后续将基于屋顶光伏平台进行一系列光伏组件遮挡实验，从而实现对不同遮挡情况下的热斑现象的研究。

2. 电池片传热过程分析

通常来说，物体的传热主要分为三种基本方式：热传导、热对流以及热辐射。

（1）热传导方式。沿着 x 方向的热传导方式可以用傅里叶定律进行解释，热流量 Φ_{cond} 计算公式为

$$\Phi_{cond}=-\lambda A\frac{\mathrm{d}T}{\mathrm{d}x} \tag{2-39}$$

式中：λ 为介质的热导率；A 为横截面积；T 为温度。

太阳能电池片可以分为玻璃表面、EVA层（2层）、硅电池层以及TPT背板四部分，这几种材料的热导率见表2-4。

表2-4　太阳能电池片材料热导率

材　料	热导率/(W/mK)	材　料	热导率/(W/mK)
玻璃	2.00	硅电池	130.00
EVA	0.31	TPT	0.15

（2）热对流方式。热对流方式可以用牛顿冷却定律来解释，得到热流量 Φ_{conv} 计算公式为

$$\Phi_{conv}=hS\Delta T \tag{2-40}$$

式中：h 为对流换热系数；S 为传热面积；ΔT 为对流传热温差。

本小节中，假定光伏组件中太阳直射的一面为前，另一面为后，则电池片前、后表面的对流换热系数 h_f 和 h_b 的计算公式为

$$h_f=5.82+4.07\cdot v \tag{2-41}$$

$$h_b=0.6\cdot h_f \tag{2-42}$$

式中：v 为风速。

（3）热辐射方式。热辐射方式可以用斯特藩-玻尔兹曼定律解释，该方式下的热流量 Φ_{rad} 计算公式为

$$\Phi_{rad}=\varepsilon S\sigma T^4 \tag{2-43}$$

式中：ε 为材料的发射率；S 为传热面积；σ 为斯特藩-玻尔兹曼常数，其值为 $5.67\times10^{-8}\mathrm{W\cdot m^{-2}\cdot K^{-4}}$；$T$ 为温度。

电池片中玻璃表面和TPT背板的发射率见表2-5。

表2-5　电池片材料发射率

材　料	发射率	材　料	发射率
玻璃	0.85	TPT	0.9

通常来说，玻璃表面、EVA层以及TPT背板三个部分之间的热传导所产生的热流量可以被忽略，因此在无遮挡的情况下，电池片的温度分布是均匀的，也就是说正常无遮挡情况下电池片的传热过程只包括和外部环境之间的热对流和热辐射两种方式。而在部分遮挡的情况下，电池片未被遮挡部分的热功率要明显高于遮挡部分，两者之间会有明显的温差，此时会出现热传导现象。因此，对于部分遮挡的电池片来说，传热过程包括热传导、热对流和热辐射三种方式，比无遮挡情况下的电池片多了一种热传导方式。无遮挡情况下的传热过程以及遮挡情况下的热传导过程如图 2-11 所示。

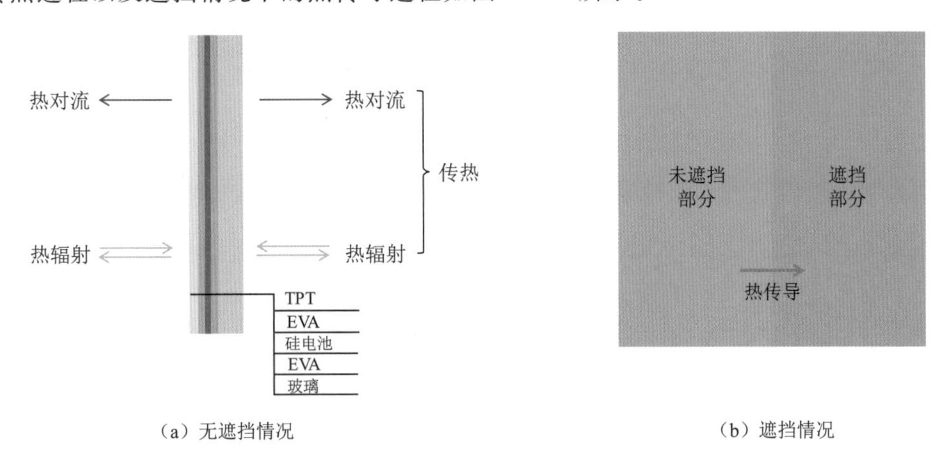

(a) 无遮挡情况　　(b) 遮挡情况

图 2-11　电池片热传导过程

2.3.2　无遮挡情况下的电池片温度分析

当达到稳定工作状态时，无遮挡情况下的电池片的热功率与其热流量相等，为

$$P_{ther} = \Phi_{conv} + \Delta\Phi_{rad} \tag{2-44}$$

式中：P_{ther} 为无遮挡情况下电池片的热功率；Φ_{conv} 为热对流方式下的热流量；Φ_{rad} 为热辐射方式下的热流量。

热对流及热辐射方式下的热流量 Φ_{conv}、$\Delta\Phi_{rad}$ 分别为

$$\Phi_{conv} = (h_f + h_b) \cdot S_{cell} \cdot (T_{cell} - T_a) \tag{2-45}$$

$$\Delta\Phi_{rad} = (\varepsilon_{glass} + \varepsilon_{TPT}) \cdot S_{cell} \cdot \sigma \cdot (T_{cell}^4 - T_a^4) \tag{2-46}$$

式中：T_{cell} 为无遮挡情况下电池片的温度；T_a 为环境温度；ε_{glass} 为玻璃表面的发射率；ε_{TPT} 为 TPT 背板的发射率。

上述已经介绍了无遮挡情况下的电池片的热功率计算公式，基于该公式可知：在其他参数已知的情况下，电池片热功率 P_{ther} 的计算公式可以看成是电池片温度 T_{cell} 的四次方程，利用 P_{ther} 值对该方程进行求解，得到的正实根即为 T_{cell} 的值。

2.3.3　遮挡情况下的电池片温度分布

为了研究部分遮挡情况下电池片遮挡部分与未遮挡部分之间的热传导过程[15]，本小节对电池片进行分层，如图 2-12 所示。当划分层数趋于无穷大时，可以得到各层温度 T 关于 x 的微分方程，但这种情况下很难得到微分方程的解析解。因此，为了方便计算，

将电池片划分为有限层，并近似计算电池片的温度分布情况。

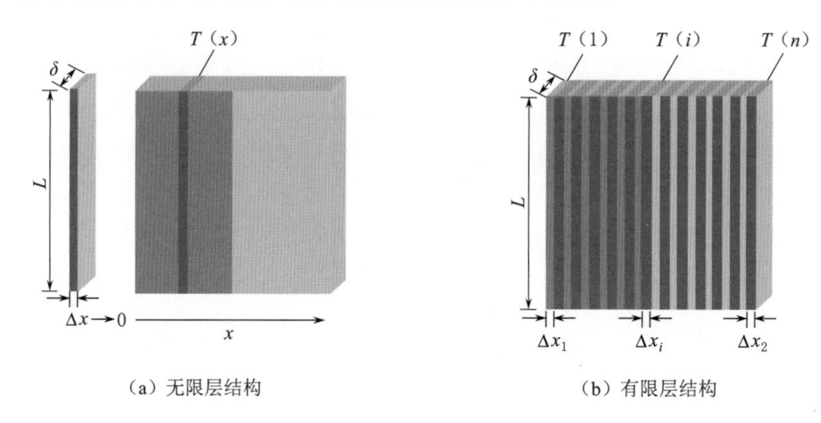

(a) 无限层结构　　(b) 有限层结构

图 2-12　电池片层次划分

当达到稳定工作状态时，电池片各层的热功率都和该层的热流量相等，为

$$P_{ther,i}=\Delta\Phi_{cond,i}+\Phi_{conv,i}+\Delta\Phi_{rad,i} \tag{2-47}$$

式中：$P_{ther,i}$ 为第 i 层的热功率；$\Delta\Phi_{cond,i}$ 为第 i 层与相邻层之间进行热传导的热流量；$\Phi_{conv,i}$ 为第 i 层热对流的热流量；$\Delta\Phi_{rad,i}$ 为第 i 层热辐射的热流量。

若第 i 层属于遮挡部分，则该层的热功率计算公式为

$$P_{ther,i}=P_{ther,shade}\cdot\frac{L\cdot\Delta x_i}{S_{cell}\cdot r\%} \tag{2-48}$$

若属于未遮挡部分，则热功率计算公式为

$$P_{ther,i}=P_{ther,normal}\cdot\frac{L\cdot\Delta x_i}{S_{cell}\cdot(1-r\%)} \tag{2-49}$$

式中：$P_{ther,shade}$ 为遮挡部分的总热功率；$P_{ther,normal}$ 为未遮挡部分的总热功率；L 为电池片的边长；Δx_i 为第 i 层的宽度；S_{cell} 为电池片面积。

综上，可以得到电池片中每一层在热传导方式下的热流量计算公式，热对流方式下的热流量计算公式以及热辐射方式下的热流量计算公式，分别为

$$\Delta\Phi_{cond,i}=\begin{cases}-\lambda_s\delta_s L\cdot\dfrac{T(2)-T(1)}{(\Delta x_2+\Delta x_1)/2}, & i=1\\[2ex] -\lambda_s\delta_s L\left[\dfrac{T(i+1)-T(i)}{(\Delta x_{i+1}+\Delta x_i)/2}-\dfrac{T(i)-T(i-1)}{(\Delta x_i+\Delta x_{i-1})/2}\right], & 1<i<n\\[2ex] -\lambda_s\delta_s L\left[-\dfrac{T(n)-T(n-1)}{(\Delta x_n+\Delta x_{n-1})/2}\right], & i=n\end{cases} \tag{2-50}$$

$$\Phi_{conv,i}=(h_f+h_b)(L\cdot\Delta x_i)[T(i)-T_a] \tag{2-51}$$

$$\Phi_{rad,i}=(\varepsilon_{glass}+\varepsilon_{TPT})(L\cdot\Delta x_i)\sigma[T^4(i)-T_a^4] \tag{2-52}$$

式中：λ_s 为硅电池的热导率；δ_s 为硅电池的厚度；$T(i)$ 为第 i 层的温度。

在得到太阳能电池片每一层热流量的基础上，利用迭代法可以计算得到电池片的温度分布。如果忽略电池片遮挡部分和未遮挡部分之间的热传导过程，则此时电池片各部分热

功率的大小仅和热对流以及热辐射过程中产生的热流量有关。本小节将遮挡情况下的电池片简化为两层结构，即遮挡层和未遮挡层，假设遮挡层的温度为 T_{shade}，未遮挡层的温度为 T_{normal}，则各部分的温度值分别为

$$P_{ther,shade}=(h_f+h_b)\cdot S_{cell}\cdot r\%\cdot(T_{shade}-T_a)+(\varepsilon_{glass}+\varepsilon_{TPT})\cdot S_{cell}\cdot r\%\cdot\sigma\cdot(T_{shade}^4-T_a^4) \tag{2-53}$$

$$P_{ther,normal}=(h_f+h_b)\cdot S_{cell}\cdot(1-r\%)(T_{normal}-T_a)+(\varepsilon_{glass}+\varepsilon_{TPT})\cdot S_{cell}\cdot(1-r\%)\cdot\sigma\cdot(T_{normal}^4-T_a^4) \tag{2-54}$$

基于上述分析，得到两部分的温度值之后，再考虑两部分之间的热传导过程。将电池片划分为 n 层结构，为了方便计算，假设每层的宽度 Δx 一致，均为 L/n。此时，设遮挡部分的每一层的初始温度均为 T_{shade}，未遮挡部分的每一层初始温度为 T_{normal}。然后对进行热传导之后的各层温度进行计算，步骤如下：

(1) 若 $T_{normal}>T_{shade}$，设定 k 值为 1，$flag$ 值为 0；否则，直接跳到步骤 (7)。

(2) 对每一层的温度进行迭代计算，假设第 i 层的温度为 $T(i)$，$P_{ther,i}$ 表示第 i 层的热功率，得到计算公式为

$$T(1)_{(k)}=T(1)_{(k-1)}-\tau \tag{2-55}$$

$$T(2)_{(k)}=\frac{(\Delta x)^2}{\lambda_s\delta_s}\cdot\{(h_f+h_b)\cdot[T(1)_{(k)}-T_a]+(\varepsilon_{glass}+\varepsilon_{TPT})\cdot\sigma\cdot[T(1)_{(k)}^4-T_a^4]\}-\frac{\Delta x}{\lambda_s\delta_s L}\cdot P_{ther,1}+T(1)_{(k)} \tag{2-56}$$

$$T(i+1)_{(k)}=\frac{(\Delta x)^2}{\lambda_s\delta_s}\cdot\{(h_f+h_b)\cdot[T(i)_{(k)}-T_a]+(\varepsilon_{glass}+\varepsilon_{TPT})\cdot\sigma\cdot[T(i)_{(k)}^4-T_a^4]\}-\frac{\Delta x}{\lambda_s\delta_s L}\cdot P_{ther,i}+2T(i)_{(k)}-T(i-1)_{(k)} \tag{2-57}$$

式中：τ 为手动设置的参数。

(3) 设定阈值为 Th，误差值 $E(k)$ 为

$$E(k)=\frac{(\Delta x)^2}{\lambda_s\delta_s}\cdot\{(h_f+h_b)\cdot[T(n)_{(k)}-T_a]+(\varepsilon_{glass}+\varepsilon_{TPT})\cdot\sigma\cdot[T(n)_{(k)}^4-T_a^4]\}-\frac{\Delta x}{\lambda_s\delta_s L}\cdot P_{ther,n}+T(n)_{(k)}-T(n-1)_{(k)} \tag{2-58}$$

若误差值大于阈值，则进行下一步计算；否则，跳到步骤 (7)。

(4) 若误差值 $E(k)<0$ 或各层最低温度值小于前文中计算得到的遮挡部分的温度 T_{shade}，则将 $flag$ 值设置为 1，且 $\tau=-\tau$；若 $E(k)>0$ 且最低温度值大于 T_{shade}，则 $\tau=|\tau|$。

(5) 为了保证算法的收敛性，当 $flag=1$ 时，$\tau=-0.5\tau$。

(6) 将 k 值加 1，返回步骤 (2)。

(7) 综上，可以得到图 2-13 中电池片 $x(0\leqslant x\leqslant L)$ 位置的温度 $T(x)$ 的计算公式，为

$$i=\left[\frac{x}{\Delta x}+\frac{1}{2}\right] \tag{2-59}$$

式中：符号［·］为向下取整。

$$T(x)=T(i)+\left(\frac{x}{\Delta x}-\frac{2i-1}{2}\right)\cdot[T(i+1)-T(i)],\ 0\leqslant i\leqslant n \tag{2-60}$$

式中：$T(0)$ 和 $T(n+1)$ 为与被遮挡电池片相邻的两个电池片的温度。

2.3.4 实验及结果分析

本章节首先基于NOCT条件进行建模，估算得到该运行条件下不同遮挡比例情况的组件热斑温度。然后再基于上述利用遮光布进行遮挡实验时的气象环境数据对热斑温度进行估算，将估算结果与实测结果进行比较，从而实现对遮挡情况下热斑温度估算方法的准确性验证。另外，实验中所用遮光布的透光率为5%。

为了模拟不同遮挡比例对于光伏组件热斑温度的影响，本小节对运行在NOCT条件下的光伏组件进行建模，并将光伏组件的电流设置为NOCT条件下的峰值工作电流 I_{mp}。利用该模型，分别对遮光布遮挡10%～90%的情况进行组件温度分布估算，得到估算结果如图2-13所示。

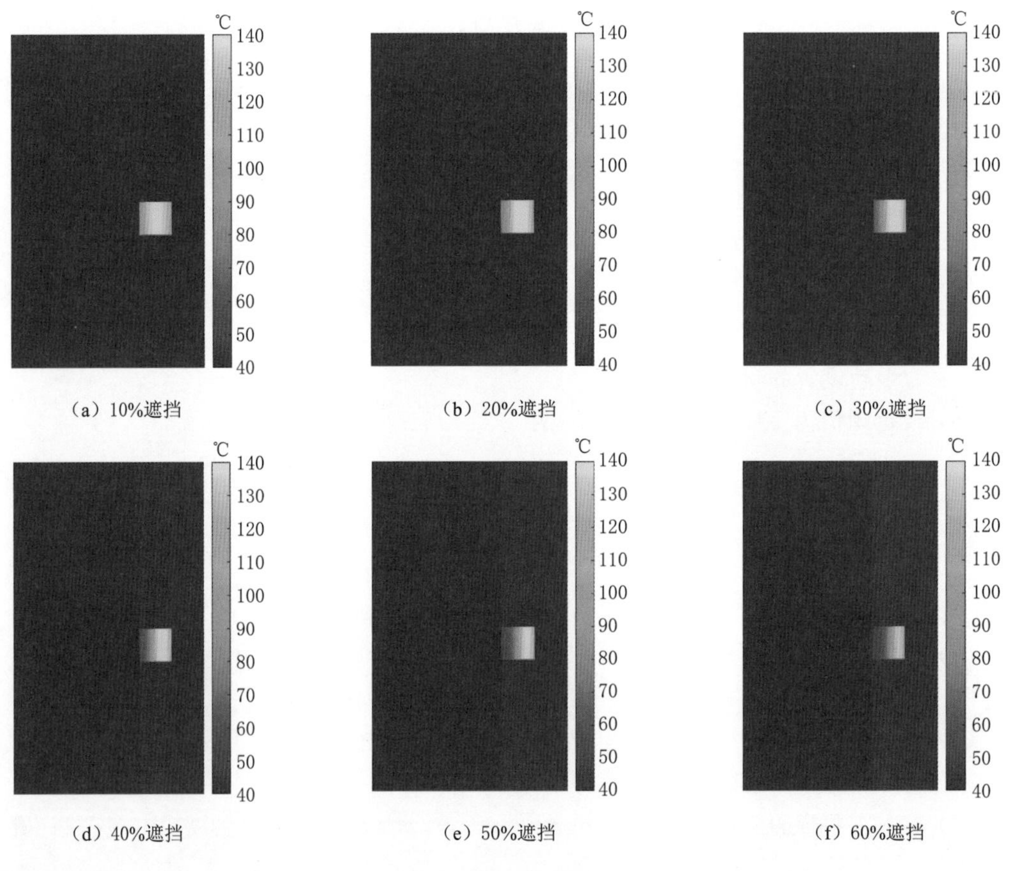

(a) 10%遮挡　(b) 20%遮挡　(c) 30%遮挡

(d) 40%遮挡　(e) 50%遮挡　(f) 60%遮挡

图2-13（一） 温度分布估算结果

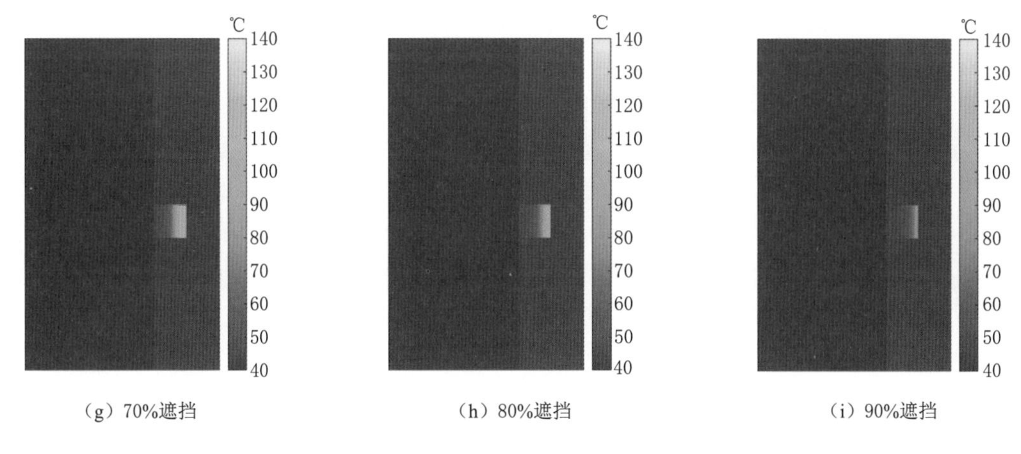

图 2-13（二） 温度分布估算结果

由估算结果可知，在 NOCT 条件下，当遮挡比例为 10%的时候，已经有明显的热斑；而遮挡比例由 10%变化至 50%时，热斑温度变化并不明显；但是当遮挡比例大于 50%时，热斑温度随着遮挡比例的增加逐渐下降，遮挡比例为 90%时组件的热斑温度要远低于 50%遮挡的情况。

本小节还利用实际遮挡实验过程中记录得到的 2min 内平均风速数据进行建模，基于该模型计算得到实验环境下的热斑温度和其他正常电池片温度的估计值，最终得到估计值与实测值对比如图 2-14 所示。建模所设的 NOCT 值为 45.3℃，相较于表 2-1 中的 NOCT 值高 0.3℃。由实验结果可知，不同遮挡条件下的热斑温度估计值与实测值接近于参考线位置，也就是说，估计值与实测值近似相等，表示本章节所提出的模型有较好的热斑温度估算效果。

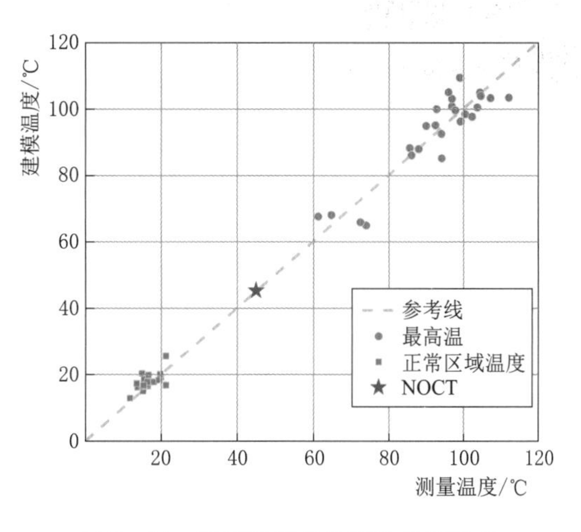

图 2-14 不同遮挡条件下的热斑温度估算结果与实测结果对比

但由实验结果可知，估算结果与实测结果之间还是存在着一定的偏差，这可能是因为本小节所使用的是一个二维模型，没有将电池片各层材料之间的热传导考虑在内，同时，实验过程中风速的不稳定性也会对实验结果造成影响。但是，本章节所用的二维温度估算模型有估算速度较快的优点，平均估算时间为 15.6ms，具有较好的实时性。本实验中使用的编程语言为 MATLAB，若将代码转换为 Java 语言或者 C 语言，则可以嵌入到可移动设备中进行应用，从而进行对光伏电站的组件温度监测。

2.4 基于分级特征的热斑组件预检测

基于远景红外图像对光伏组件进行预检测，实现疑似有热斑光伏组件的预筛选，可以提升后续基于近景红外图像的热斑检测精度。远景红外图像可以利用无人机巡检过程中携带的红外热像仪对光伏电站进行拍摄采集得到，由于拍摄距离较远，基于远景红外图像的热斑检测过程要比近景红外图像更加复杂。将基于远景红外图像的热斑检测过程分为三个步骤，算法流程图如图 2－15 所示。步骤一，根据光伏阵列形状固定这一特点，基于 U－Net 网络实现了复杂背景中的光伏阵列提取。步骤二，提出了一种新的组件分割方法，与传统的边缘检测方法不同，该方法基于红外图像中光伏组件的温度分布特点，以及组件形状为矩形这一先验知识，利用自适应阈值分别沿着水平和垂直方向寻找到边界点，并根据基于密度的含噪数据空间聚类（Density－Based Spatial Clustering of Applications with Noise，DBSCAN）算法实现边缘点聚类，拟合得到边界线来实现组件分割，具有良好的准确度和鲁棒性。步骤三，利用光伏组件灰度值的分级特征实现组件热斑检测。

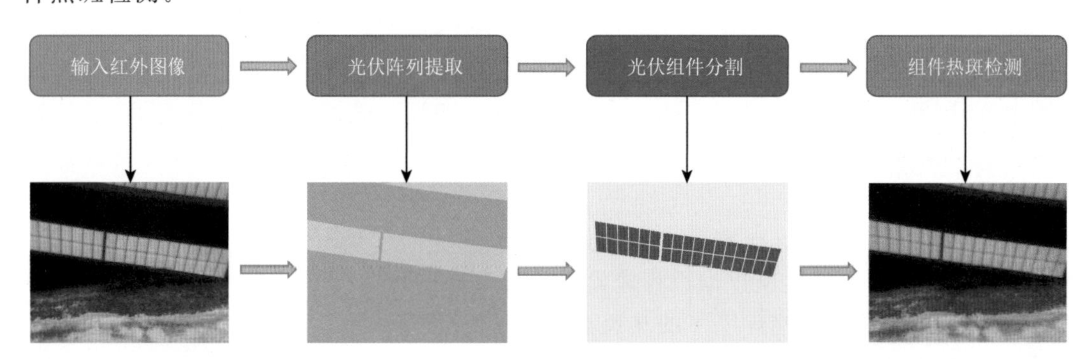

图 2－15　光伏组件远景红外图像热斑检测算法流程图

2.4.1　远景红外图像光伏阵列提取

通常情况下，分布式光伏电站往往搭建在比较复杂的环境中，例如半山腰、屋顶等，因此无人机拍摄得到的光伏电站红外图像中除了光伏阵列外还会有复杂的背景图像。这些复杂背景由于发射率不同，会在红外图像中显示出不同的颜色或亮度，从而对热斑检测的精确度造成严重的影响。因此进行组件热斑检测工作的第一步就是需要先将光伏阵列从复杂背景中提取出来，消除其他无关区域的影响。本小节阐述了一种基于深度学习模型 U－Net 网络的红外图像中光伏阵列自动提取算法，利用该方法将无人机拍摄得到的远景红外图像中的光伏阵列部分从复杂背景中提取出来，从而将提取部分作为目标区域以进行后续热斑检测工作。

1. U－Net 网络结构

U－Net 网络是当前常用的一种基于完全卷积网络（Fully Convolutional Networks，FCN）来实现语义分割的算法[6]，在 2015 年首次被提出，该网络为编码-解码结构，编码过程中通过下采样来实现特征提取，解码过程则利用向上卷积操作来实现对图像的原始信息恢复[7]。U－Net 是一种端到端的图像分割算法，最初应用于生物医学图像，可以实现对于目标物边界的高精度提取，其输入为原始图像，输出为目标分割结果，训练过程中根据输出结果和实际结果之间的差异来对网络进行训练，以得到良好的分割效果。

利用 U-Net 网络可以预测图像中每个像素点的所属类别，对于具有固定结构的目标有良好的分割效果。对于光伏电站远景红外图像来说，图像中的光伏阵列为四周有明显边界的四边形区域，该特征可以被认为是光伏阵列的固定结构。因此选择使用 U-Net 网络来实现对远景红外图像中光伏阵列的提取，网络架构如图 2-16 所示[6]。

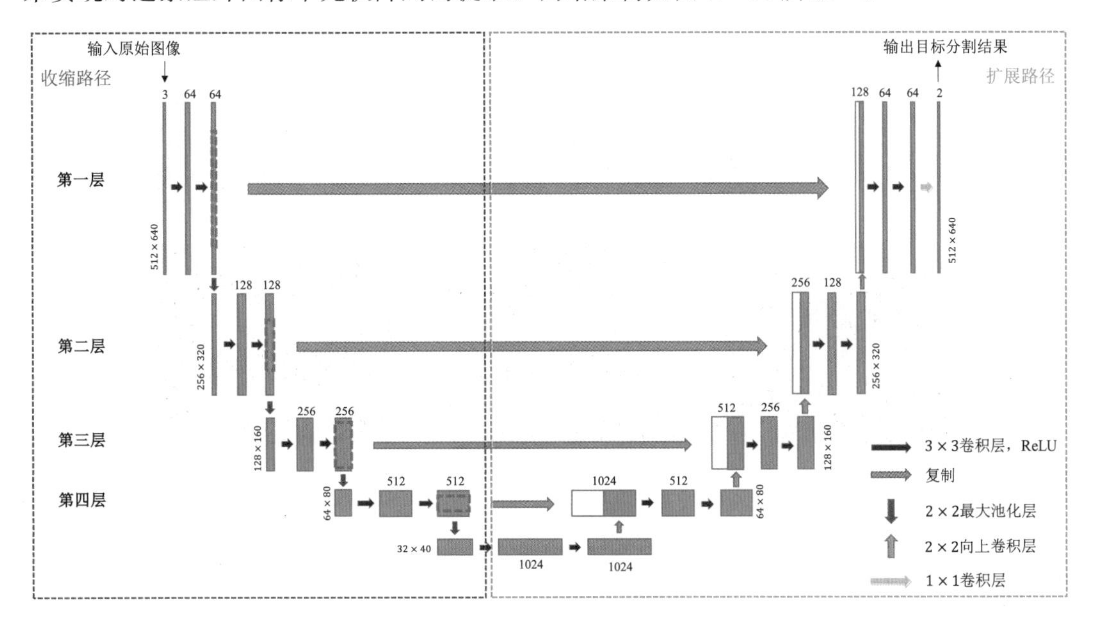

图 2-16 U-Net 网络架构图

本小节中网络的输入为 512×640 大小的无人机红外图像，网络的左侧部分为收缩路径，右侧为扩展路径。收缩路径用于提取图片的特征信息，首先该部分的每一层网络都包括两层 3×3 卷积层，而每个卷积层后面都跟着一个修正线性单元 ReLU，为了保持图像大小不变，选用零填充卷积层。之后再经过 2×2 最大池化层实现下采样操作，最大池化层的步长为 2，每次执行完下采样操作之后，特征通道的数量将会翻倍。扩展路径的作用为实现精确定位，与收缩路径对称，该部分中的每一层都对获得的特征图进行上采样操作，然后再经过 2×2 向上卷积层将特征通道数减半。每经过一次上采样操作，就将收缩路径中下采样得到的特征图与对应扩展路径中上采样得到的特征图结合起来，从而得到更加精确的输出，该输出再经过 3×3 卷积层以及 ReLU 进行运算。在最后一层，经过 1×1 卷积层来实现每个像素的类别映射，其中图像像素包含光伏阵列和背景两个类别。

2. 光伏阵列提取过程

基于 U-Net 网络对数据集进行训练，可以基于标注好的样本集对网络的权值进行学习，从而实现对图像特征的提取。另外，光伏阵列区域的形状都为四边形，而 U-Net 网络对于此类具有固定结构的数据集有良好的分割效果。

实验所用数据集为无人机拍摄得到的光伏电站红外图像，包括 645 张有光伏阵列的红外图像以及 566 张无光伏阵列的红外图像，因此分别选择有光伏阵列的红外图像 510 张以及无光伏阵列的红外图像 450 张作为训练集，剩下的作为测试集。

在进行训练之前首先要对训练集中的红外图像进行标注。标注过程中，仅标记出光伏阵列以及复杂背景这两个语义类，如图2-17所示。图中上半部分为原始红外图像，下半部分为标注图像。标注图像中红色部分为光伏阵列，黑色部分为复杂背景。训练过程中，将原始图像与标注图像一起作为训练集对网络进行训练。

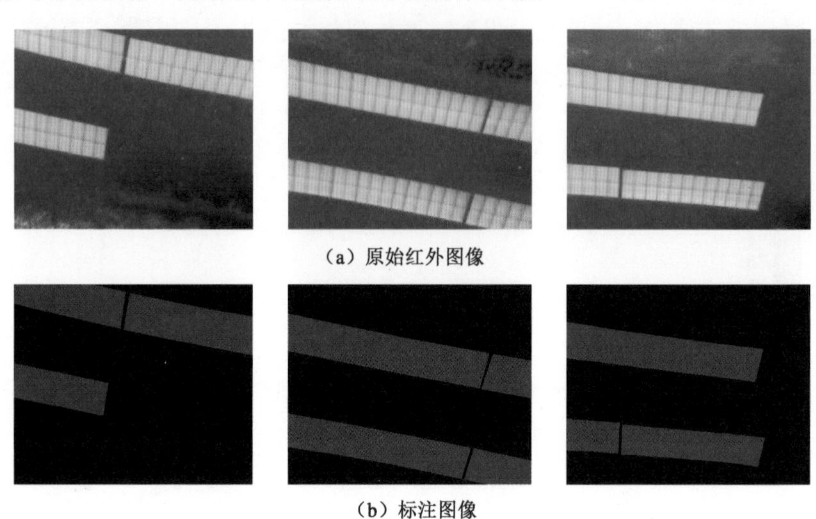

(a) 原始红外图像

(b) 标注图像

图2-17 标注数据集示例

在利用原始红外图像以及标注图像对网络进行训练的过程中，使用TensorFlow的随机梯度下降算法来实现参数优化。由前文可知，为了保证图像大小不变，经过卷积之后的图像边缘用零值进行填充。

为了计算得到损失函数，将网络输出结果图像中的每一个像素与对应的标注图像进行比较，并采用标准交叉熵损失来计算差异。损失函数E的计算公式为

$$E=\sum_{x\in\Omega}w(x)\lg[p_{l(x)}(x)] \tag{2-61}$$

式中：$l(x)$为像素点x的真实标签；$p_{l(x)}$为像素点x被判断为真实标签的概率；$w(x)$为训练过程中添加给像素点x的权重值。

事实上，对于U-Net网络来说，需要实现良好的权值初始化，否则就可能会出现部分卷积层过度激活，而其他卷积层不发挥作用的情况。理想情况下的权值初始化会使得网络中的每个特征图都具有近似的单位方差。对于这种卷积层和ReLU交替出现的网络结构，可以利用标准差为$\sqrt{2/N}$的高斯分布来随机生成权值，其中N表示一个神经元的传入结点数。

3. 实验结果分析

本章节所用数据集是由无人机携带FLIR红外热像仪在一个光伏电站进行航空拍摄得到的，包含有1211张红外图像，图像大小为512×640，其中有645张红外图像包含有光伏阵列。这些图像是在晴朗无云的天气情况下进行采集的，当时的辐照度高于800W/m^2，可以得到良好的拍摄效果。

本实验利用U-Net网络进行训练，训练过程中通过计算损失函数来对网络参数进行迭代更新，从而使得损失函数达到最小值，当迭代达到30轮时停止，对图像进行测试。

U-Net 网络根据测试图像得到预测的像素标签，即实现光伏阵列和背景的分割，提取得到光伏阵列部分。分割结果如图 2-18 所示，图中上半部分为原始红外图像，下半部分为预测的分割结果。事实上，该方法对于不含光伏组件的红外图像，也可以得到良好的分割效果。

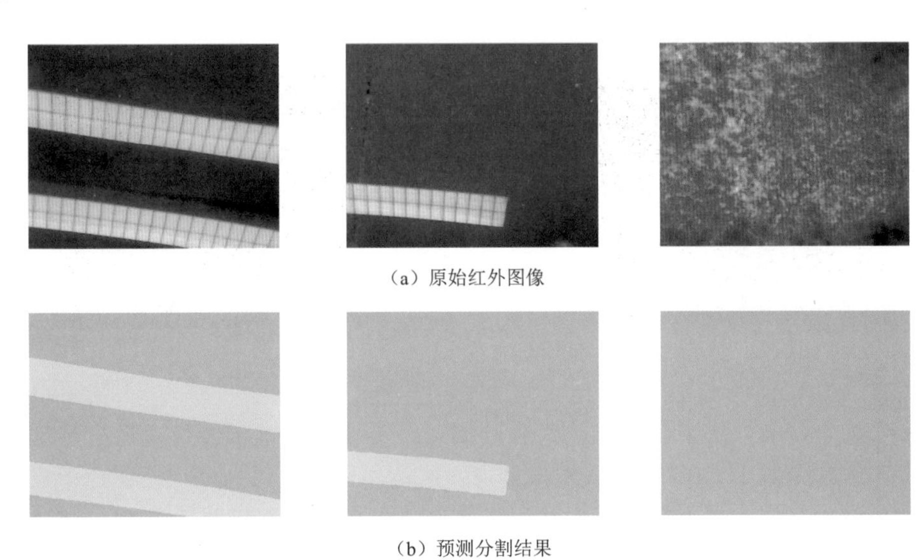

（a）原始红外图像

（b）预测分割结果

图 2-18　光伏阵列分割结果

除了 U-Net 网络以外，还有 SegNet 网络也常用于实现语义分割，但由于光伏阵列的形状特点，利用 U-Net 网络可以获得更好的光伏阵列提取效果。本研究基于 SegNet 网络实现光伏阵列提取，随机选取数据集中的有光伏阵列以及无光伏阵列红外图像各一张，将基于 SegNet 网络的阵列提取结果与 U-Net 网络提取结果进行比较，实验结果对比如图 2-19 所示。对比发现，U-Net 网络的提取效果更好。

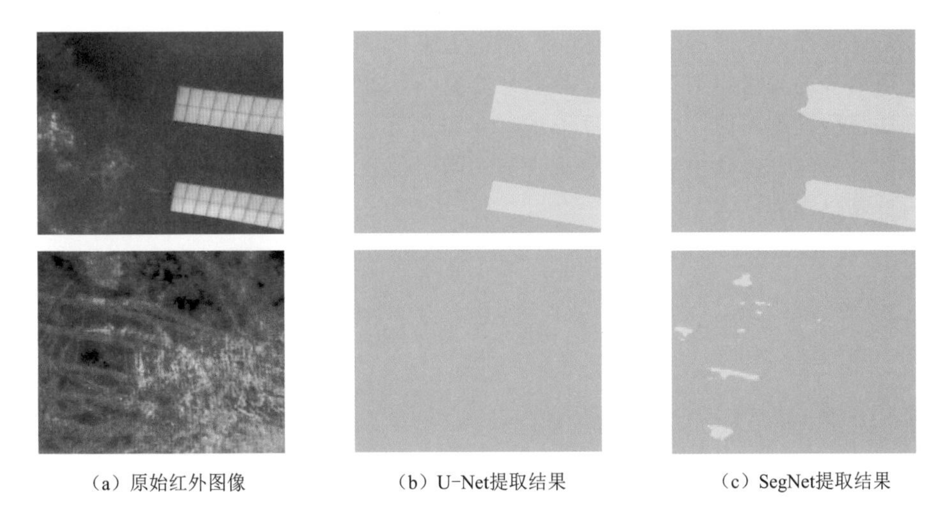

（a）原始红外图像　（b）U-Net提取结果　（c）SegNet提取结果

图 2-19　实验结果对比

2.4.2 远景红外图像中光伏组件分割

通常情况下，光伏阵列是由光伏组件整齐排列组成的，因此在进行光伏组件热斑检测之前，需要将提取得到的光伏阵列分割为一个个光伏组件[16,17]，从而进一步实现对于热斑具体位置的定位，组件分割期望结果如图 2-20 所示。

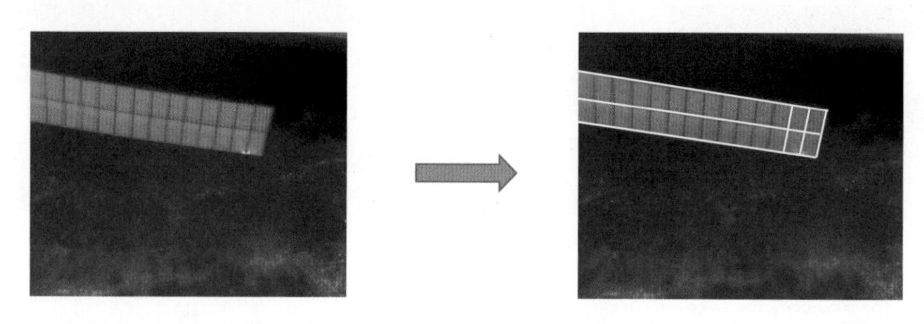

图 2-20 组件分割期望结果

本小节通过两类方法来实现光伏组件分割，一类方法是基于传统边缘检测算法来实现；另一类方法是基于 DBSCAN 算法来实现，这是一种新的无人机红外图像中光伏组件自动分割方法。其中，本小节所提方法以 3.1 节中的阵列提取结果为基础，结合先验知识，先利用 MATLAB findpeaks 函数找到组件边缘点，再基于 DBSCAN 算法实现边缘点聚类，从而实现光伏阵列中的组件自动分割。与传统边缘检测算法相比，新方法具有更好的准确性和鲁棒性。

1. 基于传统边缘检测算法的组件分割方法

通过文献调研可知，传统边缘检测算法常常用来实现光伏阵列的组件分割，例如 Sobel 边缘检测算法和 Canny 边缘检测算法。因此，本小节将基于这两种算法分别对光伏组件边界进行检测，并得出检测到的光伏组件边界线结果示意图。

(1) 使用 Sobel 边缘检测算法来实现对光伏组件的边界检测。通常来说，图像的边缘部分就是灰度值发生突变的位置，Sobel 边缘检测算法利用该特点来检测图像边缘，是一种基于一阶微分的边缘检测算法[8]，具有计算量小、处理速度快等优点[9]。

该算法将待检测图像与 Sobel 算子进行卷积运算，Sobel 算子是一组核函数，主要作用是提取图像梯度，包含水平算子和垂直算子两个部分，分别与图像进行卷积计算得到梯度值 G，计算过程为

$$G_x = \begin{bmatrix} -1 & 0 & 1 \\ -2 & 0 & 2 \\ -1 & 0 & 1 \end{bmatrix} \cdot A \tag{2-62}$$

$$G_y = \begin{bmatrix} -1 & -2 & -1 \\ 0 & 0 & 0 \\ +1 & +2 & +1 \end{bmatrix} \cdot A \tag{2-63}$$

$$G = \sqrt{G_x^2 + G_y^2} \tag{2-64}$$

式中：G_x 为图像中每一个像素点的水平方向梯度值；G_y 为图像中每一个像素点的垂直方

向梯度值。

将计算得到的梯度值 G 与设定阈值进行比较，若梯度值大于阈值，则判定该位置为组件边缘。为了得到更好的检测效果，分别选择了 4 个不同的阈值 Th 进行实验，阈值大小分别为 0.01、0.015、0.02 和 0.025，实验结果如图 2-21 所示。由实验结果可知，阈值的选取对于该方法的组件边缘检测效果起着决定性的作用。

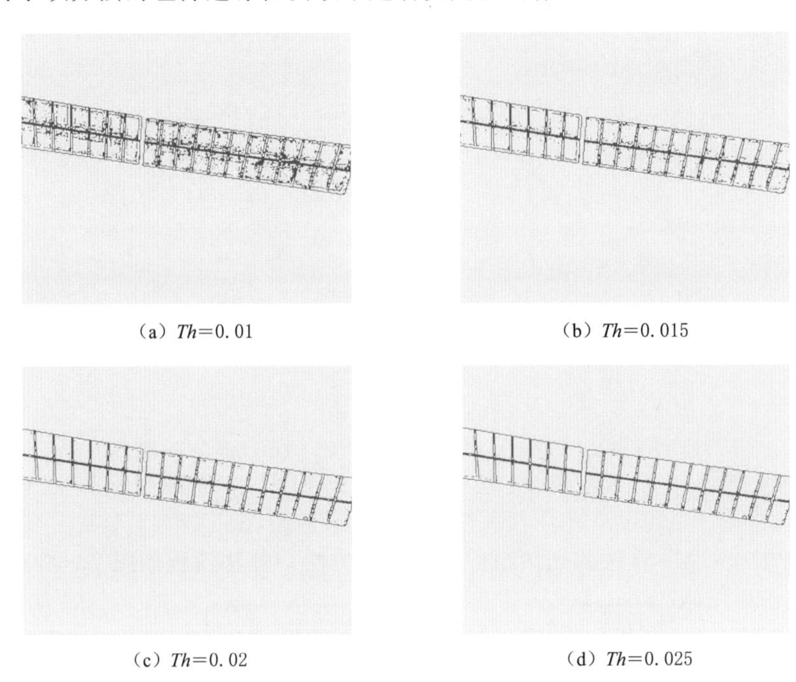

(a) $Th=0.01$ (b) $Th=0.015$

(c) $Th=0.02$ (d) $Th=0.025$

图 2-21 Sobel 边缘检测算法实验结果

(2) Canny 边缘检测算法[10] 是 1986 年提出的，与 Sobel 边缘检测算法类似，也是一种基于图像梯度进行边缘检测的算法。Canny 边缘检测算法基于三个评价标准来实现，分别是低检测错误率、高定位精度以及单边响应。检测过程为[11]：①使用高斯滤波器对图像进行平滑处理；② 对平滑处理后的图像进行梯度值及梯度方向计算；③使用非极大值抑制方法对图像进行边缘细化；④使用双阈值对边缘点进行判定。

利用 Canny 算法进行边缘检测，需要设定高、低两个阈值 Th 和 Tl。若梯度值大于 Th，则将其判定为边缘点；若梯度值小于 Tl，则判定为非边缘点；若梯度值大小在 Th 和 Tl 之间，且其周围没有梯度值大于 Th 的点，那么将其判定为边缘点。分别选取了 4 组阈值对无人机红外图像进行组件边缘检测，实验结果如图 2-22 所示。

2. 基于 DBSCAN 算法的组件分割方法

在大多数情况下，由于无人机合理的路径规划以及良好的图像采集方案，对于出现在红外图像边缘位置的不完整光伏阵列，可以对其进行忽略，因为它们会出现在其他红外图像中的合适位置，因此只对红外图像中心位置的光伏阵列进行组件分割。另外，由于光伏组件的铝框架的发射率远远小于组件玻璃表面，因此在红外图像中组件边缘位置的温度显示要远远低于组件表面，即边缘区域的亮度要明显低于组件表面。根据上述先验知识，提

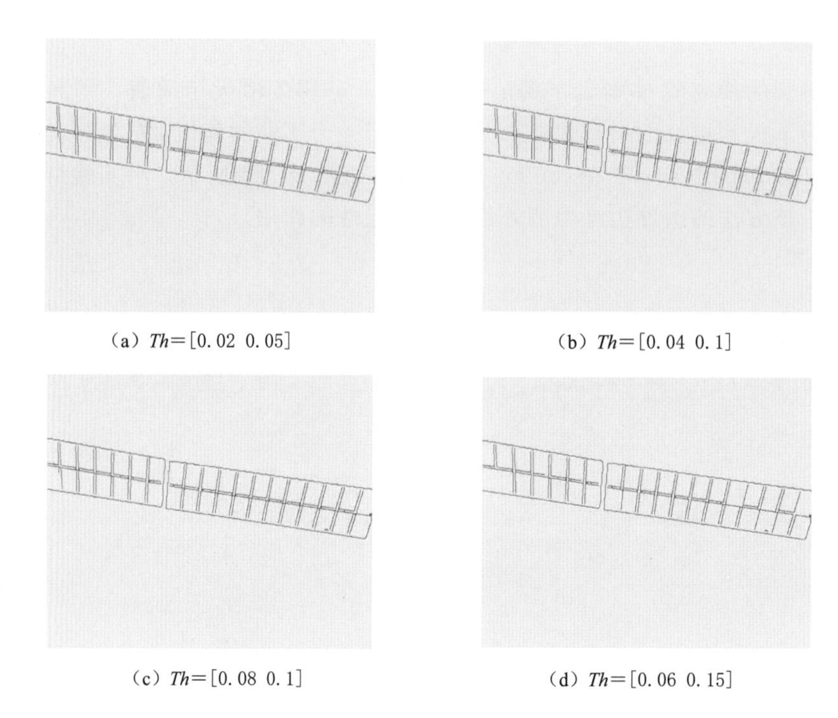

（a）Th=[0.02 0.05]　（b）Th=[0.04 0.1]

（c）Th=[0.08 0.1]　（d）Th=[0.06 0.15]

图 2－22　Canny 边缘检测算法实验结果

出了一种基于 DBSCAN 算法的光伏组件自动分割方法，算法流程如图 2－23 所示。

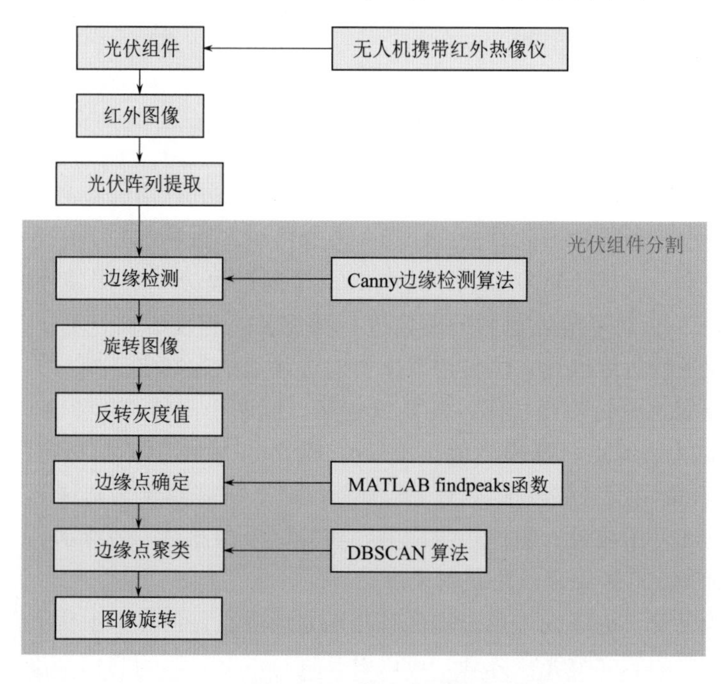

图 2－23　算法流程图

首先，提取得到远景红外图像中的光伏阵列部分，然后对于提取结果图像中的颜色表示进行改变，即用蓝色表示光伏阵列部分，背景部分显示为灰色。根据前文提到的先验知识，忽略图像边缘部分的光伏阵列，提取感兴趣区域（Region of Interest，ROI），再利用 Canny 边缘检测算法[10] 得到 ROI 区域的边界，过程如图 2-24 所示。

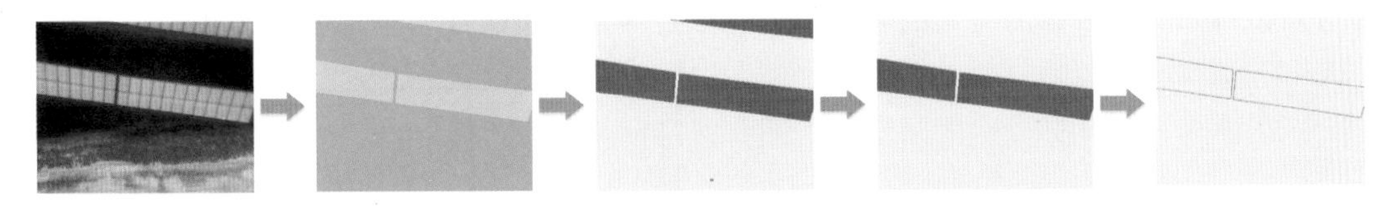

图 2-24　光伏阵列边界提取过程

提取得到阵列边缘线后，再利用 Hough 变换进行直线检测，并找到最长的一条直线，该边缘直线与水平线之间的夹角则可以视为光伏阵列与水平线之间的偏差角度，设该角度值为 θ，如图 2-25 所示。事实上，由于拍摄得到的图像可能会出现畸变，边界线会在一定程度上有所变形，所以得到的直线常常只是边缘线的一部分。

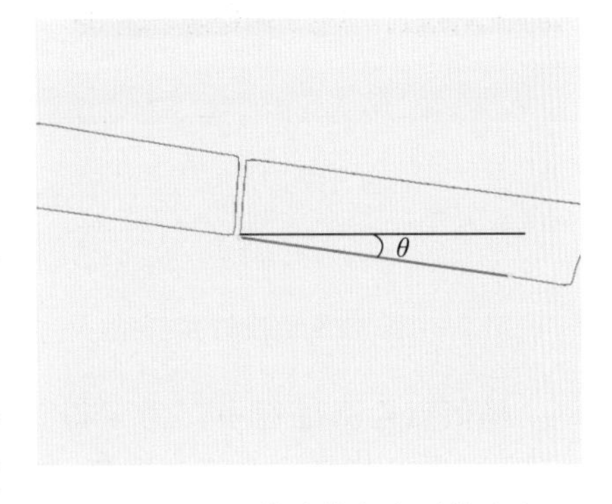

图 2-25　边缘直线与水平线夹角

将无人机拍摄得到的远景红外图像转化为灰度图［图 2-26（a）］，灰度图中像素点的灰度值反映了红外图像中的温度分布，温度越高，对应灰度图中该点的灰度值越大。结合前文提到的先验知识可以知道，红外图像中组件边缘部分的温度显示要远远低于组件表面，因此在对应的灰度图中，组件边缘部分的灰度值也明显低于组件表面。在灰度图的基础上，再结合光伏阵列提取结果，并忽略图像边缘部分的光伏阵列，可以得到不包含背景图像的 ROI 区域灰度图［图 2-26（b）］。前文已经计算得到光伏阵列与水平线之间的夹角 θ，根据此夹角可以得到旋转矩阵 $\boldsymbol{H}$ 为

$$\boldsymbol{H}=\begin{pmatrix}\cos\theta & \sin\theta & 0\\ -\sin\theta & \cos\theta & 0\\ 0 & 0 & 1\end{pmatrix} \tag{2-65}$$

基于旋转矩阵 $\boldsymbol{H}$，将光伏阵列旋转至水平方向［图 2-26（c）］。

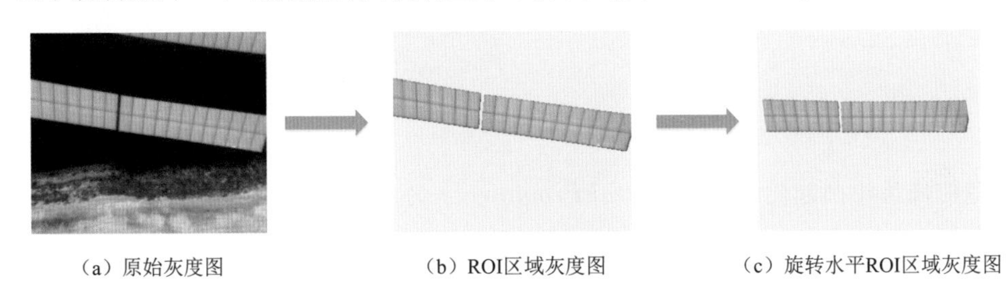

（a）原始灰度图　　（b）ROI区域灰度图　　（c）旋转水平ROI区域灰度图

图 2-26　光伏阵列灰度图

得到旋转至水平方向的光伏阵列之后，对灰度图中的光伏阵列部分进行灰度值反转。反转之后，组件边缘部分的灰度值由低值变为高值，此时沿着水平方向对灰度图进行扫描，如图 2-27 所示。

对反转之后的光伏阵列灰度图进行水平扫描得到各个像素点位置的灰度值，再利用MATLAB findpeaks 函数对灰度值进行峰值点检测，如图 2-28 所示。结合之前所提到的先验知识可知，此时检测得到的峰值点对应位置即为光伏组件的垂直边缘点位置。

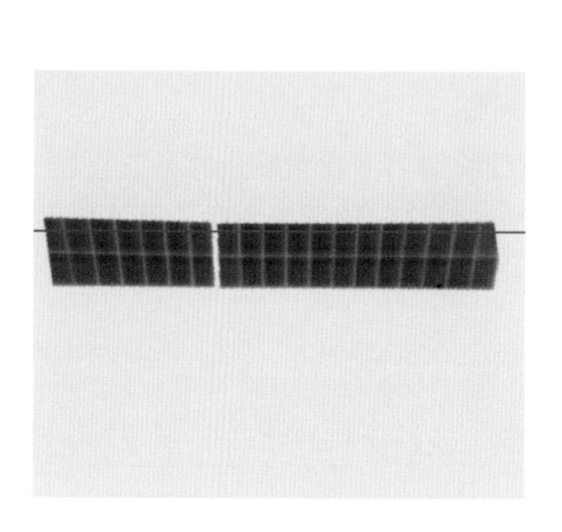

图 2-27 灰度值反转并扫描

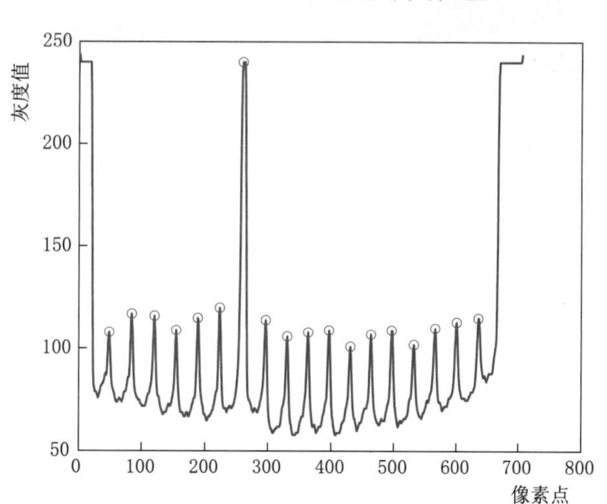

图 2-28 灰度值峰值点检测

峰值点检测过程中，为了得到更加准确的结果，使用自适应求取算法来确定 findpeaks 函数的峰最小凸起门限值（*MinPeakProminence*）参数，只有当峰值点的凸起门限值大于该参数时，该点才为有效峰值点。首先，对输入的灰度值数据进行直方图统计，由于灰度图中灰度值的大小范围是 0～255，因此将柱状图个数设定为 255，柱状图与灰度值一一对应。经过统计可以得到 0～255 范围内的每个灰度值所对应的像素点个数，计算得到灰度值 i 的出现频率 f_i 为

$$f_i = \frac{c_i}{N} \tag{2-66}$$

式中：N 为灰度图中的像素点总个数；c_i 为灰度值为 i 的像素点个数。

若 $f_i > 0.01$，则灰度值 i 被判定为活跃值，活跃值总数 X 为

$$s_i = \begin{cases} 1, & f_i > 0.01 \\ 0, & f_i \leqslant 0.01 \end{cases} \tag{2-67}$$

$$X = \sum_{i=1}^{255} s_i \tag{2-68}$$

自适应峰最小凸起门限值 *MinPeakProminence* 为

$$MinPeakProminence = \frac{X}{3} \tag{2-69}$$

利用 MATLAB findpeaks 函数扫描得到的灰度值峰值点位置如图 2-29 所示，图像中每个蓝点对应一个峰值，由前文可知，该位置即为光伏组件的垂直边界位置。

得到垂直方向的组件边界点之后，忽略光伏阵列上下边界附近的点，对剩下的其他点进行聚类，使用 DBSCAN 算法[12,13] 实现对边界点的聚类。DBSCAN 算法是一种基于密度的聚类算法，可以对任何形状的聚类进行识别，还可以处理噪声和离群值。对于一组给

定的特征点，该聚类算法可以将紧密排列的点进行分组，对比之下，离群点则存在于低密度区域，与周围相邻点之间的距离很远。

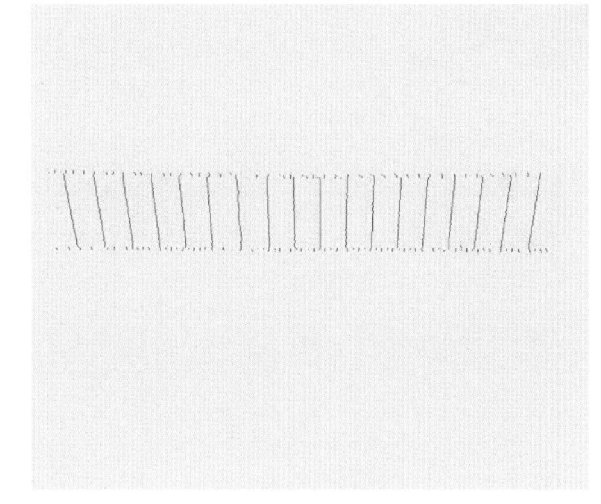

图 2-29 灰度值峰值点位置

综上，DBSCAN 算法是基于一组邻域来描述样本集的紧密程度的，所划分的簇由密集点组成。在该算法中，假设特征点的集合为 D，利用参数 $epsilon$ 和 $minpts$ 来描述邻域中样本的分布紧密程度。其中，$epsilon$ 表示某一样本的邻域距离阈值，$minpts$ 为某一样本的距离为 $epsilon$ 的邻域中样本数量的阈值。也就是说，对于属于集合 D 的点 x 来说，到该点距离小于等于 $epsilon$ 的点组成了 x 的 $epsilon$ 邻域；而对于两个属于集合 D 的点 x 和 y 来说，若两点之间的距离小于 $epsilon$，则这两个点之间的关系为 $epsilon$ 连接。集合中的每个点都属于核心点或者边界点，而边界点可以分为噪声点和密度连接点。

该算法中核心点、边界点、噪声点以及密度连接点的定义如下[13]：①$epsilon$ 邻域内样本数量大于或等于 $minpts$ 的点为核心点；②$epsilon$ 邻域内样本数量小于 $minpts$ 的点为边界点；③若某个边界点 p 的 $epsilon$ 邻域的所有点都不是核心点，则点 p 为噪声点；④若某个边界点 p 的 $epsilon$ 邻域内至少有一个核心点存在，则点 p 为密度连接点。

因此，对于 DBSCAN 算法来说，输入参数有三个，分别为特征点集合 D、距离阈值 $epsilon$ 和数量阈值 $minpts$。聚类过程中，首先将特征点集合中的所有点的初始状态都设置为未标记，然后执行以下步骤：

（1）从集合 D 中随机选择一个当前状态为未访问的点，若该点 $epsilon$ 邻域内的样本数量小于 $minpts$，则标记该点为噪声点（或异常值），直接到步骤（3）；否则该点为核心点，并基于该点 $epsilon$ 邻域内的点创建一个新的聚簇。

（2）逐一访问聚簇内的每一个未被访问的点，判断该点是否为核心点，若为核心点，则将基于该点形成的聚簇与当前聚簇合并。

（3）重复步骤（2），直到当前聚簇中没有新的未访问的点，此时构成一个完整的聚簇。

（4）在集合 D 中寻找新的未标记的点作为当前点，重复步骤（1）～步骤（3），得到一个新的完整聚簇。

（5）当集合中所有特征点都被分配至某个聚簇或者被标记为噪声点时，聚类结束。

相比于其他聚类算法，该算法具有不需要指定聚簇个数的特点，具有良好的自适应性。在本章节中，将 $epsilon$ 的值设置为 10，$minpts$ 的值设置为 5，得到聚类结果如图 2-30 所示，图中不同的颜色代表不同的聚簇，即表示不同的组件边界。

利用 DBSCAN 算法得到聚簇之后，对每个聚簇上的点分别进行线性拟合，得到的直线即为组件的垂直边界线所在位置，再使其与前文得到的光伏阵列区域的边缘线相交，即可得到光伏组件的垂直边界线，如图 2-31 所示。

与光伏组件的垂直边界求取过程类似，对灰度图进行垂直扫描，得到的灰度值峰值点

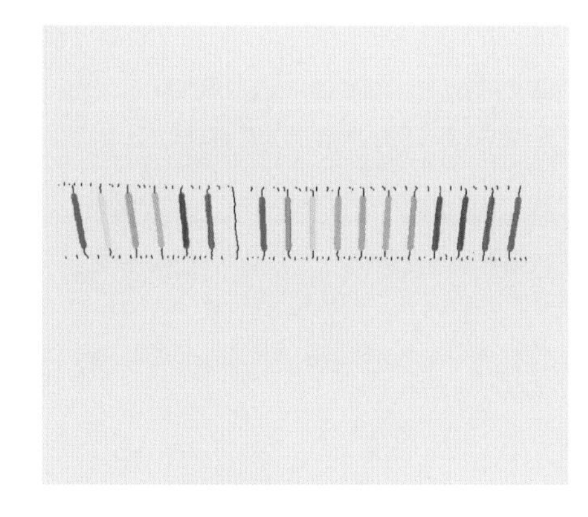

图 2-30　聚类结果

即为组件水平边界点的位置，再利用 DBSCAN 并对聚类上的点进行线性拟合，即可以得到光伏组件的水平边界线，最后可以得到光伏组件的全部边界线，如图 2-32 所示。

事实上，在无人机拍摄得到的光伏电站远景红外图像中，往往会出现光伏阵列不能完整显示的情况，此时该阵列位于图像边缘部分的组件将无法完整显示。为了提高热斑检测的准确性，对图像边界部分的不完整光伏组件进行忽略。综上，基于前文得到的光伏组件边界线，可以得到光伏组件分割结果示意图，如图 2-33 所示，其中蓝色部分为光伏组件。

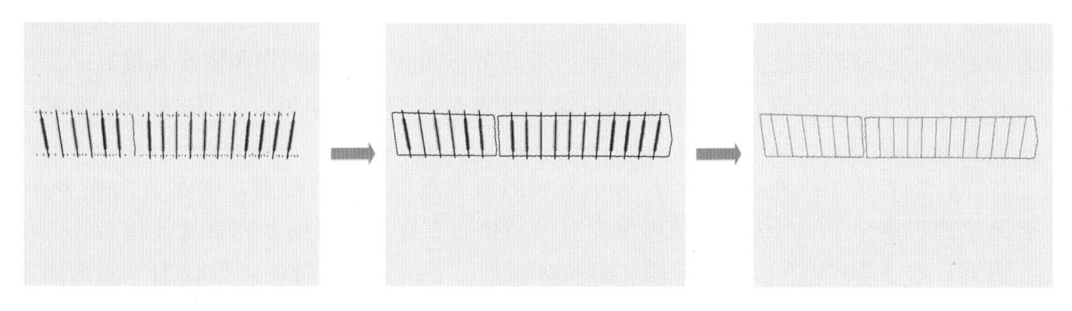

图 2-31　光伏组件的垂直边界线

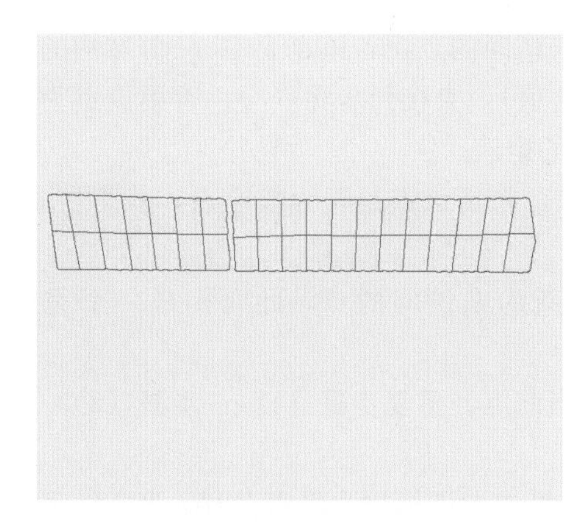

图 2-32　光伏组件全部边界线

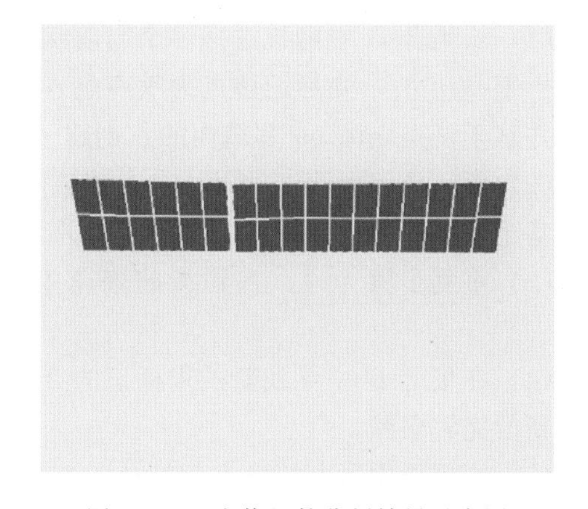

图 2-33　光伏组件分割结果示意图

根据前文中的旋转矩阵 $\boldsymbol{H}$ 计算得到其逆矩阵，基于此可以实现对组件的逆旋转，从而得到原始位置的光伏组件的分割结果，将分割结果映射到红外图像中，即可得到无人机红外图像中光伏组件的分割结果示意图，如图 2-34 所示。

3. 实验结果分析

对比图 2-21、图 2-22 的实验结果可以发现，Sobel 边缘检测算法和 Canny 边缘检测算法对于阈值的设定比较敏感。若阈值过低，一些噪声会被错误的判定为组件边缘；若

图 2-34　无人机红外图像光伏组件分割结果示意图

阈值过高，则部分实际边缘点会被忽略。因此很难找到能够对所有的红外图像都实现理想边缘检测效果的合适阈值。而本章节所提出的基于 DBSCAN 算法的组件分割方法的效果并不依赖于阈值的设定，具有更好的鲁棒性。

另外，本章节所提出的基于 DBSCAN 算法的光伏组件分割方法中，对于 findpeaks 函数的峰最小凸起门限值（*MinPeakProminence*）参数，采用了自适应的求取算法，并利用该参数来寻找峰值点。事实上，若仅仅只是对最小峰值高度（*MinPeakHeight*）设置固定值，组件分割效果将会不太稳定。在 findpeaks 函数中，*MinPeakHeight* 参数的作用与 *MinPeakProminence* 类似，都是用于判断峰值点的有效性，也就是说，只有灰度值高于 *MinPeakHeight* 值的峰值点才能视为有效峰值点。因此，为了证明所提出的自适应求取算法的优越性，将 *MinPeakHeight* 分别手动设置为 80、100 和 90，并将其分割效果与 *MinPeakProminence* 设置为自适应值时的分割效果进行对比，不同参数设置对应的分割结果如图 2-35 所示。

由分割结果可以发现，当 *MinPeakHeight* 的值设置为 80 时，有些区域会被误认为是组件边缘部分；当 *MinPeakHeight* 的值设置为 100 时，光伏组件的有些边缘部分则无法被检测到；当 *MinPeakHeight* 的值设置为 90 时，检测效果优于前两种情况，但是检测到的边缘仍旧是不连续的。对比之下，当 *MinPeakProminence* 为自适应值时得到的组件分割效果要优于将 *MinPeakHeight* 设置为固定值时的结果。

本章节实验所用数据集为无人机携带 FLIR 红外热像仪进行拍摄得到的 1211 张远景红外图像，现在随机选择其中的 5 张红外图像作为实验样本，并手动标记这些红外图像中的光伏组件部分。将手动标记的结果与所提出的组件分割方法的实验结果进行比较，从而对本方法进行评价，评价公式为

$$Q(i)=\frac{TP(i)}{TP(i)+FP(i)+FN(i)} \tag{2-70}$$

$$Quality=\frac{1}{N}\cdot\sum_{i=1}^{N}Q(i) \tag{2-71}$$

式中：$Q(i)$ 为第 i 个光伏组件的分割效果；$TP(i)$ 为第 i 个光伏组件中判断正确的像素点个数；$FP(i)$ 为不属于第 i 个光伏组件但被判定为该光伏组件的像素点个数；$FN(i)$ 为属于第 i 个光伏组件但没有被判定为该光伏组件的像素点个数；$Quality$ 为光伏阵列的

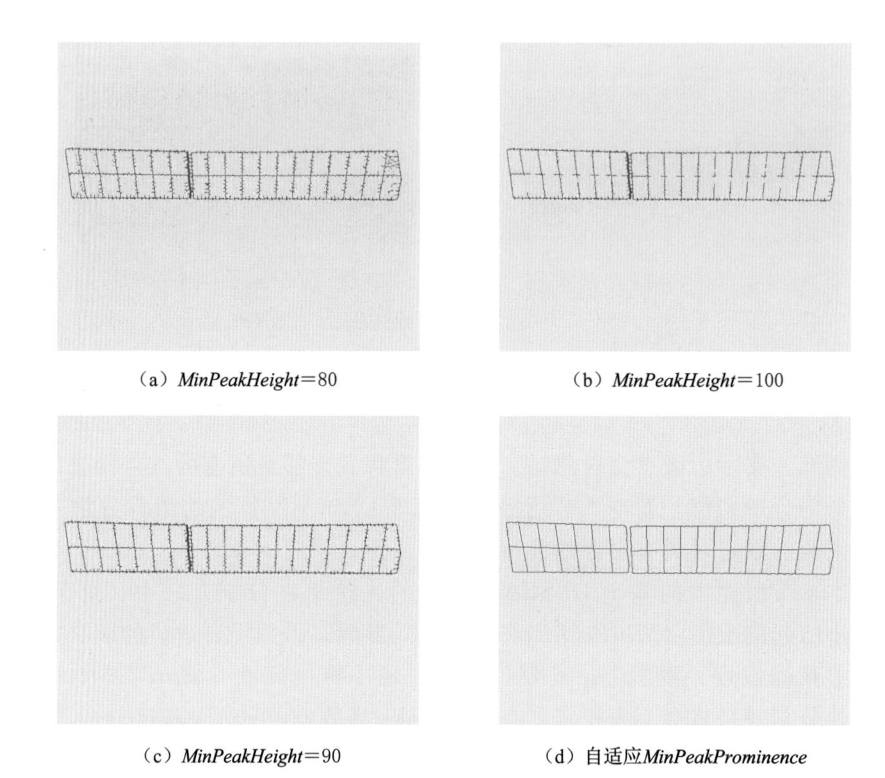

（a）*MinPeakHeight*=80　（b）*MinPeakHeight*=100

（c）*MinPeakHeight*=90　（d）自适应*MinPeakProminence*

图 2-35　不同参数设置对应的分割结果

N 个组件的平均分割效果。

本节所提出的光伏组件分割方法效果见表 2-6。

表 2-6　光伏组件分割方法效果

图像	图像 1	图像 2	图像 3	图像 4	图像 5	平均值
Quality	0.9238	0.9032	0.9270	0.9138	0.9351	0.9206

虽然只选取了 5 个样本进行定量的效果评价，但是对于其他图像的分割结果，可以通过目视判断来实现定性评价，发现本书提出的组件分割方法对于本数据集中的 645 个含光伏组件的样本都有良好的分割效果。这 5 个光伏组件样本的分割效果图如图 2-36 所示。

2.4.3　热斑组件预检测算法

根据所用红外热像仪的拍摄特性，在红外图像中，温度越高的位置对应的像素点越亮，灰度图中的灰度值也越高。基于这一点，在前文实现光伏阵列提取以及组件分割的基础上，利用阈值算法来实现光伏组件内部的热斑检测。

光伏组件是由电池片组成的，因此在将光伏阵列分割为一个个独立的光伏组件之后，还可以将光伏组件分割为电池片。本节进行热斑检测研究所基于的光伏电站使用的都是传统光伏组件，每个组件由 6×10 共 60 个电池片组成，对光伏组件进行电池片分割的具体

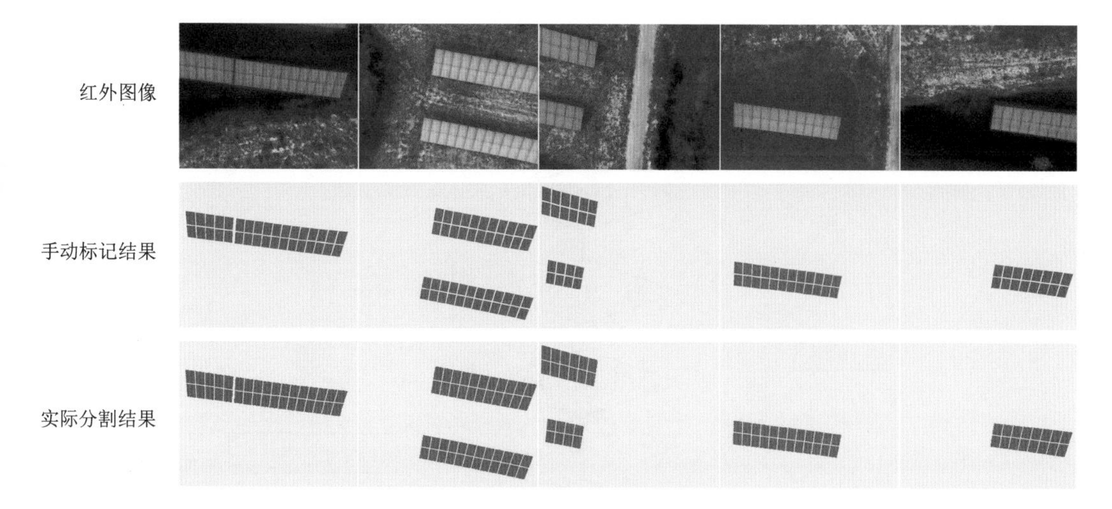

图 2-36　光伏组件样本分割效果

流程如下：①将红外图像中的光伏组件视为四边形，并得到每个组件的四个顶点的位置；②对光伏组件进行透视变换，将其恢复为矩形；③将每个组件划分为 6×10 的电池片单元，组件内部电池片分割结果如图 2-37 所示。

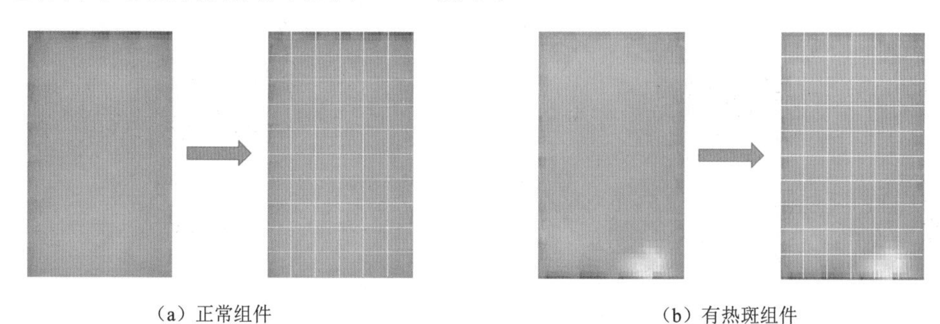

图 2-37　组件内部电池片分割结果

将光伏组件分割为电池片单元之后，再对电池片灰度值进行特征提取。对各个级别的灰度值进行计算，得到电池片、组件子串以及组件这三个级别的灰度值平均值特征。通常来说，光伏组件包含有 6 列电池片，每两列为一个子串。

基于上述提取得到的各个级别的灰度值特征可以实现热斑检测，利用电池片级别的特征可以检测到图 2-13（c）～（f）所示的热斑类型以及遮挡所造成的热斑，利用子串级别的特征可以检测到图 2-13（b）所示的热斑类型，而利用组件级别的特征可以检测到图 2-13（a）所示的热斑类型。检测过程中，设定 3 个阈值 Th_1、Th_2、Th_3，阈值大小分别为 25、10 和 20，并假设光伏阵列的第 n 个组件的第 i 行第 j 列的电池片的灰度值平均值为 C_{ij}^n，第 n 个组件的第 k 个子串的灰度值平均值为 S_k^n，第 n 个组件的灰度值平均值为 M^n，整个光伏阵列的 n 个组件的灰度值平均值为 $\overline{M}$，检测流程如图 2-38 所示。

利用上述方法对无人机拍摄得到的远景红外图像进行热斑检测，并标记出检测到热斑的组件，得到热斑检测结果如图 2-39 所示，图中标注区域为有热斑组件。

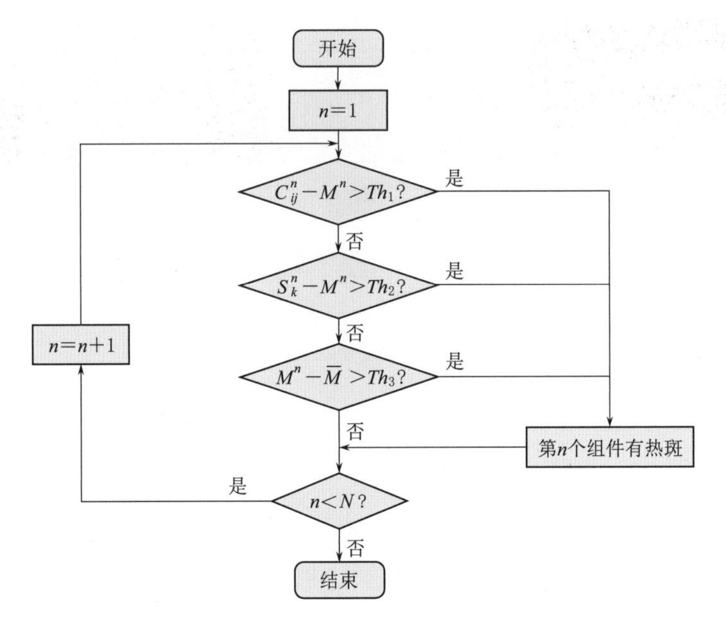

图 2-38　组件热斑检测流程图

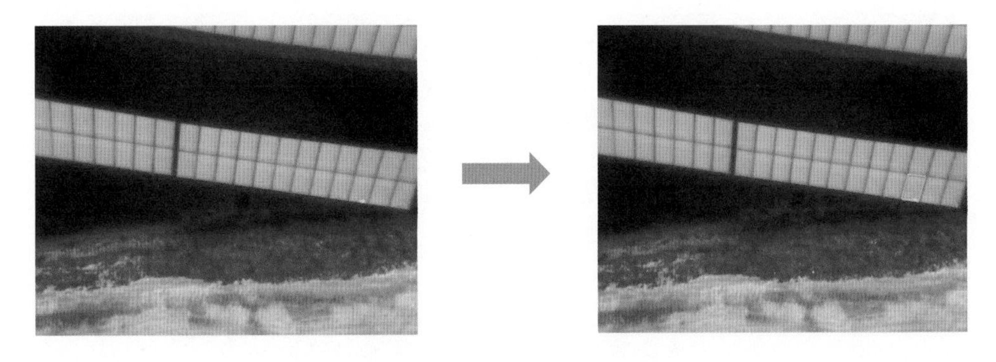

图 2-39　热斑检测结果

本章节基于上述热斑检测算法对数据集中包含的 200 张有热斑光伏组件红外图像进行实验，但是由于本研究只对图像中间部分的光伏阵列进行组件分割以及热斑检测，所以对于热斑出现在边缘位置的红外图像，将无法检测到热斑。事实上，由于无人机合理的路径规划，该部分红外图像中的热斑会出现在其他图像的中间位置，同样会被检测到。

综上，本章节以识别到的光伏组件作为样本，从而实现对所提出的热斑检测方法精度的验证。基于所用数据集的 200 张红外图像，可以识别得到光伏组件共 7459 个，并得到热斑检测结果，见表 2-7。表中各参数的意义如下：①TP（True Positive）为被判定为有热斑的有热斑样本个数；②FP（Flase Positive）为被判定为正常的有热斑样本个数；③TN（True Negative）为被判定为正常的正常样本个数；④FN（False Negative）为判定为有热斑的正常样本个数。

表 2-7 热斑检测结果

类别	TP	FP	TN	FN	总计
个数	182	33	7184	60	7459

基于上述结果对热斑检测准确率进行计算，准确率 $Accuracy$ 的计算公式为

$$Accuracy=\frac{TP+TN}{TP+FP+TN+FN}\times 100\% \tag{2-72}$$

计算得到准确率为 98.75%。

2.5 本章小结

随着全球范围内对电能需求量的不断增长以及新能源技术的迅速发展，光伏电站的规模不断扩大，而安装成本也在随之下降。与此同时，随着分布式光伏发电技术的不断进步，对光伏系统的运维能力也有了更高的要求，智慧运维成为大势所趋。本章节着眼于光伏组件中最常见的热斑故障，调研了现有的光伏组件建模技术以及对组件遮挡现象的分析，总结了现有的热斑检测方法，在此基础上研究了分布式光伏电站的热斑形成与检测。本章的主要工作及创新点如下：

(1) 基于经典的太阳能电池片单二极管模型，提出了一种新的局部遮挡情况下的光伏组件并联模型。该模型不仅将部分遮挡的太阳能电池片分为遮挡区域和未遮挡区域两个部分，还考虑了遮挡对于电路中分流电阻值的影响，为遮挡情况下的组件热斑温度估算提供了基础。然后在电池片模型的基础上，实现了光伏组件的建模。另外，还利用遮挡情况下所测得的光伏组件 $I-V$ 曲线对提出的模型准确度进行了验证。

(2) 实现了对分布式光伏电站热斑形成过程的研究。本章节基于实际运行的屋顶光伏平台设计并进行了光伏组件遮挡实验，为了对比不同遮挡位置对热斑形成的影响，利用树叶进行了组件遮挡实验；为了研究不同遮挡比例情况下组件热斑温度的变化情况，选择了容易裁剪的遮光布进行遮挡实验，分别模拟了不同透光率的遮挡物。实验过程中利用红外热像仪来实现热斑温度数据的采集。

(3) 在模型建立和相关遮挡实验的基础上，本章节对不同遮挡情况下的组件热斑温度进行估算。基于提出的新模型实现了在对电池热功率的计算，并结合热传递相关知识研究了电池内部的传热过程，根据计算得到的无遮挡情况下的电池温度，利用迭代计算得到遮挡情况下电池各个位置的温度。同时，本章节还基于遮挡实验测得的温度数据对温度估算结果进行了验证。

(4) 本章节基于无人机拍摄得到的远景红外图像实现了疑似热斑光伏组件的预检，包括光伏阵列提取、组件分割以及组件热斑检测三个部分的工作内容，分别取得了良好的检测效果。其中，复杂背景中光伏阵列的提取是基于 U-Net 网络完成的，组件热斑检测则是基于图像的分级特征实现的。而为了实现光伏阵列中的组件自动分割，本章节基于光伏组件红外图像的特性以及组件形状为矩形这一先验知识，提出了一种新的组件自动分割方法，该方法是利用 DBSCAN 算法来实现的，得到分割准确率为 92.06%。与传统边缘检

测算法相比，该方法具有良好的准确度和鲁棒性。在组件分割的基础上利用分级特征实现了组件热斑检测，筛选得到有热斑的组件，准确率为98.75%。

参考文献

[1] DUFFIE J A, BECKMAN W A. Solar Engineering of Thermal Processes [M]. 4th ed. Hoboken: John Wiley & Sons, Inc., 2013.

[2] ZHU L, LI Q X, CHEN M D, et al. A simplified mathematical model for power output predicting of Building Integrated Photovoltaic under partial shading conditions [J]. Energy Conversion and Management, 2019, 180: 831-843.

[3] 林洪，袁红波．光伏电池工作原理与物理建模方法分析 [J]．机电信息，2020 (36): 3-4.

[4] SHEN Y, HE Z X, XU Z, et al. Modeling of photovoltaic modules under common shading conditions [J]. Energy, 2022, 256: 124618.

[5] LI C X, YANG Y H, SPATARU S, et al. A robust parametrization method of photovoltaic modules for enhancing one-diode model accuracy under varying operating conditions [J]. Renewable Energy, 2021, 168: 764-778.

[6] LAI G Z, WANG D, LI H R, et al. Modeling of Photovoltaic modules under shading condition and an error evaluation criterion [J]. Journal of Physics: Conference Series. IOP Publishing, 2022, 2310 (1): 012032.

[7] LAI G Z, LI H R, ZHANG C Z, et al. Maximum power point tracking of photovoltaic array based on improved Particle Swarm Optimization Algorithm [J]. Journal of Physics: Conference Series. IOP Publishing, 2022, 2310 (1): 012018.

[8] RONNEBERGER O, FISCHER P, BROX T. U-Net: Convolutional Networks for Biomedical Image Segmentation [C] //International Conference on Medical Image Computing and Computer-Assisted Intervention. Munich: Springer, 2015: 234-241.

[9] 孙鑫，吕磊．基于Unet网络的肺部分割 [C] //2020中国仿真大会论文集．2020: 260-264.

[10] XU Z, SHEN Y, ZHANG K J, et al. A Segmentation Method for PV Modules in Infrared Thermography Images [C] //2021 13th IEEE PES Asia Pacific Power & Energy Engineering Conference (APPEEC). Thiruvananthapuram: IEEE, 2021: 1-5.

[11] XIE Y, SHEN Y, ZHANG K J, et al. Efficient Region Segmentation of PV Module in Infrared Imagery using Segnet [J]. IOP Conference Series: Earth and Environmental Science, 2021, 793 (1): 012018.

[12] WU T, WANG L W, ZHU J C. Image Edge Detection Based on Sobel with Morphology [C] //2021 IEEE 5th Information Technology, Networking, Electronic and Automation Control Conference (ITNEC). Xian: IEEE, 2021: 1216-1220.

[13] ZHANG R K, XIAO Q Y, DU Y, et al. DSPI Filtering Evaluation Method Based on Sobel Operator and Image Entropy [J]. IEEE Photonics Journal, 2021, 13 (6): 1-10.

[14] CANNY J. A Computational Approach to Edge Detection [J]. IEEE Transactions on Pattern Analysis and Machine Intelligence, 1986, PAMI-8 (6): 679-698.

[15] WANG S G, MA K, WU G Q. Edge Detection of Noisy Images Based on Improved Canny and Morphology [C] //2021 IEEE 3rd Eurasia Conference on IOT, Communication and Engineering (ECICE). Yunlin: IEEE, 2021: 247-251.

[16] ESTER M, KRIEGEL H P, SANDER J, et al. A density - based algorithm for discovering clusters in large spatial databases with noise [C] //Proceedings of Kdd Location, 1996, 96 (34): 226 - 231.

[17] KUMAR K M, REDDY A R M. A fast DBSCAN clustering algorithm by accelerating neighbor searching using Groups method [J]. Pattern Recognition, 2016. 58: 39 - 48.

第3章

基于近景红外图像的热斑精确定位

红外热像仪是基于物体表面的热辐射来实现温度测量的，当拍摄距离较近时，热像仪可以更加充分地接收到物体表面的热辐射，因而近景红外图像中的温度显示将更加准确。本章将根据远景红外图像中的疑似热斑组件预筛选结果，进一步基于光伏组件近景红外图像实现对热斑的精确检测。同时，利用近景红外图像可以进一步估算得到组件中的热斑面积，有助于后续定量分析热斑对光伏组件的影响，进一步制定光伏发电系统的运维策略。

本章分别使用了基于机器学习和深度学习的两种算法来实现近景红外图像中的组件热斑检测，从实际应用的角度，对两种算法的检测效果进行分析比较。与当前研究所使用的普通红外图像不同，本实验使用红外增强图像进行热斑检测，从该图像中可以获取更多的信息，以便于后续进一步进行热斑面积计算。另外，本章使用的两种热斑检测算法都是基于 MATLAB 平台来实现的，运行设备为 Intel Core i3 - 0100 CPU（3. 60GHz），Windows 10 的台式机。为了进一步实现对光伏系统的运行维护，本章还利用霍夫变换与投影矩阵实现光伏组件红外图像中的投影畸变校正，并在此基础上对光伏组件的热斑面积占比进行估算。

3.1 数据集构建

本章所使用的数据集是利用 FLIR 红外热像仪在江苏省的光伏电站进行拍摄得到的 363 张光伏组件红外图像，由一家专业生产光伏组件的公司采集得到。与普通红外图像不同，该图像为红外增强图像，是基于 FLIR 公司专属的多波段动态成像（MSX）技术得到的，可以将可见光相机拍摄得到的关键细节信息实时添加到红外图像之中。相比于普通红外图像来说，红外增强图像具有更高的清晰度，拥有更多的边缘和轮廓细节，两种红外图像对比如图 3 - 1 所示。

在进行实验之前，需要对数据集进行手动标记，将其分为有热斑（故障）光伏组件［图 3 - 2（a）］以及正常光伏组件［图 3 - 2（b）］。数据集中红外图像的分辨率为 320×240，位深度为 24，数据采集过程中红外热像仪拍摄得到的是 RGB 图像。

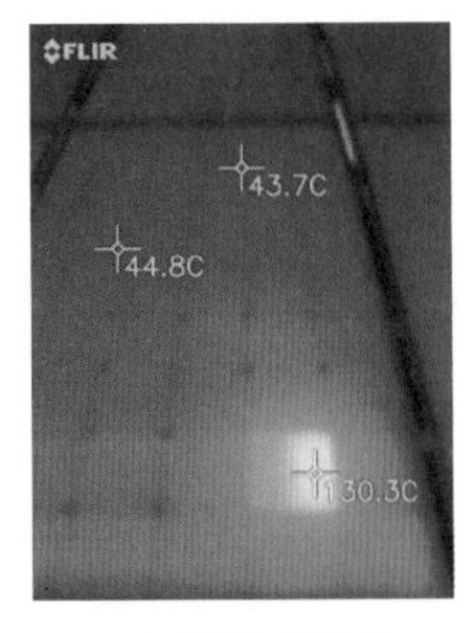

(a) 普通红外图像

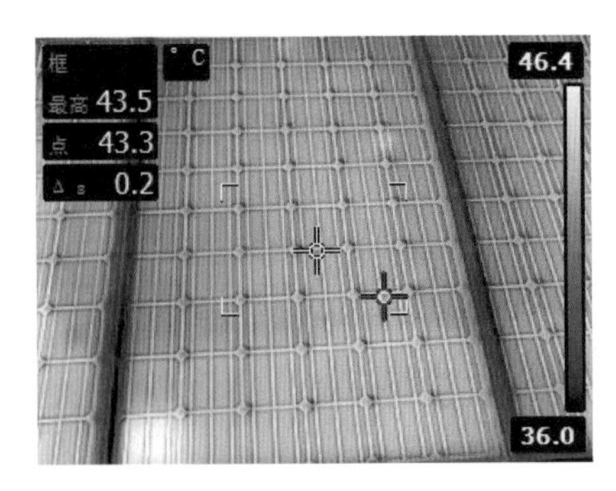

(b) 红外增强图像

图 3-1 两种红外图像对比

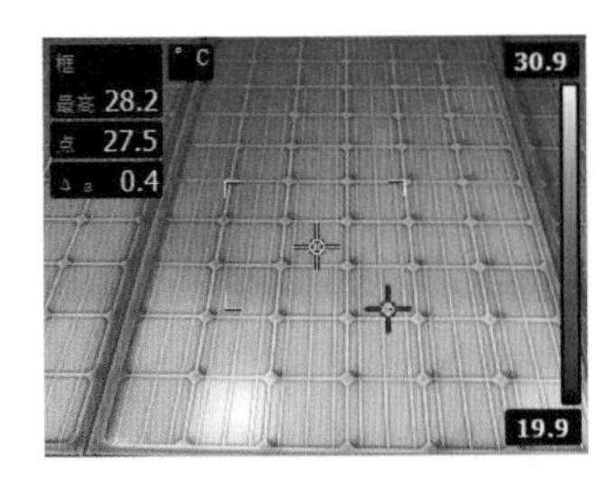

(a) 有热斑光伏组件

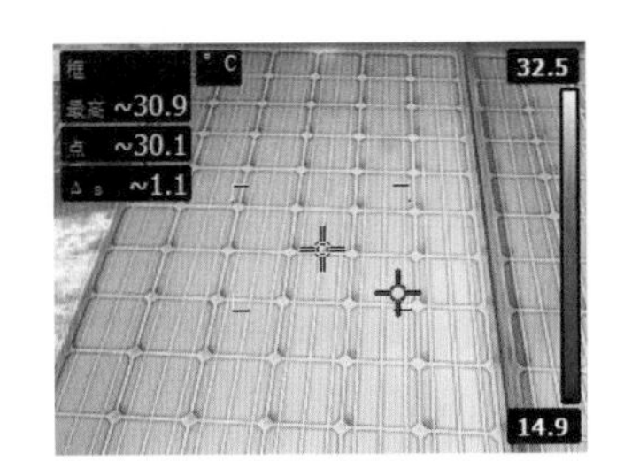

(b) 正常光伏组件

图 3-2 光伏组件红外图像

数据集中每个类别的光伏组件红外图像数量见表 3-1，该数据集在数量上存在样本分布不平衡的问题，正常光伏组件的红外图像数量远远大于有热斑组件。因此，为了得到更好的训练效果从而提高检测精度，需要对红外图像数据集进行扩充。由于数据集中正常组件的红外图像数量已经十分充足，所以本节只对有热斑组件的图像部分进行扩充。

表 3-1 数据集中每个类别的光伏组件红外图像数量

类　别	有热斑	正常	总　数
数量/张	40	323	363

事实上，光伏组件内部的任何位置都有可能出现热斑，并且热斑的大小和形状都是任意的，因此本节通过裁剪、放大以及旋转图像等方式来实现对数据集的扩充，如图 3-3 所示，从而解决数据集样本分布不平衡的问题。

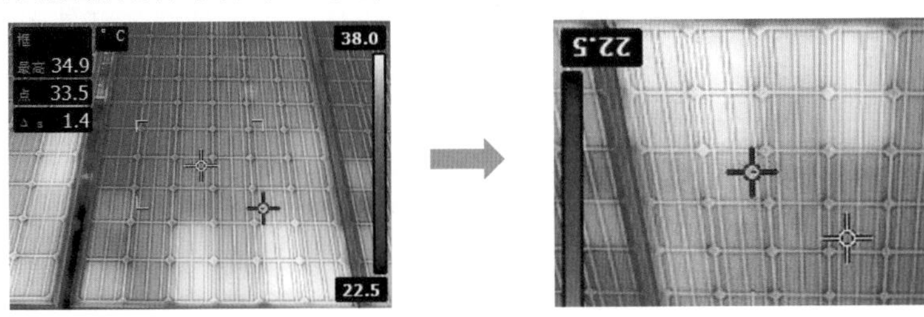

图 3-3 数据集扩充示例

对调整后的图像再次进行手动标记，得到扩充后数据集中的红外图像数量见表3-2，此时数据集中有热斑光伏组件红外图像的数量与正常光伏组件的比例约等于9∶11，基本满足实验要求。

表3-2 扩充后数据集中的红外图像数量

类　别	有热斑	正常	总　数
数量/张	270	323	593

3.2 基于朴素贝叶斯算法的快速热斑检测

为了满足某些场合对于热斑检测实时性的要求，本节使用了一种基于图像特征提取以及机器学习（朴素贝叶斯）算法的热斑检测方法[1]，对于拍摄得到的光伏组件近景红外图像，通过对其纹理特征以及方向梯度直方图特征进行提取和分析，从而实现对数据集中的光伏组件红外图像的分类，即将其分为有热斑（故障）光伏组件以及正常光伏组件，最终完成基于近景红外图像的光伏组件热斑检测。

3.2.1 图像预处理

本小节主要以光伏组件红外图像的纹理特征以及方向梯度直方图（Histogram of Oriented Gradient，HOG）特征为基础来实现对图像的分类，因此为了提高分类精度，需要对图像进行预处理以及特征提取。图像预处理的目的是增强数据集中光伏组件红外图像的纹理信息，预处理过程如图3-4所示，首先将数据集中的RGB图像转化为灰度图，接着对图像进行直方图均衡化，从而提高光伏组件红外图像的对比度。

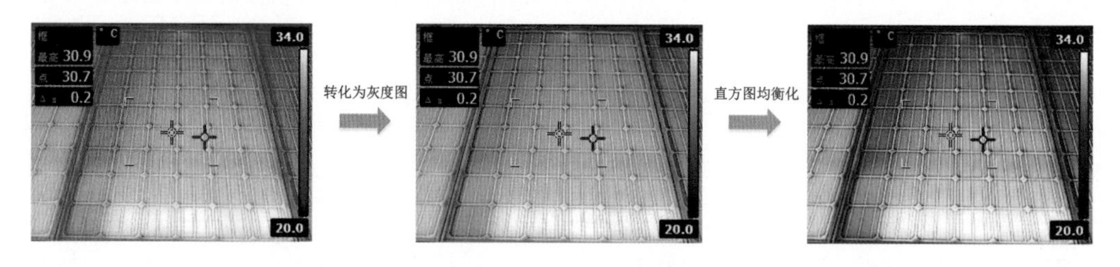

图3-4 光伏组件红外图像预处理过程

对红外图像进行预处理之后，需要对图像进行特征提取，包括纹理特征和HOG特征。首先提取光伏组件红外图像的纹理特征，这类特征的作用是增强红外图像的光谱信息以作为对红外图像进行识别和分类的基础，本节利用MATLAB中的灰度共生矩阵（Gray Level Co-Occurrence Matrix，GLCM）来提取红外图像的纹理特征。一般来说，纹理特征主要取决于样本间距以及角度，由不同的部分组成，本研究中所提取的纹理特征包括对比度（Contrast）、相关性（Correlation）、能量值（Energy）以及均等性（Homogeneity）这四种与分类准确性有关的特征，计算公式分别为

$$Contrast=\sum_{i,j=0}^{N-1}(i-j)^2\times m_{ij} \tag{3-1}$$

$$Correlation = \sum_{i,j=0}^{N-1} \frac{(i-\mu i)\times(j-\mu j)\times m_{ij}}{\sigma_i \sigma_j} \tag{3-2}$$

$$Energy = \sum_{i,j=0}^{N-1} m_{ij}^2 \tag{3-3}$$

$$Homogeneity = \sum_{i,j=0}^{N-1} \frac{m_{ij}}{1+|i-j|} \tag{3-4}$$

式中：i 和 j 为像素点在图像中的行和列；m_{ij} 为该点的像素值；N 为图像的灰度级数；μ 为像素均值；σ 为像素值方差。

以上四种特征中，对比度计算了相邻像素点之间的强度变化，从而衡量灰度共生矩阵的局部变化，反映了图像的清晰度和纹理；相关性计算指定像素对出现的联合概率，衡量了相邻像素点的相关度；能量值计算了灰度共生矩阵各元素的平方和；均等性则反映了灰度共生矩阵中元素分布与矩阵对角线的接近程度。

为了获得更短的训练时间并避免出现维数过于复杂的情况，同时为了实现通过减少过拟合来提高泛化程度的目标，选择在四个不同的角度（0°、45°、90°和 135°）上对光伏组件红外图像进行特征提取，并利用箱型图实现对四个角度上的纹理特征的可视化，不同角度的纹理特征值箱型图如图 3 - 5 所示。

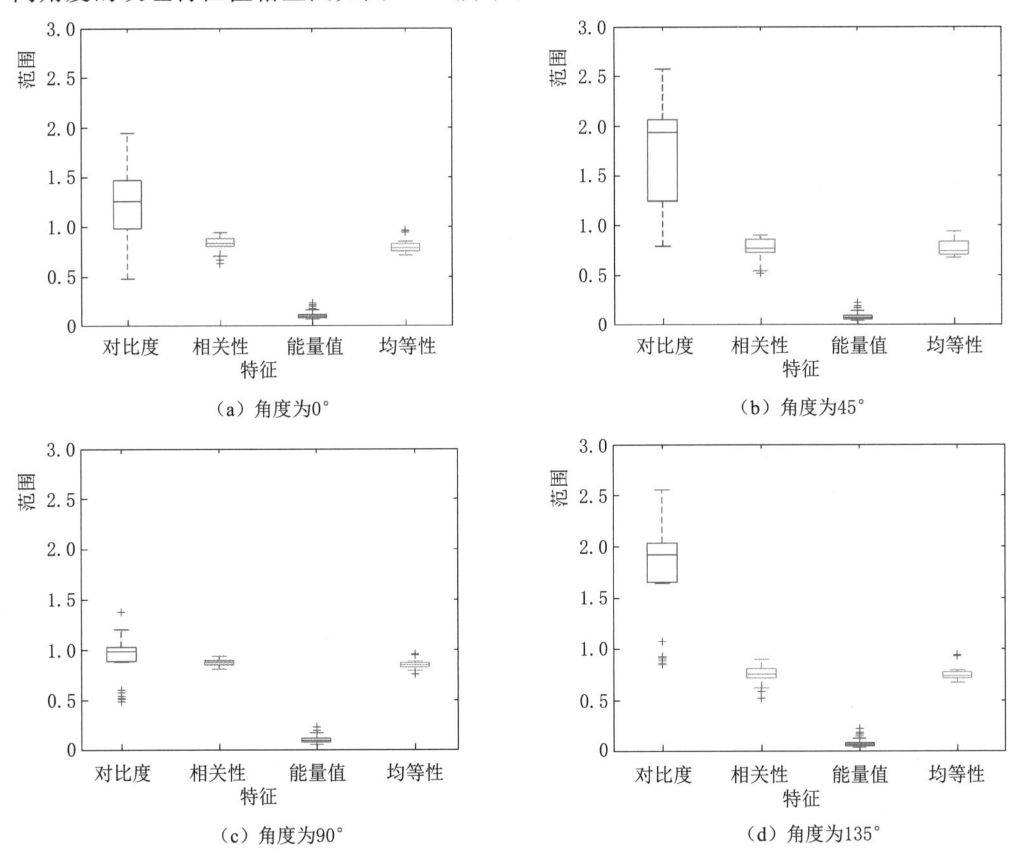

（a）角度为0°

（b）角度为45°

（c）角度为90°

（d）角度为135°

图 3 - 5　不同角度的纹理特征值箱型图

对于每一张光伏组件红外图像，在四个角度上都可以分别计算得到对比度、相关性、能量值和均等性特征，共得到 16 个特征值。但由特征提取结果可以看出，四个不同角度方向上的能量特征值近似相等，所以本小节只计算角度为 0°的方向上的能量特征值，因此对于每张图像总共提取出 13 个特征。另外，分别将样本间距设置为 1～4，使得对于每一张红外图像，可以提取得到 52 个纹理特征。

实现图像的纹理特征提取之后，还需要提取 HOG 特征。HOG 特征的提取是通过对图像局部区域的方向梯度直方图进行计算和统计来实现的，其核心思想为局部目标的外形能够用梯度或者边缘的方向密度来描述[1]。研究表明，图像的 HOG 特征不会受到物体几何形状的非刚性变化的影响，可靠性较高。本节利用 MATLAB 的 extractHOGFeatures 函数，对预处理之后的光伏组件红外图像进行 HOG 特征提取。

由于计算得到的 HOG 特征的排列会因为图像边缘数量不同而不一致，因此需要确保提取得到的 HOG 特征向量对目标信息量进行了正确编码。本研究分别基于三种不同大小的细胞单元进行实验，得到不同情况下的分类准确率，三种情况下的实验结果见表 3－3，由实验结果可知，若使用 8×8 大小的单元将由于无法得到足够的形状信息而导致分类准确率较低；而 2×2 大小的单元对应的特征向量维数明显高于 4×4 大小的单元，导致运行时间过长，但这两种情况下的分类准确率几乎相等。因此选择使用 4×4 大小的单元进行特征提取，得到 HOG 特征提取后的图像，如图 3－6 所示。

表 3－3　三种情况下的实验结果

单元大小	分类准确率/%	运行时间/s
2×2	88.70	198.970
4×4	88.36	80.171
8×8	86.51	55.212

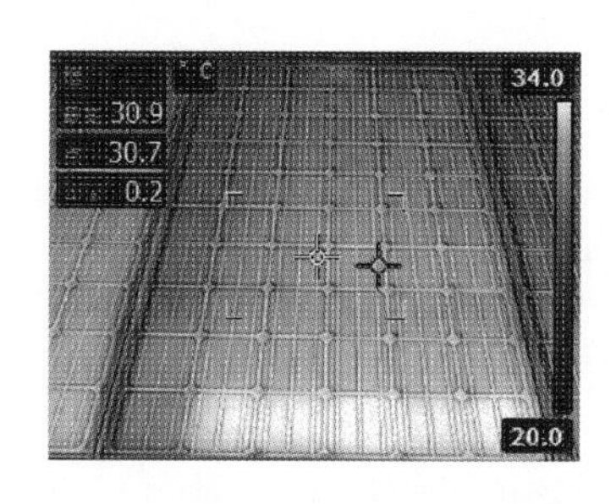

图 3－6　HOG 特征提取后的图像

3.2.2　快速热斑检测算法

为了进一步提高热斑检测效率，利用主成分分析法对提取得到的 HOG 特征进行分析，将分析结果与提取得到的纹理特征相结合，以此作为基础，利用朴素贝叶斯算法实现热斑检测。

1. 主成分分析

主成分分析法是 Pearson 于 1901 年针对非随机变量引入的，之后 Hotelling 在 1933 年将其推广应用于随机变量，是一种广泛使用的数据降维算法。该方法对具有一定相关性的原始变量进行重新组合，将其转化为互不相关的新变量，同时也保留了原始数据的大部分信息，这些新变量之间相互正交，即为主成分[3]。算法具体步骤如下：

(1) 对原始数据进行标准化处理。假设一共有 n 个样本：x_1，x_2，…，x_n，每个样本进行主成分分析的指标有 m 个：x_{k1}，x_{k2}，…，x_{km}，$k\in n$。因此可以得到数据矩阵

$$X=\begin{bmatrix} x_{11} & x_{12} & \cdots & x_{1m} \\ x_{21} & x_{22} & \cdots & x_{2m} \\ \vdots & \vdots & \ddots & \vdots \\ x_{n1} & x_{n2} & \cdots & x_{nm} \end{bmatrix} \tag{3-5}$$

式中：x_{ij} 为第 i 个样本的第 j 个指标。

对 x_{ij} 进行标准化处理，得到

$$x_{ij}^{*}=\frac{x_{ij}-\bar{x}_j}{S_j} \tag{3-6}$$

$$\bar{x}_j=\frac{1}{n}\sum_{i=1}^{n}x_{ij} \tag{3-7}$$

$$S_j=\sqrt{\frac{1}{n-1}\sum_{i=1}^{n}(x_{ij}-\bar{x}_j)^2}，j=1，2，\cdots，m \tag{3-8}$$

式中：$\bar{x}_j$ 为第 j 个指标的样本均值；S_j 为标准差。

（2）计算相关系数矩阵 $\boldsymbol{R}$，得到

$$\boldsymbol{R}=(r_{ij})_{m\times m} \tag{3-9}$$

$$r_{ij}=\frac{\sum_{t=1}^{n}x_{ti}x_{tj}}{n-1}，i，j=1，2，\cdots，m \tag{3-10}$$

式中：r_{ij} 为第 i 个指标和第 j 个指标之间的相关系数，$r_{ii}=1$，$r_{ij}=r_{ji}$。

（3）计算矩阵 $\boldsymbol{R}$ 的特征值 λ_1，λ_2，…，λ_l 和特征向量 $\boldsymbol{e}_1$，$\boldsymbol{e}_2$，…，$\boldsymbol{e}_l$，其中 $\boldsymbol{e}_j$ 为

$$\boldsymbol{e}_j=(e_{1j}，e_{2j}，\cdots，e_{nj})^{\mathrm{T}} \tag{3-11}$$

（4）计算特征值 $\lambda_j(j=1，2，\cdots，m)$ 的信息贡献率和累计贡献率。其中，主成分信息贡献率 b_j 为

$$b_j=\frac{\lambda_j}{\sum_{k=1}^{l}\lambda_k} \tag{3-12}$$

前 p 个主成分的累计贡献率 α_p 为

$$\alpha_p=\frac{\sum_{k=1}^{p}\lambda_k}{\sum_{k=1}^{l}\lambda_k} \tag{3-13}$$

（5）选出累计贡献率达到 70%～85%的特征值所对应的前 k 个主成分 F_1，F_2，…，F_k，其中 F_j 为

$$F_j=e_{1j}x_1+e_{2j}x_2+\cdots+e_{nj}x_n，j=1，2，\cdots，k \tag{3-14}$$

其中任意两个主成分互不相关。

针对提取得到的 HOG 特征进行主成分分析，去除了冗余信息，选择了 190 个主成分。然后将得到的 190 个特征与之前得到的 52 个纹理特征进行连接，得到包含 242 个特征的分类信息，主成分分析在提高分类精度的同时也降低了计算成本。

2. 朴素贝叶斯算法

朴素贝叶斯算法（Naive Bayes Algorithm）[4] 是一种被广泛应用于数据挖掘、文本和图像分类的机器学习算法，该算法基于贝叶斯定理以及属性条件独立性假设来实现当前样本属于某类的条件概率计算，继而将该样本判定为概率最大的那一类。因此，朴素贝叶斯算法是一种条件概率分类器，其只需对数据集进行一次扫描就可以实现概率预测[5]。

该算法的计算流程如下。假设当前存在一个训练样本集 D，样本集包含有 N 个样本 Y_1，Y_2，…，Y_N。将样本分为 k 类，各类标签分别为 L_1，L_2，…，L_k，且将各类样本的个数分别表示为 $N_{L_j}(j=1, 2, \cdots, k)$，样本包含 n 个连续或者离散属性 A_1，A_2，…，A_n。因此，样本集中的某个样本 $Y(Y\in D)$ 可以表示为 $Y=(y_1, y_2, \cdots, y_n)$，$y_i$ 表示属性 A_i $(1\leqslant i\leqslant n)$ 的取值。朴素贝叶斯算法中，样本各个属性的值之间是相互独立的。对于测试集样本，朴素贝叶斯算法将会计算出样本 Y 属于 L_a 类的概率 $P(L_a \mid Y)$ 为

$$P(L_a \mid Y)=\frac{P(L_a)}{P(Y)}\prod_{i=1}^{n}P(y_i \mid L_a)(i=1, 2, \cdots, n; a=1, 2, \cdots, k) \tag{3-15}$$

$$P(L_a)=\frac{N_{L_a}}{N} \tag{3-16}$$

式中：y_i 为样本 Y 的属性 A_i 的取值；$P(Y)$ 为 $Y=(y_1, y_2, \cdots, y_n)$ 的联合分布概率，对于所有类别来说，该值为常量；$P(y_i \mid L_a)$ 为在属于第 L_a 类的前提下，样本 Y 在属性 A_i 的取值为 y_i 的条件概率；$P(L_a)$ 为第 L_a 类的先验概率。

根据属性 A_i 的特性，可以分为离散属性和连续属性两种情况。

当 A_i 为离散属性时，$P(y_i \mid L_a)$ 为

$$P(y_i \mid L_a)=\frac{N_{L_a, y_i}}{N_{L_a}} \tag{3-17}$$

式中：N_{L_a,y_i} 为第 L_a 类中属性 A_i 的取值为 y_i 的样本个数。

当 A_i 为连续属性时，$P(y_i \mid L_a)$ 为

$$P(y_i \mid L_a)=\frac{1}{\sqrt{2\pi}\sigma_{L_a, y_i}}\exp\left[-\frac{(y_i-\mu_{L_a, y_i})^2}{2\sigma_{L_a, y_i}^2}\right] \tag{3-18}$$

式中：μ_{L_a,y_i} 为第 L_a 类样本中属性 A_i 的均值；σ_{L_a,y_i}^2 为第 L_a 类样本中属性 A_i 的方差。

根据上述条件概率公式计算可得到当前样本 Y 属于各个类别的概率 P_j 为

$$P_j=P(L_j \mid Y), j=1, 2, \cdots, k \tag{3-19}$$

若 $P_m=\max\{P_1, P_2, \cdots, P_k\}$，则判定当前样本属于第 L_m 类。

综上，从光伏组件的红外图像中提取纹理和 HOG 特征，构成了分类的基础，利用朴素贝叶斯算法进行训练，从而实现光伏组件红外图像的热斑检测。

3.2.3 实验及结果分析

本小节使用交叉验证法对数据集进行训练和验证，首先将数据集分为三个子集，分别进行特征提取，然后将其中的两个子集作为训练集对模型进行训练，剩下的一个子集作为

验证数据集，此过程共重复三次。此时每个子集都将作为验证数据集进行验证，而且不会出现重复验证图像的情况。

为了实现对光伏组件红外图像的分类，从而检测出有热斑的光伏组件，选择使用朴素贝叶斯算法，并使用扩充后数据集中的593张红外图像作为样本对分类效果进行验证。将593张红外图像分为三个子集，子集中分别包含197张、198张和198张红外图像，从而进行交叉验证，光伏组件红外图像分类结果验证见表3-4，分类准确率平均值达到88.36%。结果证明，该算法对于光伏组件红外图像中的热斑检测有良好的效果。

表3-4 光伏组件红外图像分类结果验证

数据集	正确分类/张	错误分类/张	总计/张	验证准确率/%
子集1	177	20	197	89.85
子集2	176	22	198	88.89
子集3	171	27	198	86.36
总计	524	69	593	88.36

综上所述，基于拍摄得到的数据集，以图像纹理特征和HOG特征作为分类基础，利用朴素贝叶斯算法来实现近景光伏组件红外图像中的热斑检测，检测准确率达到了88.36%，方法的训练时间为80.17s，在保证较好准确性的同时还具有很好的实时性。

因此，当对检测速度要求较高时可以选择本节所使用的基于朴素贝叶斯算法的热斑检测方法。

3.3 基于CNN算法的高精度热斑检测

本节基于CNN算法，实现了光伏组件近景红外图像中的热斑检测[9,10]。该方法采用深度学习算法来实现对光伏组件红外图像的分类，将其分为有热斑组件和正常组件，从而实现基于近景红外图像的热斑检测，该方法可获得比较高的检测精度。

3.3.1 高精度热斑检测算法

卷积神经网络是一类包含卷积计算，同时还具有深度结构的前馈神经网络，是一种常用的深度学习模型。通常来说，CNN由输入层（Image Input Layer）、卷积层（Convolutional Layer）、池化层（Pooling Layer，也称为下采样层）、全连接层（Fully Connected Layer）和输出层（Output Layer）等基本结构组成[6]。通过文献调研以及相关实验，本研究选择使用以下网络结构[7]，具体如下：

（1）输入层指定了输入图像的大小，本节中网络的输入图像为光伏组件红外图像所对应的灰度图，大小为240×320×1，该数据对应的是图像的高度、宽度和通道大小，经过预处理之后的数据集中的每一张图像都满足上述尺寸要求。

（2）卷积层是卷积神经网络架构中最重要的部分，包含了多个特征面，每个特征面则包含了多个神经元，特征面的每一个神经元都通过卷积核与上一层特征面的局部区域相关联。网络中的卷积层利用卷积操作对输入的不同特征进行提取，第一层卷积层对低级特征进行提取，而随后的卷积层将提取更高级别的特征。

通过文献调研以及多次实验，对卷积层参数进行了调整和确定。其中，卷积网络层中的滤波器大小设定为 3×3，第一层中的滤波器个数为 32，后续每一层中的滤波器个数逐级翻倍，该参数表示连接到同一输入区域的神经元数量，决定了特征面的数量。将卷积层中沿着输入图像进行扫描时的步长设置为 1。滤波器或者神经元输出的计算公式为

$$z_{i,j,k}=b_k+\sum_{u=1}^{f_h}\sum_{v=1}^{f_w}\sum_{k'=1}^{f_{n'}}x_{i',j',k'}\cdot w_{u,v,k',k} \tag{3-20}$$

$$\begin{cases} i'=u\cdot s_h+f_h-1 \\ j'=v\cdot s_w+f_w-1 \end{cases} \tag{3-21}$$

式中：$z_{i,j,k}$ 为滤波器或者神经元的输出，该滤波器位于第 l 层卷积层的第 k 个特征面的第 i 行、第 j 列；s_w 和 s_h 分别为水平和竖直方向的通道；f_w 和 f_h 分别为滤波器接收区域的宽度和高度；$f_{n'}$ 为存在于上一层卷积层中的特征图数量；$x_{i',j',k'}$ 为滤波器输出，对于上一层来说该滤波器位于第 k' 个特征面的第 i' 行、第 j' 列，如果前一层是输入层的话，位置则是第 k' 个通道的第 i' 行、第 j' 列；b_k 为特征图的偏差；$w_{u,v,k',k}$ 为连接权值。

（3）批量化归一层（Batch Normalization Layer）的作用是实现卷积网络中激活值和梯度传播的归一化，从而对网络训练进行简化。在卷积层和 ReLU 层之间使用批量化归一层，可以加速网络训练，同时还能降低训练过程中对网络初始化的敏感度。在训练过程中，如果权值过大导致不稳定，那么批量化归一层将发挥作用。操作过程为

$$\mu_B=\frac{1}{m_B}\sum_{i=1}^{m_B}x_i \tag{3-22}$$

$$\sigma_B^2=\frac{1}{m_B}\sum_{i=1}^{m_B}(x_i-\mu_B)^2 \tag{3-23}$$

$$x_i=\frac{x_i-\mu_B}{\sqrt{\sigma_B^2+\varepsilon}} \tag{3-24}$$

$$y_i=\gamma x_i+\beta \tag{3-25}$$

式中：μ_B 为输入值 x_i 的均值；σ_B 为标准差；m_B 为批量数量；x_i 为归一化值；β 为偏移量；γ 为比例因子；ε 为平滑度；y_i 为最后的输出值。

（4）本研究在批量化归一层之后接了一个非线性激活函数，本网络中使用的非线性激活函数是修正线性单元（ReLU）。本章节所用网络中的每个卷积层后面都有一个 ReLU 层，用来避免出现由于权重过大而导致的不稳定。ReLU 属于不饱和非线性函数，能够避免出现梯度爆炸或者梯度消失的问题，并且可以加快收敛速度。函数的计算公式为

$$f_{cov}(x)=\max(0,x) \tag{3-26}$$

（5）本网络中在每个卷积层后创建最大池化层来实现下采样，从而减小特征面的大小并删除冗余的空间信息，卷积层和池化层中的特征面一一对应。该操作可以增加之后的卷积层中的滤波器数量，同时也不会增大计算量。本网络中，将最大池化层的矩形输入区域大小设置为 2×2，训练函数沿输入进行扫描时步长设置为 2。

（6）本网络结构中，在全连接层之前加一个 Dropout Layer 来防止过拟合。全连接层

将之前所有层在图像中学习到的所有特征组合在一起，从而实现对图像的分类。网络中包括两层全连接层，第一层的输出设置为 80，最后一层全连接层的输出设置为 2，因为本研究需要将输入图像分为有热斑和正常两类。另外，设置 Softmax 层来实现对全连接层输出的归一化。最终层为分类层，该层利用 Softmax 层得到分类概率，从而实现最终分类。

上述介绍的 CNN 结构图如图 3－7 所示。

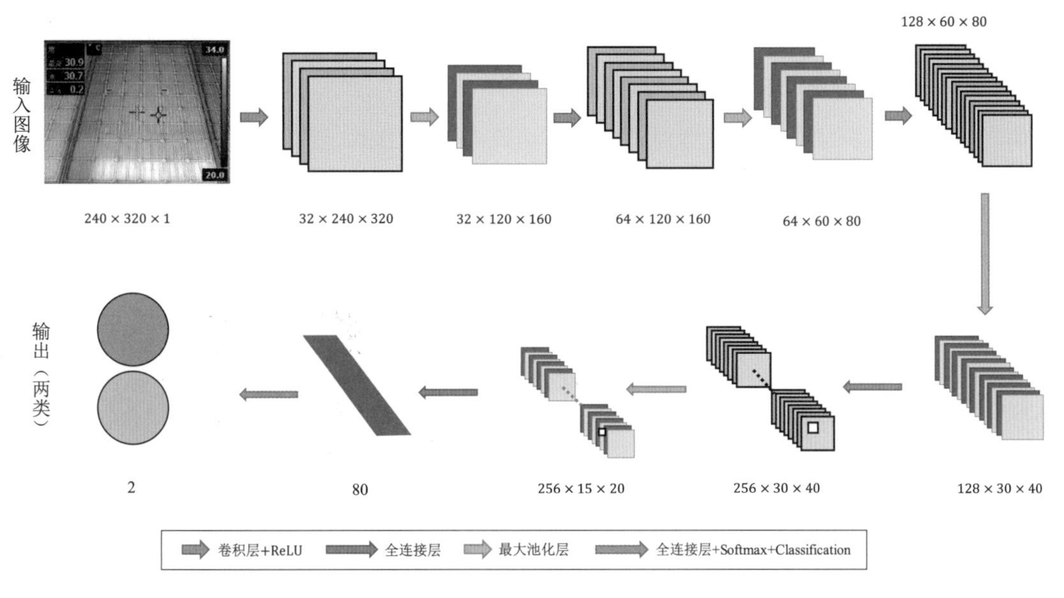

图 3－7　CNN 结构图

对于 CNN 来说，任意一层的输出都是特征图，每个卷积层中的滤波器都可以得到一定数量的特征面，以本小节所使用的网络为例，经过第一层卷积层可以得到 32 个特征图，如图 3－8 所示。

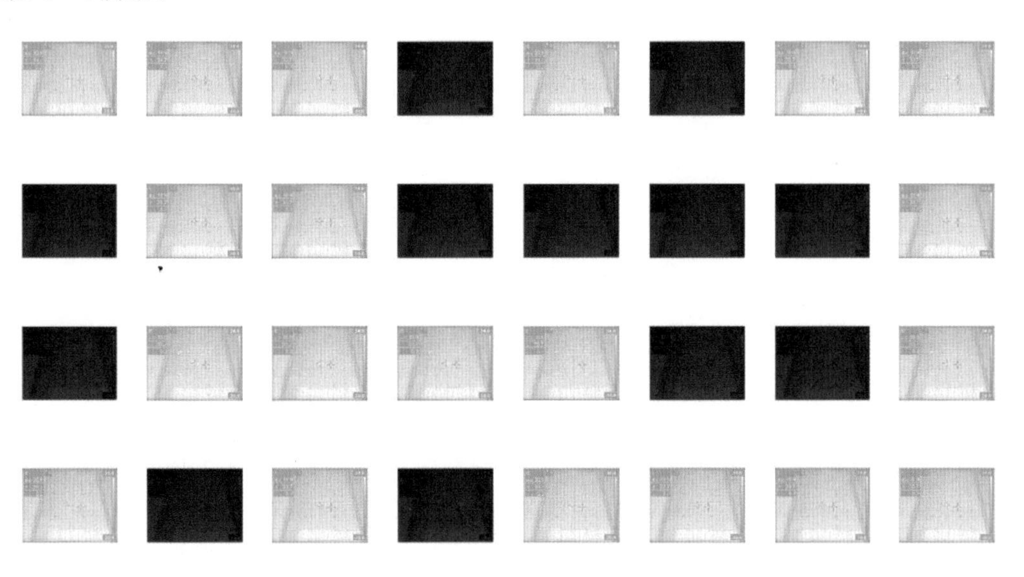

图 3－8　红外图像的 32 个特征图

3.3.2 实验及结果分析

训练过程中利用优化算法对网络参数进行学习，从而实现损失函数的最小化，优化模型性能。损失函数利用预测结果以及图像的真实类别进行计算，然后在优化过程中对下一次迭代的参数进行更新。由于实现的是光伏组件红外图像的有无热斑分类，因此可以使用交叉熵损失函数，其计算公式为

$$L=-\frac{1}{N}\sum_{i}[y_i\cdot\lg(p_i)+(1-y_i)\cdot\lg(1-p_i)] \tag{3-27}$$

式中：y_i 为组件样本 i 的所属类别，若为有热斑组件则为 1，否则为 0；p_i 为样本 i 预测为有热斑组件的概率。

随着损失量不断减小，网络的鲁棒性也逐渐增强。卷积神经网络训练过程如图 3－9 所示。

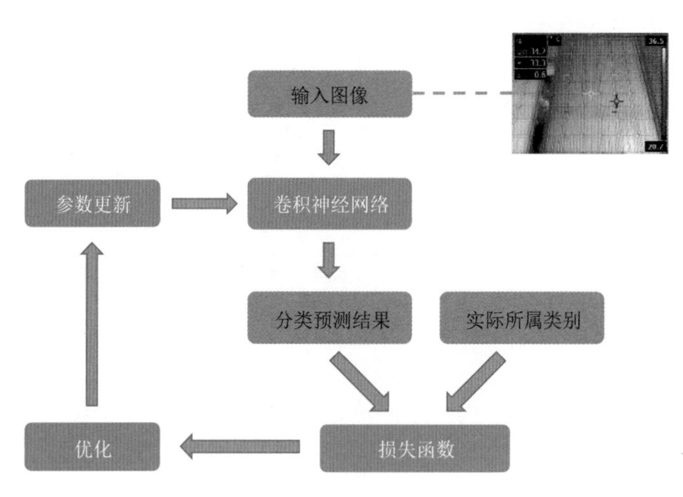

图 3－9　卷积神经网络的训练过程

为了获得更好的检测效果，首先选择合适的优化算法。本章节基于随机梯度下降以及自适应矩估计算法分别进行实验，实验结果表示后者的检测效果优于前者，因此本研究选择使用自适应矩估计算法来实现参数优化。

其次，由于数据集中的图片数量较多，还需要对训练过程中的批量大小（BatchSize）这一参数进行确定，实现将训练集样本划分为多个批次来实现参数更新，从而使得模型达到更好的效果。若批量大小值过小，模型的训练时间会变长，且不容易收敛；若该值过大，则可能会陷入局部最优的情况。因此，为了实现最好的热斑检测效果，本研究基于不同的批量大小值进行实验，得到不同批量大小对实验结果的影响见表 3－5。由实验结果可知，批量大小为 25 时可以获得最佳的检测效果。

因此，通过实验过程中的参数调整，最后得到网络训练参数设置见表 3－6。

基于 3.1 节中扩充之后得到的光伏组件近景红外图像数据集，首先将其转化为灰度图，再利用本节设计得到的 CNN 对其进行训练。实验过程中，将数据集分为两个部分，随机选择数据集中 80％的红外图像作为训练集，剩余的 20％作为验证集。本章节采用自

适应矩估计算法，整个过程中共迭代 1800 轮。训练过程中随着迭代轮数的增加，分类精度以及损失量变化情况如图 3-10 所示，由图可以看出，随着迭代轮数的增加，分类准确率和损失量都逐渐趋于稳定。

表 3-5 不同批量大小对实验结果的影响

批量大小	检测精度/%	平均训练时间/s
8	92.44	127.71
15	96.15	100.32
25	98.32	84.77
32	97.48	86.62
64	94.12	74.52

表 3-6 网络训练参数设置

参数	值	参数	值
最大迭代轮数	100	指数衰减率 beta1	0.9
最小批量大小	25	指数衰减率 beta2	0.999
学习率	0.001	偏移量 epsilon	10^{-8}

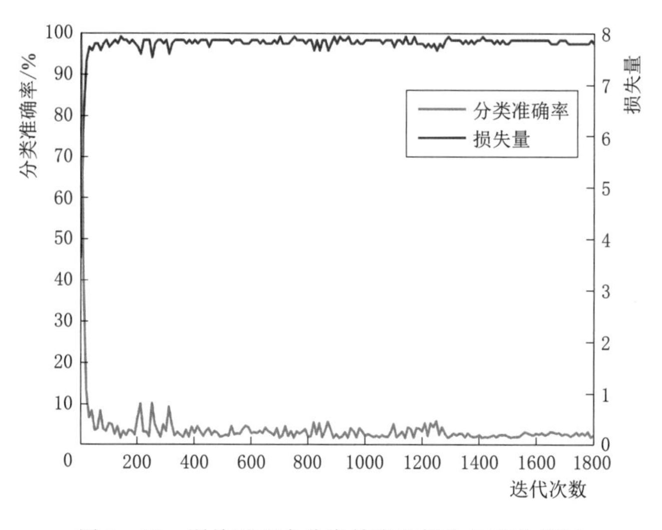

图 3-10 训练过程中分类精度及损失量变化情况

训练至第 100 代时结束，验证集中共有 119 张红外图像，其中：54 张有热斑光伏组件红外图像中，54 张被判定为有热斑，全部判断正确；65 张正常组件红外图像中，63 张被判定为正常组件，2 张被判定为有热斑组件。因此共 119 张图片中，117 张判断正确，2 张判断错误，分类准确度达到了 98.32%，最终的损失量为 0.1884。

评估本节所使用的网络模型的热斑检测效果，本文基于准确度（Accuracy）、精度（Precision）、召回率（Recall）以及 F1 值（F1 score）四个性能指标来实现。计算公式为

$$Accuracy = \frac{TP + TN}{TP + FP + TN + FN} \tag{3-28}$$

$$Precision = \frac{TP}{TP + FP} \tag{3-29}$$

$$Recall = \frac{TP}{TP + FN} \tag{3-30}$$

$$F1\ score = \frac{2 \times Precision \times Recall}{Precision + Recall} \tag{3-31}$$

式中：TP（True Positive）为被判定为有热斑的有热斑光伏组件红外图像数量；FP（Flase Positive）为被判定为正常的有热斑光伏组件红外图像数量；TN（True Negative）为被判定为正常的正常光伏组件红外图像数量；FN（False Negative）为被判定为有热斑的正常光伏组件红外图像数量。

综上，可以计算得到四个性能指标值见表3-7。

表3-7 性能指标值

准确度	精度	召回率	F1值
98.32%	100%	96.43%	98.18%

根据最终分类结果可知，CNN应用于热斑检测具有良好的精度，不过所需运行时间较长，对于设备性能的要求也比较高，本节所进行实验的训练时间在141min左右。

综上可知，本方法在检测精度方面具有相当好的实验效果，但也存在训练时间过长的问题，并且对运行设备的要求很高。因此，本方法并不适用于某些对实时性要求较高的场合。

3.4 热斑面积计算及对组件电气特性的影响分析

为了在未来研究中实现对组件发电功率的评估，计算有热斑组件红外图像中的热斑面积是很有必要的。但是，由于拍摄过程中的角度问题，得到的组件图像会出现投影畸变，因此，在进行热斑面积计算之前首先需要实现对图像的校正变换。在实现图像校正的基础上，才能更加准确地计算，得到热斑面积。

3.4.1 热斑面积计算

1. 红外图像校正

一般来说，光伏组件是长方形的，但由于拍照时产生的投影畸变，原本互相平行/垂直的组件边界将发生改变。因此，为了实现图像的校正，本节使用了一种消除近景红外图像中光伏组件投影畸变的方法[8]，图像校正变换流程图如图3-11所示，所用数据集为未经处理的近景红外图像，包括40张有热斑组件红外图像和323张正常组件的红外图像。本节所用方法基于传统图像处理算法实现，不需要依赖大量的数据集来进行训练，即使是样本数较少的情况也同样适用。

通过投影变换来实现对图像的校正，该过程可以分为简单投影变换和仿射变换两个部

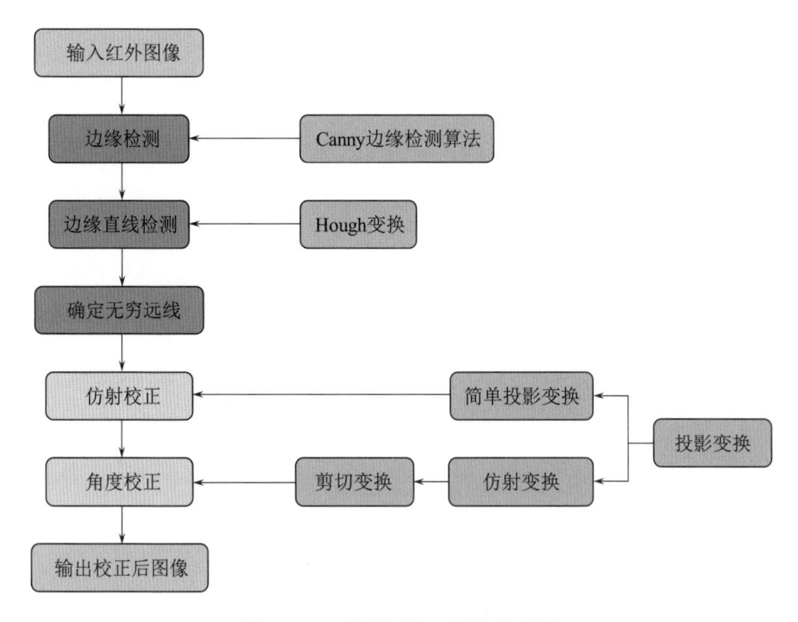

图 3-11　图像校正变换流程图

分，而仿射变换由剪切变换来实现。基于齐次矩阵 $\boldsymbol{H}$ 来实现图像校正，即 $\boldsymbol{x}'=\boldsymbol{H}\boldsymbol{x}$。图像上的点由齐次向量 $\boldsymbol{x}=(x_1,\ x_2,\ x_3)^{\mathrm{T}}$ 来表示，变换过程为

$$\begin{pmatrix} x'_1 \\ x'_2 \\ x'_3 \end{pmatrix}=\begin{pmatrix} h_{11} & h_{12} & h_{13} \\ h_{21} & h_{22} & h_{23} \\ h_{31} & h_{32} & h_{33} \end{pmatrix}\cdot\begin{pmatrix} x_1 \\ x_2 \\ x_3 \end{pmatrix} \tag{3-32}$$

由于矩阵的齐次性，当矩阵中的元素都与非零因子相乘时，投影变换不会发生变化。矩阵 $\boldsymbol{H}$ 有 8 个自由度，元素 h_{33} 的值可以设置为 1，基于此可以实现对矩阵的分解，将其分解为投影变换矩阵和仿射变换矩阵的乘积，即

$$\boldsymbol{H}=\boldsymbol{H}_P\boldsymbol{H}_A=\begin{pmatrix} 1 & 0 & 0 \\ 0 & 1 & 0 \\ v_1 & v_2 & 1 \end{pmatrix}\begin{pmatrix} a_{11} & a_{12} & a_{13} \\ a_{21} & a_{22} & a_{23} \\ 0 & 0 & 1 \end{pmatrix} \tag{3-33}$$

式中：$\boldsymbol{H}_P$ 为一个简单投影变换矩阵，该矩阵只有 2 个自由度；$\boldsymbol{H}_A$ 为仿射变换矩阵，该矩阵有 6 个自由度。

因此，在矩阵 $\boldsymbol{H}_P$ 已知的情况下，即恢复图像的仿射特性。

本章节基于一个简单投影变换来实现仿射校正，即实现对图像仿射特性的恢复，例如可以将实际平行的两条线恢复为平行状态，同时各部分的面积占比与实际情况中的面积占比一致。其中，基于投影变换矩阵 $\boldsymbol{H}_P$ 来恢复红外图像中出现畸变的光伏组件的仿射性能，因此需要对该矩阵进行求解。

通常，用方程 $ax+bx+c=0$ 来表示平面上的直线，因此，可以使用齐次向量 $\boldsymbol{l}=(a,\ b,\ c)^{\mathrm{T}}$ 来表示直线。由于拍摄产生的畸变，原本相互平行的两条线可能会在投影平面上相交，产生的交点对应于原始图像中的理想点（即平行线的交点），也被称为无穷远点，该点可由齐次向量 $\boldsymbol{x}=(x_1,\ x_2,\ 0)^{\mathrm{T}}$ 表示，并且最后一个坐标值为 0。图像中所有

理想点的集合位于某一条直线上，该直线被称为无穷远线，由齐次向量 $\boldsymbol{l}_{\infty}=(0\quad 0\quad 1)^{\mathrm{T}}$ 表示。

基于点变换公式 $\boldsymbol{x}'=\boldsymbol{H}\boldsymbol{x}$，可以得到直线的投影变换公式为

$$\boldsymbol{l}'=\boldsymbol{H}^{-\mathrm{T}}\boldsymbol{l} \tag{3-34}$$

事实上，仿射变换不会改变无穷远线，但投影变换会改变。经过投影变换之后，无穷远线对应的直线可以用齐次向量 $\boldsymbol{l}'_{\infty}=(l_1, l_2, 1)^{\mathrm{T}}$ 表示，无穷远线与该直线之间的关系为

$$\boldsymbol{l}'_{\infty}=\boldsymbol{H}_P^{-\mathrm{T}}\boldsymbol{l}_{\infty} \tag{3-35}$$

即

$$\begin{pmatrix}0\\0\\1\end{pmatrix}=\begin{pmatrix}1 & 0 & v_1\\0 & 1 & v_2\\0 & 0 & 1\end{pmatrix}\begin{pmatrix}l_1\\l_2\\1\end{pmatrix} \tag{3-36}$$

其中

$$\begin{cases}v_1=-l_1\\v_2=-l_2\end{cases} \tag{3-37}$$

综上，要想得到投影变换矩阵 $\boldsymbol{H}_P$，首先需要找到无穷远线在投影面上的对应直线 $\boldsymbol{l}'_{\infty}$。因此，为了实现图像的校正，需要先找到发生投影畸变的红外图像中的直线 $\boldsymbol{l}'_{\infty}$。为了更精准地找到该直线，首先将红外图像转化为灰度图，然后利用 Canny 边缘检测算法找到边缘，再通过 Hough 变换找到边界线，组件边界检测过程如图 3-12 所示。

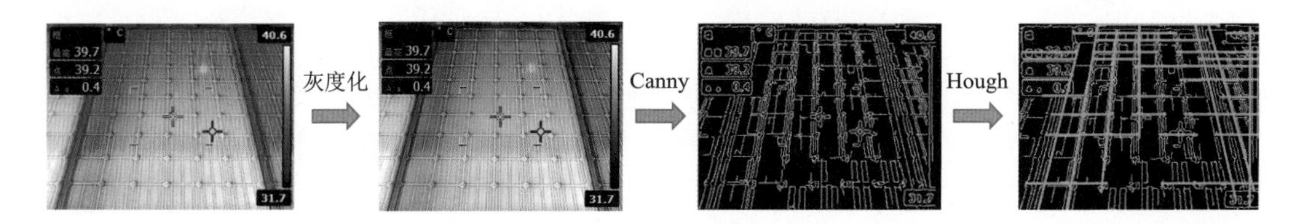

图 3-12 组件边界检测过程

通过 Hough 变换，可以实现图像坐标空间到霍夫空间的变换。在图像坐标空间中，每一个点都用坐标 (x, y) 来表示，直线则由 k 和 b 表示为

$$y=kx+b \tag{3-38}$$

式中：k 为直线的斜率；b 为截距。

而在 Hough 空间中，每个点由 (k, b) 表示，直线则由 x 和 y 表示为

$$b=-xk+y \tag{3-39}$$

也就是说，图像坐标空间和霍夫空间中的点和线都是一一对应的，坐标空间中的每个点对应到 Hough 空间中的一条直线，而坐标空间中的直线则对应 Hough 空间中的点。因此，坐标空间中位于同一直线上的点，在 Hough 空间中被转换为一组相交于同一点的直线，该点的位置可由式（3-39）计算得到。

一般来说，光伏组件中的平行线有两个方向，因此可以在不同的情况下对图像中的无穷远线进行识别：①如果两个方向的平行线经过投影变换之后，在图像中分别相交于一点，那么图像中的无穷远线则为经过这两个交点的直线；②如果经过变换之后，只有一个

方向的平行线相交于某一点，而另一个方向的平行线仍旧保持平行，那么图像中的无穷远线可以认为是经过该点并与平行线平行的直线。

识别得到图像的无穷远线 $\boldsymbol{l}'_{\infty}$ 之后，就可以恢复图像的仿射特性，红外图像仿射校正结果如图 3－13 所示。

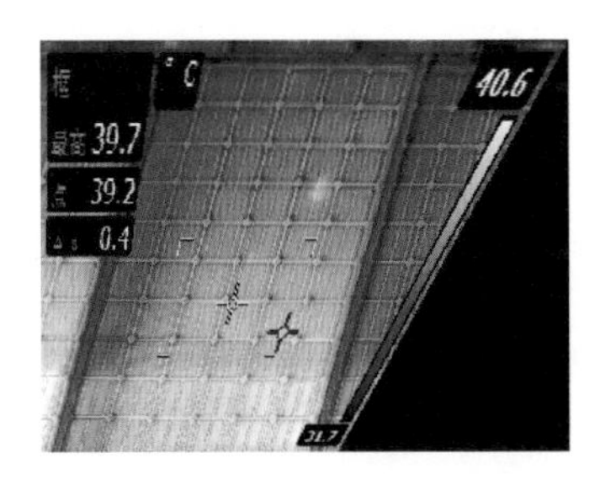

图 3－13　红外图像仿射校正结果

基于投影变换实现对图像的仿射校正，但是实际上，光伏组件是长方形而不是平行四边形，因此为了进一步消除投影畸变，需要在仿射校正的基础上，对光伏组件的直角进行恢复。本节通过剪切变换来实现角度校正，变换矩阵 $\boldsymbol{H}_{sh}$ 为

$$\boldsymbol{H}_{sh}=\begin{pmatrix}1 & sh_y & 0\\ sh_x & 1 & 0\\ 0 & 0 & 1\end{pmatrix} \tag{3-40}$$

式中：sh_x 为沿着 x 轴方向的剪切因子；sh_y 为沿着 y 轴方向的剪切因子。

沿着 x 轴和 y 轴方向的剪切变换如图 3－14 所示。

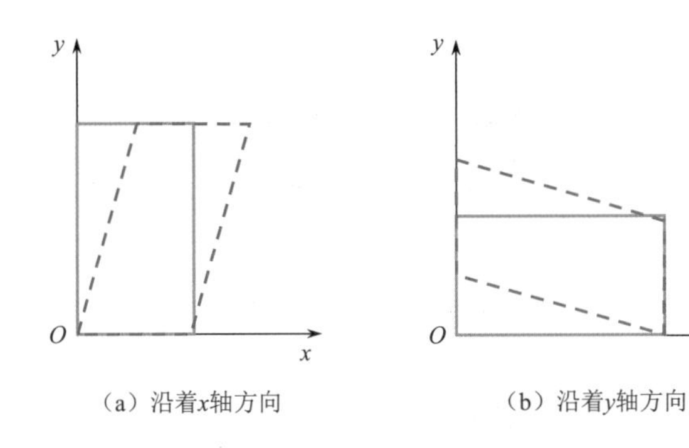

图 3－14　剪切变换

根据公式（3－34），直线 $\boldsymbol{l}$（如图 3－14 中蓝色实线）经过剪切变换得到直线 $\boldsymbol{l}'$（如图 3－14 中红色虚线），变换过程为

$$\boldsymbol{H}_{sh}\boldsymbol{l}'=\boldsymbol{l} \tag{3-41}$$

光伏组件中的水平直线表示为 $\boldsymbol{l}_a=(0,\ 1,\ l_{3a})^{\mathrm{T}}$，垂直直线表示为 $\boldsymbol{l}_b=(0,\ 1,\ l_{3b})^{\mathrm{T}}$，基于 Hough 空间可以找到这些直线在仿射校正之后的图像中的对应直线的斜率，仿射校正后图像 Hough 空间中的点如图 3－15 所示。

因此，可以得到剪切变换后的直线 $\boldsymbol{l}'_a=(k_a,\ -1,\ l'_{3a})^{\mathrm{T}}$ 以及 $\boldsymbol{l}'_b=(k_b,\ -1,\ l'_{3b})^{\mathrm{T}}$。继而得到剪切变换矩阵求解公式为

$$\boldsymbol{H}_{sh}^{\mathrm{T}}\boldsymbol{l}'_a=\boldsymbol{l}_a \tag{3-42}$$

$$\boldsymbol{H}_{sh}^{\mathrm{T}}\boldsymbol{l}'_b=\boldsymbol{l}_b \tag{3-43}$$

变换矩阵 $\boldsymbol{H}_{sh}$ 是可逆的，因此可以实现对图像中角度的校正，基于

$$\boldsymbol{x}'=\boldsymbol{H}_{sh}^{-1}\boldsymbol{x} \tag{3-44}$$

得到角度校正结果如图 3－16 所示。

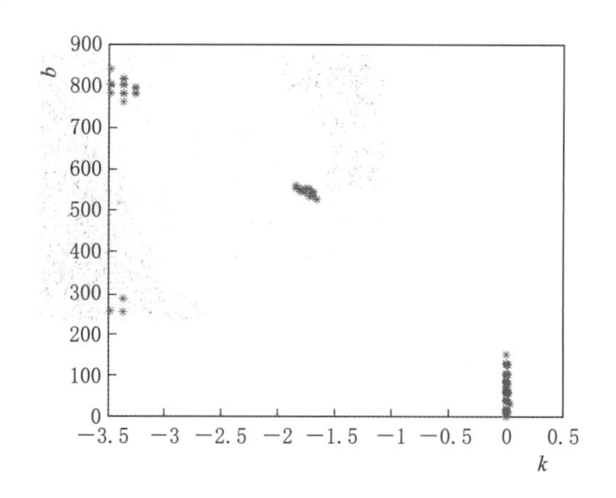

图 3-15 仿射校正后图像 Hough 空间中的点

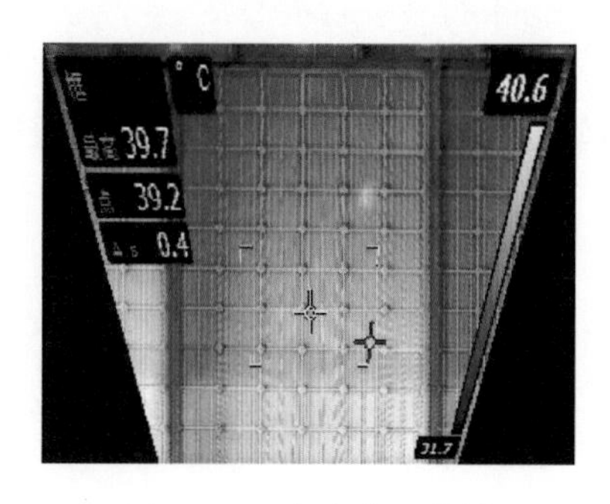

图 3-16 角度校正结果

2. 面积计算

基于图像校正结果，可以计算得到图像中热斑面积占比。事实上，拍摄得到的光伏组件近景红外图像基本能够保持角度一致，即图像中组件面积基本一致，并且中间位置一般为基本完整的光伏组件，如图 3-17 所示。因此，本章节将热斑面积计算问题简化为对图像中的热斑面积占比进行计算，可以实现对组件失效面积的评估。

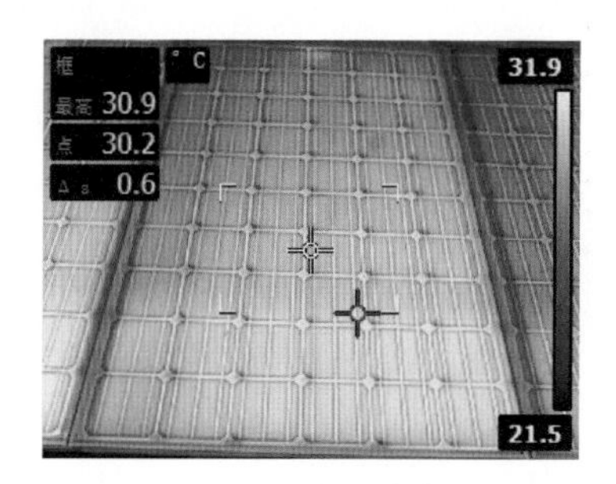

(a) 拍摄所得图像

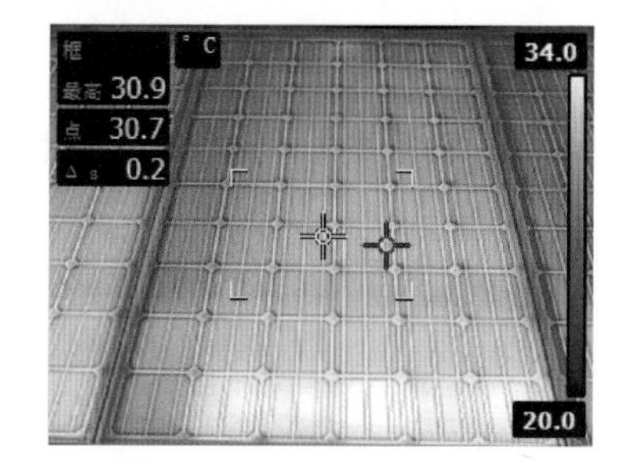

(b) 校正后图像

图 3-17 光伏组件近景红外图像

将与正常电池片之间温差超过 20℃的部分视为热斑，由于红外图像中温度越高的部分亮度越高，因此，本章节基于灰度值大小来实现热斑面积计算。首先，对校正后图像进行裁剪，保留图像中间位置的完整组件部分，裁剪结果如图 3-18 所示，裁剪后图像中会存在少部分其他组件图像，但面积很小可以忽略不计。然后，将裁剪之后的图像转化为灰度图，对图像大小以及图中各个像素点的灰度值进行计算，为了消除图像中标注部分的影响，对灰度值为 0 的点进行忽略，从而得到像素点个数以及灰度值均值。

将阈值设置为 65，也就是说，将图像中灰度值高于均值 65 以上的像素点视为热斑，从而得到红外图像中的热斑面积占比。以图 3-18 中有热斑红外图像为例，计算得到其热斑面积占比为 8.27%，与实际占比 8.33%近似相等。

3. 实验结果分析

基于本节所使用的消除图像投影畸变的方法，对数据集中的近景红外图像进行实验，分别选取数据集中有热斑和正常的光伏组件红外图像各两张，得到红外图像校正结果如图

3-19 所示，由实验结果可知该方法取得了良好的校正效果。

另外，在图像校正的基础上，基于本节提出的热斑面积计算方法，随机选择有热斑光伏组件红外图像中的四张为样本进行实验，将四张图像的热斑面积占比预测值与实测值进行比较，实验结果见表 3-8。预测值准确度 *Accuracy* 计算公式为

$$Accuracy=\frac{|Truth-Prediction|}{Truth}\times 100\% \quad (3-45)$$

式中：*Truth* 为热斑面积占比的实测值；*Prediction* 为热斑面积占比的预测值。

计算可以得到平均预测准确度为 93.31%，说明本方法在计算热斑面积方面有良好的准确性。

图 3-18　裁剪结果

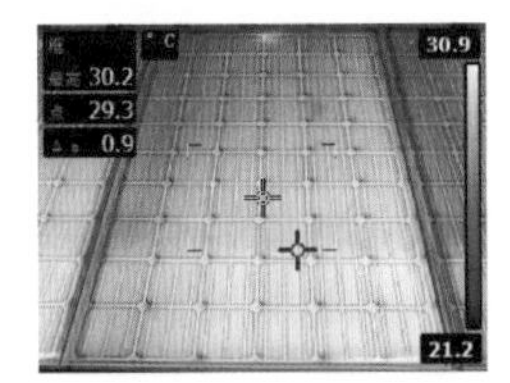

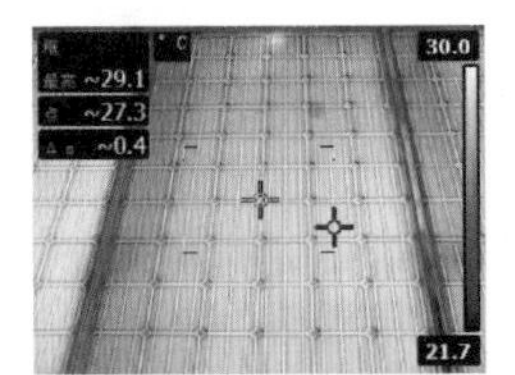

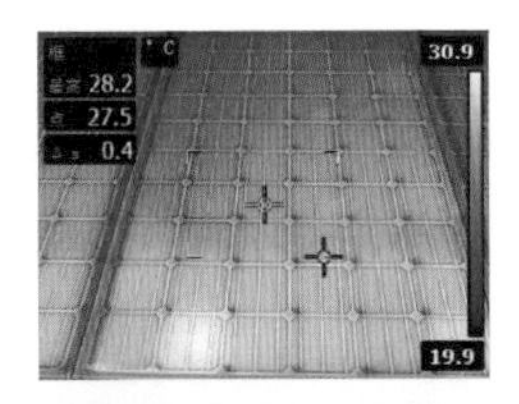

(a) 原始红外图像

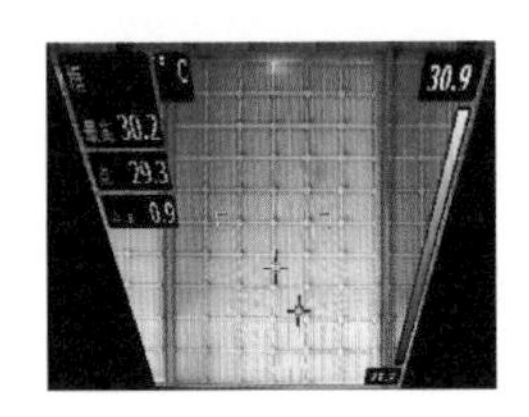

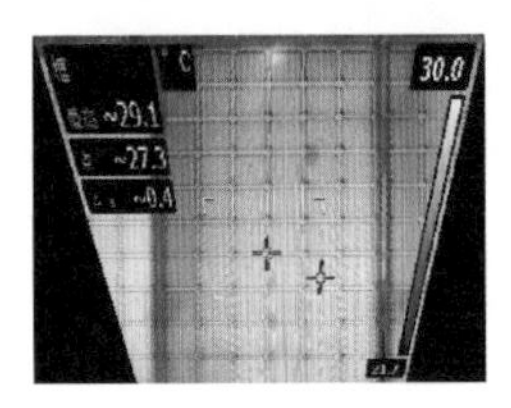

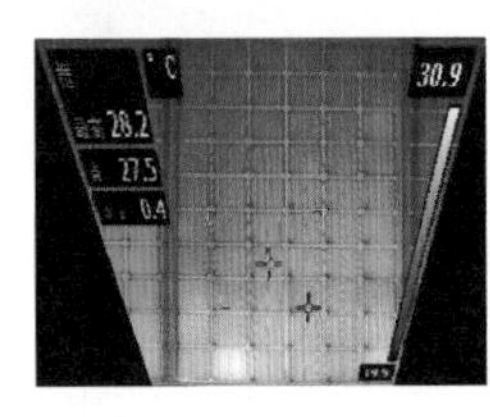

(b) 校正后红外图像

图 3-19　红外图像校正结果

表 3-8　光伏组件红外图像热斑面积占比实验结果

样本	1	2	3	4
预测值	8.27%	1.89%	6.03%	5.64%
实测值	8.33%	1.67%	6.67%	5.83%

3.4.2 热斑对组件电气特性影响分析

3.4.2.1 热斑故障原因分类

热斑故障是指光伏组件表面局部发热导致温度过高而引起的故障。导致光伏组件表面局部发热有多种原因，在此对热斑故障分类，如图 3-20 所示。热斑故障按照产生的原因通常分为遮挡型、内部缺陷型和非常规热斑故障。其中遮挡型热斑又分为软性阴影和硬性阴影。软性阴影通常指可以自主发生遮挡程度改变的阴影，比如云朵。硬性阴影又分为可逆阴影和不可逆阴影。可逆阴影指鸟粪、灰尘等可以被清除掉的遮挡，不可逆阴影指

EVA 色变玻璃破碎等无法去除的遮挡。内部缺陷型热斑通常指由电池片自身故障导致的热斑缺陷，比如电池片老化、二极管故障等。遮挡型热斑和内部缺陷型热斑都是符合热斑定义的功率失配型热斑。遮挡型热斑主要通过减少光伏组件进光量的方式影响发电功率，而内部缺陷型热斑主要是电池片自身的发电性能变弱影响发电功率。非常规热斑是指局部过热导致的过功率型热斑，不符合严格的热斑定义。本章节后续将分别对内部缺陷型热斑故障和遮挡型热斑故障展开进一步研究分析。

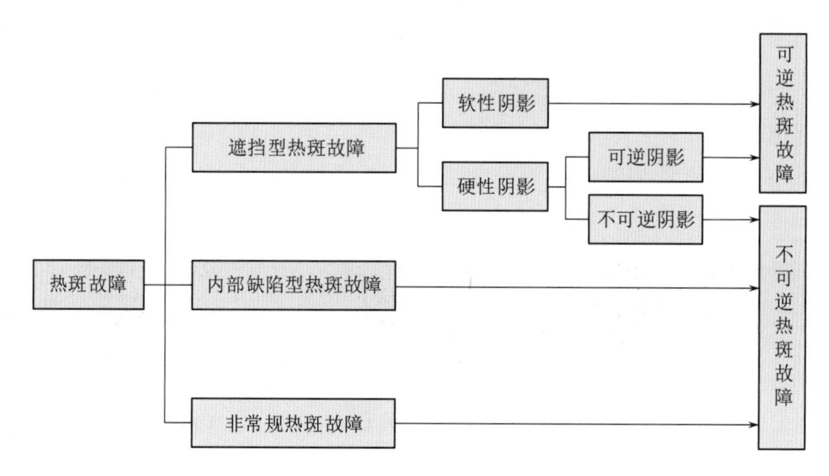

图 3-20 热斑故障分类

3.4.2.2 基于 $I-V$ 曲线的内部缺陷型热斑故障分析

本章节针对实际电站中存在的热斑故障的组件的相关 $I-V$ 曲线图和相关的电气数据展开收集，并进行了数据分析。电站每一块光伏组件由 3 个子串组成，每个子串包含 24 个电池片，其实际线路结构图如图 3-21 所示。

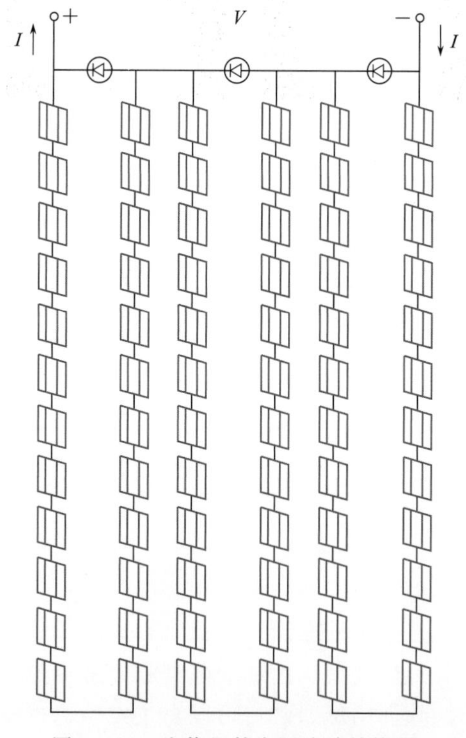

图 3-21 光伏组件实际线路结构图

$I-V$ 曲线可以表现出光伏组件的输出性能，评估光伏组件的运行状态。在实验中，使用 $I-V$ 曲线测试仪对光伏电池板的电气特性进行检测，$I-V$ 曲线测试仪如图 3-22 所示，可以在现场对光伏组件进行快速和准确的 $I-V$ 性能测试和检查，其性能参数见表 3-9。

对本节选取测得的 $I-V$ 曲线图中 4 个比较典型的组件进行 $I-V$ 曲线分析，如图 3-23 所示。光伏组件相关电气性能参数见表 3-10。

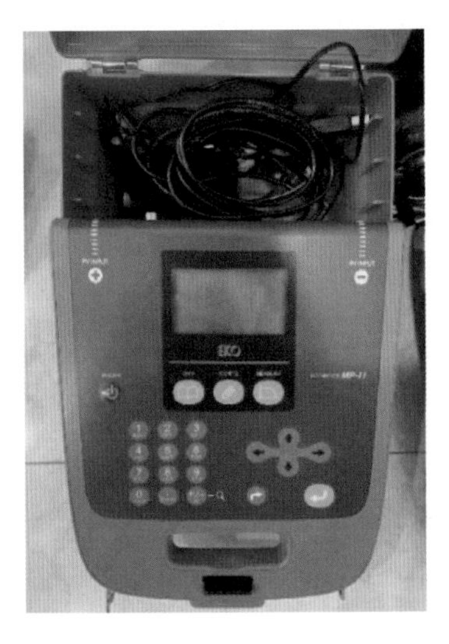

图 3-22　$I-V$ 曲线测试仪

表 3-9　$I-V$ 曲线测试仪性能参数

参　数	值
测量电压范围/V	10～1000
测量电流范围/A	0.1～30
测量功率范围/W	10～18000
扫描时间/ms	4～60
精度	电压+/-1%FS、 电流+/-1%FS
测试组件类型	单晶/多晶，CIS

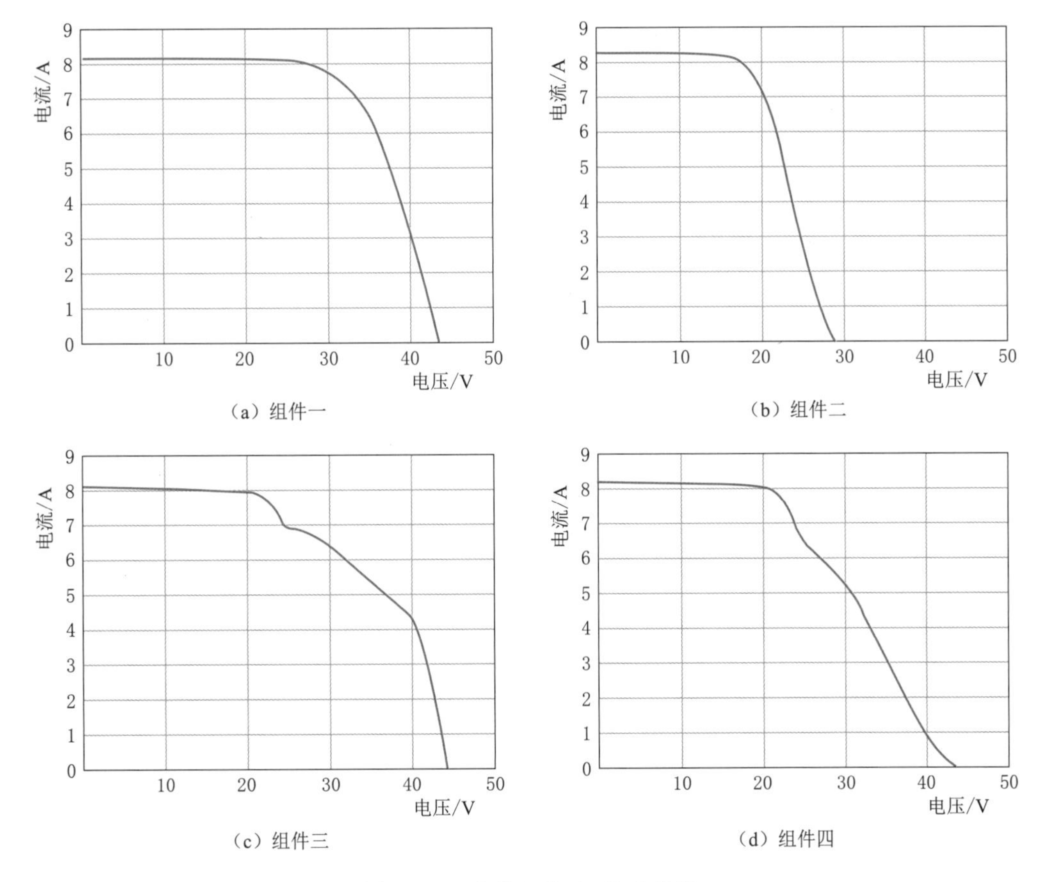

(a) 组件一　(b) 组件二　(c) 组件三　(d) 组件四

图 3-23　光伏组件 $I-V$ 曲线图

表 3－10　　光伏组件相关电气性能参数

性能参数	组件一	组件二	组件三	组件四
开路电压 U_{oc}/V	43.53	29.23	44.42	43.98
短路电流 I_{sc}/A	8.184	8.277	8.125	8.161
最大功率点电压 U_m/V	32.58	19.4	31.55	22.68
最大功率点电流 I_m/A	7.273	7.564	6.133	7.621
峰值功率 P_m/W	236.978	146.758	192.831	172.816
串联电阻 R_s/Ω	1.12	1.551	0.939	2.763
分流电阻 R_h/Ω	451.39	94.096	118.368	297.47
辐照度/（W/m²）	1000	1000	1000	1000
温度/℃	25	25	25	25
组件面积 S/m²	1.77	1.77	1.77	1.77
组件转换效率/%	13.4	8.29	10.9	9.7

表 3－10 中，组件的转换效率定义为在辐照度为 1000W/m²、温度为 25℃±2℃时，最大输出功率除以光照强度和组件面积的积，最后乘以 100%，计算公式为

$$\eta=\frac{P_m}{1000\times S}\times 100\% \tag{3-46}$$

组件一为正常组件，峰值功率为 236.978W，转换效率为 13.4%。组件二的开路电压为 29.23V，和正常工作的组件一相比，它们的 $I-V$ 曲线趋势较为相似，但是组件二的开路电压减少了约 1/3。此实测的光伏板为 3 个子串，由此可分析得出，组件二的一个子串被旁路二极管短路，因此电流只流过两个正常工作的子串。组件二的峰值功率和转换效率分别为 146.758W 和 8.29%，相比组件一显著降低。

图 3－24 显示了光感应电流 I_{ph}，二极管暗饱和电流 I_s，二极管影响因子 η、串联电阻 R_s 和并联电阻 R_h 对光伏组件 $I-V$ 曲线的影响。从中可以看出，光感应电流 I_{ph} 的变化主要影响光伏组件 $I-V$ 曲线的短路电流，二极管暗饱和电流 I_s 和二极管影响因子 η 的变化主要影响光伏组件 $I-V$ 曲线的开路电压，串联电阻 R_s 的改变主要影响 $I-V$ 曲线的后半段，并联电阻 R_h 对整个 $I-V$ 曲线均有影响。此外串联电阻 R_s 和并联电阻 R_h 基本不改变曲线的短路电流和开路电压。

组件三的串联电阻 R_s 相比正常组件变化微小，并联电阻 R_h 约为正常组件的 0.26 倍。组件四的串联电阻 R_s 约为正常组件的 2.5 倍，并联电阻 R_h 约为正常组件 0.66 倍。结合图 3－23 和图 3－24 可以看出，组件三主要受到并联电阻 R_h 变化的影响，组件四主要受到串联电阻 R_s 变化的影响。组件三和组件四峰值功率分别为 192.831W 和 172.816W，转换效率分别为 10.9%和 9.7%，两个组件均发生了不同程度的热斑故障，可能由电池片老化等原因导致。

3.4.2.3　光伏组件在阴影遮挡型热斑下的温升及转换效率

1. 实验平台环境介绍

实验平台为在楼顶搭建的小型光伏发电系统，如图 3－25 所示。该平台在运行时同时

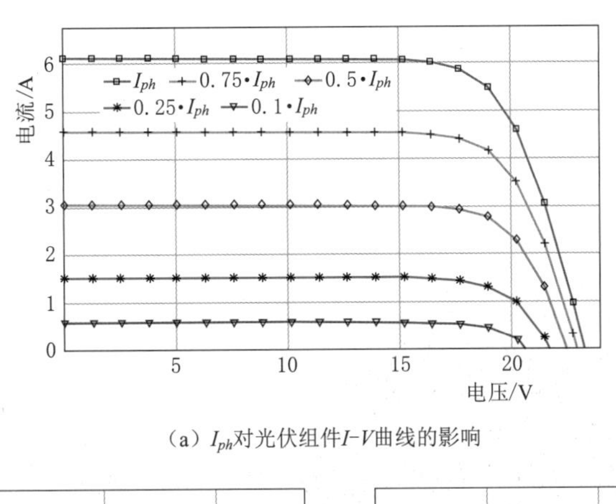

（a）I_{ph}对光伏组件I-V曲线的影响

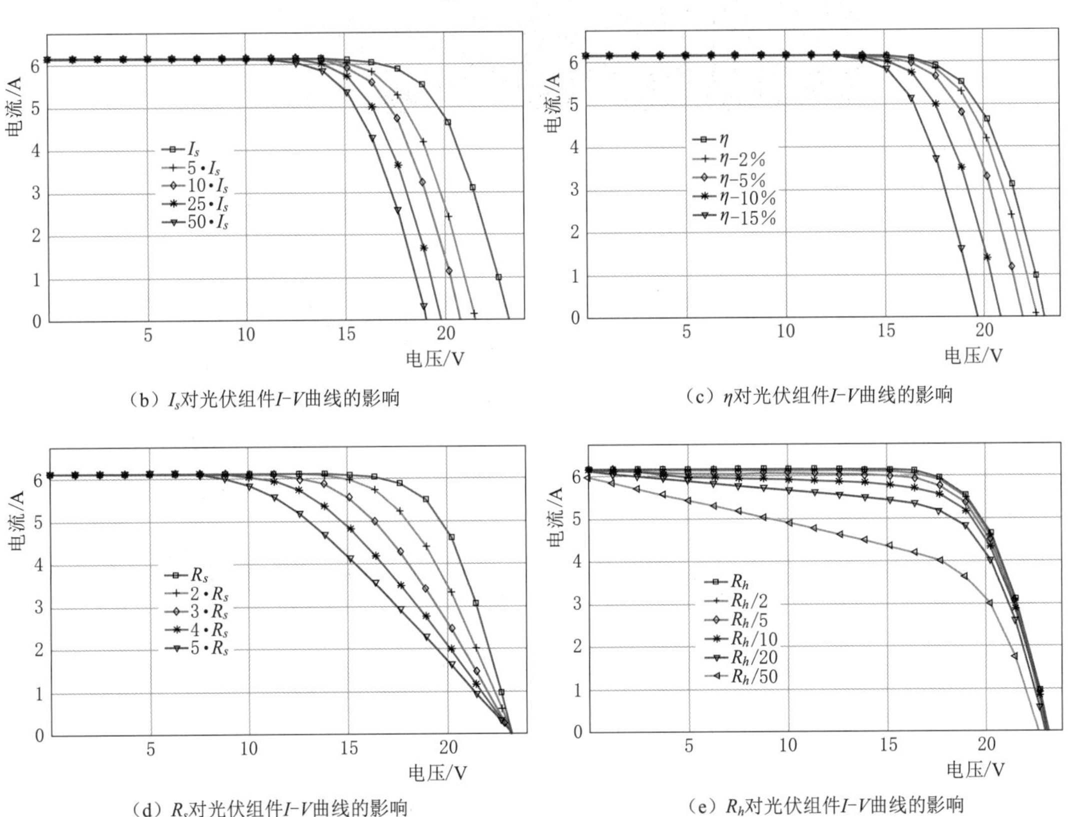

（b）I_s对光伏组件I-V曲线的影响

（c）η对光伏组件I-V曲线的影响

（d）R_s对光伏组件I-V曲线的影响

（e）R_h对光伏组件I-V曲线的影响

图 3-24　等效电路图参数对光伏组件 $I-V$ 曲线的影响

存储了光伏组件的输出电流、输出电压、输出功率等电气数据以及温度、湿度、风速、风向等天气数据。本小节基于该小型光伏发电实验平台，讨论遮挡热斑条件下光伏组件的温度变化情况以及对转换效率的影响。

2. 实验过程

本实验进行测试的光伏板由 3 个子串组成，每个子串包含 20 块太阳能电池片，共计 60 块电池片。不同材料的透光率、密度、热传递系数等等的不同，导致其生成的热斑对太阳能电池片带来的温升和电气性能损耗有所不同。为了研究不同遮挡热斑条件下光伏组

图 3-25 小型光伏发电系统实验平台

件的温升及转换效率，使用遮光布和铝片两种不同遮挡材料进行了实验，遮挡材料如图 3-26 所示。

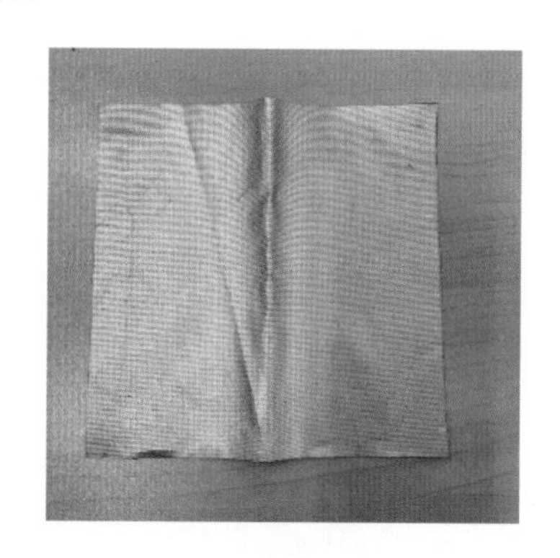

(a) 遮光布

(b) 铝片

图 3-26 实验中使用的遮挡材料

采用横贴和竖贴两种遮挡方式展开实验，在同一时刻对四块参数相同的光伏组件同一位置的电池片，分别采用遮光布横贴遮挡、遮光布竖贴遮挡、铝片横贴遮挡和铝片竖贴遮挡四种遮挡方式进行实验，并测量光伏发电系统各个部分的温度以及光伏组件的电气性能数据。

3. 实验结果与分析

不同遮挡条件下的温升测试结果见表 3-11。从表中可知，从遮挡材料的角度看，和遮光布相比，铝片对光伏组件带来的温升影响相对小一些；从遮挡方式的角度看，竖贴的方式比横贴的方式对光伏组件带来的温升影响相对小一些。同时，当组件受到遮挡时，组件正面的温度通常比组件背面玻璃的温度高 10℃左右，受到遮挡的组件接线盒内的温度也会略有升高。

表 3-11 不同遮挡条件下的温升测试结果

序号	测试点	遮光布（横贴）50%时温升/℃	遮光布（竖贴）50%时温升/℃	铝片（横贴）50%时温升/℃	铝片（竖贴）50%时温升/℃
1	组件正面玻璃中心	123.1	109.6	118.2	101.5
2	组件背面玻璃中心	114.9	101.4	108.9	92.4
3	接线盒内温度	56.1	50.1	53.5	48.1
4	接线盒下面的背板	52.6	47.5	51.4	46.7
5	组件输出导线	34.9	34.9	34.8	34.9
6	边框	33.4	33.5	33.4	33.3
7	环境温度	23.2	23.2	23.2	23.2

此外还对上面四组光伏组件进行了电气性能测试，其电气输出特性实验结果见表3-12。

表 3-12 不同遮挡条件下光伏组件电气输出特性实验结果

类型	温度/℃	辐照度/(W/m^2)	I_{sc}/A	U_{oc}/V	I_m/A	U_m/V	P_m/W	转换效率/%
正常	25	1000	5.87	38.09	5.41	31.66	171.42	12.96
遮光布（横贴）	93.1	1000	4.54	37.65	4.26	20.17	86.01	6.50
遮光布（竖贴）	79.6	1000	5.51	37.79	3.00	34.43	103.44	7.82
铝片（横贴）	88.2	1000	5.12	37.65	4.60	20.55	94.46	7.14
铝片（竖贴）	71.5	1000	5.88	37.99	3.16	34.90	110.39	8.34

从表3-12中可以看出，组件被遮光布以横贴的方式遮挡时，被遮挡区域相比正常区域温度升高约68.1℃，此时最大输出功率为86.01W，组件转换效率为6.50%，比正常工作组件转换效率降低了6.46%。组件被遮光布以竖贴的方式遮挡时，被遮挡区域相比正常区域温度升高约54.6℃，此时最大输出功率为103.44W，组件转换效率为7.82%，比正常工作组件转换效率降低了5.14%。组件被铝片以横贴的方式遮挡时，被遮挡区域相比正常区域温度升高约63.2℃，此时最大输出功率为94.46W，组件转换效率为7.14%，比正常工作组件转换效率降低了5.82%。组件被铝片以竖贴的方式遮挡时，被遮挡区域相比正常区域温度升高约46.5℃，此时最大输出功率为110.39W，组件转换效率为8.34%，比正常工作组件转换效率降低了4.62%。

从中可以看出，组件最大输出功率和组件转换效率都随着被遮挡区域温度的升高而逐渐降低。相同的遮挡方式下，铝片遮挡形成的热斑缺陷对光伏组件的电气性能影响造成的损耗比遮光布更为严重。相同的遮挡材料下，横贴遮挡材料形成的热斑缺陷对光伏组件的电气性能影响造成的损耗比竖贴更为严重。

此外还对四组实验光伏组件 $I-V$ 曲线进行了测试，如图3-27所示。可以看出，随着热斑缺陷严重程度的不断增加，光伏组件的 $I-V$ 曲线会不断下凹。此外，不同的遮挡材料和遮挡方式形成的热斑缺陷对光伏组件的 $I-V$ 曲线的开路电压几乎没有影响，但是短路电流会随着热斑缺陷严重程度的不断增加而降低。

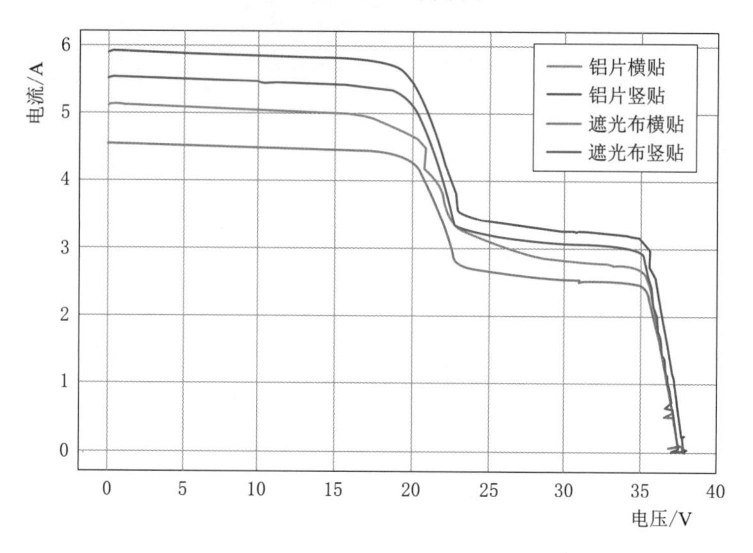

图 3-27　四组实验光伏组件 $I-V$ 曲线图

另外，对比含有内部缺陷型热斑的光伏组件的 $I-V$ 曲线图 3-23 和含有阴影遮挡型热斑的光伏组件的 $I-V$ 曲线图 3-27 可以看出，两者表现出不同的曲线特征。阴影遮挡导致的热斑缺陷会使得光伏组件的 $I-V$ 曲线具有明显的台阶特征，拐点较为明显。而电池片内部缺陷导致的热斑缺陷使得光伏组件的 $I-V$ 曲线不具备台阶特征和明显的拐点，整体曲线趋势更为平滑。

3.5　热斑在线检测平台设计与实现

为验证本章节的热斑检测算法方案，本章在上述各章节的基础上，使用 JavaWeb，MySQL 数据库等，开发了热斑在线检测平台。本章节主要介绍了该热斑在线检测平台的总体方案设计以及其具体功能模块的实现，并对检测平台用到的相关技术进行了简要介绍。

3.5.1　软件系统

基于图像处理的热斑在线检测平台主要分为用户登录和热斑在线检测两个部分。主要包括了用户登录、图像上传、图像处理、图像显示、结果分析、结果展示等步骤。本章节的软件系统是基于 Java 语言开发的 JavaWeb 项目。本章节在 IDEA 软件上进行了网页在线检测系统的开发。开发完成后，将项目打包上传到 Linux 云服务器上完成了部署。用户可以通过在浏览器中输入指定网址的方式进行热斑在线检测。

热斑在线检测平台分为两个模块进行开发，主要架构图如图 3-28 所示。

本节设计的热斑在线检测平台，主要解决以下需求：

(1) 充分利用已开发的热斑检测算法，通过软件实现热斑在线检测功能，大大节约了人工检测的成本。

(2) 开发了用户管理模块，用户使用热斑检测算法之前需要先进行注册，很大程度上保证了系统的安全性能。

(3) 对在本平台上检测过的光伏组件红外数据图像进行存储和保留，为之后的算法改进提供数据支撑。

(4) 检测平台界面友好，易操作，可实现良好的人机交互。

(5) 本平台只对后台管理人员提供对数据库查看和修改的权利，保证了系统的数据安全性能。

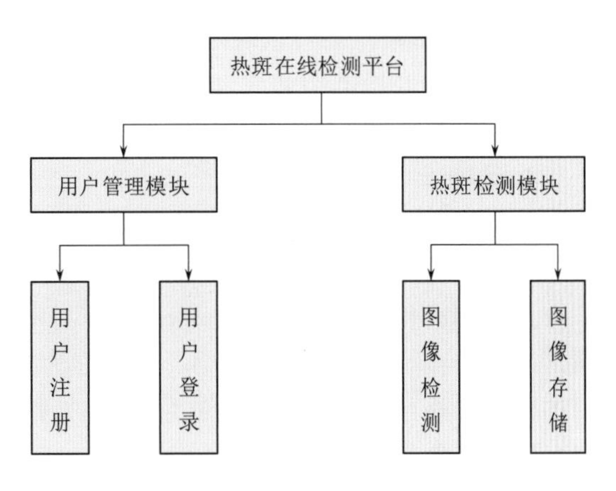

图 3-28　热斑在线检测平台主要架构图

3.5.2　开发环境

本节软件系统由 Java 语言完成网站在线检测平台的开发，由 Python 语言完成检测算法的开发。检测平台的开发依赖于 IDEA 软件开发环境、Spring Boot 框架、Spring MVC 框架和 MySQL 数据库等。检测算法主要依赖于 PyCharm 软件开发环境、Anaconda 环境、TensorFlow 框架和 OpenCV 库等等。后续将会对这些框架技术进行介绍。

3.5.2.1　检测平台相关技术

1. IDEA 软件开发环境

检测平台选用 IDEA 开发环境。IntelliJ IDEA 是一个用于开发计算机软件的 Java 集成开发环境。该软件由 JetBrains 公司开发，它支持 Java、Python、HTML、CSS、MySQL 等语言的开发，在编写代码方面提供了分析上下文、跳转到代码中的类或声明、代码重构以及代码自动提示等功能来帮助使用者。IDEA 还具有内置工具和集成的优点，它提供了构建和打包工程的工具，支持 GIT，SVN 等版本控制系统功能。此外对于 MySQL 等数据库，IDEA 可以支持直接访问。IDEA 还具备了便利的插件生态系统，可以从 IntelliJ 的插件库网站或 IDEA 的内置插件搜索和安装功能区下载和安装插件，向 IDEA 添加额外的功能，目前 IntelliJ IDEA 社区版有 1495 个插件可用，而最终版有 1626 个插件可用。

IDEA 提倡智能编码，此外还具有突出的调试功能。因此最终选用 IntelliJ IDEA 承担了软件后端和前端界面的开发。

2. Spring Boot 框架

Spring 框架的提出主要是为了简化 Java 开发，而 Spring Boot 致力于让 Spring 本身的编程过程更加简便。Spring Boot 由 Pivotal 团队开发。Spring Boot 通过 Spring Boot Starter 和自动配置两种方式简化 Spring 框架中的样板式配置。Spring Boot Starter 将 Java 编程中常用的依赖进行了整理，将其合并到了一个依赖中。因此可以通过一次操作将常用依赖添加到项目的 Maven 或者 Gradle 构建中，减少了大量冗余代码。Spring Boot 框架的自动配置功能通过利用 Spring 4 对条件化配置的支持，可以推测出程序运行中所需要的 bean 并进行自动配置。此外，Spring Boot 还提供了命令行接口（Command - line Interface，CLI）。CLI 利用 Groovy 编程语言的优势进一步简化了代码开发。

Spring Boot 框架可以迅速上手，简单快捷地搭建起一个网站系统，而不需要花费很多时间去进行底层框架和原理的深入了解。因此，本节最终选用了 Spring Boot 框架来进行网站后端代码的开发。

3. Spring MVC 框架

Spring MVC 是一种 MVC 框架，可以更便捷地进行 Web 层的开发。Spring MVC 框架结构层次清晰，并且与 Spring 框架集成，和 Spring 的核心 IoC 和 AOP 无缝对接，是如今互联网时代的主流框架。Spring MVC 一般将应用程序分为不同层，同时提供这些元素之间的松耦合。Controller 层，也被称为控制层，主要负责处理用户的请求，同时将返回的数据传递给视图层。Model 层，也被称为模型层，它同时还包括了进行数据库操作的 Dao 层、用来处理业务的 Service 层和定义了实体类的 Entity 层。View 层，也被称为视图层，它负责把 Controller 层返回的数据渲染到视图上，并将数据以一定的形式传递给用户。Spring MVC 基本原理如图 3-29 所示。

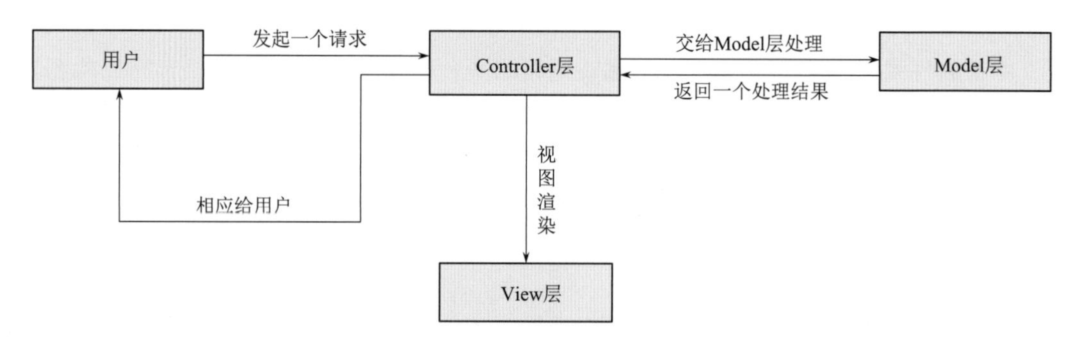

图 3-29 Spring MVC 基本原理图

Spring MVC 是一种基于 Servlet 的技术，它提供了核心控制器 DispatcherServlet 及相关的组件，并通过对不同层之间解耦合来适应不同的需求。Spring MVC 的核心在于流程，其基本流程如图 3-30 所示。Spring MVC 框架广泛存在于各类语言和开发中，因此本节最终选用了 Spring MVC 框架。

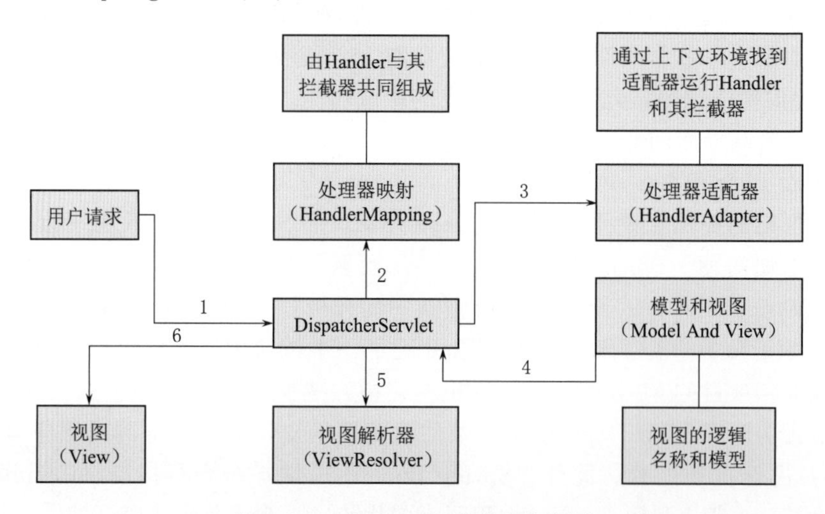

图 3-30 Spring MVC 基本流程图

4. MySQL 数据库

数据库是有组织的数据集合，是模式、表、查询、报表、视图和其他对象的集合。数据库管理系统（DBMS）是一种计算机软件应用程序，与用户、其他应用程序以及数据库本身进行交互，进而捕获和分析数据。一个通用的 DBMS 允许定义、创建、查询、更新和管理数据库。数据库通常分为关系型数据库和非关系型数据库。关系型数据库管理系统包括 Oracle、MySQL 等。关系型数据库中，对数据的操作基本建立在关系表格上。非关系型数据库管理系统包括 Redis、Memcached 等。

MySQL 是一个开源数据库，体积小，速度快，成本低。MySQL 在安全保障方面有权限和口令系统，在客户端与服务器端进行连接时，所有的指令都将被加密传输。此外，它可以高速且稳定地支持上万条记录的存储和查询。MySQL 的核心程序由 C 语言和多线程编程实现，可以充分利用 CPU。

MySQL 主要适用于 Web 网站系统。和 Oracle 数据库相比，MySQL 开源、免费、简单易用。此外 MySQL 易于安装维护和管理，支持上万条记录的存储，提供的接口支持多种语言连接操作。因此，本章最终选取 MySQL 用来存储数据，它可以使用结构化查询语言（SQL）来进行管理。

3.5.2.2 检测算法相关技术

1. PyCharm 软件开发环境

本节软件使用的热斑检测的算法基于 PyCharm 进行开发。PyCharm 是一个由 JetBrains 公司开发的用于 Python 语言编程的集成开发环境。PyCharm 可以在 Windows、Mac 和 Linux 多种操作系统下运行。PyCharm 具备代码跳转、语法高亮、代码补全、调试等多种功能，可以帮助使用者在进行 Python 语言开发时极大地提高开发效率。

2. Anaconda 环境

Anaconda 主要用来管理不同版本的 Python 包以及相关环境，是免费开源的。Anaconda 在包管理和部署方面具备突出优点，它通过 Conda 包管理器帮助使用者对这些科学数据包进行安装、卸载和更新等，Conda 包管理器还可以用来切换不同的 Python 环境。对于初学者，Anaconda 避免其花费大量时间在配置 Python 环境和安装各种常用的库上，使其可以在短时间内直接入手使用。Anaconda 在数据处理、图像处理、机器学习、自然语言处理等方面都被广泛应用。目前 Anaconda 推出的适用于不同操作系统的数据科学软件包已经超过 1400 个。全世界目前正在使用 Anaconda 发行版本的人数已经超过了 1200 万。

在开发热斑检测算法的期间，使用了 Matplotlib、Numpy 等包。这些数据包都包括在 Anaconda 提供的科学数据包内。

3. TensorFlow 框架

目前广为流行的深度学习框架有 Caffe、PyTorch、TensorFlow 等。Caffe 和 TensorFlow 的认可度都很高，但是 Caffe 在模型训练时占用的内存较高，对训练服务器的要求较高，同时也不够灵活。PyTorch 因为其灵活的接口设计可以在使用时迅速地调试网络模型。TensorFlow 目前已经成为使用人数最多的一个框架，其维护和更新都比较及时，同时互联网上也已经有了很多完善的相关教程便于迅速学习使用。因此最终选用了 Tensor-

Flow 深度学习框架。

TensorFlow 是一个提供数学处理的开源的深度学习框架，它通过数据流图表示计算。由 Google Brain 团队进行开发和维护。TensorFlow 的后端是由 C++、CUDA 等开发的，在使用时支持 Python、C++、Java 等语言的调用。TensorFlow 框架运行在 CPU、GPU 和专用的 Tensor 处理单元（TPU）芯片上。在 TensorFlow 框架中实现的算法可以很容易地移植到许多异构系统上，因此受到众多开发商的青睐。它可以从底层实现队列和线程操作，快速调用硬件资源，提供输入数据、图形节点结构和对象函数，然后将节点分配给多个设备进行并行操作。

4. OpenCV 库

OpenCV（Open Source Computer Vision）是由英特尔公司提供的实时计算机视觉例程库。OpenCV 代码于 2000 年首次发布，被应用于物体、人脸和手势识别，唇读和运动跟踪等领域。OpenCV 库具有很强的兼容性，可以在 Windows、Linux、Android 等多个平台上使用，同时也提供了 Python、MATLAB 等语言的接口。OpenCV 通过优化 C 代码的编写极大地提升了其执行速度。相比于其他的主流视觉函数库，OpenCV 具有更好的性能。随着 OpenCV 库的广泛使用，目前对其进行解释说明的文档也非常丰富，大大降低了学习使用成本。在配置好的 Python 环境上安装 OpenCV 库也十分简单，仅使用 pip install 指令即可迅速安装指定版本。

3.5.3 功能模块

1. 用户管理模块

为了保障热斑检测平台和数据的安全性能，该系统增加了用户管理模块。只有在该平台注册过的用户才可以使用热斑检测算法进行图像检测。用户管理模块提供了注册和登录两个功能。该模块的设计流程包括以下几个部分：

（1）设计 MySQL 数据库。建立一张以账号为主键的用户信息表 user，用来存储用户的账号和密码信息。MySQL 数据库建表字段如图 3-31 所示，包括了 id（用户账号）、password（用户密码）、salt（加密字段）、register_date（注册时间）、last_login_date（上次登录时间）、login_count（登录次数）。

字段 索引 外键 触发器 选项 注释 SQL 预览

名	类型	长度	小数点	不是 null	键
id	bigint	20		☑	1
password	varchar	32		☐	
salt	varchar	10		☐	
register_date	datetime			☐	
last_login_date	datetime			☐	
login_count	int	11		☐	

图 3-31 MySQL 数据库建表字段

（2）在 Entity 层创建和 user 相对应的实体类。

（3）创建 Dao 层接口，实现从 user 中增删改查的 SQL 语句。

（4）创建 Service 层，实现具体的业务。注册登录基本流程如图 3-32 所示。当使用热斑检测算法的用户输入账号信息和密码信息后，点击登录按钮，程序后台即可获取到用户输入的信息。然后对数据库的用户信息进行查询，认证用户的权限。当用户的账号信息认证成功后，即会跳转到热斑检测界面。当用户认证失败时，会提示用户账号信息不存在并提示用户先进行网站的信息注册。

为了保障用户的密码，防止其被破解，在这里使用加盐加密的方式对用户的密码进行保护。当用户输入密码后，为当前用户随机生成一个 salt 值（盐值）。将用户输入的密码和 salt 值拼接后，再使用哈希函数生成最终密码。同时，将该用户的 salt 值和最终密码存储到数据库中。之后每次登录校验时，从数据库查询这个用户的盐值，并使用相同的拼接方式与用户输入密码拼接。使用相同的哈希函数对拼接后的结果再次进行加密，并与数据库中存储的最终密码进行比对。

（5）创建 Controller 层。在该层设置登录和注册的具体路径，同时对 Service 层的具体实现业务的接口进行调用。

（6）对前端 UI 界面进行设计和代码编写。在这里使用 jsp 对前端页面进行实现。

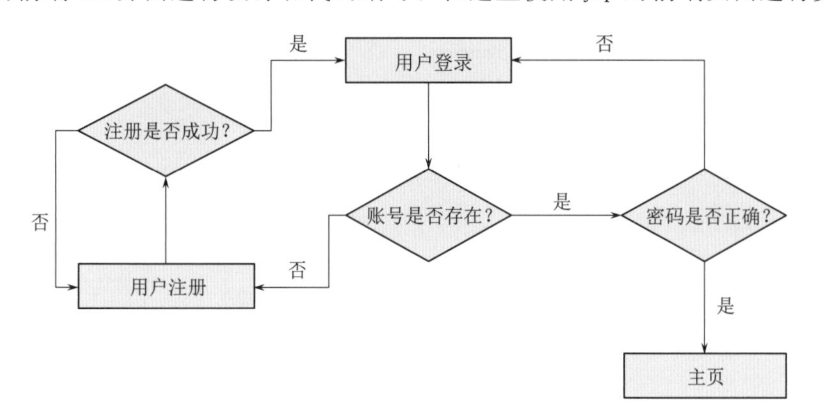

图 3-32　注册登录基本流程图

该模块主要负责实现热斑在线检测平台的用户管理功能。包括了账号登录、账号注册等基本功能。在热斑缺陷在线检测平台的实际工程使用中，操作人员通过该模块登录到平台上。

对于用户管理模块，需要对以下几个方面进行测试：①已注册用户能否顺利登陆及后续跳转；②未注册用户能否顺利完成注册功能；③非法登陆的用户能否被有效拦截。

经测试，注册成功的用户之后多次登录都能够有效的进入系统进行后续的检测功能。未注册的用户都能够正确判定，并被有效拦截。未登录的用户直接访问热斑检测算法界面也会被重新定位到登录界面。未注册用户可以顺利完成注册功能。并且当用户输入不合法字符时，软件后台会对用户进行提示。测试结果均与预期相符。

2. 热斑检测模块

热斑检测模块主要负责实际调用热斑检测算法，对用户上传的图像进行检测，并返回结果。同时将用户上传的图像保存到云服务器上，扩充光伏组件红外图像数据库的数量，为后续优化算法提供图像数据支持。其步骤如下所示：①用户点击上传图片按钮，选择本地待检测的图片上传；②用户点击运行按钮，调用云服务器上的热斑检测算法；③若光伏组件上有热斑，则网页上返回结果该图像中存在热斑缺陷。若组件上不含有热斑缺陷，则网页上返回结果该图像中不存在热斑缺陷，同时会将原始图像和处理后的结果图像显示在网页上，展示给用户。

热斑检测模块的数据库表名为 detect。数据库中建表字段如图 3－33 所示，包括了 id（用户账号）、name（图片名称）、detect _ time（检测时间）、result（检测结果）、image _ path（存储路径）五个字段。热斑检测模块流程图如图 3－34 所示。在服务器上预先建好存储热斑图像的文件夹，并将其路径存储为后端代码中的固定变量。用户上传图片后，前端通过 File 类型将图片存储到后端代码定义的 File 类型的 FileUpload 变量中。后端代码为从前端获得的图像随机生成图像名称，并保存在服务器上预先建好的文件夹中。同时将图像的存储路径保存在数据库中。然后将图像所在地址作为算法输入，调用服务器上存储的热斑检测的 Python 脚本，获取检测结果并传给前端。

名	类型	长度	小数点	不是 null	键
id	bigint	20		☑	1
name	varchar	10		☐	
detect_time	datetime			☐	
result	bit	1		☐	
image_path	varchar	30		☐	

图 3－33　数据库中建表字段

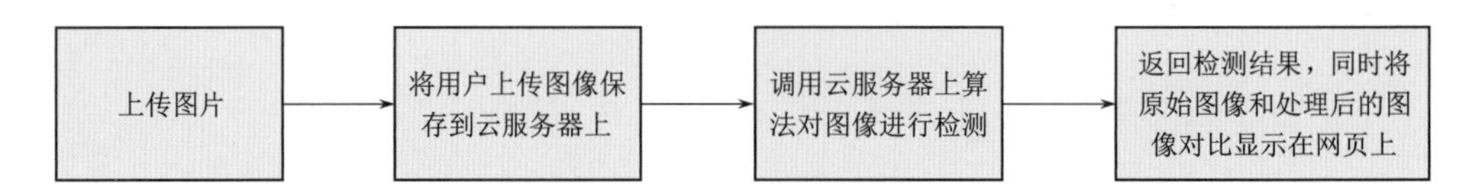

图 3－34　热斑检测模块流程图

光伏组件检测效果如图 3－35 所示。

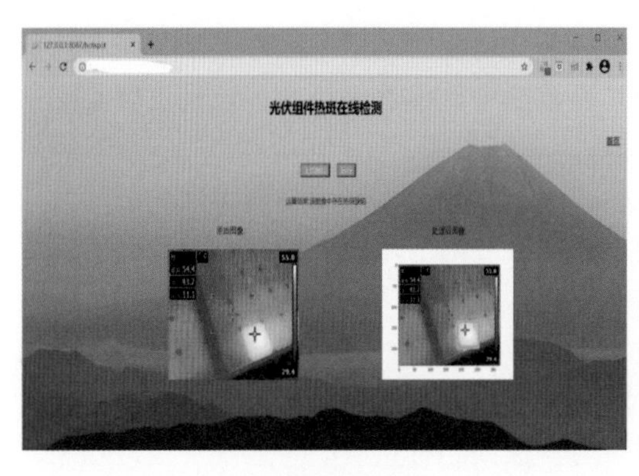

（a）含有热斑故障

（b）不含有热斑故障

图 3－35　光伏组件检测效果

该模块主要负责实现对光伏组件红外图像进行热斑检测。用户在网站中输入网址即可实现对云服务器上的热斑检测算法进行调用。云服务器上的算法会返回检测结果到客户端，对光伏组件的健康程度做评估。同时，后台会将用户上传的待检测图片存储到云服务器上，为后续优化检测算法提供支持。

对于热斑检测模块，需要对以下几个方面进行检测：①用户在网页端上传图片后，点击“运行”按钮能否顺利调用存储在云服务器上的热斑检测算法进行检测；②用户在未上传图片的情况下，直接点击“运行”按钮是否引起程序崩溃以及是否有提示提醒使用者先进行上传图片的操作；③用户上传的待检测的光伏组件红外图像能否顺利保存在云服务器上的指定位置，存储时的命名是否符合规则；④检测结果是否准确，有没有达到预期目标。

经测试，当用户未按照先上传图片再进行检测的顺序操作时，后台会对用户进行提示。用户上传的待检测光伏组件红外图像可以顺利地存储到云服务器上，同时命名也符合后台程序逻辑。用户在点击运行按钮时可以顺利地调用存储在云服务器上的光伏组件热斑检测算法。本节使用测试集的图像数据对热斑检测模块进行了测试，最终的检测结果也均符合预期，达到了算法的目标。

3.6 本章小结

本章立足于光伏发电系统，通过对热斑故障的产生机理进行分析，研究了对应的热斑故障识别算法，降低了光伏发电系统人工运维的成本，减少了热斑故障给光伏系统带来的损失。同时，集成已完成的热斑检测算法，为合作单位提供了一套热斑故障在线检测平台。本章完成的主要工作如下：

（1）在基于远景红外图像快速筛选得到有热斑光伏组件的基础上，完成了基于近景红外图像的高精度热斑检测，实现远景和近景协同的热斑精确检测。首先对光伏组件近景红外图像数据集进行采集和扩充，该类图像为红外增强图像，然后采用两种方法来实现组件热斑检测。第一种方法是基于CNN算法来实现的，所用网络架构为四层卷积网络，该方法检测精度高达98.32%，但所需训练时间较长，对于运行设备的性能要求也更高。第二种方法是基于朴素贝叶斯分类算法实现的，该方法以图像的纹理特征和HOG特征作为分类基础，具有良好的实时性，检测精度为88.36%。

（2）利用近景红外增强图像的高清晰度以及充足的组件特征信息，进一步计算得到光伏组件热斑面积占比，为后续研究中定量分析热斑对于光伏组件的影响提供基础。首先基于霍夫变换与投影矩阵消除了红外图像中光伏组件的投影畸变，并在此基础上进行热斑面积计算，得到了热斑面积在组件中的占比，估算精度为93.31%，取得了较好的效果。

（3）完成了热斑对光伏组件的电气性能影响分析。首先对导致光伏组件产生热斑故障的原因进行了分类总结。然后，采集电站中电池片内部缺陷导致热斑故障的光伏组件的$I-V$曲线和相关电气数据，从中选取比较典型的三个故障组件的$I-V$曲线和正常组件的$I-V$曲线进行对比，结合电池片工作原理对光伏组件的故障情况展开分析。同时，对光伏组件在不同遮挡热斑条件下的温升及转换效率进行研究，发现横贴的遮挡热斑比竖贴的遮挡热斑对光伏组件表面温升和转换效率的影响更大，为后续光伏组件的健康运维提供了支持。

（4）完成了光伏组件热斑故障在线检测平台。首先对该在线检测系统软件开发的主要需求、开发内容和测试内容进行了分析。该软件系统基于 Java 语言开发，包括了用户管理模块和热斑故障检测模块。然后客户端对部署在云平台上的热斑故障检测算法成功进行了调用，基本实现了热斑故障的在线检测。最后对该热斑故障在线检测平台系统进行了测试，确保了该平台的运行和使用。

参考文献

[1] NIAZI K A K, AKHTAR W, KHAN H A, et al. Hotspot diagnosis for solar photovoltaic modules using a Naive Bayes classifier [J]. Solar Energy, 2019, 190: 34-43.

[2] 申彤，庄建军，黎文斯，等．基于 HOG 特征提取和支持向量机的东巴文识别 [J]. 南京大学学报（自然科学），2020，56（06）：870-876.

[3] 韩明．应用多元统计分析 [M]. 上海：同济大学出版社，2013.

[4] 李思奇，吕王勇，邓枊，等．基于改进 PCA 的朴素贝叶斯分类算法 [J]. 统计与决策，2022，38（01）：34-37.

[5] SETHI J K, MITTAL M. Efficient weighted naive bayes classifiers to predict air quality index [J]. Earth Science Informatics, 2022, 15 (1): 541-552.

[6] 周飞燕，金林鹏，董军．卷积神经网络研究综述 [J]. 计算机学报，2017，40（06）：1229-1251.

[7] AKRAM M W, LI G Q, JIN Y, et al. Automatic detection of photovoltaic module defects in infrared images with isolated and develop-model transfer deep learning [J]. Solar Energy, 2020, 198: 175-186.

[8] SHEN Y, CHEN X Y, ZHANG J X, et al. A Robust Automatic Method for Removing Projective Distortion of Photovoltaic Modules from Close Shot Images [C] //3rd Chinese Conference on Pattern Recognition and Computer Vision, PRCV 2020: 707-719.

[9] FAN F, NA Z X, ZHANG C Z, et al. Hot Spot Detection of Photovoltaic Module Infrared Near-field Image based on Convolutional Neural Network [C] //Journal of Physics: Conference Series. IOP Publishing, 2022, 2310 (1): 012076.

[10] NA Z X, WANG D, WANG Z Y, et al. Close-range Hot Spot Detection based on K-neighbor Algorithm and Experiment on Hot Spot Effect [C] //Journal of Physics: Conference Series. IOP Publishing, 2022, 2310 (1): 012082.

第4章

基于组件生产过程的EL图像隐裂检测

隐裂是一种典型的太阳能电池缺陷类型，作为一种不可见瑕疵，一般采用的EL图像需通过电致发光手段拍摄获取。其检测算法对生产场景及运维场景，都具有重要现实意义。尤其是针对多晶光伏组件的隐裂检测，由于其背景具有复杂的絮状物，易对隐裂检测产生干扰。本章节基于合作单位提供的光伏组件图像数据，对隐裂检测问题进行了深入研究。首先介绍了所采用图像数据的来源，根据单晶多晶的特点提出了不同的处理方向，分别制作了单晶和多晶光伏组件隐裂数据集。在此基础上，设计了基于栅线补全的单晶隐裂检测算法，通过图像补全、滤波、膨胀和腐蚀操作构成的开闭运算对于细节的填充和边缘的连续有很好的效果。针对多晶光伏组件，提出了一种基于深度学习的隐裂检测算法，对于其中的感兴趣区域筛选算法，结合多晶图像的特点，综合背景絮状物和隐裂特征的面积、灰度、形状等特点，提出了一种新的感兴趣区域筛选策略，融入了光伏组件图像的特点。

4.1 数据集构建

配合构建数据集的图像来自江苏爱康太阳能科技有限公司（以下简称“爱康”）与无锡尚德太阳能电力有限公司（以下简称“尚德”）。爱康于2019年5月提供了13张含有隐裂的多晶硅全片五栅太阳能电池组件EL图像，其中含有隐裂的电池片数量为44张；2019年7月提供了29张含有隐裂的多晶硅全片五栅太阳能电池组件EL图像，其中含有隐裂的电池片数量为237张。尚德于2019年9月提供了125张含有隐裂的多晶硅全片五栅太阳能电池组件EL图像，其中含有隐裂的电池片数量为111张；2020年4月提供了56张单晶硅全片五栅太阳能电池组件EL图像，其中含有隐裂的电池片数量为30张。

4.1.1 单晶数据集

对于单晶图像，其内部结构规整，在EL图像上未见絮状物，典型的单晶光伏组件EL图像如图4-1所示。单晶图像除了清晰可见的栅线外背景纯净，故计划利用传统数字

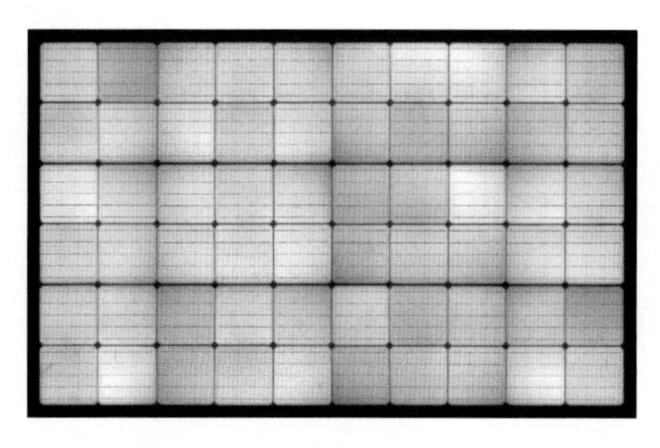

图 4-1 典型的单晶光伏组件 EL 图像

图像处理方法进行隐裂检测。光伏组件是由 6×10 共计 60 块太阳能电池片拼接而成，在 EL 图像上每块电池片的边缘均清晰可见。

对组件图像进行切割，利用传统数字图像处理方法，定位出具体电池片区域，屏蔽周围黑色边缘。首先对所有组件图像进行缩放，统一大小；然后对其进行阈值化处理；通过开闭运算模糊电池片区域内部细节，形成一个面积较大且完整的连通域，对该区域等分切割后即可得到单独的电池片组件。

利用 OpenCV 库中的 resize () 方法对组件 EL 图像大小进行统一的缩放。缩放方法参数描述见表 4-1。

表 4-1 缩放方法参数描述

参数	描 述	参数	描 述
SRC	（必需）原图像	f_y	（可选）沿垂直轴的比例因子
DSIZE	（必需）输出图像所需大小	interpolation	（可选）插值方式
f_x	（可选）沿水平轴的比例因子		

其中，插值方式有最邻近点插值、双线性插值、基于局部像素的重采样及基于像素邻域的双三次插值等。下面将对具体插值方法进行介绍。

(1) 最邻近点插值。该方法对待插值点选择用原始的像素值进行填充。其原理是利用邻近位置的像素值，经过运算后输出需要的结果。EL 图像是灰度图像，其图像像素均在 0～255 之间，也就是二维图像。此方法是利用目标点周围的 4 个像素点，经过像素值比较后，以最接近目标点的像素点灰度值填充目标点[1,2]，表达式为

$$f(i+u,j+v)=f(i,j) \tag{4-1}$$

这里 i，j 取非负整数；u，v 取 [0，1) 区间的浮点数。

(2) 双线性插值。利用目标像素点周围 2×2 个相邻像素点的灰度值，映射到二维矩形空间插值，最终输出该范围内所有像素点灰度值的加权平均值[3,4]。双线性插值原理示意图如图 4-2 所示。

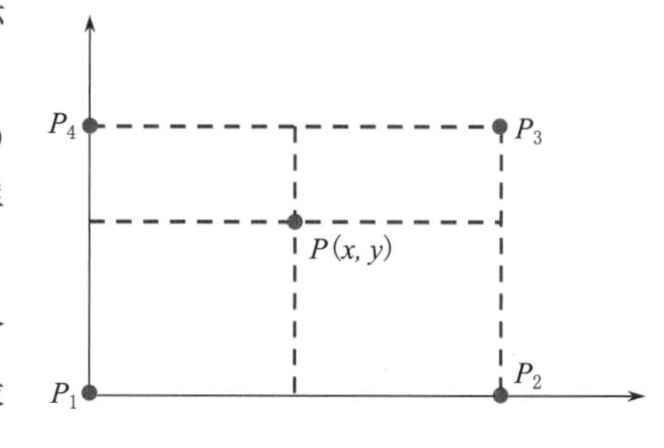

图 4-2 双线性插值原理示意图

如图 4-2 可知，平面上矩形区域内四个定点 P_1，P_2，P_3，P_4 处的函数值为

$$Z_1=f(x_1,y_1) \tag{4-2}$$

$$Z_2=f(x_2,y_1) \tag{4-3}$$

$$Z_3=f(x_2,y_2) \tag{4-4}$$

$$Z_4=f(x_1,y_2) \tag{4-5}$$

令 $u=\dfrac{x-x_1}{x_2-x_1}$，$v=\dfrac{y-y_1}{y_2-y_1}$，由此构造基函数为

$$l_1=(u,v)=(1-u)(1-v) \tag{4-6}$$

$$l_2=(u,v)=u(1-v) \tag{4-7}$$

$$l_3=(u,v)=uv \tag{4-8}$$

$$l_4=(u,v)=(1-u)v \tag{4-9}$$

则插值函数为

$$P(x,y)=Z_1(1-u)(1-v)+Z_2u(1-v)+Z_3uv+Z_4(1-u)v \tag{4-10}$$

(3) 双三次插值。双三次插值利用多项式的插值方法，将目标点周围范围更广的邻域像素灰度值作为立方卷积插值[5]。

在多项式函数 $y=c_0+c_1x^1+\cdots+c_nx^n$ 中，利用 $n+1$ 个数据点建立方程组，来求系数 c_0，c_1，…，c_n 的值，其函数表达式为

$$f(i+u,j+v)=[A]\cdot[B]\cdot[C] \tag{4-11}$$

式 (4-9) 中 $[A]$，$[B]$，$[C]$ 分别为

$$[A]=[S(u+1)S(u)S(u-1)S(2-u)] \tag{4-12}$$

$$[B]=\begin{bmatrix} f(i-1,j-1)f(i-1,j)f(i-1,j+1)f(i-1,j+2) \\ f(i,j-1)f(i,j)f(i,j+1)f(i,j+2) \\ f(i+1,j-1)f(i+1,j)f(i+1,j+1)f(i+1,j+2) \\ f(i+2,j-1)f(i+2,j)f(i+2,j+1)f(i+2,j+2) \end{bmatrix} \tag{4-13}$$

$$[C]=\begin{bmatrix} S(v+1) \\ S(v) \\ S(v-1) \\ S(v-2) \end{bmatrix} \tag{4-14}$$

定义

$$S(x)=\frac{\sin|x\pi|}{x} \tag{4-15}$$

$$S(x)=\begin{cases} 1-(\alpha+3)|x|^2+(\alpha+2)|x|^3, & |x|<1 \\ -4\alpha-8\alpha|x|+5\alpha|x|^2-\alpha|x|^3, & 1\leqslant x<2 \\ 0, & |x|>2 \end{cases} \tag{4-16}$$

式中：α 为超参数，取－0.5。

式 (4-15) 是对式 (4-16) 的逼近。

双三次插值法克服前两种方法的不足[6]，提高了计算精度，但同时相对其他方法也增加了运算量；双线性插值法的特点是具有低通滤波的特性，使得图像呈现连续、光滑、模糊的特点；最邻近点插值法虽然计算量小，但可能会导致灰度值不连续的问题，从而导致灰度剧烈变化，产生锯齿现象。

对于目标分割问题，二值化是非常常见的手段。在选择合适的阈值后，对图像所有像素点遍历，若某点低于阈值则以 0 替换，否则以 255 替换。考虑到局部二值化的运算量较大，不适宜本节研究的对象，故不进行讨论。常见的全局二值化方法有平均二值化法、大

津法和迭代法等，各有适合的情景。平均二值化法模型简单，运算速度较快，但是对于图像中精细的部分判断不够准确；大津法又称Otsu法，基于概率统计的原理，找出有效区分灰度等级的分类阈值，它的优势在于运算速度快，且对光源不敏感，适用于多种光源；迭代法的模型是通过旧灰度平均值来确定新的阈值，它的运算速度比Otsu法快，比平均二值化法慢，取值的效果不如Otsu法好。下面对具体方法进行简单介绍。

(1) 平均二值化法。平均二值化法的阈值 T 是目标图像中所有像素点的灰度平均值。由于公式简单，故该方法的运算速度很快，T 会随着光源变化而变化，不会影响图像分割的效果。设目标图像宽度 n，高度 m，$f(x, y)$ 为图像像素点 (x, y) 处的像素值，则阈值 T 为

$$T=\frac{\sum_{x=1}^{m}\sum_{y=1}^{m}f(x, y)}{mn} \tag{4-17}$$

(2) 大津法（Otsu法）。该方法是由Otsu所提出的，采用了最大类间方差法。对于一张图像，有 N 个像素点。设存在一个最佳阈值 k，L 为图像中的最高像素。所有像素分成两组，一组灰度值范围 $1\sim k$，另一组的范围是 $k+1\sim L$。两组像素在整个目标图像中出现的概率 ω_0、ω_1 和期望值 μ_0、μ_1，以及整个目标图像平均灰度值 μ_T 分别为

$$\omega_0=\sum_{i=1}^{k}\frac{n_i}{N}=\omega(k) \tag{4-18}$$

$$\omega_1=\sum_{i=k+1}^{L}\frac{n_i}{N}=1-\omega(k) \tag{4-19}$$

$$\mu_0=\frac{\sum_{i=1}^{k}\frac{i\times n_i}{N}}{\omega_0}=\frac{\mu(k)}{\omega(k)} \tag{4-20}$$

$$\mu_1=\frac{\sum_{i=k+1}^{L}\frac{i\times n_i}{N}}{\omega_1}=\frac{\mu_T(k)-\mu(k)}{1-\omega(k)} \tag{4-21}$$

$$\mu_T=\sum_{i=1}^{L}\frac{i\times n_i}{N}=\omega_0\mu_0+\omega_1\mu_1 \tag{4-22}$$

根据组间灰度值出现的概率和期望计算得到两组像素的方差 σ_0 和 σ_1，分别为

$$\sigma_0^2=\sum_{i=1}^{k}(i-\mu_0)^2\cdot\frac{\frac{n_i}{N}}{\omega_0} \tag{4-23}$$

$$\sigma_1^2=\sum_{i=k+1}^{L}(i-\mu_1)^2\cdot\frac{\frac{n_i}{N}}{\omega_1} \tag{4-24}$$

目标图像的方差 σ_T^2 为

$$\sigma_T^2=\sum_{i=1}^{L}(i-\mu_T)^2\cdot\frac{n_i}{N} \tag{4-25}$$

再通过 σ_0 和 σ_1 计算出两组的类内方差 σ_W^2 和类间方差 σ_B^2 分别为

$$\sigma_W^2 = \omega_0\sigma_0^2 + \omega_1\sigma_1^2 \quad (4-26)$$

$$\sigma_B^2 = \omega_0\omega_1(\mu_1 - \mu_0)^2 \quad (4-27)$$

且 σ_W^2、σ_B^2、σ_T^2 之间存在如下关系，即

$$\sigma_W^2 + \sigma_B^2 = \sigma_T^2 \quad (4-28)$$

在式（4-28）中，σ_T^2 为原始图像方差数，这是一个固定值。

光伏组件 EL 图像的电池片切割算法流程如图 4-3 所示，主要目的是排除 EL 图像自有的黑色边缘干扰，将电池片图像按块进行切割。

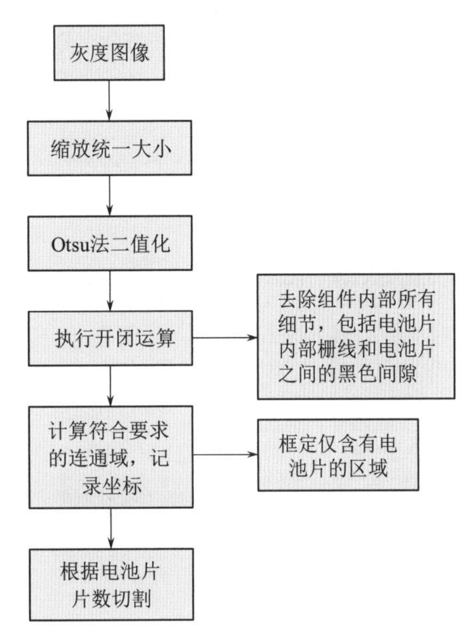

图 4-3　电池片切割算法流程

输入图像为电池片图像，首先将图像转为灰度图像，再利用缩放对其大小进行统一；使用 Otsu 法进行二值化，突出图像纹理特征；对图像进行开闭运算，此步骤的目的是去除组件内部的所有细节，包括电池片内部栅线以及电池片之间的黑色间隙，理想的结果是此时图像上应只剩下唯一的连通域，即所有电池片所在的位置；计算符合要求的连通域，记录下该连通域坐标；依据坐标框定范围，根据电池片片数进行等分切割。执行开闭运算后的图像如图 4-4 所示。

由图 4-4 可以看到组件内部的细节已经被完全去除，红点处即为连通域的坐标位置，将根据四点坐标对原图进行等分切割。切割后的电池片图像如图 4-5 所示。

将切割后的电池片图像先按“行_列”进行命名，后对所有样本进行统一编号，以阿拉伯数字由小到大命名。后续单晶检测算法将以此步骤得到的图片作为基本分类单元，由此构成组件图像的隐裂检测结果。

4.1.2　多晶数据集

对于多晶图像，由于其内部晶硅结构无规律分布，在 EL 图像上可见清晰絮状物，考虑到絮状物及栅线都会对隐裂的检测产生较大干扰，因此，在选择检测策略上会尽可能避免絮状物及栅线的影响。对于栅线的干扰，选择将电池片图像沿栅线进行切割，后对每部分进行滑窗切割，以切割后的较小图像为处理单位。如此每张图上仅存有絮状物或隐裂，由于絮状物和隐裂的形态多样，仅从形态学特征入手难以穷尽所有情况，故计划选择深度方法进行处理。同时为了尽可能简化算法，并确定隐裂位置，将问题转化为每张小图像上是否含有隐裂的分类问题，最终结果将由小图像的面积组成判定为含有隐裂的区域。多晶检测算法的首要流程便是确定栅线位置，下面首先介绍相关检测算法。

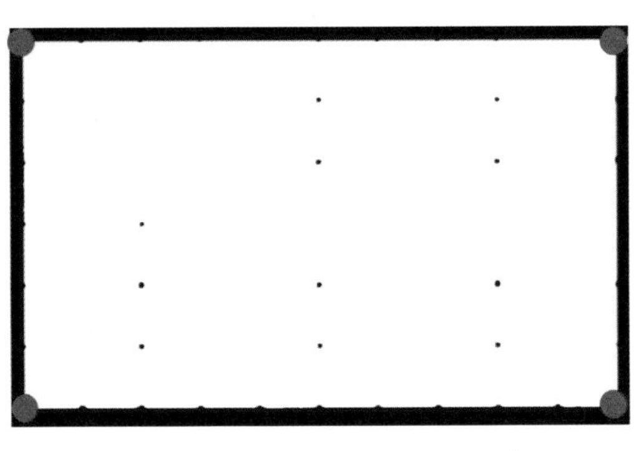
图 4-4　执行开闭运算后的图像

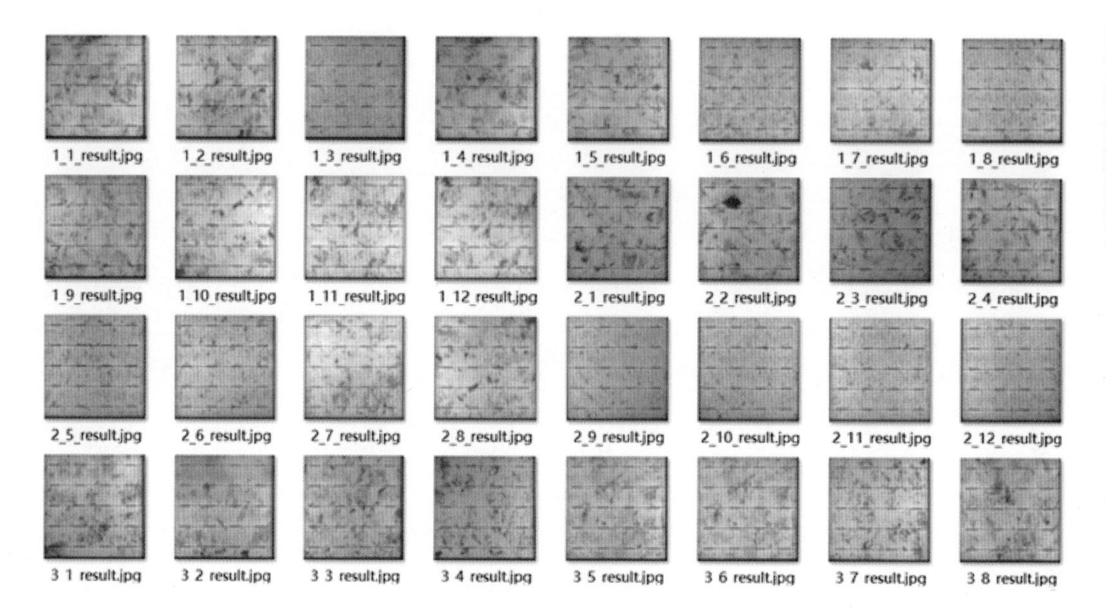

图4-5 切割后的电池片图像

（1）Canny边缘检测。Canny边缘检测算法很早即被提出，直至今日仍具有广阔的应用背景。文献［7］基于Canny提出了新的文本检测算法，它利用边缘的相似性对文本定位。不同语言文本对象的结构信息有共通之处，例如颜色、宽度和大小等，此类属性均与语言无关。然而，目前流行的场景文本检测算法没有充分利用这种相似度，而是大多依赖于高置信度分类的字符。该文献提出的算法基于Canny算子的特性，使用双阈值和磁滞跟踪技术对文本进行检测，此种基于相似度的算法可准确并快速的定位各类文本。该算法在公共数据集上的检测效果良好，在检测率方面优于目前最先进的场景文本检测方法。文献[8] 在进行全局边缘检测的同时，还融入了局部边缘检测，旨在解决单一方法导致的梯度化边缘缺失问题。全局边缘检测基于Canny算子，采用了自适应平滑滤波。改进后的算法具有完整且丰富的边缘，实验结果证明效果优于Canny算子和Sobel算子。作者提出了一种基于K均值的距离加权平均法，可克服全局检测边缘缺失的问题。采用两种边缘检测相结合的算法，与传统算子相比，能够有效提取边缘，并具有强大的抗噪能力。

Canny算子由泛函函数求导的方法得出，同时利用高斯函数作为最佳边缘拟合方法。其优点是易定位边缘信息，返回值单一等，这些特点使其成为经典的边缘检测算法之一。但同时Canny算子的容错率较低，故在实际工业场景中不会单一利用Canny算子作为检测手段，而通常会作为中间或辅助手段[9]。

Canny边缘检测器通过建立高斯滤波器来平滑输入图像，高斯函数$G(x,y)$为

$$G(x,y)=\mathrm{e}^{\frac{x^2+y^2}{2\sigma^2}} \tag{4-29}$$

而进行卷积运算后，图像将变得平滑，即

$$f_x=G(x,y)\cdot f(x,y) \tag{4-30}$$

式中：$f(x,y)$为输入图像；σ为高斯滤波函数的标准差，默认为$\sqrt{2}$，它是边缘检测的

关键参数。

（2）霍夫直线检测。对于直线检测来说，霍夫变换是（θ，r）和直线 $y=kx+b$ 的映射关系，这种关系是一对一的。

笛卡尔坐标系直线如图 4－6 所示，每一条直线都有一条经过笛卡尔坐标系原点的垂线，且对于每条直线来说，这个垂线都是唯一的。可以用（θ，r）来表示。其中，θ 为该垂线与 x 轴的夹角，r 为该垂线的长度，即垂线交点到原点的距离。当垂线确定时，直线也是唯一的，因为它确定了直线必过的一个点以及直线的斜率。

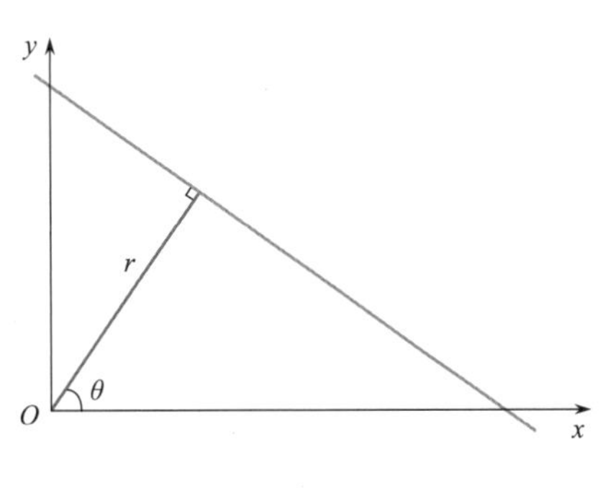

图 4－6　笛卡尔坐标系直线

对于坐标系中的任意一点 i，经过该点的直线有无数条，表示为（θ_i，r_i）。当确定直线也经过第二点 j 时，这就可以确定该条直线的位置。当要确定 N 个点都在一条直线上时，可以找到 N 个（θ，r），利用统计学方法，在某个 θ 上时，多个点的 r 近似相等于 r_i，则可以说明这 N 个点都在直线（θ_i，r_i）上[10]，由此可确定一条直线的位置。

栅线检测算法流程图如图 4－7 所示。

对于栅线检测算法，首先将输入图像转为灰度图像，进行 Canny 边缘检测，勾勒图像上的纹理边缘，再进行霍夫直线检测，确定图中所有的直线，根据斜率和坐标起始位置筛选掉其余直线（可能是没有完全切掉的黑色边缘）。由于在电池组件中进行电池片切割时边缘不会完全干净，故对于所有的候选直线，判断长度以及位置后，需筛选掉部分斜率较大或位置十分靠近边缘的直线，并对剩余直线进行位置范围标记。

从大量的实验结果来看，由于图像的明暗差异，不是所有的电池片上的栅线都可以准确检测到，受光照强度、对比度的影响较大，难以得出鲁棒性较好的预处理结论。普遍情况是：上半部栅线检测良好，但下半部分栅线往往受干扰的可能性较大。但通过实验发现，每幅图像至少可以检测出 2 根栅线。该问题的解决思路是：记录所有符合要求的栅线和位置；根据已有的栅线位置计算间隔，并生成其他栅线的位置；算法结果为返回 5 组栅线的坐标。从电池片的栅线分布来看，栅线也处于均匀分布的状态，故此种方法可行。

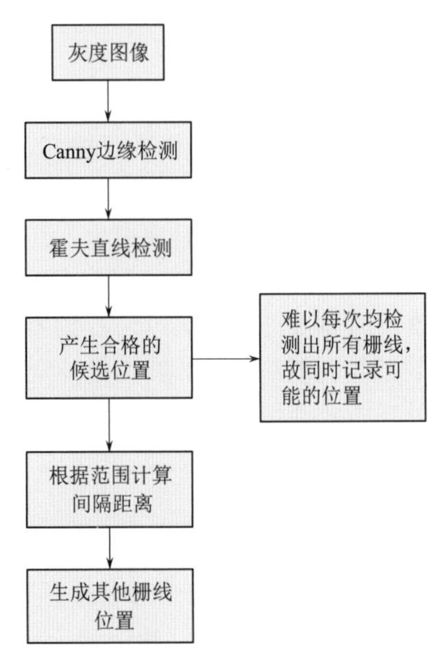

图 4－7　栅线检测算法流程图

经过实验，此种策略可适用绝大部分的电池片图像栅线检测。太阳能电池片栅线检测算法的典型结果示例如图 4－8 所示，其他电池片栅线检测结果与之类似。图 4－8（a）为含有隐裂的单晶电池片样本，图 4－8（b）为含有隐裂的多晶电池片样本。可以看到本章提出的栅线检测算法在不同光照条件和不同组件类型的图像上均有良好的检测结果，红色位置为检测到的栅线位置，和原图的栅线位置进行对比，全部准确覆盖。

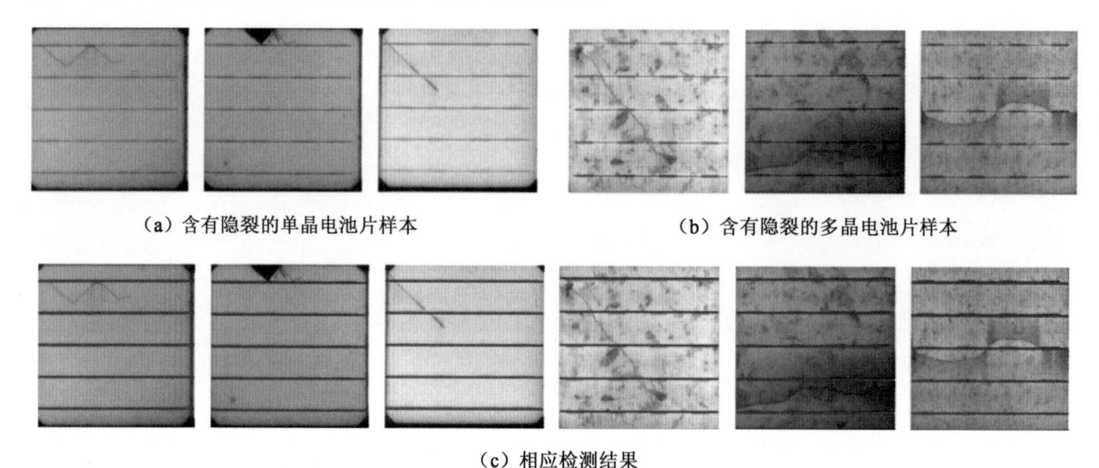

图4-8 太阳能电池片栅线检测算法的典型结果示例

图4-8中，多晶的第2、3张图像的第3、4、5根栅线由第1、2根栅线的位置推测生成，在图中以红线进行标记，可以发现仍较好的覆盖原图栅线位置，证明此种方法行之有效。

4.2 基于栅线补全的单晶隐裂检测

本节将介绍单晶光伏组件EL图像的隐裂检测算法，单晶隐裂的检测思路是先解决栅线对隐裂的干扰，再利用数字图像自身的特点筛选出隐裂区域。

4.2.1 图像预处理

4.2.1.1 栅线补全

基于已介绍的栅线检测算法，利用已有的图像补全技术，对栅线位置进行平滑填充，经过此步骤后图上仅剩隐裂和纯净背景，利于后续处理。

栅线补全算法的原理是：利用一个灰度模板，需要补全的部分在模板上呈现白色，其余部分呈现黑色，再对原图进行补全。沿用4.1.2节叙述的栅线检测算法，可以在电池片图像上得到全部栅线的位置，但由于栅线本身存在一定宽度，且每次处理结果返回的数值仅代表栅线中某一条位置，即可能是上边界、下边界，或是栅线内部一点，故在设置补全的模板时，需要适当加宽模板中的栅线宽度。虽然这样的处理方式会带来一些隐裂区域的覆盖，但考虑到检测准确率，以及栅线附近的短小隐裂出现概率较低，故选择加宽模板栅线宽度，以保证栅线可被全部准确补全。

本节中使用了一种由Alexanfru Telea提出的基于快速进行方法（Fast Mavching Method，FMM）的图像补全算法，其原理如图4-9所示，需要对边界$\delta\Omega$上的p点进行补全，从而补全待填充区域Ω。如图4-9中（a）所示，在已知p点附近取一块面积为ε的邻域$B_\varepsilon(p)$，基于文献[11]，p点的修复应基于$B_\varepsilon(p)$。

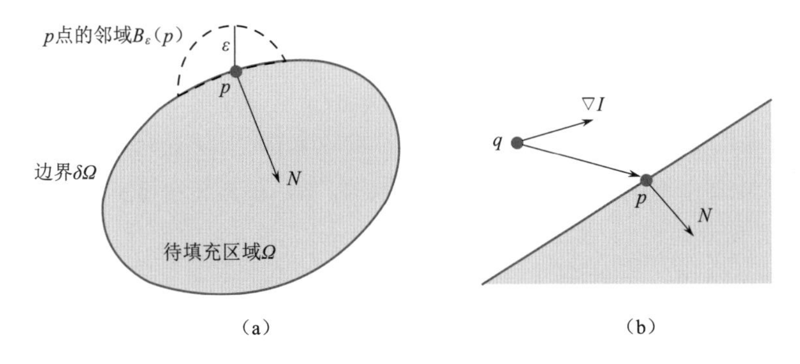

(a) (b)

图 4-9 FMM 图像补全算法原理

如图 4-9 中（b）所示，对于足够小的 ε，$I(q)$ 为原图像灰度值，$\nabla I(q)$ 是 p 点处的灰度梯度值，计算一阶近似 $I_q(p)$ 为

$$I_q(p)=I(q)+\nabla I(q)(p-q) \tag{4-31}$$

使用一个权重函数 $w(p,q)$，利用 $B_\varepsilon(p)$ 内的所有点 q 的估计值的计算为

$$I(p)=\frac{\sum_{q\in B_\varepsilon(p)} w(p,q)[I(q)+\nabla I(q)(p-q)]}{\sum_{q\in B_\varepsilon(p)} w(p,q)} \tag{4-32}$$

$$w(p,q)=dir(P,Q)\cdot dst(p,q)\cdot lev(p,q) \tag{4-33}$$

$$dir(p,q)=\frac{p-q}{\| p-q \|}\cdot N(p) \tag{4-34}$$

$$dst(p,q)=\frac{d_0^2}{\| p-q \|^2} \tag{4-35}$$

$$lev(p,q)=\frac{T_0}{1+| T(p)-T(q) |} \tag{4-36}$$

式中：d_0 和 T_0 分别为距离参数和水平集参数，一般都取 1。

FMM 基于的思想是由边缘向内逐层修复像素，直到遍历完所有的像素点。FMM 伪代码流程[12] 见表 4-2。

表 4-2 FMM 伪代码流程

```
δΩi = boundary of region to inpaint
    δΩ = δΩi
    While (δΩ not empty)
    {
        P = pixel of δΩ closest to δΩi//修复距离边缘最近的点
        Inpaint P using (4-32) //利用公式 (4-32) 修复 P 点
        Advance δΩ into Ω //将边缘向内推进
    }
```

待修复区域边缘构建了一个窄边，即 $\delta\Omega$（OpenCV 中利用膨胀后做差得到边缘），目的是确定需要修复的像素范围。根据边界将像素分为三类，用 flag 标识：①BAND 为 $\delta\Omega$ 上的像素；②KNOWN 为 $\delta\Omega$ 外部的像素；③INSIDE 为 $\delta\Omega$ 内部的像素。

找到边缘 $\delta\Omega$ 后，内部待修复区域标记为 INSIDE，已知像素标记为 KNOWN。BAND 和 KNOWN 类型的像素 T 值初始化设为 0，INSIDE 类型像素 T 值设为无穷大。

定义一个类似双向链表的数据结构 Narrowband，将 $\delta\Omega$ 中的像素按 T 值升序排列，依次加入 Narrowband，先处理 T 值最小的像素，假设为 p 点，将 p 点的类型改为 KNOWN，然后依次处理 p 点的四邻域点 p_i。如果 p_i 类型为 INSIDE，则修复同时更新类型，最终加入 Narrowband。每次处理的都是 Narrowband 中 T 值最小的像素，直到 Narrowband 为空。需要说明的是，Narrowband 在整个过程中始终保持升序排列。

单晶隐裂电池片补全对比图如图 4－10 所示。对于单晶图像来说，其特点是背景纯净，唯一对隐裂干扰较大的部分是栅线，故首先考虑能否屏蔽栅线。基于 4.1 节叙述的栅线检测算法，可以获得图像上栅线较为精准的位置，按照图像补全算法的要求，根据栅线位置生成掩模板（后称 mask）。由图 4－10 可见，在 mask 上的栅线部分都做了适当加宽。原因在于基于目前的栅线检测算法，得到的栅线位置仅仅是一个像素，而实际的栅线是占有相当一部分宽度的，无法确定得到的坐标相对于原栅线的具体位置。考虑到这样的算法设计，栅线的完全补全对后续的检测算法影响较大，故补全时选择在合理范围内尽可能拓宽栅线 mask，以保证栅线能被完全补全。

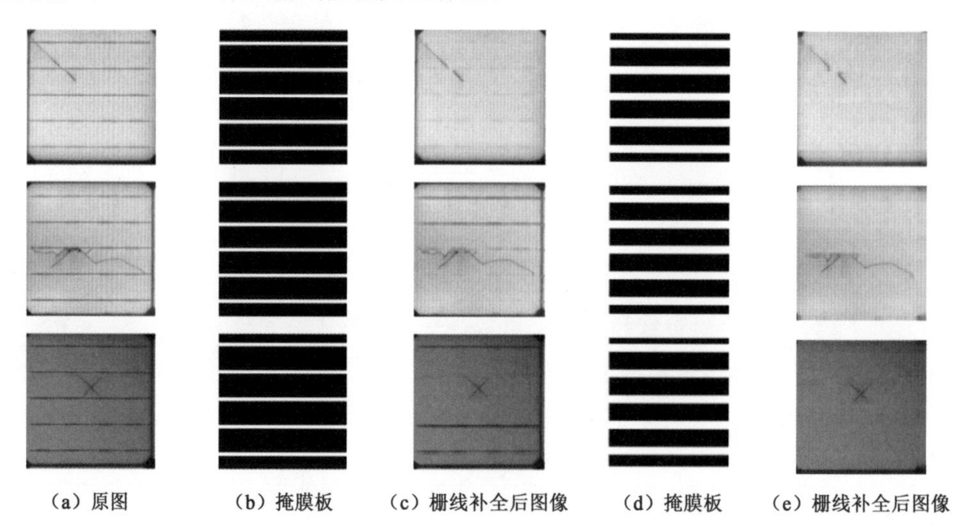

图 4－10 单晶隐裂电池片补全对比图

本节利用 Telea 提出的补全方法，补全效果良好，栅线补全效果图如图 4－11 所示。其中第一排为原图，第二排为经过栅线补全的结果。可以看出栅线完全消失，而隐裂形态保留完整，为后续的处理与检测打下了基础。

4.2.1.2 预处理

1. 滤波处理

(1) 对比度增强。图像对比度[13] 指的是一幅图像中最明亮和最黑暗区域灰度的差

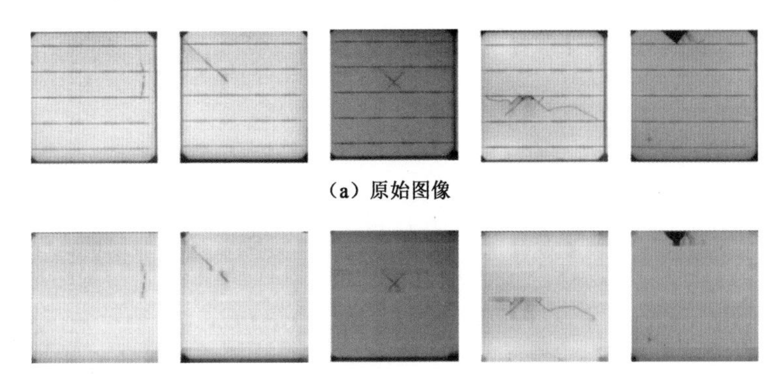

图 4-11　栅线补全效果图

值。对于纹理细节较丰富的图像来说，更高的对比度可更好地显示出图像细节，便于后续处理。但目前尚无一种有效且公正的对比度评判标准，依旧依靠人眼做出判断。

本节中采用对数方法调整图像对比度。其采用的原理为

$$I = \lg(I_0) \tag{4-37}$$

式中：I_0 为原图像；I 为增强后的图像。

反对数修正公式为

$$0 = gain \cdot (2I - 1) \tag{4-38}$$

式中：$gain$ 为增益系数，默认为 1。

对比度增强后的结果如图 4-12 所示，图 4-12（a）为补全后的图像，图 4-12（b）为经过对比度增强后的图像，其对比度有效增强。

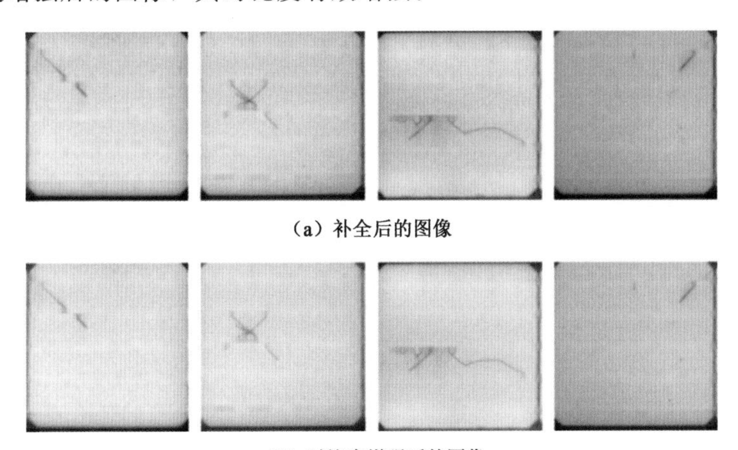

图 4-12　对比度增强后的结果

（2）自适应二值化。自适应二值化[14] 的主要特点在于：根据图像不同区域的亮度分布，计算其局部阈值，故能自适应不同的阈值。

用 $P(n)$ 表示第 n 个点的灰度值，$T(n)$ 表示二值化后的值，$f_s(n)$ 表示第 n 个点之前 s 个点的灰度值，则

$$f_s(n)=\sum_{i=0}^{s-1}p_{(n-i)} \tag{4-39}$$

$$T(n)=\begin{cases}1 & p_{(n)}<\left(\dfrac{f_s(n)}{s}\right)\left(\dfrac{100-t}{100}\right)\\ 0 & 其他\end{cases} \tag{4-40}$$

定义 $T(n)$ 时用到了平均值，意味着扫描过的若干点对于当前点的权重影响相同，与自适应的思想相违背，应修改为离当前点越近的像素点权重越大，否则权重越小。

自适应二值化结果如图 4-13 所示。图 4-13（a）为图像补全前的原始图像，图 4-13（b）为经过二值化结果的图像，可以看到图中仍有较多的噪点，后续将利用其他滤波手段消除。

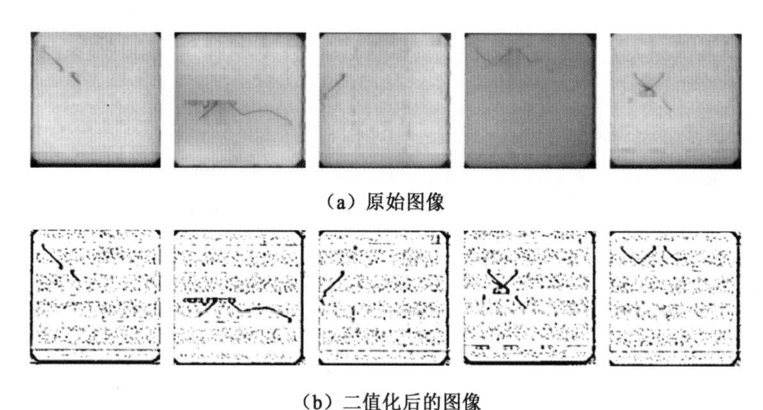

（a）原始图像

（b）二值化后的图像

图 4-13 自适应二值化结果

（3）中值滤波。中值滤波法采用非线性平滑技术，是一种基于统计理论的图像处理技术，某一像素点的灰度值被设置为该点某邻域窗口内的所有像素值的中值[15]。由于每一像素点的值不是该邻域内的极值，故可以在一定程度上消除孤立噪声，因此，该方法可有效抑制斑点噪声与盐噪声。

具体流程为：①按照设定好的形态确定邻域，可以是圆形、线状、十字形等；②在该邻域内选取所有像素点的像素值，按大小进行排序；③选择序列中值，替换目标像素点的像素值。公式为

$$g(x,y)=\underset{(x,y)\in T_{xy}}{\mathrm{Med}}\{f(x,y)\} \tag{4-41}$$

式中：T_{xy} 为以目标像素点（x，y）为中心的邻域；f（x，y）为待处理图像；$g(x,y)$ 为经过滤波后的图像。

中值滤波结果图如图 4-14 所示，图 4-14（a）为自适应二值化后的结果，图 4-14（b）为经过 3 次中值滤波后的结果，可以看到此种方法有效消除了画面上的噪点，使得图像背景更为纯净。

2. 形态学变换

形态学的基本变换是膨胀和腐蚀[16]。简单来说，腐蚀具有收缩的效果[17]；膨胀具有增大目标内孔，以及消除外部噪声的效果[18]。形态学的拓展变换是开、闭运算。闭运算

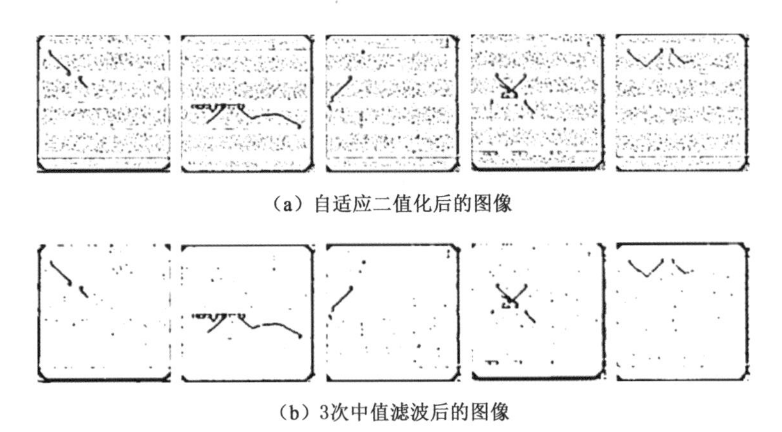

（a）自适应二值化后的图像

（b）3次中值滤波后的图像

图 4-14　中值滤波结果图

即先膨胀再腐蚀，主要思想是修复膨胀后被破坏的图像；开运算则是先腐蚀再膨胀。本章主要用到了闭运算，将对其进行简单介绍。

设 A，B 为欧式空间中的两个子集，利用结构元素 B 对集合 A 进行闭运算，公式为

$$A \cdot B = (A \oplus B) \odot B = \bigcap_{B \in A^C} B^C \tag{4-42}$$

形态学闭运算的目的是尽量恢复被相同结构元素膨胀后的原始图像，运算原理图如图 4-15 所示，闭运算能够填充所有无法包含结构元素的背景结构。其中，图 4-15（a）是原始图像，图 4-15（b）为结构元素，图 4-15（c）为结构元素对原始图像的闭运算。

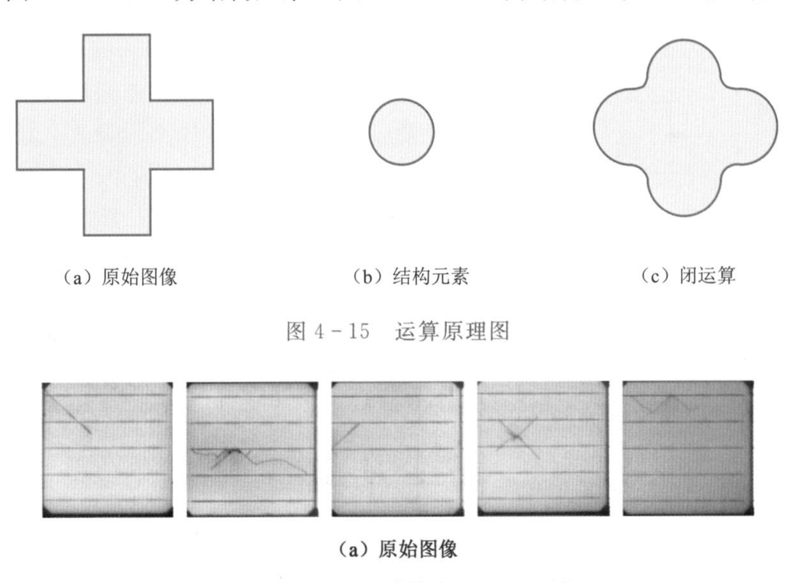

（a）原始图像　　（b）结构元素　　（c）闭运算

图 4-15　运算原理图

（a）原始图像

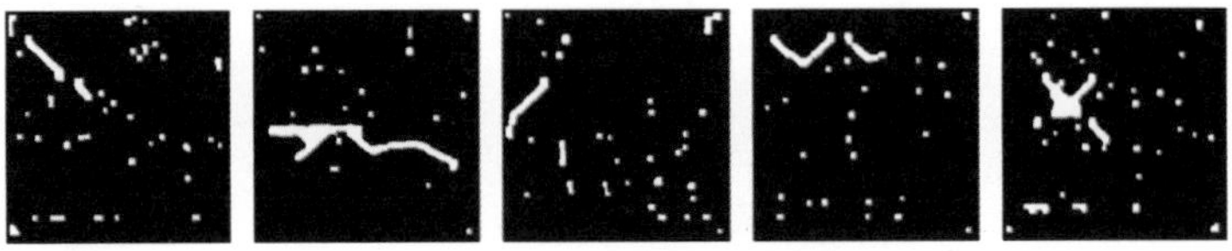

（b）预处理及闭运算后图像

图 4-16　闭运算结果与原图对比

闭运算结果与原图对比如图 4－16 所示，其中图 4－16（a）为原始图像，图 4－16（b）为经过预处理及闭运算（先膨胀，再腐蚀）后的图像。可以在图上明显看到符合原始图像中隐裂形态的连通域，同时未见栅线。接下来的算法中将利用形态学的一些特征，例如连通域面积、周长等信息，对真正代表隐裂的连通域进行筛选。

4.2.2 单晶隐裂检测算法

单晶隐裂检测算法流程图如图 4－17 所示。

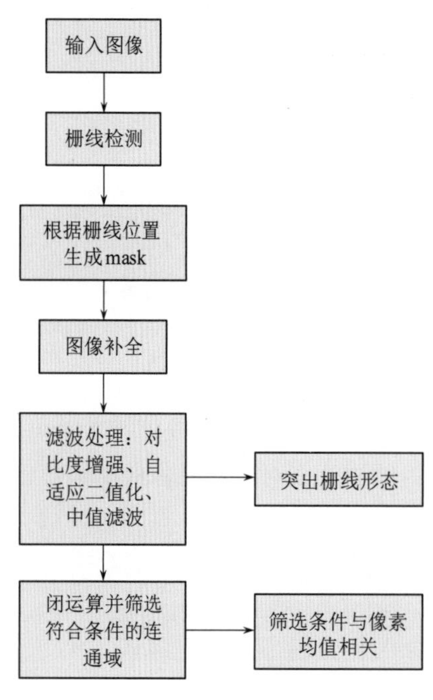

图 4－17 单晶隐裂检测算法流程图

预处理后的单晶隐裂图像如图 4－18 所示。图 4－18（a）为经过栅线补全后的图像，图 4－18（b）为在栅线补全基础上经过预处理后的图像。可以看到预处理后图像中无栅线痕迹，着重突出了隐裂边缘位置。虽然存在一些噪声和未裁剪干净的电池片边缘，但对主要隐裂的形态学检测影响不大，后续可以通过面积和原图灰度特征进行筛选。

利用形态学变换，对滤波后图像进行一次闭运算，即先膨胀后腐蚀。此步的目的是略微加宽隐裂的位置，突出隐裂形态，便于检测。同时，在滤波后的图像上计算原始图像平均像素，并在此值上加上一个常数 α（经过实验，此数值取 5 为佳），作为连通域框定的部分图像的筛选阈值 k。以经验值分析，若准确框出隐裂部分的连通域，则此部分的平均像素应低于原图的整体平均像素，因为在灰度二值图像中，黑色的像素值为 0，白色的像素值为 255，隐裂部分颜色明显深于背景，故含有隐裂的部分图像平均像素值应低于 k。

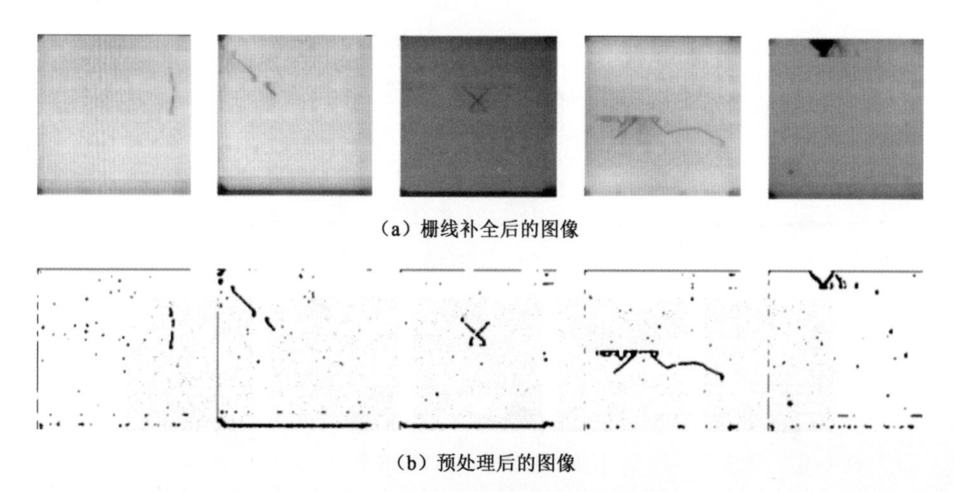

（a）栅线补全后的图像

（b）预处理后的图像

图 4－18 预处理后的单晶隐裂图像

在得到可能的候选连通域后，除了像素值上的判断，面积、位置判断也是必要的。由于对电池片图像的切割无法做到百分百精准，可能会掺杂黑边，在连通域筛选阶段对结果造成干扰。所以位置的筛选包括狭长且靠近边缘的连通域。若黑边在四周连续，则也会筛选出面积很大的连通域，几乎等于整片电池片面积，显然这种结果也是不理想的，故面积过大或者过小的连通域也需要剔除。

对于符合条件的连通域，记录其左上和右下坐标，作为最终检测到的隐裂位置。

4.2.3 实验及结果分析

1. 无栅线补全方法对比

栅线补全能够规避栅线对隐裂的干扰因素，若无栅线检测并补全的步骤，则该检测算法的误检率较高。

栅线补全前后闭运算结果如图 4-19 所示，图 4-19（a）为未处理的电池片图像，图 4-19（b）为经过栅线补全的预处理结果，图 4-19（c）为未经过栅线补全的预处理结果。可以看到未经过栅线补全的图像在闭运算结果上有明显的栅线痕迹。而闭运算的结果将直接影响后续筛选策略的准确性。

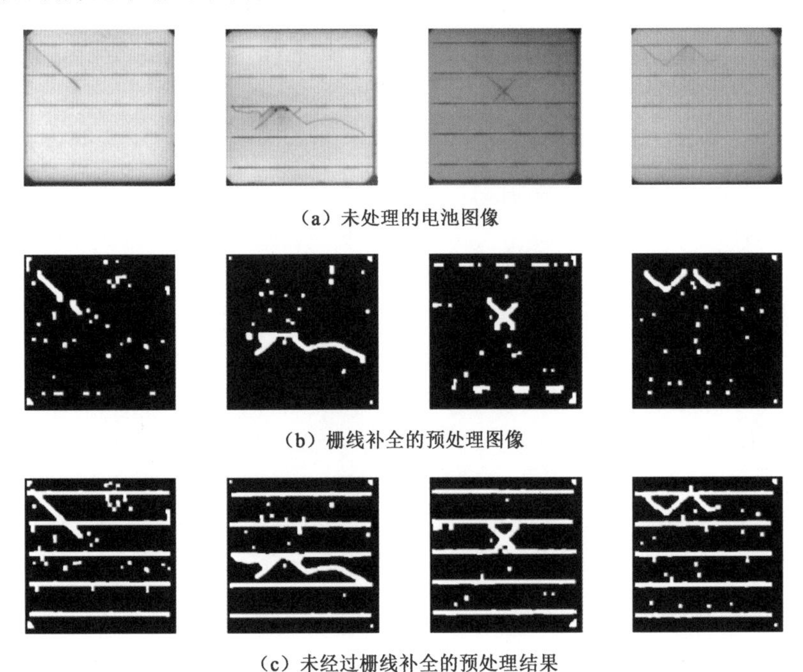

（a）未处理的电池图像

（b）栅线补全的预处理图像

（c）未经过栅线补全的预处理结果

图 4-19　栅线补全前后闭运算结果

含有隐裂的样本未经过栅线补全的检测结果如图 4-20 所示。其中，第一行为未处理的电池片图像；第二行为经过栅线补全的预处理结果，即本节提出的算法；第三行为未经过栅线补全的预处理结果。

虽然展示的结果中所有图像均能够找到隐裂位置，但对比本节算法的结果，可以明显看到隐裂目标检测的范围精准度大大降低；同时有较大概率会对隐裂附近的栅线造成误

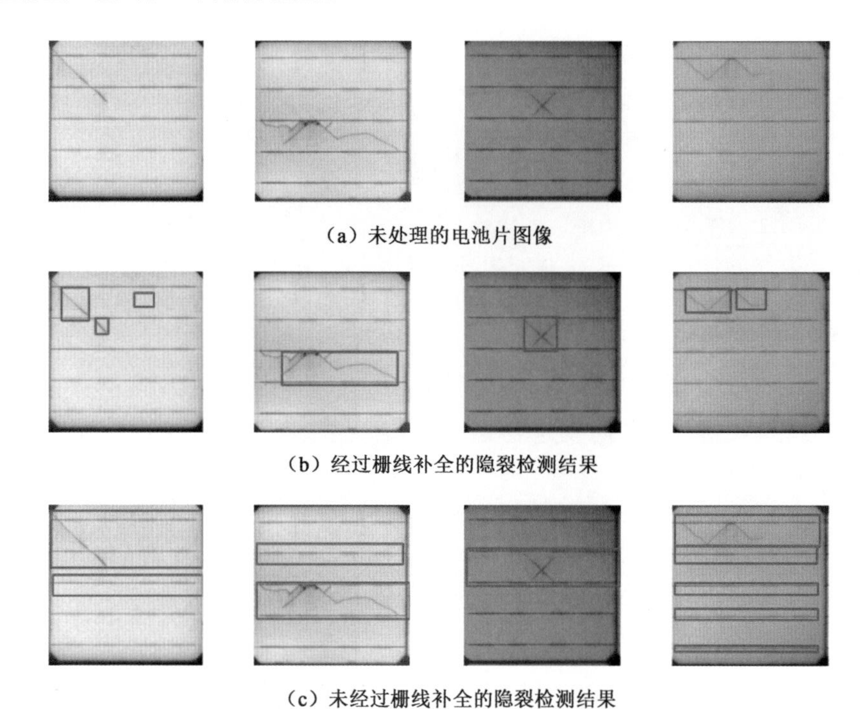

图4-20 栅线补全前后隐裂检测结果

检。结合图4-19分析原因，在本节提出的算法流程中，若无栅线检测，则贯穿栅线的隐裂将在中间步骤和附近栅线形成连通域，或是栅线自身单独也可形成连通域。此类不精准的连通域无法通过面积、位置、像素均值等进行策略上的筛选，和真实隐裂区域有较大的相似之处，故目标检测的范围不可避免地被扩大。

不含隐裂样本栅线补全前后检测结果如图4-21所示。图中所有样本均不含隐裂，图4-21（a）为经过栅线补全的闭运算结果；图4-21（b）为经过栅线补全的隐裂检测结果，其中最后一张有误检；图4-21（c）为未经过栅线补全的闭运算结果；图4-21（d）为未经过栅线补全的隐裂检测结果。

在不含隐裂的样本中，栅线补全同样具有重要意义。所有图像栅线在未补全的情况下，均有被误检的情况存在，而此类图像在原算法中大部分无误检。虽然图4-21（b）中第五列的图像在本节算法下也存在误检的情况，但相比无栅线补全结果，误检率仍大大降低。

经过上述实验对比分析，可以得出结论：栅线在单晶光伏组件隐裂检测算法中具有重要意义，能够在此类样本中规避主要的干扰项。

2. 实验结果与分析

本节提出的单晶检测算法对于部分含隐裂的单晶样本检测结果如图4-22所示。含有隐裂的样本检测正确率为84.38%。其中总样本量为32张，正确检测到隐裂位置的样本有27张。

对于误检的含隐裂样本而言，隐裂贯穿栅线且长度较短的样本容易产生误检。究其原因在于进行栅线补全时，为了保证栅线可以完全覆盖，加宽了mask的宽度，存在截断部分隐裂的可能性，导致后续连通域中无法获取隐裂的信息。

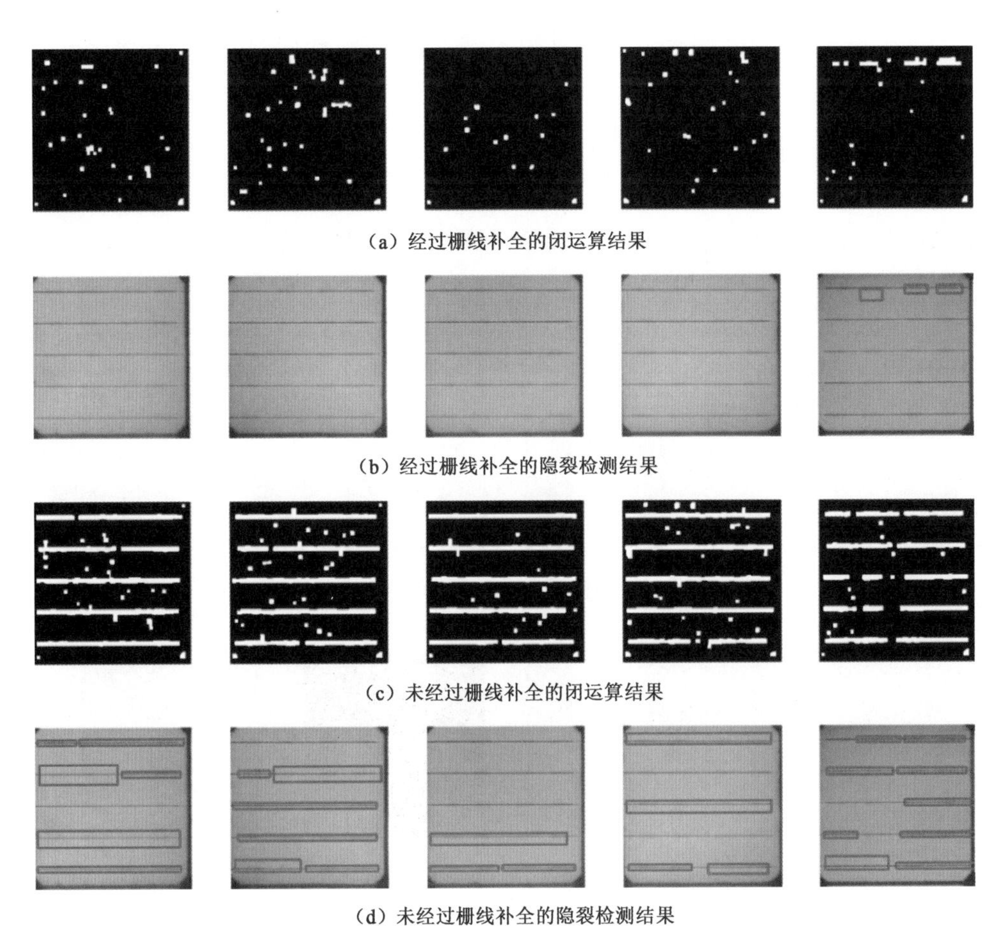

图 4-21　不含隐裂样本栅线补全前后隐裂检测结果

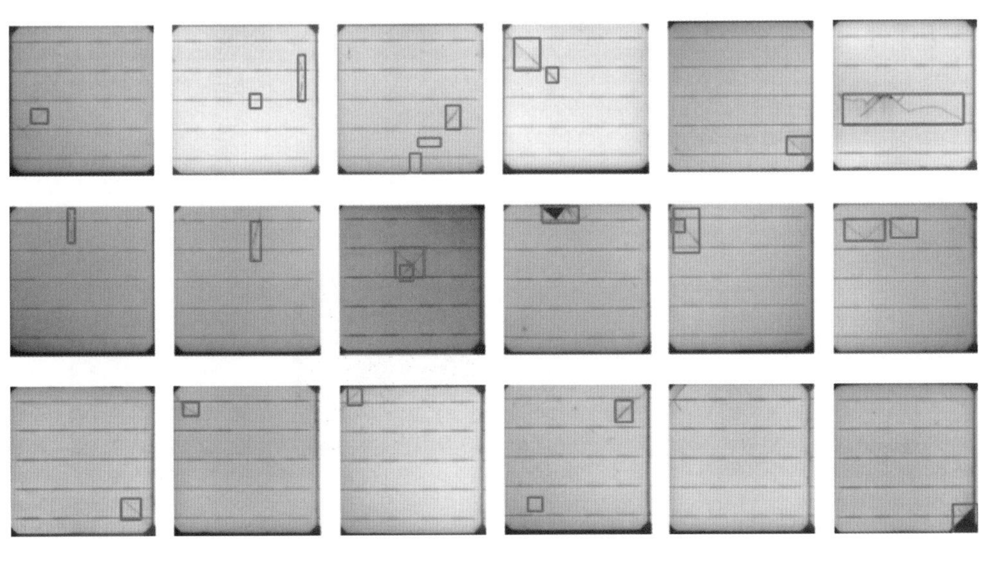

图 4-22　部分含隐裂的单晶样本检测结果图

部分不含隐裂的单晶样本检测结果如图 4－23 所示。不含隐裂的样本较多，考虑到统计公平性，随机选择 32 张样本（和含有隐裂的样本数量相同），其中 31 张未检测出隐裂，不含隐裂的样本检测正确率为 96.88%。若随机选取 200 张不含隐裂的样本进行检测，有 195 张未检测出隐裂，正确率为 97.5%。

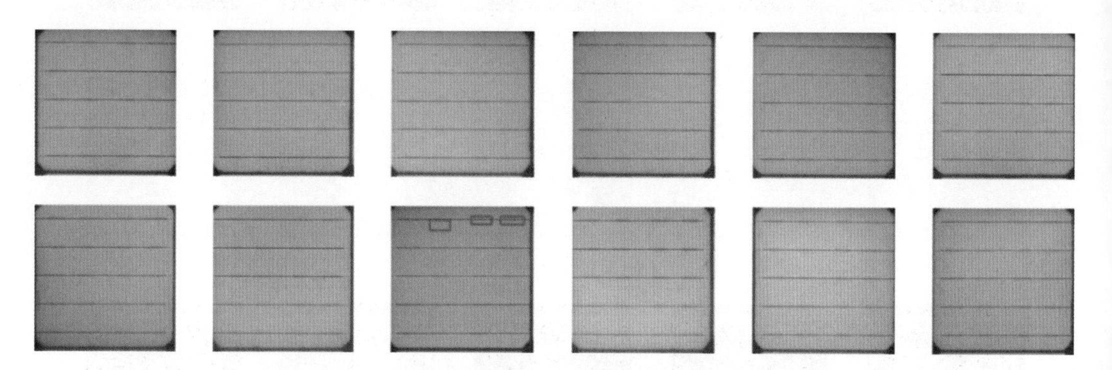

图 4－23 部分不含隐裂的单晶样本检测结果图

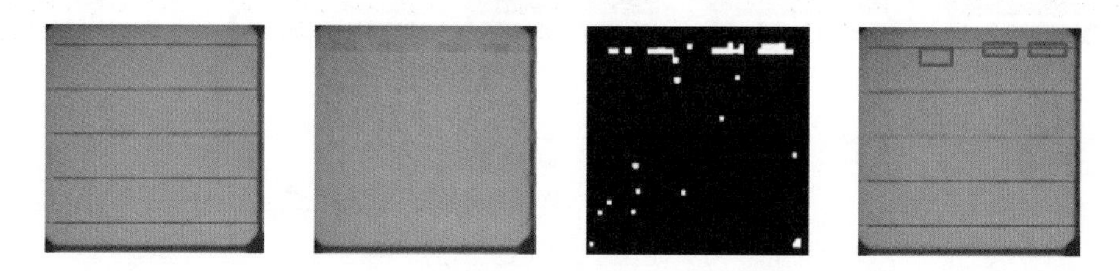

图 4－24 不含隐裂的单晶电池片误检结果

随机选择的 32 张样本中仅一张不含隐裂的电池片图像存在误检（图 4－23 第二行第三张），后以其为例进行分析。不含隐裂的单晶电池片被误检结果如图 4－24 所示。误检原因在于栅线并未完全被补全，可以看到补全后的图像（图 4－24 中第二张）在第一条栅线位置仍存在部分阴影。在经过预处理后，形态学图像（图 4－24 中第三张）上栅线位置仍有明显的连通域，而此类区域和正常隐裂区域较为相似，故导致了误检。

不含隐裂的单晶电池片正确检测结果如图 4－25 所示。在经过栅线补全后，理想状态下应完全去除栅线（图 4－25 中第二张）。在经过图像预处理后，形态学图像（图 4－25 中第三张）未见明显连通域。

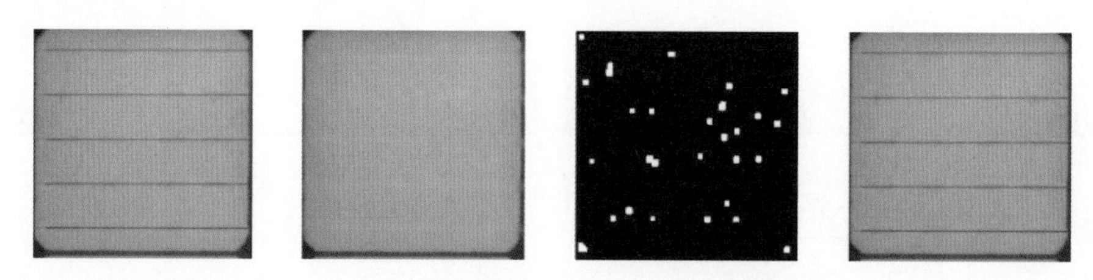

图 4－25 不含隐裂的单晶电池片正确检测结果

经过对比可以发现，此种方法对于不含隐裂的样本正确率较高。综合 32 张含隐裂样本及 32 张不含隐裂样本的结果分析，综合检测正确率达到了 90.63%。单张图像平均处理速度为 0.043s。

4.3 基于深度学习的多晶隐裂检测

4.3.1 数据增强与图像预处理

1. 数据增强

对于多晶图像数据，考虑到其背景复杂，除栅线外还具有不定形态的絮状物，为避免栅线和絮状物对隐裂检测干扰，采取和单晶隐裂检测算法不同的思路。利用栅线检测算法，对图像进行切割，五栅的电池片图像可以切割为 6 张图像，由此可以避免栅线的干扰。对于絮状物和隐裂区分，计划在切割得到的图像基础上，进行滑窗切割得到更小块的图像，对此类小块图像解决“是否含有隐裂”的分类问题，作为框定是否含有隐裂的基础单元[10][11]。

图像切割如图 4-26 所示，可以看出，为了避免检测时栅线的影响，在自动检测水平栅线后，需裁剪留下栅线之间的图像。将 240×240 五栅电池片切割成 6 张图像。图 4-26 中的图 1 和图 6 产生隐裂的可能性较小，对光伏发电效率影响较小。因此，采用 40×40 的滑动窗口对图 2 至图 5（大小均为 40×240）进行进一步的切割，一张电池片的图像可得到 44 张 40×40 的小块图像，作为后续预处理的基本单元和输入。

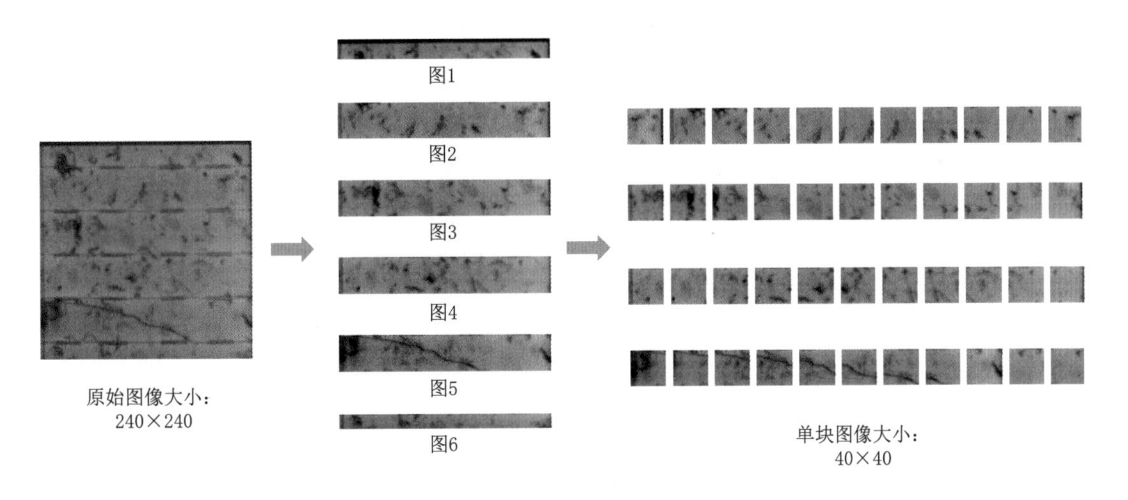

图 4-26 图像切割

由于含有隐裂的电池片数量较少，故不含隐裂的 40×40 样本仅从含有隐裂的电池片中获取，并未继续切割不含隐裂的电池片图像。以 40×40 的滑窗切割，最后制作了 19298 张单块图像。

由于滑窗切割后正负样本比例仍悬殊，不含隐裂的单块图像（正样本）和含隐裂的单位图像（负样本）数量比约为 10∶1，因此，需要进行数据增广。通过水平/垂直翻转、旋转、随机裁剪等手段，负样本扩大了 8 倍。经过处理后，正负样本的比例约为 1∶1。将图像分为训练集和测试集，训练样本数量为 15000 张。

2. 小波变换

EL 图像不同的拍摄条件导致了图像的亮度不均匀。考虑到絮状物与隐裂之间的弱对比度，采用传统的数字图像处理方法对 40×40 图像进行预处理。由于背景噪声不受特定规则的约束，所以采用二维离散 Haar 小波变换提取原始图像的特征，小波变换原理如图 4－27 所示。

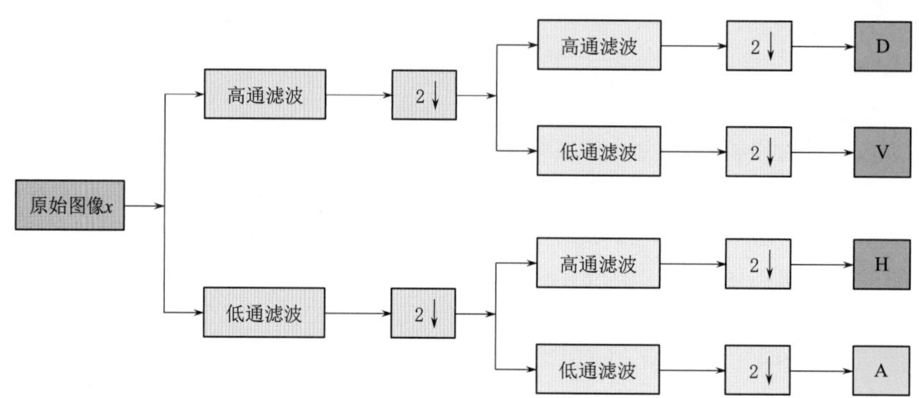

图 4－27 小波变换原理图

2↓表示 2 倍下采样。

经过 Haar 变换后，得到 4 张子图。A 是低频信息，H 是水平高频信息，V 是垂直高频信息，D 是对角高频信息。假设一张图片只有 4 个像素，经过 2 次离散变换后得到 4 张子图，则每个子图的计算过程示意图如图 4－28 所示。

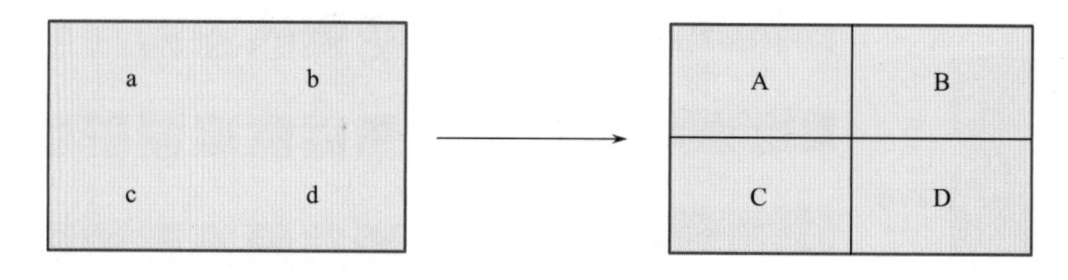

图 4－28 计算过程示意图

每个子图的计算过程为

$$A=\frac{1}{2}(a+b+c+d) \tag{4-43}$$

$$B=\frac{1}{2}(a-b+c-d) \tag{4-44}$$

$$C=\frac{1}{2}(a+b-c-d) \tag{4-45}$$

$$D=\frac{1}{2}(a-b-c+d) \tag{4-46}$$

小波变换结果如图 4－29 所示，其中 A－1、B－1、C－1、D－1、E－1 是原始图像，A－2、B－2、C－2、D－2、E－2 为 Haar 小波变换后的低频图像。从图中可以看出，低频图像可以有效地滤除背景中的高频噪声，保留隐裂特征。同时，不均匀的光照影响也会被削弱，故保留低频特征图像。

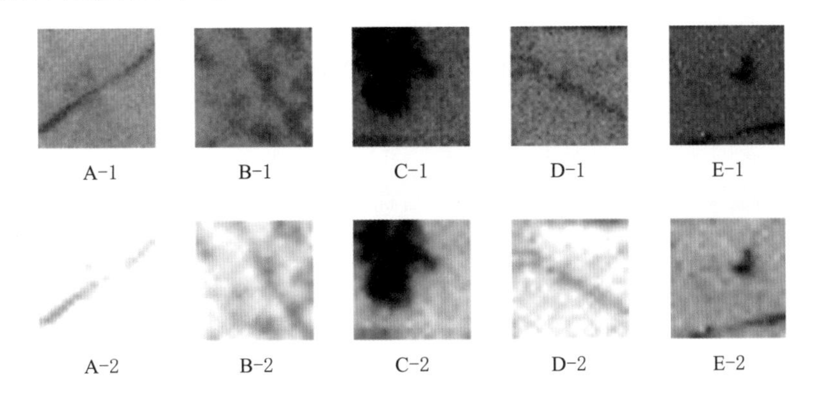

图 4-29　小波变换结果图

Haar 变换后的图像大小为原图像的 1/4。为了避免过多的信息压缩，便于 ROI 提取，选择双线性插值将图像大小调整为 40×40。

双线性插值原理如图 4-30 所示。

需要计算未知函数 f 在点 $P=(x, y)$ 的值，假设已知函数 f 在 $Q_{11}=(x_1, y_1)$、$Q_{11}=(x_1, y_1)$、$Q_{11}=(x_1, y_1)$、$Q_{11}=(x_1, y_1)$ 四个点的值。首先在 x 方向进行线性插值，得到

$$f(R_1) \approx \frac{x_2-x}{x_2-x_1} f(Q_{11})+\frac{x-x_1}{x_2-x_1} f(Q_{21}) \tag{4-47}$$

$$f(R_2) \approx \frac{x_2-x}{x_2-x_1} f(Q_{12})+\frac{x-x_1}{x_2-x_1} f(Q_{22}) \tag{4-48}$$

然后在 y 方向进行线性插值，得到

$$f(P) \approx \frac{y_2-y}{y_2-y_1} f(R_1)+\frac{y-y_1}{y_2-y_1} f(R_2) \tag{4-49}$$

综合起来就是双线性插值最后的结果，即

$$\begin{aligned} f(x, y) \approx & \frac{f(Q_{11})}{(x_2-x_1)(y_2-y_1)}(x_2-x)(y_2-y) \\ & +\frac{f(Q_{21})}{(x_2-x_1)(y_2-y_1)}(x-x_1)(y_2-y) \\ & +\frac{f(Q_{12})}{(x_2-x_1)(y_2-y_1)}(x_2-x)(y-y_1) \\ & +\frac{f(Q_{22})}{(x_2-x_1)(y_2-y_1)}(x-x_1)(y-y_1) \end{aligned} \tag{4-50}$$

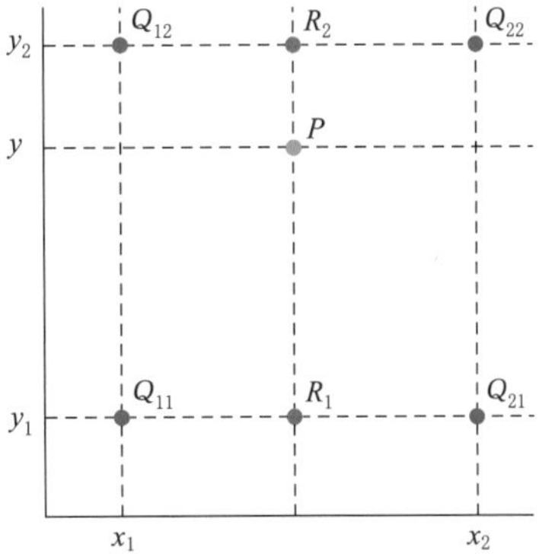

图 4-30　双线性插值原理图

4.3.2 多晶隐裂检测算法

4.3.2.1 感兴趣区域选择

感兴趣区域（ROI）是由文献［19］提出的一种广泛适用的目标检测方法。

1. Selective search 原理

Selective search 是一种目标检测方法，和目标识别（Object Recognition，OR）不同。目标识别需要确定一幅图像中包含某类目标，而目标检测不仅需要检测出图像中包含哪些类，还要框定出目标的具体位置（Bounding Boxes）。Selective Search 算法流程见表4-3。对于流程中的计算相似度，考虑了颜色、纹理、尺寸和空间交叠四个方面，在此不再赘述[20,21]。

表4-3　Selective Search 算法流程

输入：彩色图像
输出：目标位置集合
1. 生成区域集 $\boldsymbol{R}=\{\boldsymbol{r}_1, \cdots, \boldsymbol{r}_n\}$
2. 初始化相似集合 $\boldsymbol{S}$
3. 对于区域集 $\boldsymbol{R}$ 里每组相邻邻域 $(\boldsymbol{r}_i, \boldsymbol{r}_j)$：
计算相似度 $\boldsymbol{s}(\boldsymbol{r}_i, \boldsymbol{r}_j)$
执行 $\boldsymbol{S}=\boldsymbol{S}\cup(\boldsymbol{r}_i, \boldsymbol{r}_j)$
4. 当 $\boldsymbol{S}$ 不为空时：
从 $\boldsymbol{S}$ 中找到相似度最高的两个区域 $(\boldsymbol{r}_i, \boldsymbol{r}_j)$
将其合并为一个新区域 $\boldsymbol{r}_t=\boldsymbol{r}_i\cup\boldsymbol{r}_j$
执行 $\boldsymbol{R}=\boldsymbol{R}\cup\boldsymbol{r}_t$
从 $\boldsymbol{S}$ 中移除所有与 $\boldsymbol{r}_i$，$\boldsymbol{r}_j$ 相关的子集
计算新集合与所有子集的相似度 $\boldsymbol{S}_t$
执行 $\boldsymbol{S}=\boldsymbol{S}\cup\boldsymbol{S}_t$
5. 输出 R 中的所有位置，即为所有检测出的目标区域

2. ROI 筛选策略

期望的 ROI 应包含局部有效信息，如隐裂和絮状物。提取 ROI 的目的是融合更多的局部特征，方便后续的卷积神经网络学习规则，提高准确性。

首先，使用 Selective search 来提取 ROI，并根据适当的尺寸筛选出一些区域，称作 ROI 筛选策略。定义对于 40×40 的图像，如果区域轮廓大于 140，则应该放弃，因为它几乎包含了图像的全局信息。同样，如果轮廓太小，就不能满足要求。其次，为了使区域包含更多的背景絮状物或隐裂特征，结合边缘信息对 ROI 进行二次筛选。通过 Canny 检测算法获得边缘，选取 150 作为阈值。

ROI 筛选策略要求包括以下内容：

（1）第 k 个 ROI 的大小适中，即

$$20 \leqslant 2(W_{rec}^{k}+H_{rec}^{k}) \leqslant 140 \tag{4-51}$$

式中：W_{rec}^{k} 和 H_{rec}^{k} 为第 k 个 ROI 的宽度和高度。

（2）第 k 个 ROI 的有效信息比例 E_{num}^{k} 大于 25%，即

$$E_{num}^{k}=\frac{N_{rec}^{k}}{N_{edge}}>25\% \tag{4-52}$$

式中：N_{rec}^{k} 为第 k 个 ROI 的边缘信息数量；N_{edge} 为一张图像上的所有边缘信息总数。

(3) 第 k 个 ROI 的有效面积 S_{num}^{k} 占比超过 40%，即

$$S_{num}^{k}=\frac{S_{rec}^{k}}{W_{rec}^{k}\cdot H_{rec}^{k}}>40\% \tag{4-53}$$

只有当 ROI 满足筛选策略时才能被留下。这种筛选策略确保区域的大小不仅适中，而且包含尽可能多的信息。

避免 ROI 数量过多导致信息冗余的同时，仍要保证信息完整，且便于计算，因此决定对每张图的 ROI 数量进行统一。经过筛选后的 2000 张图片 ROI 数量分布情况如图 4-31 所示，其中 ROI 数量小于 5 的图像占 64%，故计划将图像中 ROI 的数量归一化到 5 个。

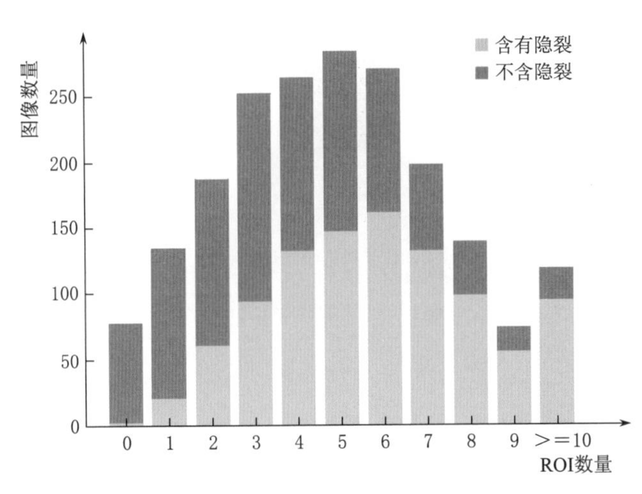

图 4-31 经过筛选后的 2000 张图片 ROI 数量分布情况

为了保证所有图像中的 ROI 数量都能有序归一化，对多幅图像进行了分析，研究了区域数、区域面积、区域灰度与原图灰度的关系。在此基础上，提出了 ROI 优先级策略：①面积大于 40；②当 ROI 中的均值像素小于整幅图像的均值像素时，按面积和灰度降序排列，如果面积相同，则优先选择灰度值更优的 ROI；③ROI 的像素均值高于原图像素均值。

所有 ROI 均按优先级策略降序排列，形成一个优先队列，再进行归一化。归一化过程是：若 ROI 数量大于 5，则保留前 5 个 ROI，因为这些区域被认为保留了更多的有效信息；反之，若 ROI 的数量小于 5，则会从优先队列的头部复制 ROI，直到该单位样本上的 ROI 数量达到 5。

ROI 选择过程如图 4-32 所示，展示了几种典型单位图像的 ROI 筛选策略结果，图 4-32 (a) 为边缘信息；图 4-32 (b) 为满足 ROI 筛选策略的结果；图 4-32 (c) 为满足 ROI 优先级策略并归一化后的结果。A-2 筛选的 ROI 初始值为 4，根据优先级策略，复制右上角最大的 ROI 区域，使得最终 ROI 数量为 5。由于重叠，A-3 上的 ROI 数目显

示为 4。B-2、C-2、D-2 的初始 ROI 数均大于 5。在优先级策略之后选择前 5 个 ROI。

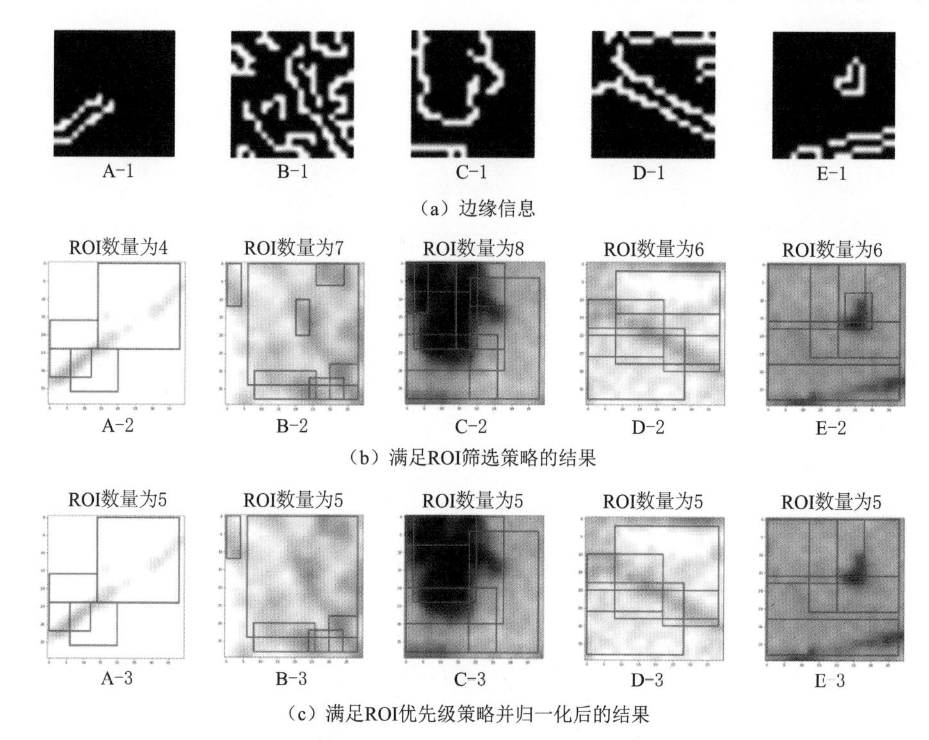

（a）边缘信息

（b）满足ROI筛选策略的结果

（c）满足ROI优先级策略并归一化后的结果

图 4-32 ROI 选择过程

ROI 提取流程见表 4-4，整个 ROI 选择流程如图 4-33 所示。

表 4-4 ROI 提取流程

1. 将图片由 240×240 切割成 40×40 的图像。
2. 增强负样本。
3. 对图像进行处理：
   - 提取 Haar 小波低频图。
   - 对低频图进行选择性搜索后，基于 ROI 筛选策略（Canny 特征和面积）筛选 ROI。
   - 利用优先级策略对 ROI 进行排序。

   如果 ROI 数量大于 5：

   删除优先队列的尾部直到 ROI 数量为 5。

   如果 ROI 数量小于 5：

   从优先队列的头部复制 ROI 直到数量为 5。

   - 获得期望的 ROI。

4.3.2.2 基于 Fast R-CNN 改进的算法流程

完整的算法流程如图 4-34 所示。

在本算法中，确定 ROI 后，未计算每个 ROI 的准确率。一方面，考虑到隐裂在整体图中所占比例较小，因此 ROI 的准确率会有所偏差。例如，在负样本中，由于隐裂面积较小，存在一定的概率 ROI 为正样本；另一方面，ROI 仅作为局部特征将原始图像信息整合到二进制网络中，使得系统更加关注局部信息[33]。

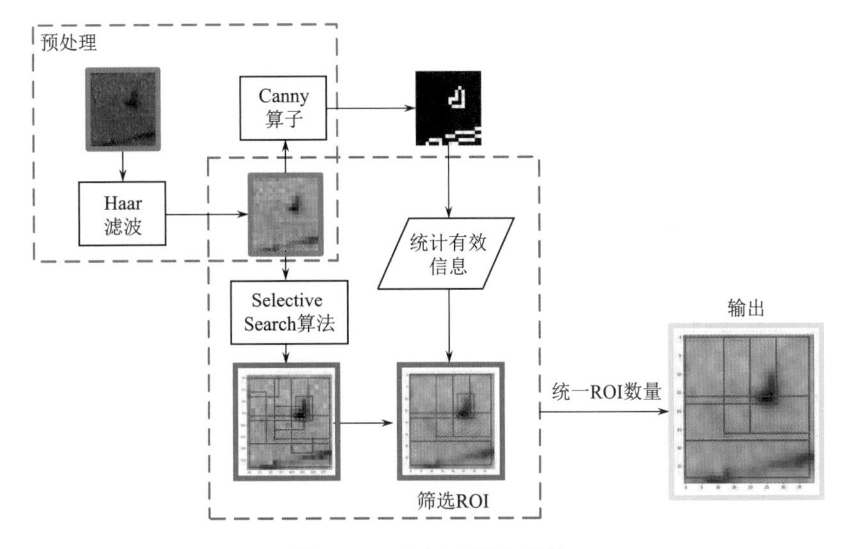

图 4-33 ROI 选择流程图

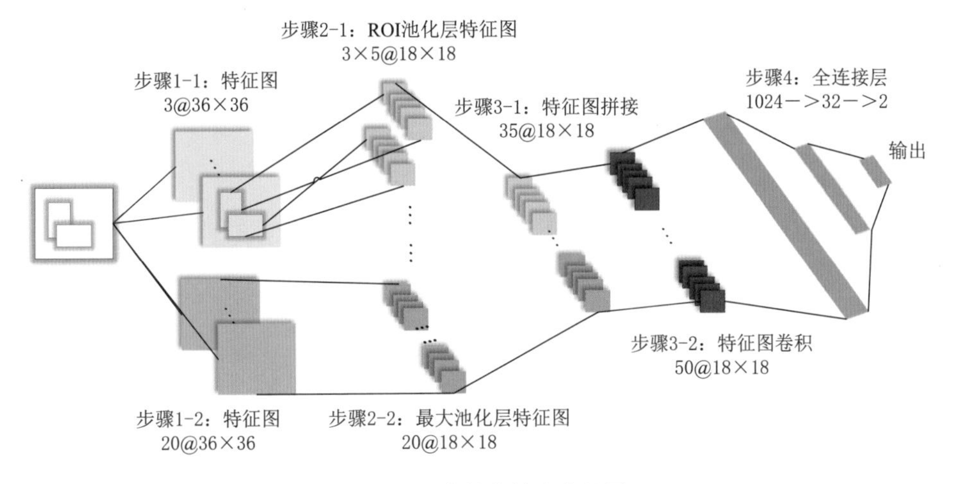

图 4-34 完整的算法流程图

Fast R-CNN 算法步骤及每步输入输出结果见表 4-5。

表 4-5 Fast R-CNN 算法步骤及每步输入输出结果

步骤	操 作	输 入	输 出
1	卷积层；最大池化层	预处理好的 40×40 图片	20 张 18×18 特征图
2	ROI 卷积层；ROI 池化层	带有 ROI 的 40×40 图片	15 张 18×18 特征图
3	拼接特征图并卷积	步骤 1 和步骤 2 的特征图	50 张 18×18 特征图
4	3 层全连接层 (16200；1024；32；2)	步骤 3 中的特征图	0 或 1

通过线性变换将得到的候选 ROI 应用于第一层卷积的特征图。$x_{k,i}^{1;m}$ 代表了图像 k 在第一层特征图 i 中的第 m 个 ROI；h_k^m 和 w_k^m 代表第 k 张图片中的第 m 个 ROI；$k_{k,1i}^1$，$b_{k,i}$

代表第一层的权重和偏差。第一层卷积的输出为

$$x_{k,i}^{1}=f(x^{0}\cdot k_{k,1i}^{1}+b_{ki}) \tag{4-54}$$

$$x_{k,j}^{1}=f(x^{0}\cdot k_{k,1j}^{1}+b_{kj}) \tag{4-55}$$

式中：f 为卷积变换。

第 m 个 ROI 在特征图 i 中。r 代表了特征图和原始图像的大小比例。

$$x_{k,i}^{1,m}=x_{k,i}^{1}[r\cdot y_{k}^{m}:r\cdot(y_{k}^{m}+h_{k}^{m}),\ r\cdot x_{k}^{m}:r\cdot(x_{k}^{m}+w_{k}^{m})] \tag{4-56}$$

通过 ROI 池化层将 ROI 特征的大小标准化为 18×18。由于调整尺寸会使图像变形，减小隐裂和絮状物之间的差异，所以不选择这种方法。每个图像将获得 3 个局部特征图。然后将与原始特征相结合的 15 个局部特征图发送到二分类网络进行训练。通过 ROI 池化层得到各 ROI 特征图的结果为

$$\{x_{k,i}^{2m}\}_{m\in[0,4]}=\mathrm{down}_{ROI}(\{x_{ki}^{1,m}\}_{m\in[0,4]}) \tag{4-57}$$

每个公共特征图从原点到最大池化层的结果为

$$x_{k,j}^{2}=\mathrm{down}(x_{k,j}^{1}) \tag{4-58}$$

将以上计算出的两种特征图拼接起来，即

$$x_{k}^{3}=\mathrm{concatenate}\left(\sum_{i=0}^{2}\{x_{ki}^{2,m}\}_{m\in[0,4]},\ x_{k,j}^{2}\right) \tag{4-59}$$

4.3.3 实验及结果分析

4.3.3.1 传统机器学习方法对比

本小节旨在叙述对比实验所使用的方法，选择提取多种图像特征融入不同机器学习模型的思路。考虑到隐裂及絮状物和背景在颜色梯度上有区分，符合纹理特征，故在图像特征方面，选择了对纹理敏感的算子，包括 LBP 算子和 HOG 算子；同时为了融入频域信息，选择了 Fourier 算子。使用到的分类方法包括支持向量机、多层感知器以及传统卷积神经网络。

1. 特征提取

(1) LBP 算子。原始的 LBP 算子定义是：以一个 3×3 窗口的中心像素为阈值，对窗口内其他像素以此阈值为标准进行二值化，将得到一个 8 位的二进制数，它表示该邻域内的纹理信息，也就是 LBP 值。

基本的 LBP 算子的缺点在于覆盖区域过小，这显然不能满足不同对象的需要。Ojala 等人[22] 对 LBP 算子进行改进，扩大了邻域范围，并将邻域形状改为正方形。改进后的算子允许在一定范围的邻域内有任意多个像素点，称为 Extended LBP，又称为 Circular LBP[23]。

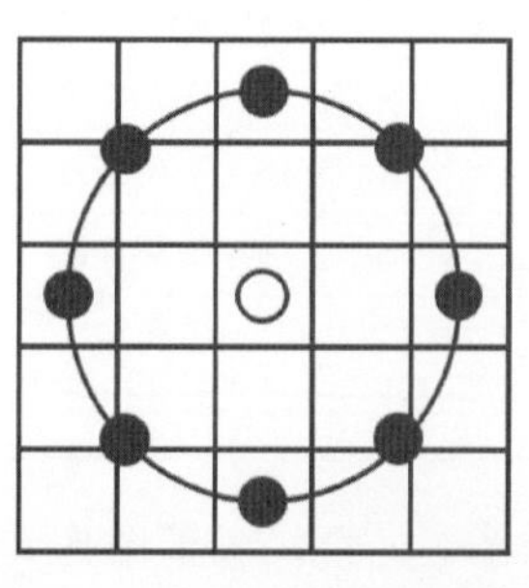

图 4-35 5×5 邻域示意图

5×5 邻域示意如图 4-35 所示。

5×5 的邻域圈内有 8 个黑色的采样点，每个采样点的值均可以通过下式计算，即

$$x_{p}=x_{c}+R\cos\left(\frac{2\pi p}{P}\right) \tag{4-60}$$

$$y_p = y_c - R\sin\left(\frac{2\pi p}{P}\right) \tag{4-61}$$

式中：(x_c，y_c) 为邻域中心点；(x_p，y_p) 为某个采样点。

可以通过双线性插值得到该采样点的像素值为

$$f(x,y) \approx [1-x\,x]\begin{bmatrix} f(0,0) & f(0,1) \\ f(1,0) & f(1,1) \end{bmatrix}\begin{bmatrix} 1-y \\ y \end{bmatrix} \tag{4-62}$$

LBP 算子处理结果如图 4-36 所示，图 4-36 (a) 为原始图像，图 4-36 (b) 为 LBP 算子结果。LBP 算子的显著特点是灰度不变性，可以观察到图 4-11 中前 4 幅图像的灰度和第 5 幅图像的灰度不同，但经过 LBP 算子处理得到的结果灰度相对统一，同时保留了隐裂纹理和絮状物的边缘特征信息，其中图 4-36 (b) 中第 1 幅图的边缘特征相对明显，其他图像的纹理特征相对较弱。

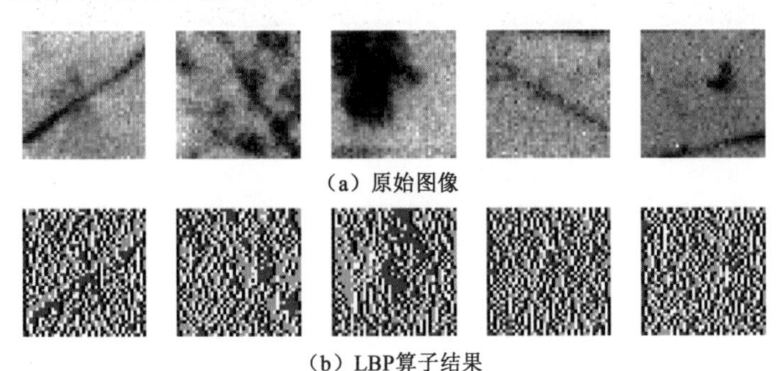

图 4-36　LBP 算子处理结果图

(2) HOG 算子。HOG 算子通过统计图像局部区域的梯度直方图描述特征[24]。优点是对几何和光学形变能保持较好的不变性，此种优点是因为 HOG 算子仅进行图像局部区域操作。HOG 算子原理流程如图 4-37 所示。

HOG 特征示意图如图 4-38 所示，图 4-38 (a) 为原始图像，图 4-38 (b) 为多晶隐裂图像的 HOG 算子运算结果。HOG 算子的特点是能够较为准确的描述局部形态的信息，从图中可以看到大部分的隐裂和絮状物边缘在结果图中均有较为明显的反馈，效果优于 LBP 算子。

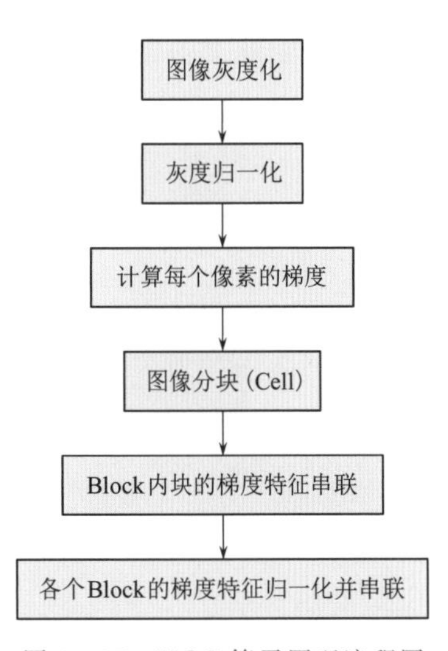

图 4-37　HOG 算子原理流程图

(3) Fourier 算子。傅里叶变换表明，任何连续周期信号都可以表示成一系列正弦信号的叠加。一维傅里叶公式为

$$F(\omega) = F[f(t)] = \int_{-\infty}^{\infty} f(t)\,e^{-i\omega t}\,dt \tag{4-63}$$

式中：ω 为频率；t 为时间。

灰度图像由像素点构成，本质也是二维离散点，故二维傅里叶变换常用于图像处理。图像经过傅里叶变换后得到的频谱图反映了频域中的特征信息，而这些信息往往无法在时域内被观察到。例如频谱中的频率高低表现了像素灰度值变化的程度。

根据经验可知，频率图中的高频信号往往反映了边缘和噪声，低频信号通常代表图像本身的信息。故可以方便地利用此种特性对频域内的信息进行操作，从而实现去噪、提取边缘等操作。

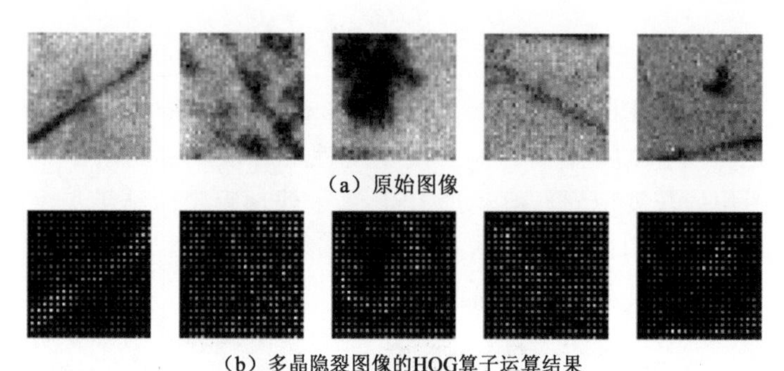

图 4-38 HOG 特征示意图

对二维图像进行傅里叶变换的公式为

$$F(u,v)=\sum_{x=0}^{M-1}\sum_{y=0}^{N-1}f(x,y)\,e^{-j2\pi\left(\frac{ux}{M}+\frac{vy}{M}\right)} \tag{4-64}$$

式中：M 为图像长；N 为图像高；$F(u,v)$ 为频域图像；$f(x,y)$ 为时域图像；u、v 为傅里叶变换后的图像横纵坐标，u 的范围是 $[0,M-1]$，v 的范围是 $[0,N-1]$。

对二维图像进行傅里叶逆变换公式为

$$f(x,y)=\sum_{x=0}^{M-1}\sum_{y=0}^{N-1}F(u,v)\,e^{j2\pi\left(\frac{ux}{M}+\frac{vy}{M}\right)} \tag{4-65}$$

傅里叶变换结果如图 4-39 所示，图 4-39（a）为原始图像，图 4-39（b）为多晶隐裂图像的 Fourier 算子运算结果。不同方向、形态的隐裂和絮状物在频谱图上也存在较大差异，说明此类图像在频域空间内也存在可挖掘的特征。

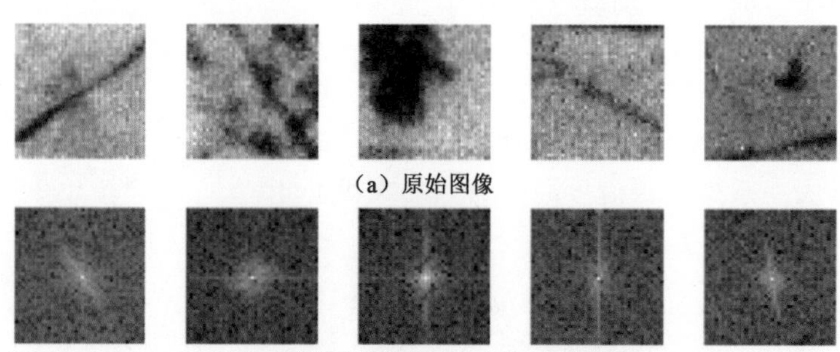

图 4-39 傅里叶变换结果图

2. 特征降维

维数太高的特征可能会导致信息冗余，产生“维数灾难”，从而降低分类精度。因此，特征降维对于图像分类是必要的，并且已经被广泛研究。降维方法主要分为两种，即线性降维和非线性降维。线性降维方法有主成分分析（Principal Component Analysis PCA）[25]、奇异值分解（Singular Value Decomposition，SVD）、线性判别分析[26]（Linear Discriminant Analysis，LDA）、独立成分分析[27]（Independent Comment Analysis，ICA）等等。对于切割后的单块灰度隐裂图像，图像尺寸较小，纹理信息相对整块电池片来说降低许多，考虑到对比实验主要还是需要解决二分类问题，故选择一种线性方法进行降维，即主成分分析[28]。

设样本数据为 n 维，共 m 个，PCA 主要分为以下几个计算步骤：

（1）按列拼成矩阵 X_{nm}。

（2）每一行的元素均减去该行均值。

（3）求矩阵的协方差 $C=\frac{1}{m}XX^{\mathrm{T}}$。

（4）求（3）中 C 的特征值和特征向量。

（5）以特征值为降序标准排列特征向量组成矩阵，取前 k 行组成矩阵 P，则 $Y=PX$ 即为降维到 k 维后的数据集。

3. 传统机器学习方法

（1）支持向量机。分类器选取常用的支持向量机，它采用了结构风险最小化原则，能解决有限样本的机器学习问题[29,34]。目前，支持向量机已成为最流行的机器学习算法之一，吸引了大量专家学者对其进行研究。

假设训练集 T 是线性可分的，则期望存在一个分离超平面，理想情况下能够区分所有的正负样本。理论上有无数个符合要求的超平面，但若加入必须满足间隔最大的约束，则求得的超平面唯一。

假设存在线性判别函数 $f(x)=w^{\mathrm{T}}\vec{x}+b$ 可以将两类数据分开，满足约束条件时超平面可描述为

$$\vec{w}^{*}\cdot\vec{x}+b^{*}=0 \tag{4-66}$$

式中：$\vec{w}$ 为法向量；b 为截距。

该平面由法向量 $\vec{w}$ 和截距 b 决定，于是需要求得分离超平面参数对（$\vec{w}^{*}$，b^{*}）。定义分类决策树 $f(\vec{x})=sign(\vec{w}^{*}\cdot\vec{x}+b^{*})$。若分类正确时，则 $\vec{w}\cdot\vec{x_l}+b$ 的符号与样本标签的 y_i 的符号保持一致，即：当 $\vec{w}\cdot\vec{x_l}+b>0$ 时，$\vec{x_l}$ 位于超平面上方，此时 $\vec{x_l}$ 被判为正类，若 $y_i=+1$，则分类正确；当 $\vec{w}\cdot\vec{x_l}+b<0$，$\vec{x_l}$ 位于超平面下方，此时 $\vec{x_l}$ 被判为负类，若 $y_i=-1$，则分类正确。即需要满足条件 $y_i(\vec{w}\cdot\vec{x_l}+b)\geqslant 1$。

对于求解线性可分问题，采用线性分类 SVM 是一种有效的方法，即可以找到一个超平面将属于不同标记的训练样本分开。大多数情况下无法找到这样的超平面，此时需要采用非线性 SVM。

引入核函数，假设 $X\in R^{n}$ 为输入空间，H 为特征空间（希尔伯特空间）。核函数表示为 $K(\vec{x},\vec{z})$，对于一个存在的映射：$\phi(\vec{x})$：$X\rightarrow H$，使得所有的 $\vec{x}$，$\vec{z}\in X$，函数 $K(\vec{x},\vec{z})=\phi(\vec{x})\cdot\phi(\vec{z})$。也就是说，核函数能够将任意两个向量映射为特征空间中的内积。

通过选择适当的核函数 $K(\vec{x}, \vec{z})$，求解约束最优化问题，即

$$\begin{cases} \max L(w, b, \vec{\alpha}) = \sum_{i=1}^{N} \alpha_i - \frac{1}{2} \sum_{i, j=1}^{N} \alpha_i \alpha_j y_i y_j K(\vec{x_i}, \vec{x_j}) \\ s.t. \sum_{i=1}^{N} \alpha_i y_i = 0 \\ C \geqslant \alpha_i \geqslant 0, \ i = 1, 2, \cdots, N \end{cases} \tag{4-67}$$

求得最优解 $\vec{a}^* = (a_1^*, a_2^*, \cdots, a_N^*)^{\mathrm{T}}$，计算得到

$$\vec{w}^* = \sum_{i=1}^{N} a_i^* y_i \vec{x_l} \tag{4-68}$$

同时选择 a_i^* 的某个合适分量 $C > a_j^* > 0$，计算得到

$$b^* = y_i - \sum_{i=1}^{N} a_i^* y_i K(\vec{x_i}, \vec{x_j}) \tag{4-69}$$

最终构造出分类决策函数为

$$f = sign\left[b^* + \sum_{i=1}^{N} a_i^* y_i K(\vec{x_i}, \vec{x_j})\right] \tag{4-70}$$

（2）多层感知器网络。多层感知器（Multilayer Perceptron，MLP）网络结构如图4-40所示。

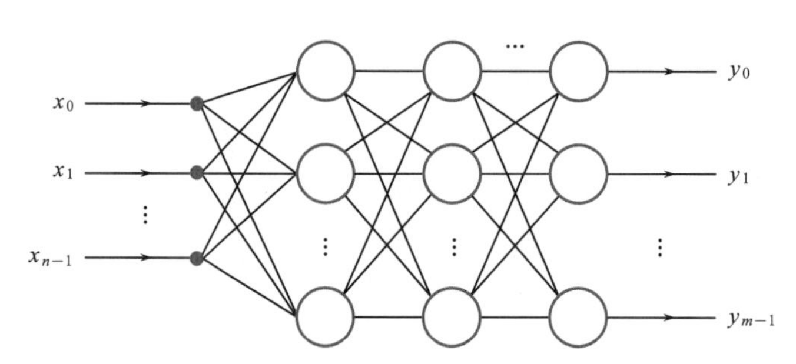

图4-40 MLP网络结构图

MLP网络关于隐含层输入与输出的传输方程与一般神经网络的不同，首先前一层的信号映射被定义好的传播函数与核函数转换为低维信号，然后输出层的映射函数被激活，通过激活后的映射函数，每一个输入的信号都会有一个独一无二的输出映射[30,31]，即

$$X_j^L = f\left(\sum_{i \in M_j} X_j^{L-1} k_{ij}^L + b_j{}^L\right) \tag{4-71}$$

式中：M_j 为输出层的总体；X_j^{L-1} 表示前一层输出；k_j^L 表示第 L 层参数；b_j^L 表示第 L 层偏置。

每个输入层将会拥有一个额外的偏置。首先随机初始化所有参数，然后迭代训练，不断计算梯度和更新参数，直到满足停止条件为止。以典型的BP算法为例，算法流程为：

1）权值初始化。

2）依次输入 P 个学习样本，假设当前输入第 p 个样本。

3）依次计算各层的输出。

4）求各层的反传误差。

5）记录已学习过的样本个数 p，如果 $p<P$，转步骤（2）继续计算，如果 $p=P$，转下步。

6）修正各层的权值或阈值。

7）按新的权值再次计算各层输出，若对每个样本均达到误差范围，或达到最大学习次数，则终止学习，否则返回（2）开始新一轮的学习。

（3）卷积神经网络。卷积神经网络的详细介绍见第 3 章 3.3.1 节。

4. 对比实验设置

本章节提出的模型检测结果将与一些传统方法做比较，检测结果将直接显示在原始图像中。

应用不同的机器学习模型做比较。提取了四种图像特征，分别是 HOG 特征、Fourier 特征、LBP 特征和 Haar 特征。选择 MLP 和 SVM 进行比较。

MLP 的输入有两种，一种是 LBP 特征和 Haar 特征的融合，另一种是 HOG 特征和 Haar 特征的融合。SVM 的输入有两种，分别是 HOG 特征和傅里叶特征的融合以及 HOG 特征和 Haar 特征的融合。对垂直拼接后的图像进行不同特征的置换。利用主成分分析将特征长度从 80 压缩到 30。然后它们被送到神经网络进行训练。

实验表明，99%以上的信息经过压缩后仍可以保留完整的特征，说明压缩是可行的。实验也选择了 CNN 网络，结构为两层卷积，一层池化，两层全连接。卷积核模板的大小为 5。减少池化层的原因是池化会在计算量较小时减少梯度信息。

4.3.3.2 实验结果与分析

不同模型的计算正确率见表 4－6，TP 表示正样本被正确分类的比例，TN 表示负样本被正确分类的比例，准确率为 TP 和 TN 的平均值。所有模型都以多晶电池片图像滑窗切割后得到的结果作为基本单位，其中正负样本比例为 1∶1，训练集使用了 15000 张图像，测试集使用了 1000 张。

表 4－6　不同模型的计算正确率

模型序号	结　构	准确率/%	TP/%	TN/%
1	LBP＋Haar＋SVM	51.5	51.351	51.626
2	HOG＋Haar＋SVM	52.98	50.993	54.967
3	HOG＋Fourier＋MLP	52.667	46.667	58.667
4	HOG＋Haar＋MLP	61.333	55.998	66.667
5	CNN	83.05	69.6	96.5
6	本章方法	89.89	89.5	90.25

对比表 4－6 中模型 1 和模型 2，可以发现由于 HOG 特征融合了梯度信息，更加关注边缘，所以模型 1 中的 TN 要优于模型 2。这也符合在提取图像特征中所直观得出的结论，即 HOG 算子结果优于 LBP 算子。考虑到无隐裂信息的不确定性，即絮状物的存在，TP 的效果不佳。通过对比模型 3 和模型 4，小波低频信息可以显著提高的分类精度，因而对 Haar 图像进行 ROI 搜索。MLP 的精度明显优于 SVM。因此，经典方法在特征不明显的情况下是不可行的。

同时，还将传统的CNN（表4-6模型5）与本节采用改进的ROI筛选的深度模型进行了比较。可以看出，隐裂检测的准确率高达96%。但是，不含隐裂图像检测的结果相对较低，只有69%，这不是一个理想的结果。虽然分类器可以反馈电池片上是否有隐裂，但是对目标的定位有很大的干扰。在本节提出的算法中，虽然负样本的准确率降低了5%，但是正样本的识别率有了大幅提高，增加了接近20%，这意味着整体效率要高得多。

不同算法检测结果图如图4-41所示。对比了传统CNN和本章算法结果，选择了两组絮状物数量不等的样本进行对比。每幅图像中被识别为隐裂的部分都用方框标记，以实现定位。其中（a）组中的图像絮状物较多，（b）组中的图像絮状物较少，观察算法对这两个图的效果。检测结果误检率见表4-7。

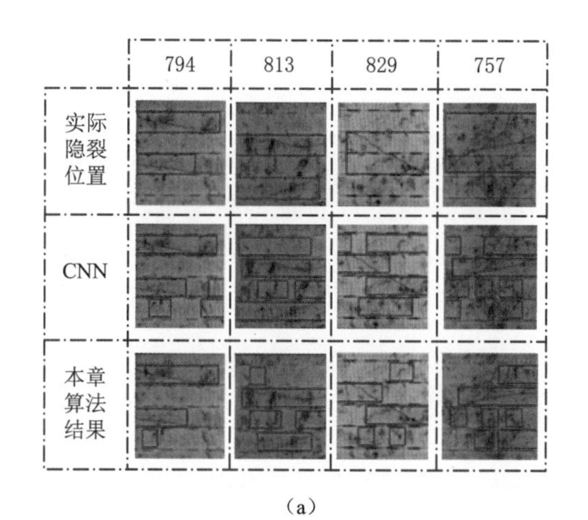

（a）

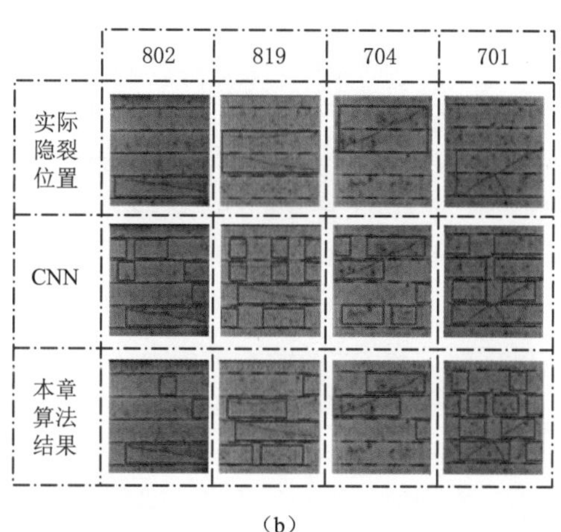

（b）

图4-41 不同算法检测结果图

表4-7 图像隐裂面积占比检测结果

图像编号	原始隐裂面积占比/%	CNN		本章算法结果	
		S_p/%	S_n/%	S_p/%	S_n/%
794	25	25	11.11	25	2.78
813	31.94	31.94	25	25	13.89
829	30.56	20.83	23.61	20.83	9.72
757	50	38.89	6.94	29.17	9.72
802	15.28	13.89	18.06	13.89	2.78
819	33.33	22.22	18.06	23.61	15.28
704	30.56	20.83	13.89	20.83	2.78
701	30.56	26.39	27.78	20.83	18.06

原始隐裂面积占比是指原图隐裂的面积和图片面积的比值，由于隐裂为细长斜裂，难以具体计算面积，故以隐裂的最小外接矩形面积作为原始隐裂面积。考虑到实际情况，隐裂面积（红色区域）可能比实际的隐裂面积略大一些。但是经过比较，这种差别较为细微，可以忽略不计。S_p是检测出的隐裂面积S_{crack}和原图面积S_{full}的比值，S_n是错误检

测成隐裂区域的面积 S_w 和原图面积 S_{full} 的比值，分别为

$$S_p = \frac{S_{crack}}{S_{full}} \tag{4-72}$$

$$S_n = \frac{S_w}{S_{full}} \tag{4-73}$$

这两种方法可以覆盖隐裂区域。但是，由表 4-7 可知，CNN 的误检区域面积比本章算法结果提出的模型要大，如图像 794，图像 802，图像 704。

4.4 本章小结

随着光伏行业的发展，对分布式光伏电站的运维也提出了更高的要求。如何实现智能运维，如何对典型瑕疵进行检测，已经成为光伏领域的研究重点。本章基于合作单位提供的隐裂图像数据，以单晶、多晶光伏组件电致发光图像为数据集，研究了两种不同的隐裂检测方法，并实现了较高的检测准确率。本章的工作总结如下：

（1）查阅国内外相关文献，对光伏组件瑕疵产生原因、隐裂检测技术的研究现状进行了调研。研究了目前国内外主流的研究成果及方法，在此基础上，确定了本章的算法方向。

（2）对大量数据进行处理。首先对整张电池组件电致发光图像进行了处理，利用滤波处理、形态学变换等方法，得到图中有效的电池片部分，再根据电池片数量进行等分切割。

（3）提出了一种针对电池片图像的栅线检测算法，作为后续算法的基础。对于多晶图像，检测出栅线后，根据栅线位置对图像进行切割，再进行滑窗切割，能够在增加样本数量的同时，细分瑕疵区域，并以此作为多晶隐裂算法的单位图像。对所有单晶、多晶处理后的数据样本进行分类。

（4）对于单晶图像，结合其特点，提出了一种基于传统数字图像处理方法的检测算法。检测出栅线位置后，利用图像补全算法将栅线补全，使得图像内容仅剩瑕疵和相对纯净的背景，避免了栅线对隐裂检测的干扰。再利用滤波、自适应二值化、开闭运算等手段，筛选出所有的瑕疵候选区域，分析真正的隐裂瑕疵位置、面积、形状等特点后，提出了一种筛选方法，能够有效检测出单晶隐裂瑕疵，并确定瑕疵位置。

（5）对于多晶图像，提出了一种基于 Fast R-CNN 的改进算法。对于其中的感兴趣区域筛选算法，结合多晶图像的特点，综合絮状物和隐裂特征的面积、灰度、形状等特点，提出了一种新的感兴趣区域筛选策略。对于算法网络做出改进，减少过拟合的可能性，最终对于单位图像的分类准确率达到 89%。使用传统机器学习方法作为对比实验，可以证明本章提出的多晶检测算法更加准确有效。

参考文献

[1] BELL R M, KOREN Y. Scalable Collaborative Filtering with Jointly Derived Neighborhood Interpolation Weights [C] //Seventh IEEE International Conference on Data Mining (ICDM 2007),

Omaha: IEEE, 2007: 43 - 52.
[2] HWANG J W, LEE H S. Adaptive image interpolation based on local gradient features [J]. IEEE Signal Processing Letters, 2004, 11 (3): 359 - 362.
[3] MOLINA A, RAJAMANI K, Azadet K. Concurrent Dual - Band Digital Predistortion Using 2 - D Lookup Tables With Bilinear Interpolation and Extrapolation: Direct Least Squares Coefficient Adaptation [J]. IEEE Transactions on Microwave Theory and Techniques, 2017, 65 (4): 1381 - 1393.
[4] RANI K S, HANS W J. FPGA implementation of bilinear interpolation algorithm for CFA demosaicing [C] //2013 International Conference on Communication and Signal Processing. Melmaruvathur: IEEE, 2013: 857 - 863.
[5] LUO L X, CHEN Z Y, CHEN M, et al. Reversible Image Watermarking Using Interpolation Technique [J]. IEEE Transactions on Information Forensics and Security, 2010, 5 (1): 187 - 193.
[6] REVAUD J, WEINZAEPFEL P, HARCHAOUI Z, et al. EpicFlow: Edge - preserving interpolation of correspondences for optical flow [C] //2015 IEEE Conference on Computer Vision and Pattern Recognition (CVPR). Boston: IEEE, 2015: 1164 - 1172.
[7] CHO H, SUNG M, JUN B. Canny Text Detector: Fast and Robust Scene Text Localization Algorithm [C] //2016 IEEE Conference on Computer Vision and Pattern Recognition (CVPR). Las Vegas: IEEE, 2016: 3566 - 3573.
[8] YUAN L Y, XU X. Adaptive Image Edge Detection Algorithm Based on Canny Operator [C] //2015 4th International Conference on Advanced Information Technology and Sensor Application (AITS). Harbin: IEEE, 2015: 28 - 31.
[9] LI Y D, CHEN L G, HUANG H B, et al. Nighttime lane markings recognition based on Canny detection and Hough transform [C] //2016 IEEE International Conference on Real - time Computing and Robotics (RCAR). Angkor Wat: IEEE, 2016: 411 - 415.
[10] ZHANG Z, SHEN W, YAO C, et al. Symmetry - based text line detection in natural scenes [C] //2015. IEEE Conference on Computer Vision and Pattern Recognition (CVPR). Boston: IEEE, 2015: 2558 - 2567.
[11] BERTALMIO M, SAPIRO G, CASELLES V, et al. Image Inpainting [C] //Proceedings of the 27th Annual Conference on Computer Graphics and Interactive Techniques. , 2000: 417 - 424.
[12] ZHANG H M, SHAO N, MENG X K, et al. Fast Image Matching Method and Its Applications in Underwater Positioning [C] //2010 International Conference on Electrical and Control Engineering. Wuhan: IEEE, 2010: 970 - 973.
[13] SHI H Y, KWOK N. An integrated bilateral and unsharp masking filter for image contrast enhancement [C] //2013 International Conference on Machine Learning and Cybernetics Tianjin: IEEE, 2013: 907 - 912.
[14] SU B L, LU S J, TAN C L. Robust Document Image Binarization Technique for Degraded Document Images [J]. IEEE Transactions on Image Processing, 2013, 22 (4): 1408 - 1417.
[15] YANG Q X, AHUJA N, YANG R G, et al. Fusion of Median and Bilateral Filtering for Range Image Upsampling [J]. IEEE Transactions on Image Processing, 2013, 22 (12): 4841 - 4852.
[16] WIDYANTARA I M O, ASANA I M D P, WIRASTUTI N M A E D, et al. Image enhancement using morphological contrast enhancement for video based image analysis [C] //2016 International Conference on Data and Software Engineering (ICoDSE). Denpasar: IEEE, 2016: 1 - 6.
[17] LUCKE L, CHAKRABARTI C. A digit - serial architecture for gray - scale morphological filtering [J]. IEEE Trans actions on Image Processing, 1995, 4 (3): 387 - 391.
[18] 崔屹. 图象处理与分析：数学形态学方法及应用 [M]. 北京：科学出版社，2000.

[19] UIJLINGS J R R, SANDE K E A, GEVERS T, et al. Selective Search for Object Recognition [J]. International Journal of Computer Vision, 2013, 104 (2): 154 - 171.

[20] VAN DE SANDE K E A, UIJLINGS J R R, GEVERS T, et al. Segmentation as selective search for object recognition [C] //2011 International Conference on Computer Vision. Barcelona: IEEE, 2011: 1879 - 1886.

[21] LI Y, STEVENSON R L. Multimodal Image Registration With Line Segments by Selective Search [J]. IEEE Transactions on Cybernetics, 2017, 47 (5): 1285 - 1298.

[22] OJALA T, PIETIKAINEN M, MAENPAA T. Multiresolution gray - scale and rotation invariant texture classification with local binary patterns [J]. IEEE Transactions on Pattern Analysis and Machine Intelligence, 2002, 24 (7): 971 - 987.

[23] 吕士文，达飞鹏，邓星. 基于区域改进 LBP 的三维人脸识别 [J]. 东南大学学报（自然科学版），2015，45（04）：678 - 682.

[24] DALAL N, TRIGGS B. Histograms of oriented gradients for human detection [C] //IEEE Computer Society Conference on Computer Vision & Pattern Recognition. San Diego: IEEE, 2005: 886 - 893.

[25] ZHANG X F, Ren X M. Two Dimensional Principal Component Analysis based Independent Component Analysis for face recognition [C] //2011 International Conference on Multimedia Technology. Hangzhou: IEEE, 2011: 934 - 936.

[26] TAO D C, LI X L, WU X D, et al. General Tensor Discriminant Analysis and Gabor Features for Gait Recognition [J]. IEEE Transactions on Pattern Analysis and Machine Intelligence, 2007, 29 (10): 1700 - 1715.

[27] MILJKOVIĆ N, MATIĆ V, VAN HUFFEL S, et al. Independent Component Analysis (ICA) methods for neonatal EEG artifact extraction: Sensitivity to variation of artifact properties [C] //10th Symposium on Neural Network Applications in Electrical Engineering. Belgrade: IEEE, 2010: 19 - 21.

[28] HE R, HU B G, ZHENG W S, et al. Robust Principal Component Analysis Based on Maximum Correntropy Criterion [J]. IEEE Transactions on Image Processing, 2011, 20 (6): 1485 - 1494.

[29] FEI Y. Simultaneous Support Vector selection and parameter optimization using Support Vector Machines for sentiment classification [C] //2016 7th IEEE International Conference on Software Engineering and Service Science (ICSESS). Beijing: IEEE, 2016: 59 - 62.

[30] FUCHS J, WEIGEL R, GARDILL M. Model Order Estimation Using a Multi - Layer Perceptron for Direction - of - Arrival Estimation in Automotive Radar Sensors [C] //2019 IEEE Topical Conference on Wireless Sensors and Sensor Networks (WiSNet). Orlando: IEEE, 2019: 1 - 3.

[31] SINGH G, SACHAN M. Multi - layer perceptron (MLP) neural network technique for offline handwritten Gurmukhi character recognition [C] //2014 IEEE International Conference on Computational Intelligence and Computing Research. Coimbatore: IEEE, 2014: 1 - 5.

[32] DOU W J, SHAN S, ZHANG N W, et al. An Unsupervised Multi - scale Micro - crack Segmentation Scheme for Multicrystalline Solar Cells [C] //2020 International Conference on System Science and Engineering (ICSSE). Kagawa: IEEE, 2020: 1 - 5.

[33] WANG Y Q, SHAN S, ZHANG N W, et al. Contrastive learning for solar cell micro - crack detection [C] //Sixth International Workshop on Pattern Recognition. SPIE, 2021, 11913: 99 - 105.

[34] CHEN S R, SHAN S, XIE L P, et al. A Deep Two - Stage Scheme for Polycrystalline Micro - Crack Detection [C] //2020 International Conference on Pattern Recognition and Intelligent Systems. PRIS: 2020: 1 - 5.

第5章

基于光伏电站现场的EL图像其他缺陷检测

虽然当前针对EL图像缺陷检测的研究较多且取得了一定的成果，但实际应用到光伏电站现场的组件EL缺陷检测仍然存在着以下问题：①在光伏电站现场，算法运行在一体化装置中，采集的EL图像质量较差，拍摄角度不固定，无法直接用于EL缺陷的实时检测，装置硬件的计算能力差，现场检测对算法速度要求高；②EL缺陷中的微裂纹缺陷特征不明显、提取困难，无法在电站现场实时检测，需在计算性能良好的服务器中利用神经网络提取特征，训练模型。本章节针对光伏电站组件EL缺陷检测中存在的问题，设计了电站现场基于组件的实时检测和云端基于电池片的离线检测相结合的EL缺陷检测系统。针对装置计算性能较低和采集的图像质量差的问题，采用传统的数字图像处理技术进行图像增强，实时检测黑片、明暗片、裂片等对组件输出功率产生较大影响的EL缺陷；针对微裂纹缺陷特征提取困难和现场数据集样本少的问题，设计了迁移学习的神经网络模型，在样本多的车间数据集上训练模型，迁移至样本少的现场数据集测试，离线检测出微裂纹缺陷并进行预警。

5.1 检测系统设计与实现

本小节主要结合光伏电站现场实际情况，分析了基于EL成像的光伏组件缺陷检测系统的需求，设计了光伏组件EL缺陷检测系统的总体结构：图像采集系统、电站现场基于一体化智能装置的EL缺陷实时检测、云端的微裂纹缺陷离线检测，并介绍了本小节实验使用的屋顶式光伏电站以及基于该电站实际环境设计的图像采集系统。

5.1.1 系统需求

太阳能光伏组件在室外长期运行后，会在组件内部硅片层形成人眼无法察觉的内部缺陷，在电致发光作用下可以观察到的影响组件性能的特征被称为EL缺陷，通常有微裂纹、黑片、明暗片等。结合光伏电站的实际情况，EL缺陷检测系统的主要目标是：根据不同类型的EL缺陷对组件输出功率影响不同，首先能够检测出对组件发电效率产生影响的黑片、明暗片等EL缺陷，定位EL缺陷的位置区域；其次能够对容易扩展延伸成为对组件输出功率产生影响的微裂纹缺陷进行预警，给运维人员决策提供参考。

在实现以上目标的同时，设计的 EL 缺陷检测系统需满足以下几个要求：

（1）准确性。EL 缺陷检测系统需要能够准确地检测出 EL 缺陷。这是系统最基本同时也是最重要的要求，对于会引起发电效率降低或者引发火灾的 EL 缺陷要能够准确识别出，给出正确的运维建议。

（2）实时性。EL 缺陷检测系统需能够实时给出光伏组件的检测结果。按照光伏电站的大小，光伏组件的数量从上百块到上千块不等。EL 缺陷检测作为光伏电站检修的一部分，系统在实际运行过程中检测速度需要快于人工检测，使得检修一座光伏电站所需的时间成本在可接受范围内。

（3）稳定性。在实际的光伏电站检修中，需要对几百块甚至上千块光伏组件进行 EL 缺陷检测，检测系统需要长时间运行，能够检测不同的光伏组件，具有稳定性和鲁棒性，对同一光伏组件的检测结果具有一致性、可重复性。

（4）实用性。设计的 EL 缺陷检测系统需要具有实际的应用价值，能够帮助光伏电站解决运维中遇到的问题。

（5）通用性。EL 缺陷检测系统需要具有通用性，能够检测出不同材料、版型的光伏组件。目前，常见的太阳能光伏组件按照原材料的不同可以分为单晶硅光伏组件和多晶硅光伏组件[1]，多晶硅由于材料结构的原因背景不均匀，有大量的絮状物易与 EL 缺陷混淆。光伏组件主流的版型主要有 6×10 和 6×12 两种，即由 6 横排、10 竖排电池片串联组成的光伏组件和由 6 横排、12 竖排组成的光伏组件[2]。EL 缺陷检测系统需要能够检测出多晶硅、单晶硅光伏组件及 6×10 和 6×12 不同版型中的 EL 缺陷。

（6）简易性。设计的 EL 缺陷检测系统需要有简洁的人机交互界面，操作流程简单易学，方便光伏电站的运维人员使用。

5.1.2 总体结构

基于电致发光成像的光伏组件缺陷检测系统总体结构如图 5-1 所示。

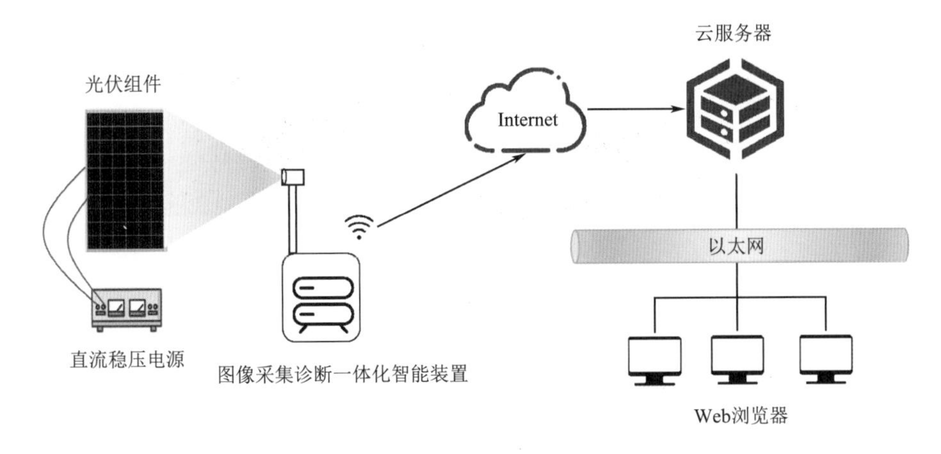

图 5-1 缺陷检测系统总体结构

基于电致发光成像的光伏组件缺陷检测系统由图像采集系统、EL缺陷实时检测、微裂纹缺陷离线检测三部分组成。其中，图像采集系统、EL缺陷实时检测算法及软件运行在图像采集诊断一体化智能装置中，微裂纹缺陷离线检测算法运行在云服务器中。

图像采集系统采用了电致发光成像技术，每次给一个组串或组件施加反向电压，能够实时采集到光伏组件的EL图像。

EL缺陷实时检测部分是运行图像采集诊断一体化智能装置中的软件，能够获取到图像采集系统实时采集到的EL图像，调用EL缺陷实时检测算法，检测出会对光伏组件发电效率产生影响的EL缺陷，如黑片、裂片等缺陷，得到实时检测结果。一体化装置计算性能较差，为了实时得到EL缺陷的检测结果，算法采用了传统图像处理的方法。其中图像采集诊断一体化智能装置由该项目的其他合作单位设计制作，本小节设计并实现了EL缺陷实时检测算法及软件。

微裂纹缺陷离线检测部分运行在云服务器中。EL缺陷中微裂纹缺陷最容易扩展成黑片、裂片，从而对组件输出功率产生影响，需检测组件是否存在微裂纹缺陷，并对组件预警作为下次运维中微裂纹缺陷检测的重点对象。为了解决现场数据集样本少的问题，微裂纹缺陷离线检测算法采用迁移学习模型，需要云服务器提供良好的计算能力。图像采集诊断一体化智能装置将采集的组件EL图像上传至云服务器，云服务器调用微裂纹缺陷离线检测算法，检测结果可以通过Web浏览器进行查看。云服务器的搭建与开发由该项目的其他合作单位设计制作，本章节主要设计和实现了微裂纹缺陷离线检测算法。

5.1.3 实验平台

本课题组在实验楼的屋顶搭建了屋顶实验性光伏电站，现场如图5-2所示，本章节基于该屋顶实验性光伏电站平台进行实验测试。

图5-2 屋顶实验性光伏电站现场

屋顶实验性光伏电站拓扑图如图5-3所示，电站共包含5个光伏组串，每个光伏组串由10块光伏组件串联而成。其中，3个组串的光伏组件是由单晶硅电池片制作而成的光伏组件，2个组串的光伏组件是由多晶硅电池片制作而成的光伏组件。所有的单晶光伏组件的版型均为6×10，其中有1块光伏组件中包含碎片、微裂纹等EL缺陷，其余29块单晶光伏组件是不含有EL缺陷的正常光伏组件；多晶光伏组件中，有1块包含碎片缺陷的光伏组件，版型为6×12，其余19块正常的光伏组件版型为6×10。屋顶实验性光伏电

站光伏组件的数量、版型及类型统计数据见表 5-1。

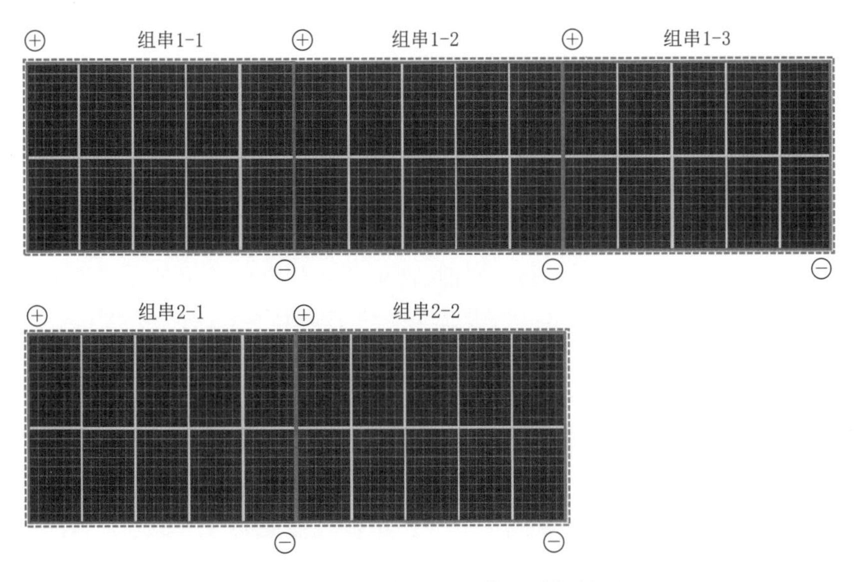

图 5-3 屋顶实验性光伏电站拓扑图

表 5-1 屋顶实验性光伏电站光伏组件数量、版型及类型统计数据

光伏组件		正常组件	存在 EL 缺陷组件
单晶光伏组件	数量	29	1
	版型	6×10	6×10
多晶光伏组件	数量	19	1
	版型	6×10	6×12

用可见光相机分别拍摄正常的单晶光伏组件和存在 EL 缺陷的单晶光伏组件，图像如图 5-4 所示，从外表来看两者并无太大差别，用可见光相机或是人眼都无法观察到组件内部的 EL 缺陷。由此可以印证，EL 缺陷是一种在太阳能光伏组件硅片层产生的肉眼无法察觉到的内部缺陷。

(a) 正常

(b) 存在EL缺陷

图 5-4 单晶光伏组件图像

5.1.4 图像采集系统

图像采集系统在缺陷检测系统中占有举足轻重的地位，采集到的光伏组件的图像质量直接决定了算法的复杂度和结果的准确性。光伏组件缺陷检测的图像采集系统需要对光伏组件无损伤，能够快速、便捷地采集大量的光伏组件图像，清晰的采集到组件内部存在的隐形缺陷。经过调研和对比光致发光成像技术、电致发光成像技术和紫外荧光成像技术，最终选择了电致发光成像技术的图像采集方案，得到组件内部的 EL 缺陷图像。

电致发光成像技术通过给光伏组件施加反向电压，使得光伏组件在电流的作用下发射出波长为 900～1100nm 的近红外光，利用在 900～1100nm 范围内灵敏度高、噪声小的近红外相机采集光伏组件 EL 图像。光伏组件 EL 图像采集系统共分为两部分：反向电源和红外相机。以下根据光伏电站的实际情况介绍反向电源和红外相机的选型。

1. *反向电源选型*

反向电源用于给光伏组件施加反向电压，使得光伏组件在电流的作用下发光用于图像采集。在施加反向电压时，可以每次给一块光伏组件施加反向电压，或者每次给一串光伏组件施加反向电压。在光伏电站现场，一般选择每次给一串或者几串光伏组件施加反向电压，用于高效、便捷的检测大量光伏组件。

在屋顶实验性光伏电站中，选择每次给一串光伏组件施加反向电压。对于一块光伏组件来说，在组件两端施加 30～50V 的电压及 1～7A 的电流能够使得单块光伏组件发光，通过的电流越大，光伏组件的发光越强。在暗室中一般使用 1A 的电流即可采集到光伏组件的 EL 图像，在夜晚一般需使用 5～7A 的电流采集光伏组件的 EL 图像。由于组串是由光伏组件串联而成，因此一个组串内有 n 块光伏组件时，反向电源需要的电压和电流为

$$\begin{cases} U=(30\sim 50)n \quad \mathrm{V} \\ I=1\sim 7 \quad \mathrm{A} \end{cases} \tag{5-1}$$

图 5-5 定制的直流稳压电源实物图

屋顶实验性光伏电站中一个组串由 10 块光伏组件串联而成，因此需要 300～500V、1～7A 的反向电源。反向电源的输出电压和输出电流应当都是连续可调的，并且可以独立、互不影响的调整电压和电流，因此定制了最大输出电压 500V、最大输出电流 10A 的直流稳压电源用于给光伏组串施加反向电源，定制的直流稳压电源实物图如图 5-5 所示，详细参数见表 5-2。

表 5-2 定制的直流稳压电源详细参数

<table>
<tr><th colspan="2">项目</th><th>参数</th><th colspan="2">项目</th><th>参数</th></tr>
<tr><td colspan="2" rowspan="2">交流输入/V，Hz</td><td rowspan="2">三相 AC220±10%，50/60</td><td colspan="2">电源稳压精度/mV</td><td>≤0.3%+10</td></tr>
<tr><td colspan="2">电流稳流精度/mA</td><td>≤0.5%+10</td></tr>
<tr><td rowspan="2">直流输出</td><td>输出电压/V</td><td>0～1000</td><td rowspan="2">显示分辨率</td><td>电压表/V</td><td>0.1</td></tr>
<tr><td>输出电流/A</td><td>0～10</td><td>电流表/A</td><td>0.1</td></tr>
</table>

2. 红外相机选型

近红外相机用于拍摄光伏组件的 EL 图像，并将组件 EL 图像实时传输给 EL 缺陷检测系统，选取的相机需要满足以下几个需求：

(1) 对 900～1100nm 波段敏感、噪声小。由于光伏组件发射出的光波长为 900～1100nm 的近红外光，因此需要选取在该波段灵敏度高、噪声小的近红外相机进行图像采集。

(2) 能够过滤掉月光、路灯等光线。由于近红外相机镜头对光十分敏感并且组件电致发光技术发出的光较弱，太阳光的照射会对近红外线相机采集图像产生影响，而能够过滤太阳光的 EL 相机技术并未全面普及，成本高昂，因此图像采集系统一般在夜晚或者暗室中工作。在光伏电站现场，为测试的光伏组件或组串搭建暗室不具有操作性，只能选择在夜晚进行测试。夜晚中可能出现的月光、路灯等光线对近红外线相机采集图像也会产生一定的影响，因此相机需能够过滤掉月光、路灯等光线，保障组件 EL 图像采集所需的环境。

(3) 成像质量较高。不同类型的 EL 缺陷形状、大小和颜色的深浅不一，如微裂纹缺陷表现为裂纹，只有在较高分辨率、对比度、精度的图像上显示的较为清楚，而图像的质量直接关系到检测结果的准确性。相机的本质是将光信号转换为电信号，相机的芯片质量很大程度上决定了成像的质量[3]。因此需要选取芯片质量较高的相机，从而实现较高的分辨率、精度和对比度。

图 5-6 定制的近红外相机实物图

根据以上需求，结合硬件装置的成本预算，定制了采用 CMOS 芯片的近红外相机，近红外相机详细参数见表 5-3，实物图如图 5-6 所示。

表 5-3 近红外相机的详细参数

项 目	参 数	项 目	参 数
相机分辨率	1920×1080	曝光时间/s	0.1～30
芯片类型	COMS	焦距/mm	4.7～47

近红外相机采用了 RTSP 协议进行数据流的传输，RSTP 是一个应用层的协议，能够控制数据的实时发送，因此能够将实时的光伏组件 EL 视频流实时的传输到 EL 缺陷检测系统中，获取其中某一时刻的视频流，从而得到光伏组件的 EL 图像，实现 EL 图像的采集。

5.2 基于组件的电站现场 EL 图像其他缺陷实时检测

本小节主要设计了电站现场的 EL 缺陷实时检测算法。用于检测对光伏组件发电效率产生较大影响的EL缺陷，如黑片、裂片、明暗片等。在光伏电站现场，EL缺陷实时检测算法运行在图像采集诊断一体化智能装置中，该装置的处理器性能远低于电脑，需要简化检测算法以确保能实时得到检测结果，因此EL缺陷实时检测以组件而不是电池片为检测单元，在算法方面选择传统的图像处理算法。

5.2.1 运维场景检测算法

在光伏领域，中国光伏行业协会曾发布相关标准，规定了对标准组件内部的要求，即光伏组件生产制作中的组件内部缺陷要求。目前在国内外均没有关于光伏电站运维场景下组件EL缺陷检测的行业标准。由于标准组件内部的EL缺陷要求较为严苛，直接应用于光伏电站现场会导致运维成本过高，运维边际收益小，因此本小节根据标准组件内部不允许出现的EL缺陷，结合EL缺陷对光伏组件发电效率的影响，通过与合作单位的行业内专家座谈交流，筛选确定了在光伏电站现场实时检测系统应当检测的EL缺陷。

1. 标准组件内部的EL缺陷要求

行业标准《晶体硅标准光伏组件制作和使用指南》（T/CPIA 0012—2019）中规定了组件内部缺陷的要求：组件EL测试应无明暗片、裂纹、裂片、短路、虚焊、过焊和混档等[4]。行业标准《电致发光成像测试晶体硅光伏组件缺陷的方法》（T/CPIA 0009—2019）明确规定了EL测试的缺陷分类标准，可以归纳为形状类、亮度类、位置类[5]，按照不同的分类标准又可细分为不同的类型。

（1）形状类可细分为微裂纹、裂片、黑斑及绒丝等缺陷。

1）微裂纹：微裂纹可分为单条微裂纹和交叉微裂纹两种，方向大小不一。

2）裂片：图像中黑色或暗色区域，这些区域已经从电路中部分或全部分离。

3）黑斑：组件中不规则的黑色斑状区域，大小各异，一般由光伏组件制作过程中电池片的烧结工艺和扩散工艺引起。

4）绒丝：组件中绒状或云状的暗色区域，由于硅片错位引起，是电池片工艺中引起的缺陷。

（2）亮度类可细分为失配、短路、暗斑及亮斑等缺陷。

1）失配：由于电流分布不均匀导致失配，同一组件中不同电池片亮度不同。

2）短路：组件中的电池串或电池片呈现黑色。

3）暗斑：由于虚焊导致电流分布不均匀，呈现为黑色区域或暗色区域，在电池片中沿水平方向整齐延伸。

4）亮斑：由于电流分布不均匀或不同效率的电池片混串导致的明亮区域。

（3）位置类可细分为断栅、黑边及黑角等缺陷。

1）断栅：由于副栅线断裂引起，呈现为黑色区域或者暗色区域，位于两根主栅线之间的条状区域。

2）黑边：电池片边缘的黑色区域。

3）黑角：电池片角的黑色区域。

标准组件内部不允许出现的EL测试缺陷见表5-4。

表 5-4　　标准组件内部不允许出现的 EL 测试缺陷

分类标准	缺陷			
形状类	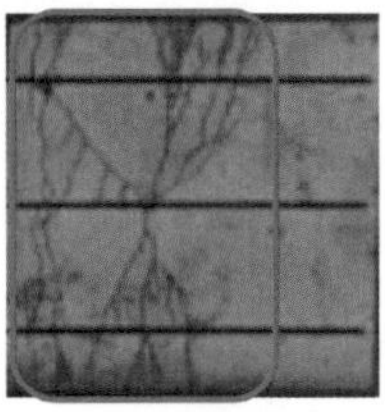	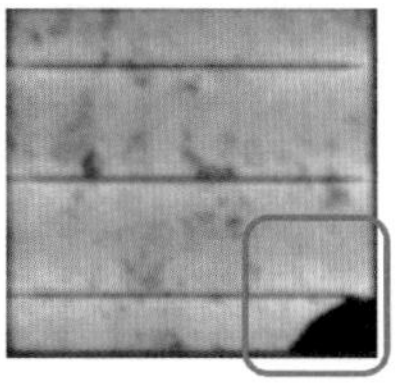	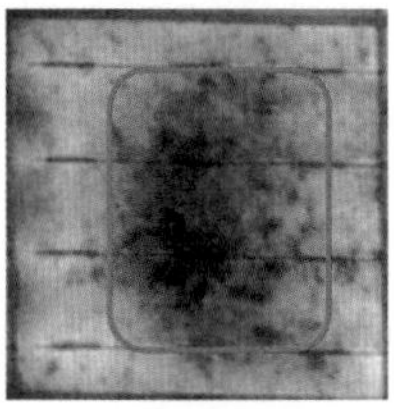	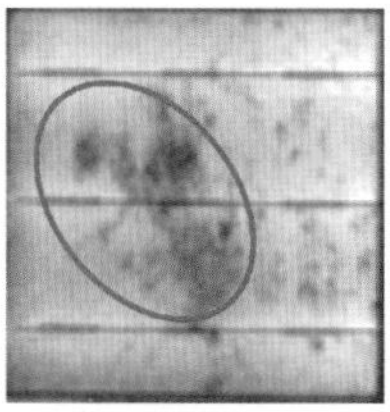
	微裂纹	裂片	黑斑	绒丝
亮度类	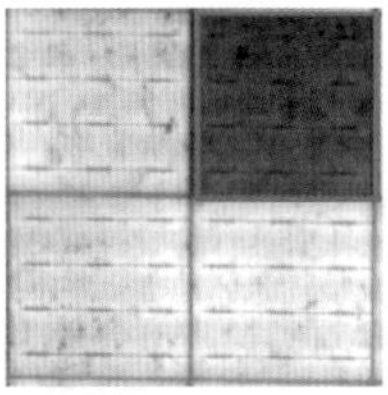	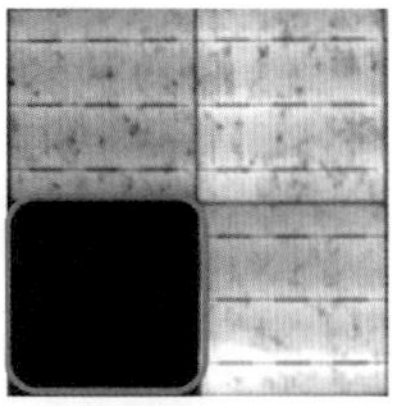		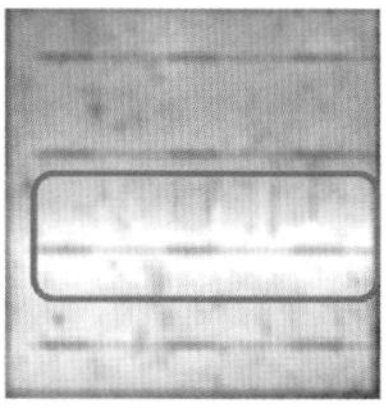
	失配	短路	暗斑	亮斑
位置类	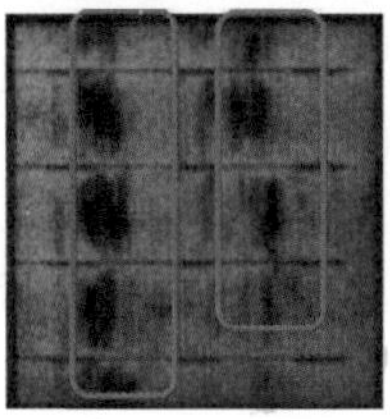	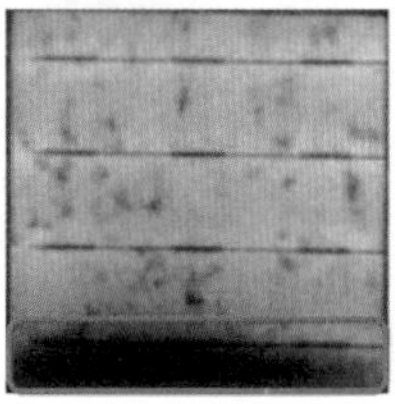	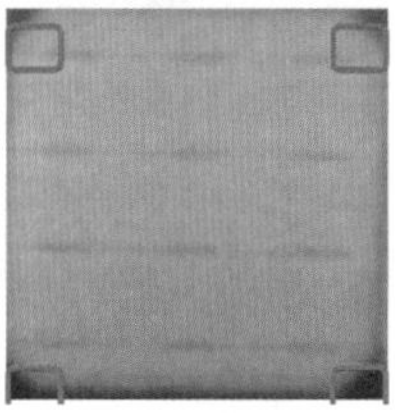	
	断栅	黑边	黑角	

2. EL 缺陷对组件输出功率的影响

对同一组件测试初始正常状态下的输出功率和有 EL 缺陷后的输出功率对比后发现，一般缺陷未造成电池片黑片的，对组件输出功率的影响较小，大约为 1%～3%；当缺陷导致电池片黑片后，将会对光伏组件的输出功率产生一定的影响，大约将减少 8%的输出功率[6]。EL 缺陷中电池片黑片缺陷的面积与光伏组件的输出功率损失基本呈现线性关系，一个版型为 6×10 的光伏组件由 60 片电池片串联而成，当 8 块电池片黑片时，会损失组件 5%的输出功率；当 27 块电池片黑片时，会损失组件 8%的输出功率[7]。

3. 运维场景组件 EL 缺陷的选取

由于缺少相关标准和规定，检测的运维场景组件 EL 缺陷结合 EL 缺陷对光伏组件输出功率的影响，从标准组件内部的 EL 缺陷类型中选取而来，选取过程中与合作单位的光伏行业专家进行了交流和探讨。

在光伏组件的生产工艺中，生产厂家一般会安排 2～3 次电致发光检测，用于严格控制光伏组件的出厂质量，同时购买厂商会安排第三方机构全程进行监造，因此由于电池片生产工艺引起的 EL 缺陷不会流转到光伏电站现场。黑斑和绒丝缺陷都是由于组件制作过程中的电池片工艺引起的缺陷，经过严格的质量控制后，不会出现在光伏电站现场。

在经历出厂前的电致发光检测后，微裂纹缺陷同样不会出现在光伏电站，然而由于光伏组件常年运行在室外环境，无法避免被石块、冰雹等异物砸中导致微裂纹。由于微裂纹没有造成电池片黑片，不会对光伏组件的输出功率产生较大影响，因此在EL缺陷实时检测系统中不作为主要检测目标。未来微裂纹如果进一步扩大可能会导致电池片黑片，从而影响组件的输出效率，因此在缺陷离线检测中重点检测此类缺陷。

不同分类标准中的EL缺陷，部分EL缺陷在图像上的表现相似，如亮度类的暗斑和位置类的黑边，当暗斑缺陷发生在EL图像的边缘时，则与黑边缺陷相同。综上所述，结合EL缺陷的亮度和位置，可以将运维场景组件EL缺陷分为四类，作为EL缺陷实时检测系统的主要目标。四类运维场景组件EL缺陷见表5-5。

表5-5　四类运维场景组件EL缺陷

EL缺陷	黑片	明暗片	裂片	暗斑
EL图像	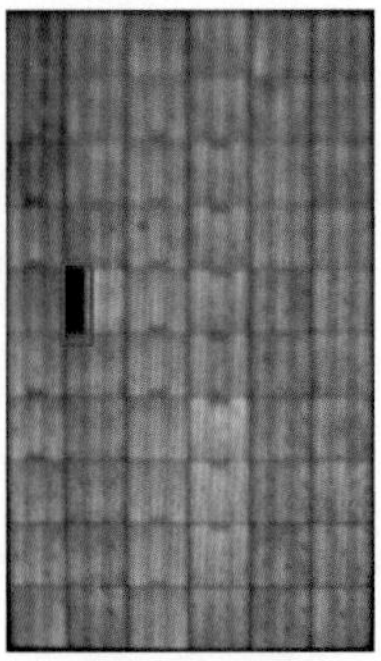	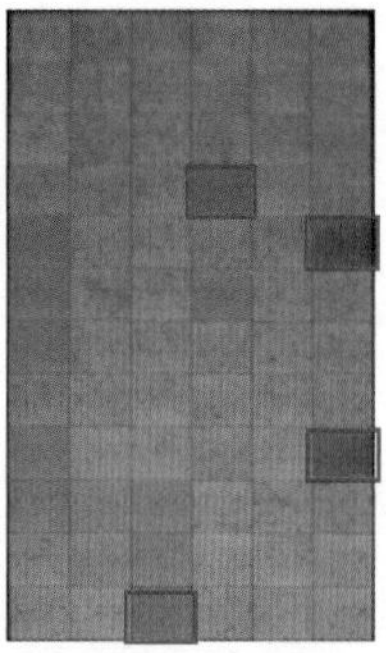	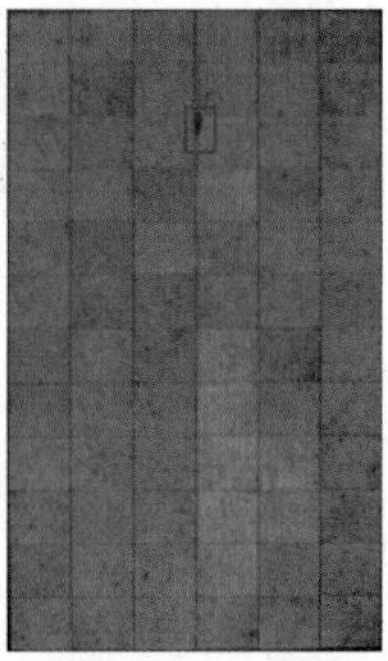	

运维场景组件EL缺陷具体如下：

黑片：电池片或电池串呈现黑色。黑片由短路或微裂纹引起，是最严重的一类EL缺陷，会引起组件输出功率损失，甚至引起火灾。

明暗片：同一组件中不同电池片之间亮度不同。由PID或功率混档导致的电流分布不均引起，需进一步送实验室检测。

裂片：图像中不规则的黑色区域，这些区域已经从电路中分离。

暗斑：呈现为黑色区域或暗色区域，在电池片中沿水平方向整齐延伸，由电流分布不均导致。

5.2.2 电站现场实时检测算法

EL缺陷实时检测算法需同时考虑算法的时间复杂度和准确率。由于EL缺陷实时检测的算法运行在图像采集诊断一体化智能装置中，装置的计算单元性能低于普通的个人计算机，难以进行大量的运算，因此在设计实时检测方案时不考虑采用机器学习、神经网络等需要大量运算的算法，而是采用传统的图像处理方法，从而获得实时的EL缺陷检测结果。

采用5.1.4中设计的图像采集方案，在屋顶实验性光伏电站中采集单晶、多晶EL缺陷光伏组件EL图像，如图5-7、图5-8所示。

由于是在夜晚采集的EL图像，组件周围有大量的黑色背景区域，会对EL缺陷的检测造成干扰，因此在EL缺陷实时检测前需要将组件图像分割校正，使得组件区域充满整张图像。观察图像可以发现，组件区域由四条直线连接构成，可以对图像进行直线检测，得到四条直线的方程，计算四条直线的交点得到组件区域的四个顶点，对组件区域做透视变换。

图 5-7　单晶 EL 缺陷光伏组件 EL 图像

图 5-8　多晶 EL 缺陷光伏组件 EL 图像

对于分割校正后的组件图像，组件区域亮度较暗，EL 缺陷区域和正常区域对比度不明显，需要进行直方图均衡化，增加图像全局对比度，突出 EL 缺陷的黑色区域。在检测 EL 缺陷区域时使用连通域检测算法，寻找连通的黑色区域，即为 EL 缺陷区域。电站现场的 EL 缺陷实时检测流程如图 5-9 所示，最终在校正后的组件 EL 图像中标定出 EL 缺陷的位置和区域。

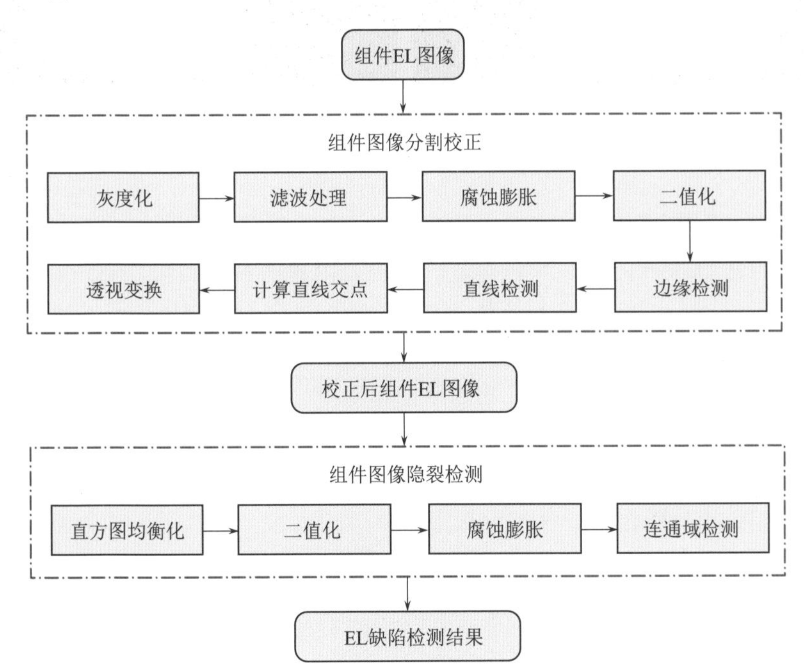

图 5-9　电站现场的 EL 缺陷实时检测流程

5.2.2.1　组件图像分割校正

组件图像分割校正需要在组件 EL 图像的原图 I_o 中检测到组件区域的边缘，进行像素级的分割，将梯形的组件区域校正成矩形的组件图像 I_c，用于下一步的 EL 缺陷检测。组件图像分割校正流程可分为图像预处理与特征增强、组件顶点的计算、透视变换三个步骤。

1. 图像预处理与特征增强

图像采集系统采集到的组件EL图像质量直接关系到组件图像分割校正的效果。图像预处理能够消除噪声的干扰，增强图像的特征信息，因此在进行特征提取、图像分割之前需进行图像预处理。在组件图像分割校正部分，图像的特征信息是组件图像的边缘信息，噪声干扰是电池片之间的缝隙，可能会被误检为组件图像边缘。本小节的图像预处理与特征增强包括灰度化、滤波处理、腐蚀膨胀、二值化、边缘检测五部分。

近红外相机获取到的图像是RGB三通道的彩色图像，而组件EL图像看上去是一个灰度范围在0～255的灰度图，是因为该彩色图像的RGB三个通道的通道矩阵完全相同，因此只需将组件EL图像灰度化，保留一个通道矩阵的值进行图像处理，减小了计算量。组件EL图像如图5-10所示，原图和灰度化后图像在视觉效果上没有任何区别，但实际上图像已经从RGB三通道转为了灰度图，使得计算量大大减小。

（a）原图

（b）灰度化后图像

图5-10 组件EL图像

由于成像设备、图像传输等原因，采集的组件EL图像中会出现像素点或像素块之类的噪声，对组件边缘特征的提取和识别造成干扰，因此需在保留组件边缘特征的前提下进行滤波消除图像噪声。滤波本质上是对EL图像中的每个像素点周围某个邻域内的像素点进行运算，按照运算方式的不同可以分为线性滤波和非线性滤波，线性滤波是指对EL图像中每个像素点做简单的线性运算，比如乘法运算等，非线性滤波是指对EL图像中每个像素点做逻辑运算，比如对每个像素点邻域内所有像素点求最大值、最小值、均值、中值等。常见的滤波算法主要有均值滤波、中值滤波、高斯滤波[8]。本小节选取了高斯滤波的处理方式消除组件EL图像中的噪声干扰。

高斯滤波是一种线性平滑滤波算法，适合剔除高斯噪声，在图像噪声处理中广泛应用。图像的高斯噪声是概率密度函数服从正态分布的噪声。二维高斯滤波函数为

$$h(x,y)=\mathrm{e}^{-\frac{x^2+y^2}{2\sigma^2}} \tag{5-2}$$

式中：(x,y) 为像素点的坐标；σ 为标准差。

高斯滤波器效果的好坏与标准差的选取直接相关[9]。

在组件图像分割校正中，图像噪声会影响组件边缘的直线特征，导致组件边缘形成锯齿的形状，影响组件边缘的直线特征提取，因此需要选取合适的标准差进行滤波，消除组件边缘的锯齿形状，使得组件边缘的直线特征明显平滑。经过高斯滤波后组件边缘的锯齿

形状明显得到消除改善，这一效果在灰度图中无法明显观察到，但是经过后续的二值化、边缘检测操作后可以明显观察到区别。高斯滤波前后的灰度图像如图 5-11 所示，经过后续二值化、边缘检测操作后的图像如图 5-12 所示，以此来展示高斯滤波前后的效果。

（a）高斯滤波前

（b）高斯滤波后

图 5-11　高斯滤波前后灰度图

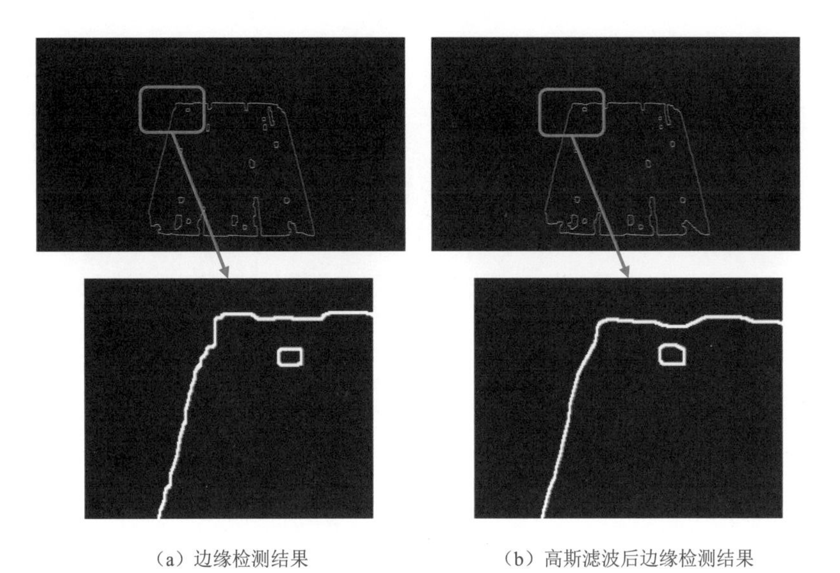

（a）边缘检测结果　　（b）高斯滤波后边缘检测结果

图 5-12　检测结果

腐蚀膨胀操作主要是为了消除组件中电池片之间的缝隙对组件边缘的直线特征造成的干扰。膨胀操作是将组件 EL 图像 I 与卷积核 K 进行卷积运算，将图像 I 中的每一个像素点都用 N 邻域内像素点最大值代替的过程，即

$$\mathrm{dst}(x,y)=\mathrm{dilate}(\mathrm{src}(x,y))=\max_{(a,a)}\mathrm{src}(x+kernel,y+kernel) \quad (5-3)$$

腐蚀操作是将组件 EL 图像 I 与卷积核 K 进行卷积运算，将图像 I 中的每一个像素点都用 N 邻域内像素点最小值代替的过程，即

$$\mathrm{dst}(x,y)=\mathrm{erode}(\mathrm{src}(x,y))=\min_{(a,a)}\mathrm{src}(x+kernel,y+kernel) \quad (5-4)$$

式中：(x,y) 为像素点坐标；$kernel$ 为卷积核的大小。

膨胀与腐蚀是最基本的形态学运算，形态学的高级运算方法都基于以上两种操作。其中闭运算是对组件 EL 图像先膨胀再腐蚀的操作，即

$$\mathrm{dst}(x,y)=\mathrm{open}(\mathrm{src}(x,y))=\mathrm{erode}(\mathrm{dilate}(\mathrm{src}(x,y))) \tag{5-5}$$

高斯滤波后的组件 EL 图像先膨胀后腐蚀的闭运算后可以消除电池片之间的缝隙对组件边缘直线特征的干扰。将灰度图二值化后可以看出明显区别，腐蚀膨胀前后二值化结果如图 5－13 所示。

（a）腐蚀膨胀前二值化结果

（b）腐蚀膨胀后二值化结果

图 5－13 腐蚀膨胀前后二值化结果

边缘检测能够提取组件区域的边缘特征，用于下一步计算组件角点。边缘检测基于图像灰度突变来提取图像中不连续部分的特征，即可检测出图像中边缘特征。常见的边缘检测算子有差分算子、Roberts 算子、Sobel 算子、Prewitt 算子等，本小节选取了应用场景较多的 Sobel 算子检测组件边缘。Sobel 算子是两个 3×3 的矩阵 S_x、S_y，分别用于计算图像 x 方向和 y 方向的梯度矩阵 G_x，G_y，具体公式为

$$\begin{cases} G_x=\begin{bmatrix}-1 & 0 & 1\\ -2 & 0 & 2\\ -1 & 0 & 1\end{bmatrix}\cdot I \\ G_y=\begin{bmatrix}1 & 2 & 1\\ 0 & 0 & 0\\ -1 & -2 & -1\end{bmatrix}\cdot I \end{cases} \tag{5-6}$$

式中：I 是图像的像素值矩阵。

对于组件图像中任意一点（x，y），梯度幅值 G 和梯度方向 θ 为

$$\begin{cases} G=\sqrt{G_x^2+G_y^2} \\ \theta=\arctan\left(\dfrac{G_y}{G_x}\right) \end{cases} \tag{5-7}$$

计算出的梯度方向与边缘方向垂直，因此可以提取到组件区域边缘检测结果，如图 5－14 所示。

2. 组件顶点的计算

对光伏组件图像校正首先需要确定组件区域的四个顶点。目前常见的角点检测算法有 Harris 角点检测算法、Shi－Tomasi 角点检测算法等[10]，然而基于 5.2.1 节中的边缘检测结果进行角点检测时存在两个问题：图 5－15 中的左下角不包含组件的角点，这是由于左下角区域有 EL 缺陷导致的黑片，直接使用角点检测算法无法得到准确的组件的左下角；在组件区域内部存在较多的 EL 缺陷的边缘特征，直接使用角点检测算法会在组件区域内部和边缘检测到较多的干扰角点，无法选取出正确的四个点作为组件角点。

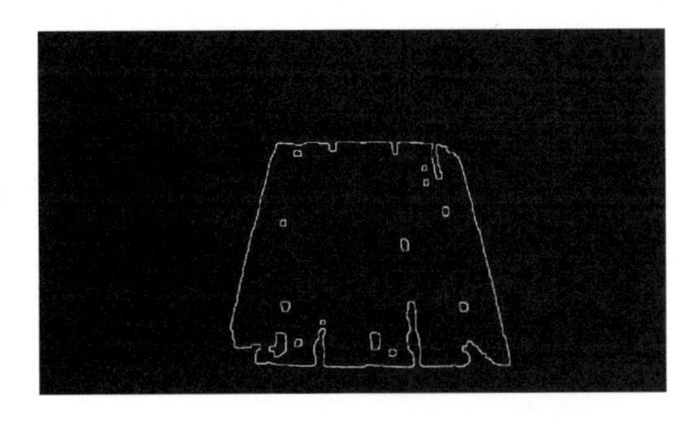

图 5-14 组件区域边缘检测结果

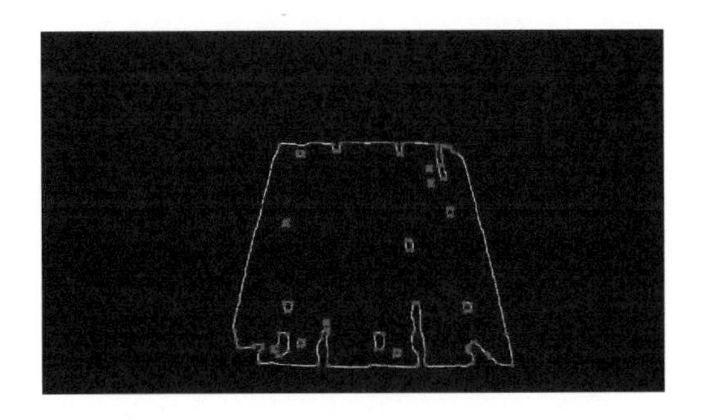

图 5-15 现有的角点检测算法结果

基于上述问题，本章节不采用现有的角点检测算法得到组件区域的四个顶点，而是先对上述结果进行直线检测，得到组件四条边缘的方程，根据四个方程求解得到的四个顶点的坐标。

直线检测可以用霍夫变换来检测[11]。霍夫变换的基本原理是利用点与线的对偶性，即在图像空间中的直线与霍夫空间中的一个点是一一对应的，同时图像空间中的点与霍夫空间的直线也是一一对应的。霍夫变换的公式为

$$r = x\cos\theta + y\sin\theta \tag{5-8}$$

在霍夫空间中，(r,θ) 可以确定一个点。在图像空间中由一系列像素构成的直线映射在霍夫空间即为：一系列直线相交于一个点。因此可以将图像空间中组件图像的每个像素都映射成为霍夫空间的直线，理论上由于直线可以是任意方向的，可以映射成无数条直线，因此将方向 θ 离散化为有限个等间距的离散值，从而可以确定有限个 (r,θ)，在霍夫空间统计出现次数较多的点 (r,θ)，映射回图像空间即可得到直线。霍夫直线检测结果如图 5-16 所示。

图 5-16 霍夫直线检测结果

霍夫直线检测后可以得到一系列坐标：$[x_{1i}, y_{1i}, x_{2i}, y_{2i}]$，每一组数据的四个数值两两一组，表示两个点的坐标，两个点可以唯一确定一条直线，将检测到的一系列直线按照斜率 a 和纵坐标 y_{1i} 的位置分成上、下、左、右四组，观察组件的四条边，可得到以下分组规则，即

$$\begin{cases} l_{left}: a < -1 \\ l_{up}: a > -1 \quad \text{and} \quad a < 1 \quad \text{and} \quad y_{1i} < \dfrac{height}{2} \\ l_{right}: a > 1 \\ l_{down}: -1 < a < 1 \quad \text{and} \quad y_{1i} > \dfrac{height}{2} \end{cases} \tag{5-9}$$

式中：$height$ 为图像的高度。

图像以左上角为坐标原点，组件左边缘的直线斜率 $a < -1$；上边缘的直线斜率 $-1 <$

$a<1$，同时所有点都在图像的上半部分，纵坐标 y_{1i} 小于图像高度的一半；右边缘的直线斜率 $a>1$；下边缘的直线斜率 $-1<a<1$，同时所有点都在图像的下半部分，纵坐标 y_{1i} 大于图像高度的一半。分好组后可以求得四条直线的表达式，即

$$\begin{cases} y=a_1x+b_1 \\ y=a_2x+b_2 \\ y=a_3x+b_3 \\ y=a_4x+b_4 \end{cases} \tag{5-10}$$

式中：$a_1 \sim a_4$，$b_1 \sim b_4$ 为根据点坐标求得的常数。

两两联立以上四个方程，即可求得组件四个顶点的坐标。将四个顶点标注在组件EL图像原图 I_o 中，组件顶点计算结果如图5-17所示。

图5-17 组件顶点计算结果

3. 透视变换

透视变换属于空间变换，是将一个平面通过投影矩阵投影到指定平面上的变换。透视变换能够改变图像内部点的相对位置，这是其他的一般变换所不具备的优点[12]。在组件图像分割校正中，需要将组件的梯形区域经过透视变换投影成为一个矩形区域。

透视变换实际上可以分为线性变换、平移和透视变换三部分，需要一个3×3的变换矩阵 M 来完成缩放、旋转等线性变换和平移、透视变换等非线性变换。透视变换通用的变换公式为

$$[x',y',w']=[u,v,w]\begin{bmatrix} a_{11} & a_{12} & a_{13} \\ a_{21} & a_{22} & a_{23} \\ a_{31} & a_{32} & a_{33} \end{bmatrix} \tag{5-11}$$

式中：u 和 v 是原图中组件区域四个顶点的坐标；对于二维图像来说，权值参数 w 一般的值取1。

将式（5-11）进行计算整理，经过透视变换后得到的图片坐标（x,y）可以通过以下公式求得，即

$$\begin{cases} x=\dfrac{x'}{w'}=\dfrac{a_{11}\cdot u+a_{21}\cdot v+a_{31}}{a_{13}\cdot u+a_{23}\cdot v+1} \\ y=\dfrac{y'}{w'}=\dfrac{a_{12}\cdot u+a_{22}\cdot v+a_{32}}{a_{13}\cdot u+a_{23}\cdot v+1} \end{cases} \tag{5-12}$$

透视变换后组件区域将变为一个矩形，填满整幅图像。变换后图像的宽度保持与组件EL图像原图 I_o 相等，由于组件的版型以6×10为主，变换后图像的高度为宽度的60%，透视变换结果，即组件图像分割校正的结果如图5-18所示。

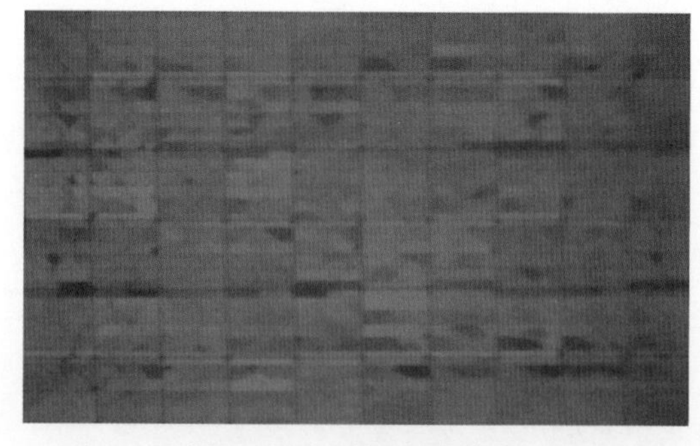

图5-18 透视变换结果

4. 实验结果分析

屋顶实验性光伏电站中包含单晶、多晶缺陷光伏组件各一块，对每块光伏组件重复采集5张EL图像进行实验。使用上述算法对光伏组件的每张EL图像进行分割校正，能够准确检测到光伏组件的四个顶点并且透视校正的图像即为成功分割校正的图像，成功率acc_1定义为

$$acc_1 = \frac{N_1}{N} \cdot 100\% \tag{5-13}$$

式中：N为进行分割校正的图像数量；N_1为能够成功分割校正的图像数量。

上述算法对单晶、多晶缺陷光伏组件分割校正的成功率均为100%。屋顶实验性光伏电站EL缺陷组件分割校正用时见表5-6，单晶缺陷光伏组件EL图像分割校正的平均用时为33.86ms，多晶缺陷光伏组件EL图像分割校正的平均用时为31.20ms，组件EL图像分割校正的速度满足光伏电站现场实时检测的需求。

表5-6　屋顶实验性光伏电站EL缺陷组件分割校正用时

EL图像编号		1	2	3	4	5	平均
分割校正用时/ms	单晶	32.99	33.74	34.73	31.28	36.58	33.86
	多晶	32.08	30.01	30.76	32.19	30.95	31.20

屋顶实验性光伏电站包含的缺陷组件数量较少，该项目的合作单位提供了光伏组件EL图像共计110张，其中正常组件的图像20张，存在EL缺陷的图像90张，分别是黑片14张、明暗片40张、裂片16张、暗斑20张。组件EL图像均来自实际的光伏电站现场，以多晶光伏组件为主，单晶组件数量较少，光伏组件版型包括整片6×10和整片6×12两种。

在该110张组件EL图像构成的数据集上进行组件分割校正的实验，EL缺陷组件图像分割校正成功率及平均用时见表5-7。110张组件EL图像中，能够成功分割校正的图像为108张，成功率为98.18%，2张不能成功分割校正的图像是由于拍摄角度的问题，使组件四条边不满足式（5-9）的直线分组规则而导致的，可以通过调整拍摄角度解决该问题。由此可见，式（5-9）中总结的直线分组规则基本可以满足组件图像分割校正的需求。108张成功的图像进行分割校正的平均用时为31.14ms，能够满足光伏电站现场实时检测的需求。

表5-7　EL缺陷组件图像分割校正成功率及平均用时

EL缺陷	数量	成功数量	成功率/%	平均用时/ms
黑片	14	13	92.86	31.28
明暗片	40	40	100	30.28
裂片	16	16	100	32.55
暗斑	20	19	95	31.17
正常	20	20	100	31.63
总计	110	108	98.18	31.14

5.2.2.2 组件图像 EL 缺陷实时检测

对分割校正后的组件图像 I_c 进行 EL 缺陷实时检测，需检测出 5.2.1 节中讨论的对组件输出功率有较大影响的四类 EL 缺陷：黑片、明暗片、裂片、暗斑。通过对上述 EL 缺陷的观察可以发现，四类 EL 缺陷具有明显的特征：EL 缺陷区域亮度明显低于正常区域，EL 缺陷区域是一个连通的区域。因此本章节采用阈值分割和形态学的方法进行 EL 缺陷实时检测。EL 缺陷实时检测流程可分为图像对比度增强、连通域检测两部分。

1. 图像对比度增强

分割校正后的组件图像 I_c 仍然存在 EL 缺陷区域和正常区域对比度较低的情况，并且由于材料的原因，在通过电流相等时，多晶组件 EL 图像的对比度远小于单晶组件 EL 图像。为了使阈值分割的方法取得更好的效果，需要对组件图像的亮度特征进行增强。

直方图统计了每一个像素值所具有的像素个数，能够展示出组件 EL 图像中像素值的分布，直观地展示出组件图像的对比度、亮度等信息[13]。多晶光伏组件 EL 图像均衡化前直方图如图 5-18 所示，灰度值的分布集中在低像素值的部分，图像的亮度和对比度较小。在现有方法中，直方图均衡化能够对图像的像素进行拉伸，使得图像的直方图变成近似均匀分布，从而增强图像对比度[14]。然而，直方图均衡化不能改变图像的亮度，且拉伸后的图像对比度过大，会将原本不属于 EL 缺陷的较暗区域拉伸到像素值过低的区域，容易使得 EL 缺陷检测出现误检的情况，因此通过对像素值逐一做等比例放大的方法来拉伸组件 EL 图像的灰度分布。

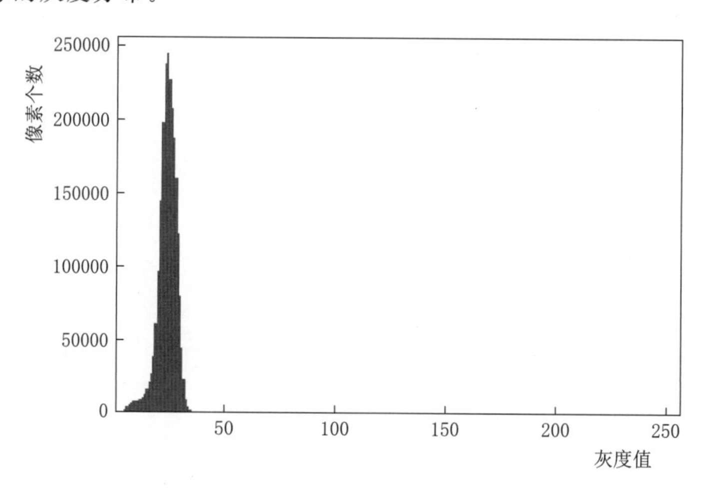

图 5-19 多晶光伏组件 EL 图像均衡化前直方图

对组件 EL 图像的灰度分布进行拉伸，原理和实现方法如下：

（1）假设组件 EL 图像任意一个像素的灰度值为 g_{ij}，整张灰度图中最大的灰度值 g_{ij} 为

$$g_{\max}=\max(g_{ij}) \tag{5-14}$$

式中：$i=0,1,2,\cdots,H-1$，H 为组件图像灰度图的高；$j=0,1,2,\cdots,W-1$，W 为组件图像灰度图的宽。

（2）对于一张灰度图来说，灰度值最大可以是 255，因此可以求出最大的灰度值与组件图像灰度图的最大值 $g_{\max}$ 之间的倍数 m 为

$$m=\frac{255}{g_{\max}} \tag{5-15}$$

（3）对组件图像灰度图中的每一个像素点进行扩大 m 倍的计算，并对计算结果取整，即可得到拉伸后的图像 I_h 为

$$I_h=I_c \cdot m \tag{5-16}$$

式中：I_h 和 I_c 均为表示灰度图像的二维矩阵。

根据上述步骤和原理，对组件 EL 图像的灰度图进行拉伸变换，统计拉伸变换后组件 EL 图像的像素信息，得到的直方图如图 5-20 所示。从图中可以看出，经过拉伸变换后，组件 EL 图像的灰度值基本都分布在 50～250 的像素区间上，整体提升了组件图像的亮度，扩大了灰度值的分布区间。拉伸变换前后多晶光伏组件 EL 图像对比如图 5-21 所示，拉伸变换后的组件图像亮度、对比度均明显增加，EL 缺陷的亮度特征得到增强。

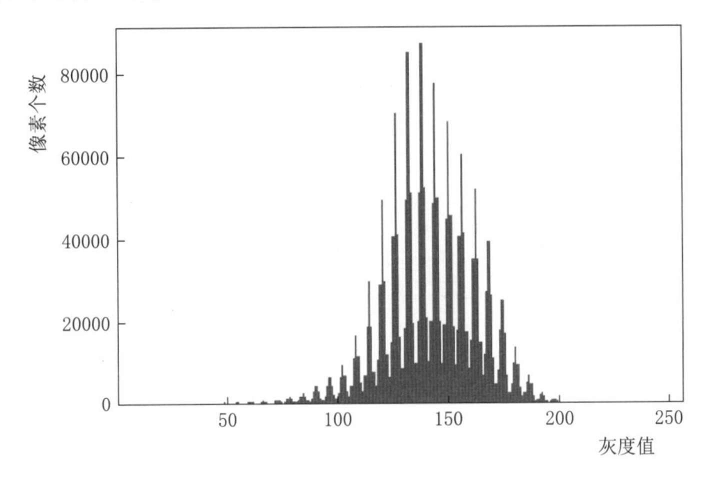

图 5-20　拉伸变换后组件 EL 图像的直方图

在拉伸变换后，需对组件 EL 图像进行二值化、腐蚀膨胀的预处理。由于多晶硅光伏组件的硅材料中含有大量的絮状物，絮状物在 EL 图像上也表现为亮度较暗的区域，然而絮状物区域一般面积较小，因此可以使用腐蚀膨胀操作将絮状物在二值化图像上消除，为后续连通域检测消除背景的噪声干扰。

2. 连通域检测

需要检测出的黑片、明暗片、裂片、暗斑共四类 EL 缺陷有着相似的亮度、形状特征：EL 缺陷区域表现为连通的、不规则的亮度较暗的区域，因此采用连通域检测算法检测上述四类 EL 缺陷，同时满足 EL 缺陷实时检测算法的速度要求[15]。

(a) 拉伸变换前

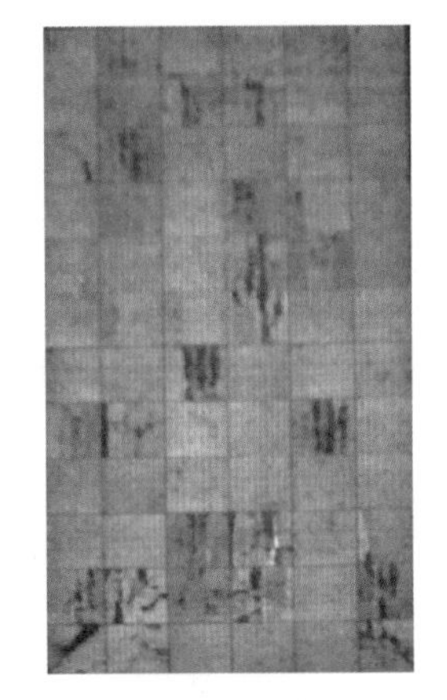

(b) 拉伸变换后

图 5-21　拉伸变换前后多晶光伏组件 EL 图像对比

连通域检测算法的主要思路是：选取一个前景像素点作为种子，向该像素点的 4 邻域或 8 邻域遍历，当相邻的像素点与当前种子像素点的值相等时，将相邻的像素点合并到同一个像素集合中；将相邻像素作为种子，重复进行 4 邻域或 8 邻域的遍历，最后得到的像素集合即为一个连通的区域。

根据上述原理对预处理后的组件 EL 图像进行连通域检测，多晶光伏组件 EL 缺陷实时，检测结果如图 5-22 所示，图像中的 EL 缺陷基本均被检测并标注出来。计算连通区域的像素点个数，除以组件 EL 图像总的像素点个数，即可得到 EL 缺陷面积占比，为后续是否需要更换光伏组件提供参考。

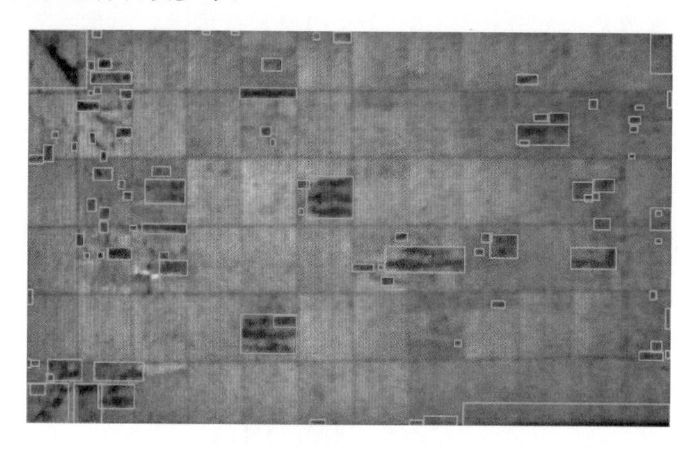

图 5-22　多晶光伏组件 EL 缺陷实时检测结果

3. 实验结果分析

将分割校正后的组件 EL 图像进行 EL 缺陷实时检测的测试，EL 缺陷实时检测的准确率 acc_2 定义为

$$acc_2=\frac{N_2}{N_1}\cdot 100\% \tag{5-17}$$

式中：N_1 为能够成功分割校正的图像数量；N_2 为能够正确检测的组件图像数量。

正确检测是指对存在 EL 缺陷的组件图像检测到 EL 缺陷，对正常的组件图像未检测出 EL 缺陷。

在屋顶实验性光伏电站上重复采集的单晶和多晶组件 EL 图像上，上述算法能够成功检测出 EL 缺陷，EL 缺陷检测准确率为 100%，屋顶实验性光伏电站组件 EL 缺陷检测用时见表 5-8，单晶组件的 EL 缺陷检测的平均用时为 83.85ms，多晶组件的 EL 缺陷检测的平均用时为 88.63ms；单晶组件的图像分割校正与 EL 缺陷检测整体用时 104.06ms，多晶组件整体用时 107.44ms，组件 EL 图像分割校正与 EL 缺陷检测的整体速度能够满足光伏电站现场实时检测的需求。

表 5-8　屋顶实验性光伏电站组件 EL 缺陷检测用时

EL 图像编号		1	2	3	4	5	平均
EL 缺陷检测用时	单晶	69.56	69.20	71.98	70.19	70.05	70.20
	多晶	76.42	75.80	74.74	78.17	76.05	76.24

在合作单位提供的组件 EL 图像数据集中，经过分割校正的 108 张组件图像，共有 105 张能够正确检测。各类图像 EL 缺陷检测的准确率及平均用时见表 5-9。裂片和暗斑缺陷分别有 1 张未检测到缺陷，1 张正常的组件图像被误检为存在 EL 缺陷。EL 缺陷检测的准确率为 97.22%，平均用时 76.84ms，能够满足光伏电站现场实时检测的需求。

表 5-9　各类图像 EL 缺陷检测的准确率及平均用时

EL 缺陷	数量	成功数量	准确率/%	平均用时/ms
黑片	13	13	100	74.43
明暗片	40	40	100	76.86
裂片	16	15	93.75	77.49
暗斑	19	18	94.74	76.34
正常	20	19	95	78.4
总计	108	105	97.22	76.84

结合组件图像分割校正和 EL 缺陷检测两个步骤，EL 缺陷实时检测系统的准确率是 95.45%，平均用时为 107.98ms，可以满足光伏电站现场实时检测的需求。

本节主要设计实现了云端的微裂纹缺陷离线检测算法，用于检测易于扩展延伸的贯穿裂纹、交叉裂纹等微裂纹缺陷，对存在微裂纹缺陷的组件进行预警，作为下次运维的重点检查对象。由于微裂纹特征不明显，为了得到更好的检测效果，选择以电池片为检测单元，在电池片图像中提取微裂纹缺陷特征。在算法方面，由于传统图像处理技术对微裂纹特征的提取效果不好，现场微裂纹样本数据集少，因此采用在云服务器中使用迁移学习的深度网络来进行微裂纹缺陷离线检测。

5.3 基于电池片的云端 EL 图像其他缺陷离线检测

5.3.1 总体方案

1. 微裂纹缺陷离线检测需求分析

经过组件 EL 缺陷实时检测后，黑片、明暗片、裂片、暗斑等亮度特征明显、对光伏组件发电效率产生影响的 EL 缺陷已经被检测出来。微裂纹属于 EL 缺陷中的一个类型，在现阶段不会对组件的发电效率产生较大影响，但随着时间的推移，微裂纹将不断向四周延伸，最终扩大成为黑片、裂片等 EL 缺陷。因此需检测出微裂纹缺陷，对组件预警，并作为下次运维中 EL 缺陷检测的重点检查对象。电池片中硅材料的结构特性导致微裂纹不会呈现出平行于主栅线方向，基本与主栅线形成一定的夹角[16]，因此常见的微裂纹类型有贯穿裂纹、交叉裂纹等[17]，如图 5-23 所示。

图中黑色连续或者断续的水平线即为电池片的主栅线，图 5-23（a）为五栅单晶电池片，图 5-23（b）为三栅多晶电池片。贯穿裂纹是指裂纹穿过电池片的主栅线，一般裂纹长度较长；交叉裂纹是指有两条或者多条裂纹交叉形成的聚集性裂纹，此类微裂纹未来有较大可能引起裂片等 EL 缺陷，因此微裂纹缺陷离线检测算法需能够检测出贯穿裂纹、交叉裂纹等微裂纹。

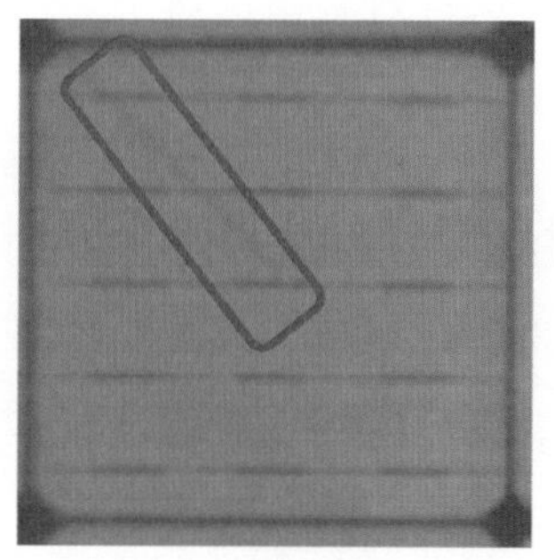

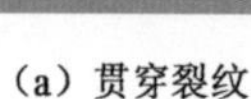
(a) 贯穿裂纹

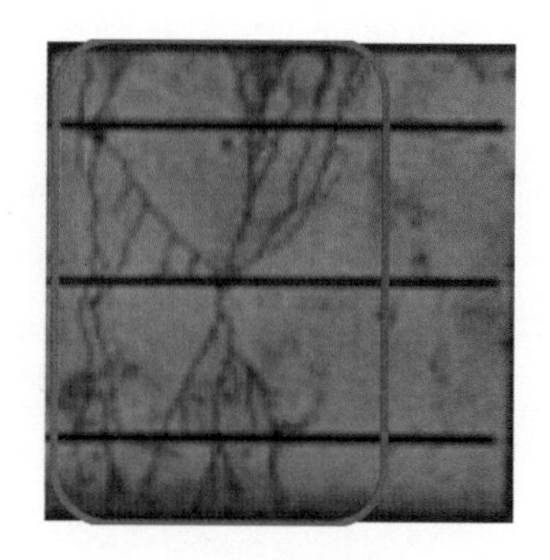
(b) 交叉裂纹

图 5-23　常见的微裂纹类型

存在微裂纹缺陷的光伏组件不需要立即更换，但需要在以后的组件 EL 缺陷检测中重点跟踪排查，因此在算法速度方面，微裂纹缺陷检测可以不在光伏电站现场给出检测结果，无需实现实时检测，对时间复杂度的要求不高；在算法准确率方面，微裂纹缺陷检测需要降低漏检率，从而达到缺陷预警的功能。

2. 微裂纹缺陷离线检测方案设计

微裂纹缺陷检测无需在光伏电站现场给出结果，图像采集诊断一体化智能装置采集组件图像后，上传至云服务器，微裂纹缺陷检测算法运行在云服务器中。云服务器具有良好的运算性能，方案制定和算法选择有了较大的自由度。具体的云端微裂纹缺陷离线检测流程如图 5-24 所示。

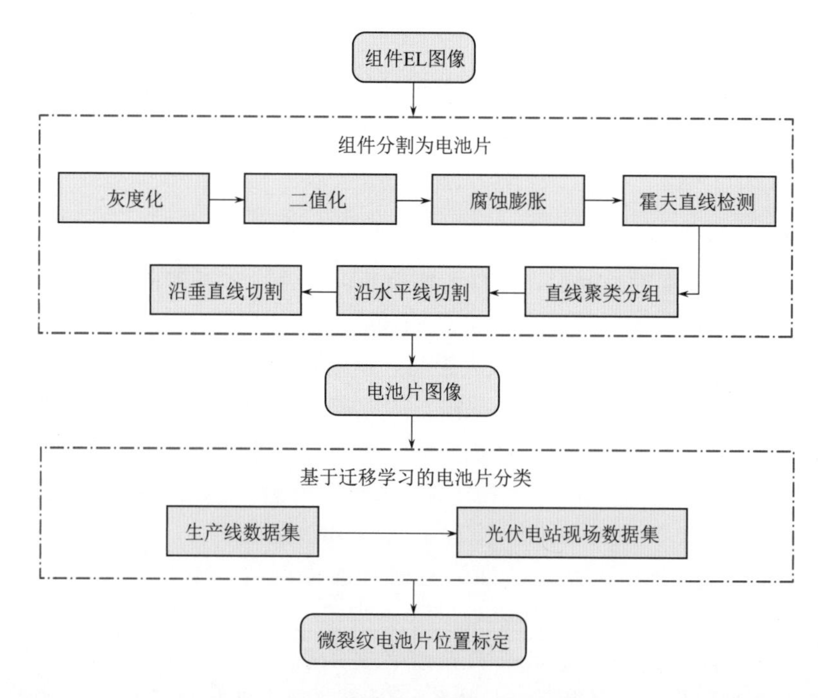

图 5-24　云端微裂纹缺陷离线检测流程

在算法设计上，微裂纹缺陷离线检测可以牺牲算法的实时性，来换取算法的准确率，本节选择使用深度学习的方法来训练神经网络，实现对输入图像进行有缺陷、无缺陷的二分类[18]。由于微裂纹缺陷在组件图像上不具有明显的特征，为了得到更准确的分类结果，输入图像为电池片图像，在使用深度学习训练模型之前，首先将组件图像切割成电池片图像，以电池片为单位进行微裂纹缺陷的检测。

在深度学习的方法选择上，采用了迁移学习的方法进行模型训练，即在车间采集的数据集上进行模型训练，对模型微调后迁移至光伏电站现场数据集上进行二分类[19]。这是由于光伏电站现场采集的数据集中，微裂纹缺陷样本较少，合作单位提供的车间数据集满足深度学习训练集、测试集的数量需求，现场数据集无法满足深度学习的需求[20]。

深度神经网络可以将电池片图像分为存在微裂纹缺陷的电池片、正常电池片两类。对于分类结果为存在微裂纹缺陷的电池片，将根据电池片的文件名回溯到组件，在组件上标记出该电池片。

3. *原始数据集介绍*

微裂纹缺陷检测的原始数据集均为组件 EL 图像，切割为电池片后可按照有无微裂纹缺陷分成两类。原始数据集分为两类：在车间的生产线上采集的组件 EL 图像和在光伏电站现场采集的组件 EL 图像，分别由两家不同的合作单位提供。

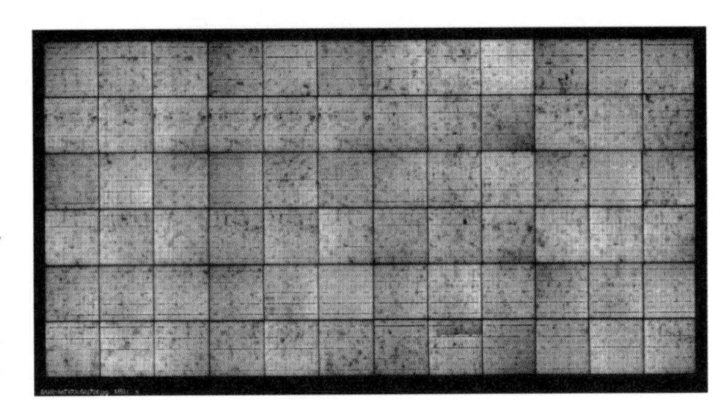

图 5-25 车间生产线上采集的多晶组件 EL 图像

在车间生产线上采集多晶组件 EL 图像时，近红外相机与生产线没有角度，完全平行，采集到的组件 EL 图像没有畸变，如图 5-25 所示，因此不需要进行图像校正，可直接进行图像分割保留组件区域。合作单位提供的组件 EL 图像分为单晶、多晶组件图像，在版型上可分为 6×10 和 6×12 两种，其数量及可获得的电池片数量见表 5-10 所示，组件数量共计 851 张，切割为电池片后数量为 60912 张。

表 5-10 车间生产线上采集的组件 EL 图像数量及可获得的电池片数量

组件类型	组件版型	组件数量	电池片数量
单晶	6×10	30	1800
	6×12	417	30024
	合计	447	31824
多晶	6×12	404	29088
合计	—	851	60912

在光伏电站现场采集图像时，由于光伏组件与地面呈一定角度，近红外相机无法与光伏组件保持平行进行拍摄，采集到的组件 EL 图像有畸变，需要先将图像按照 5.2.1 节中所述的方法进行分割校正。合作单位提供单晶、多晶组件共计 20 张，版型有 6×10 和 6

×12 两种，切割后可获得 1320 张电池片图像，电站现场采集的组件 EL 图像数量及可获得的电池片数量见表 5 - 11。

表 5 - 11　电站现场采集的组件 EL 图像数量及可获得的电池片数量

组件类型	组件版型	组件数量	电池片数量
单晶	6×10	8	480
	6×12	3	216
	小计	11	696
多晶	6×10	2	120
	6×12	7	504
	小计	9	624
合计		20	1320

5.3.2　图像预处理

组件 EL 图像需要切割成电池片，用于下一步的深度学习。首先检测电池片之间的直线，将组件图像按照水平方向切成 6 行，再按照垂直方向切成电池片。电池片分割共包括图像预处理、水平切割、垂直切割三个步骤，其中水平切割、垂直切割均包含了直线检测、直线聚类分组和切割两个步骤。

1. 图像腐蚀膨胀

对于车间内采集的组件 EL 图像进行分割，只保留组件区域；对于从光伏电站现场采集的图像进行分割校正，同样只保留组件区域。对于组件图像选取合适的阈值二值化，二值化后电池片之间的直线和电池片内部的主栅线都会被保留。为了消除主栅线对直线检测的影响，采用 5.2.1 节中介绍的腐蚀膨胀的形态学方法，将主栅线腐蚀，腐蚀膨胀核选取为

$$kernel = (5,5) \tag{5-18}$$

二值化后、腐蚀膨胀后多晶组件图像如图 5 - 26、图 5 - 27 所示，可以看出腐蚀膨胀能够明显消除电池片内部的主栅线和部分絮状物，同时保留了电池片之间黑色缝隙构成的直线。

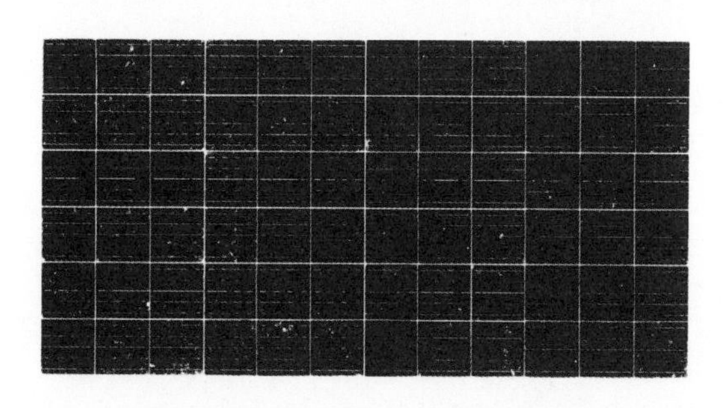

图 5 - 26　二值化后多晶组件图像

图 5 - 27　腐蚀膨胀后多晶组件图像

2. 直线检测及聚类

对腐蚀膨胀后的图像进行霍夫直线检测，能够将电池片之间缝隙构成的横线、竖线均检测出来，组件图像直线检测结果如图 5 - 28 所示。

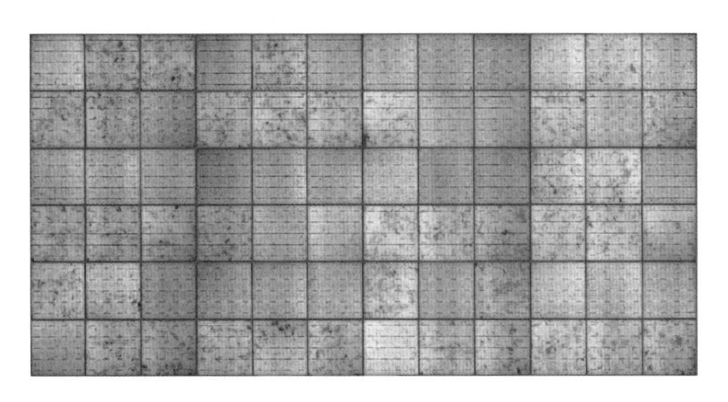

图 5-28　组件图像直线检测结果

首先沿着横线对组件 EL 图像进行水平方向的切割。霍夫直线检测能够检测出横线和竖线，将检测到的竖线删除，将检测到的横线 l_h 按照起始点纵坐标的大小依次排序，对排序后的全部横线 l_h 进行聚类分组，每组直线代表组件图像中的一条横线。版型 6×10 和 6×12 的组件内部均有 5 条横线，因此对横线 l_h 聚类后应分为 5 组。

聚类方法为：对于第 i 条横线 l_i，计算横线 l_i 与横线 l_{i-1} 之间的距离，当两条横线之间的距离小于距离 d 时，说明 l_i 与 l_{i-1} 属于同一组，否则 l_i 属于下一组，即

$$\begin{cases} l_i - l_{i-1} \leqslant d, & l_i \in s \\ l_i - l_{i-1} > d, & l_i \in s+1 \end{cases} \tag{5-19}$$

式中：s 为直线的分组，$1 \leqslant s \leqslant 5$；$d$ 为 l_i 与 l_{i-1} 属于同一组时的最小距离，在实验时选取 $d=20$，表示当两条线的距离大于 20 个像素点时，两条线不属于同一组。

聚类后即可得到每组直线的纵坐标，将组件图像按照纵坐标沿水平方向切割，即可得到 6 行组件图像，切割后的一行组件图像如图 5-29 所示。

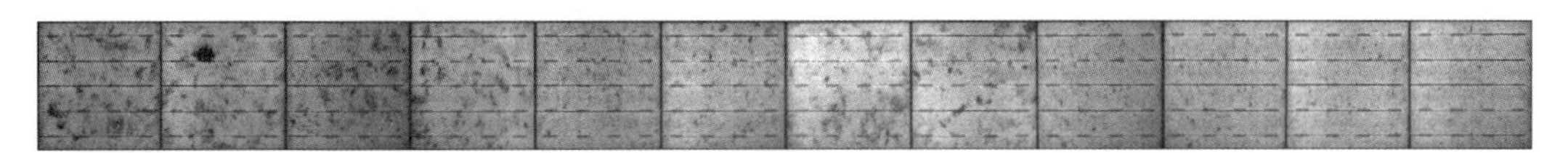

图 5-29　切割后的一行组件图像

其次沿着竖线对每行组件图像进行垂直方向的切割。对每行组件图像再次进行霍夫直线检测，将检测到的竖线 l_v 按照起始点横坐标的大小依次排序，对排序后的全部竖线 l_v 进行聚类分组。组件版型分为 6×10 和 6×12 两种，组件内部的竖线会有 9 条或者 11 条，聚类后所有竖线应当分为 9 组或 11 组。采用同样的聚类方法将竖线分组，公式可表示为

$$\begin{cases} l_i - l_{i-1} \leqslant d, & l_i \in t \\ l_i - l_{i-1} > d, & l_i \in t+1 \end{cases} \tag{5-20}$$

式中：t 为直线的分组，$1 \leqslant t \leqslant 9$ or 11；d 为 l_i 与 l_{i-1} 属于同一组时的最小距离，在实验时依然选取 $d=20$。

聚类后即可得到每组直线的横坐标，在实验中发现，部分组件图像的竖线在霍夫直线检测时未被检测到，导致聚类后竖线未被分成 9 组或 11 组，未成功检测直线的组件图像如图 5-30 所示，图像中，最后两条竖线未被成功的检测到，将会导致 3 张电池片切割到一张图像中。

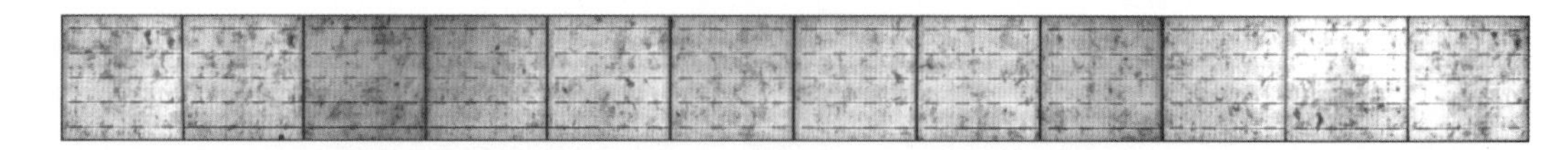

图 5-30　未成功检测直线的组件图像

在沿竖线进行垂直方向切割之前，进行了冗余设计来解决上述问题。在已经聚类分组的直线中，求出不同组直线之间的最小距离 $d_{\min}$，求出不同组直线之间的最大距离 $d_{\max}$ 以及最大距离的两条竖线的横坐标 x_l，x_r，则未检测到的第 j 条直线的横坐标 x_j 可表示为

$$x_j = x_l + \frac{d_{\max}}{INT[d_{\max}/d_{\min}]} \cdot j \tag{5-21}$$

图 5-31　切割后电池片图像

式中：$INT[]$ 为取整运算；j 为未检测到的第 j 条直线，$j=1,2,\cdots,INT[d_{\max}/d_{\min}]$。

通过式（5-21）可以计算得到未检测到的竖线的横坐标，补充在竖线聚类后的分组中，使得竖线的分组为 9 组或 11 组。将每行组件图像按照分组后的横坐标沿垂直方向切割，即可得到电池片图像，切割后电池片图像如图 5-31 所示。

3. 组件图像切割成电池片的结果分析

在合作单位提供的车间采集的 851 张组件 EL 图像上进行测试，在加入冗余设计之前，830 张组件图像能够成功切割成电池片，21 张组件图像由于未检测到竖线导致切割电池片失败，成功率为 97.53%。在加入冗余设计后，851 张组件 EL 图像切割成电池片均能成功，成功率为 100%。车间采集的组件 EL 图像切割电池片结果见表 5-12。

表 5-12　车间采集的组件 EL 图像切割电池片结果

测试时间	组件类型	组件数量	成功数量	成功率/%	电池片数量
冗余设计前	单晶	447	438	97.99	31524
	多晶	404	392	97.03	28224
	合计	851	830	97.53	59748
冗余设计后	单晶	447	447	100	31824
	多晶	404	404	100	29088
	合计	851	851	100	60912

在合作单位提供的光伏电站现场采集的 20 张组件 EL 图像上进行测试，在加入冗余设计之前，19 张组件图像能够成功切割成电池片，1 张组件图像由于未检测到竖线导致切割电池片失败，成功率为 95%。在加入冗余设计后，20 张组件 EL 图像切割成电池片均能成功，成功率为 100%。电站现场采集的组件 EL 图像切割电池片结果见表 5-13。

表 5-13 电站现场采集的组件 EL 图像切割电池片结果

测试时间	组件类型	组件数量	成功数量	成功率/%	电池片数量
冗余设计前	单晶	11	10	90.91	636
	多晶	9	9	100	624
	合计	20	19	95	1260
冗余设计后	单晶	11	11	100	696
	多晶	9	9	100	624
	合计	20	20	100	1320

5.3.3 离线检测算法

由于车间采集的组件 EL 图像切割得到的电池片数据集较多，而光伏电站现场采集的组件 EL 图像切割得到的电池片数据集较少，为了在光伏电站现场数据集上获得检测结果，采用深度迁移学习的方法进行电池片微裂纹检测。电池片分为有微裂纹、无微裂纹两类，使用车间数据集训练分类网络模型，迁移至电站现场数据集上对电池片分类，得到电池片是否有微裂纹缺陷的结果。

1. 电池片数据集的构建

组件 EL 图像经过切割后得到大量的电池片图像，存在微裂纹缺陷的电池片与正常电池片混合在一起，需要对车间数据集和电站现场数据集中的电池片图像分别人工分类。对正常的电池片标注为 0，称为正样本；对存在微裂纹缺陷的电池片标注为 1，称为负样本。

车间数据集中，每块光伏组件上的微裂纹电池片较少，一般每块组件存在 1～2 张电池片是微裂纹电池片，在切割出的 60912 张电池片图像中挑选出 1107 张存在微裂纹缺陷的电池片，其中 566 张电池片为单晶电池片，541 张电池片为多晶电池片，其余 59805 张电池片均为无微裂纹缺陷的正常电池片，车间数据集中的单晶正常电池片和多晶微裂纹电池片如图 5-32 所示。

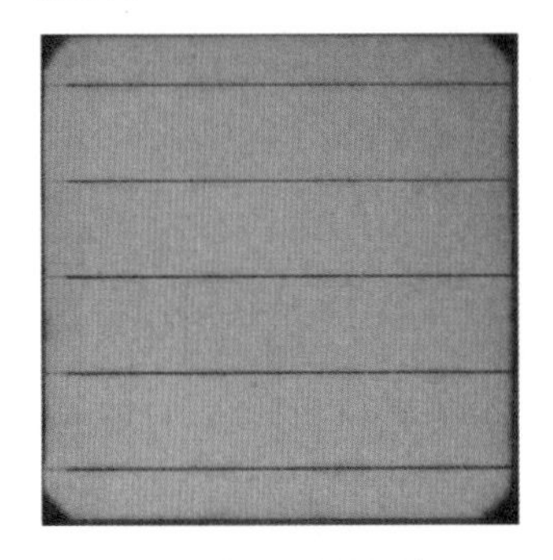

(a) 单晶正常电池片

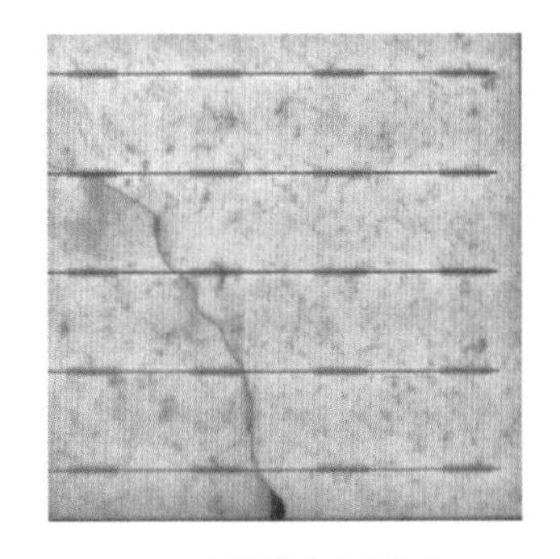

(b) 多晶微裂纹电池片

图 5-32 车间数据集中的电池片

光伏电站现场数据集中，一般每块光伏组件上的微裂纹电池片约 1～10 张，对切割出的 1320 张电池片图像分类，89 张是存在微裂纹缺陷的电池片，其中单晶微裂纹电池片 50 张，多晶微裂纹电池片 39 张，其余 1231 张电池片均为正常电池片，光伏电站现场数据集中的多晶正常电池片和单晶微裂纹电池片如图 5-33 所示。

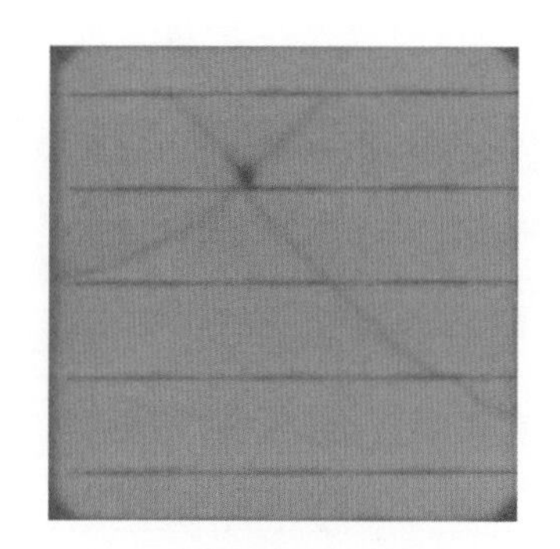

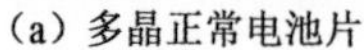

（a）多晶正常电池片　　（b）单晶微裂纹电池片

图 5-33　光伏电站现场数据集中的电池片

挑选后的微裂纹电池片数据集中负样本仍然较少，为了使神经网络能够稳健地对电池片分类，对微裂纹电池片数据集进行数据扩增，即数据增强[21]。对车间数据集中的微裂纹电池片随机旋转、水平翻转、垂直翻转、对角翻转，将图像数量增加一倍至2214张微裂纹电池片图像，同时选择2214张正常电池片的图像作为正样本，保证正负样本均衡。对光伏电站现场数据集中的微裂纹电池片随机旋转、水平翻转、垂直翻转、对角翻转，将图像数量增加三倍至356张，同时选择356张正常电池片图像作为正样本，保证正负样本均衡。具体的数据增强前后数据集的图像数量见表5-14。

表 5-14　数据集的图像数量

数据集	组件类型	正样本	负样本 数据增强前	负样本 数据增强后	合　计
车间	单晶	1132	566	1132	2264
	多晶	1082	541	1082	2164
	合计	2214	1107	2214	4428
光伏电站现场	单晶	200	50	200	400
	多晶	156	39	156	312
	合计	356	89	356	712

2. 基于DAN网络的微裂纹缺陷检测

采取深度适配网络（Deep Adaptation Network，DAN）迁移网络对电池片的正负样本分类。车间采集到的电池片数据集为源域 D_s，可以表示为

$$D_s=\{(I_i^s,C_i^s)\}_{i=1}^{n_s} \tag{5-22}$$

式中：I_i^s 为源域中的电池片图像；C_i^s 为源域中电池片的标签；n_s 为源域中电池片样本数量。

光伏电站现场采集的电池片数据集为目标域 D_t，可以表示为

$$D_t=\{(I_i^t)\}_{i=1}^{n_t} \tag{5-23}$$

式中：I_i^t 为源域中的电池片图像；n_t 为源域中电池片样本数量。

源域与目标域服从不同的概率分布，DAN的目标是建立一个分类器，用来预测目标域 D_t 中电池片图像的标签 C_i^t。

DAN在源域上训练，在目标域上进行测试。对于卷积神经网络来说，一般在网络的

前几层提取到的是颜色、边缘等特征，最后的全连接层会更针对特定的训练目标。对网络的最后几层进行修改，不断计算源域与目标域之间的距离，当源域与目标域的距离最短时，在源域上训练的模型能够在目标区取得最好的分类效果[22]。

衡量源域与目标域的距离使用多核最大均值差异（Maximum Mean Discrepancy，MMD）距离，将源域和目标域分别映射到具有特征核的再生核希尔伯特空间（Reproducing Kernel Hilbert Space，RKHS）中，在该空间中计算出源域和目标域的最大均值差异，即为 MMD 距离[23]。希尔伯特空间的再生核 K 不选择固定的高斯核或线性核，而是由一系列核加权平均构造而来，可以用公式表示为

$$K \triangleq \left\{k = \sum_{i=1}^{n_k} \beta_i k_i:\ \sum_{i=1}^{n_k} \beta_i = 1,\ \beta_i \geqslant 0,\ \forall i\right\} \tag{5-24}$$

式中：β_i 为第 i 个核的权重，n_k 为构造再生核 K 的核的数量。

在上述再生核 K 的希尔伯特空间中，概率分布为 p 的源域和概率分布为 q 的目标域之间的多核 MMD 距离 d_k（p,q）可表示为

$$d_k^2(p,q) \triangleq \| E_p[\varphi(I^s)] - E_q[\varphi(I^t)] \|_{H_k}^2 \tag{5-25}$$

式中：$\varphi(I^s)$ 为图像 I^s 的特征图，是图像 I^s 经过神经网络卷积得到的结果。

在卷积神经网络的选择上，选用 Resnet - 50 的网络结构。Resnet - 50 共有 49 层卷积层和 1 层全连接层[24]，在训练时使用在 ImageNet 上预训练的 Resnet - 50 模型，冻结预训练网络初始层的权重，在中间层中对卷积神经网络的权重进行微调[25]，Resnet - 50 网络的损失函数为

$$\min_{\Phi} J[\theta(I_i^a), C_i^a] \tag{5-26}$$

其中

$$\Phi = \{w^l, \varepsilon^l\}_{l=1}^{n_l} \tag{5-27}$$

式中：Φ 为 Resnet - 50 网络第 l 层的权重 w^l 和偏置 ε^l；n_l 为网络层数；θ（I_i^a）为 Resnet - 50 网络将电池片图像 I_i^a 分类为 C_i^a 的条件概率。

Resnet - 50 网络只有 1 层全连接层，是针对特定任务的分类器，在本节中是针对电池片有无微裂纹缺陷的分类器。在网络的全连接层之前加入适配层[26]，用于计算源域与目标域的多核 MMD 距离，当多核 MMD 距离最小时，网络优化至最佳。整体的网络结构如图 5 - 34 所示，网络的优化目标由两部分构成：Resnet - 50 网络的损失函数和源域与目标域的多核 MMD 距离，可以用公式表示为

$$\min_{\Phi} J[\theta(I_i^a), C_i^a] + \lambda \sum_{l=l_1}^{l_2} d_k^2(D_s^l, D_t^l) \tag{5-28}$$

式中：λ 为惩罚系数，$\lambda>0$；l_1 和 l_2 为适配第 l_1 层到第 l_2 层。

在训练过程中，使用反向传播训练分类器，训练的迭代次数设置为 20000，每一次迭代使用的样本数量为 64 个，经过一次迭代后网络的权重更新一次。训练的学习率初始值设置为 0.1，学习阶段采用动量为 0.9 的随机梯度下降（Stochastic Gradient Descent，SGD）和学习率退火策略，不断更新学习率。为了防止过拟合，在训练过程中引入权重衰减，设置为 0.005。

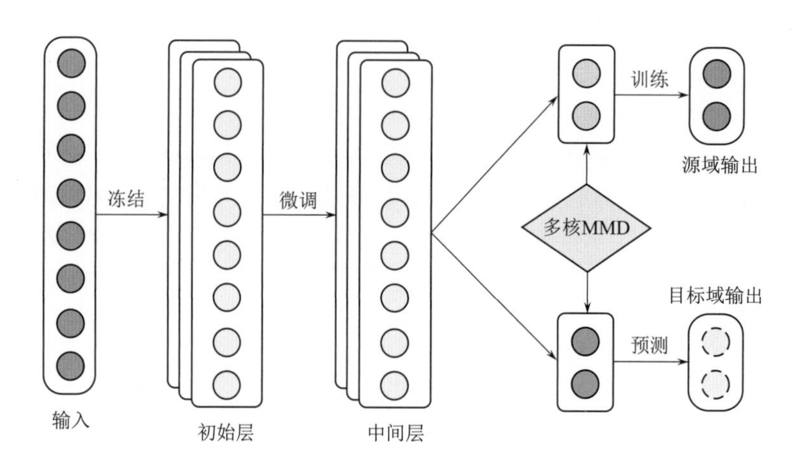

图 5－34　整体的网络结构图

3. 实验结果分析

利用上述深度迁移神经网络在 4428 张车间电池片数据集上训练，迁移至 712 张光伏电站现场电池片数据集上进行分类，采用在训练集和测试集上的损失函数的值 *loss* 和准确率 *acc* 来衡量算法的效果。

深度迁移网络在训练集、测试集上的损失函数值和准确率趋势如图 5－35 所示。在测试集上，网络的损失函数的值 *loss* 在 4000 次迭代更新后逐渐收敛，最终收敛在 1 以下，准确率 *acc* 稳定在 77%左右。

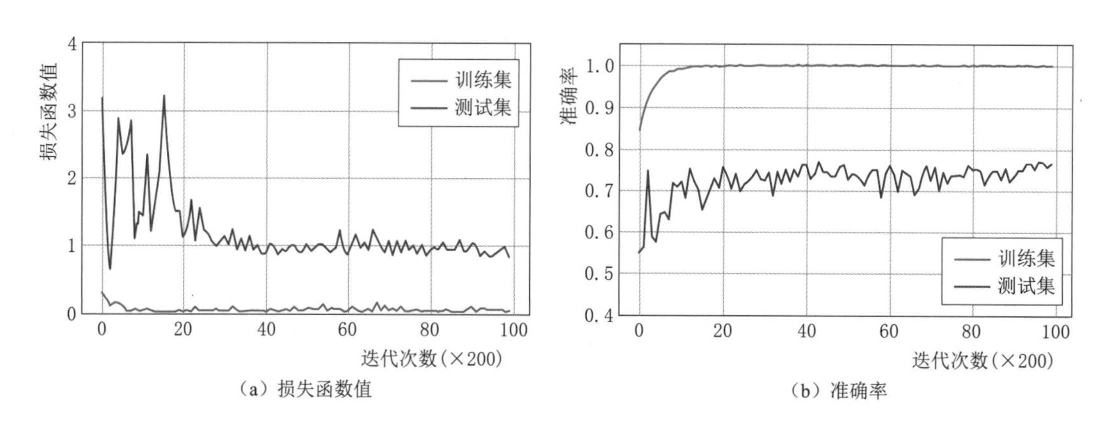

图 5－35　深度迁移网络的损失函数值和准确率趋势

为了做对比试验，分别训练并测试了迁移学习网络、DaNN[27]、MRAN[28] 和 DDC[29] 网络，每个网络均训练并测试 5 次，防止偶然性带来的误差。各网络模型的分类准确率见表 5－15，从表中可以看出，基于 DAN 深度迁移网络的分类准确率高于其他三个网络，最高准确率为 77%，平均准确率为 76.2%。对电池片有无微裂纹的二分类存在一定的误检，导致对正常组件的虚警；但是漏检率较低，能够有效地对微裂纹缺陷预警，不漏掉存在微裂纹缺陷的组件。

表 5-15　各网络模型的分类准确率

实验次数		1	2	3	4	5	平均
分类准确率/%	DaNN	51	50	49	51	51	50.4
	MRAN	67	67	68	67	65	66.8
	DDC	71	72	72	71	72	71.6
	DAN	77	75	77	75	77	76.2

5.3.4 电池片标定算法

在进行微裂纹检测时，每次获取一张组件 EL 图像，将组件切割成 60 张或 72 张电池片图像，利用深度迁移网络对每张电池片进行有无微裂纹缺陷的分类，然而分类器只能输出电池片的标签，无法检测到微裂纹缺陷的具体位置。

针对上述问题，在组件切割成电池片时规定了命名规则，确定了电池片与组件的对应关系，从而在组件图像上将整张微裂纹电池片标注出来，方便工作人员查看微裂纹缺陷。

在组件切割成电池片时，将电池片图像的命名方式规定为 *name _ row _ col*，其中 *name* 表示原组件文件的名称，*row* 表示电池片在组件中所处的行数，*col* 表示电池片在组件中所处的列数。组件版型有 6×10 和 6×12 两种，则 *row* 的取值范围是 $1\leqslant row\leqslant 6$，*col* 的取值范围是 $1\leqslant col\leqslant 10$ 或 $1\leqslant col\leqslant 12$。

当电池片被分类为存在微裂纹缺陷的类型时，根据电池片的名称可以定位电池片在组件图像上的行和列，在组件图像上该电池片的位置标注出与该电池片大小相同的红色方框，即为微裂纹电池片的区域，微裂纹电池片位置标准示例如图 5-36 所示。

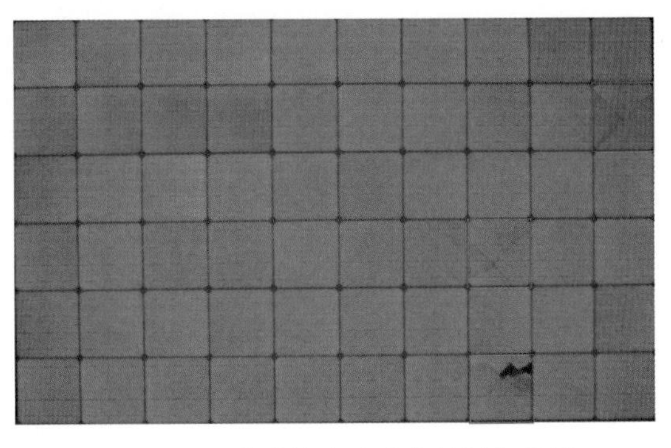

图 5-36　微裂纹电池片位置标注示例

5.4 检测软件设计与测试

组件的 EL 缺陷实时检测算法通过 EL 缺陷实时检测软件运行在图像采集诊断一体化智能装置中，基于电池片的微裂纹缺陷离线检测运行在云服务器上。本节使用 Python 语言和 PyQt5 工具集合设计了 EL 缺陷实时检测软件，实现了图像采集、参数设置、EL 缺陷实时检测功能，对软件各功能进行测试。同时还测试了在云服务器上，基于电池片的微裂纹缺陷离线检测算法的效果。

5.4.1 软件设计

1. EL 缺陷实时检测软件方案设计

基于组件的 EL 缺陷实时检测软件运行在图像采集诊断一体化智能装置中，由一体化装置的软件调用后运行，主要包括图像采集与显示、参数设置、算法调用三个功能。本节算法基于Python语言和OpenCV计算机视觉库实现，为了方便，交互界面软件同样使用Python语言编写，借助PyQt5工具集合进行设计与实现，设计的EL缺陷实时检测软件运行在Windows操作系统中。

EL缺陷实时检测软件的主要功能模块如图5-37所示。

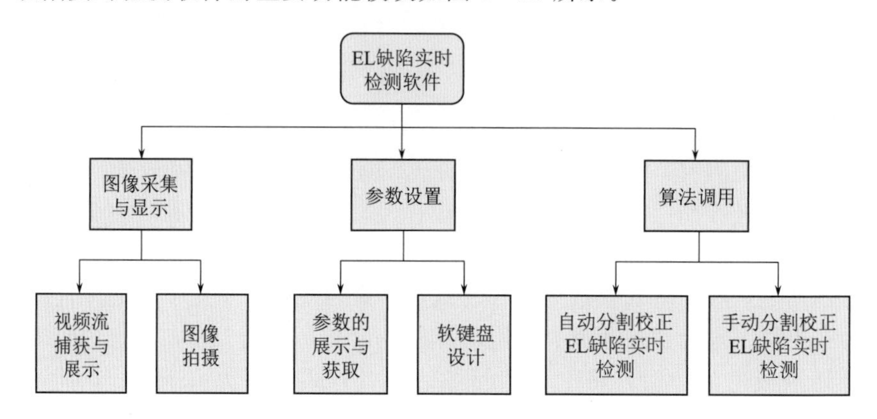

图5-37 EL缺陷实时检测软件的主要功能模块

图像采集与显示功能主要用于捕获视频流，将视频流展示出来，当视频流中能够清晰地看到组件时进行图像拍摄。参数设置功能主要用于通过软键盘输入EL缺陷实时检测使用的阈值、腐蚀膨胀核的值，当使用算法默认的参数值时用于展示默认值。算法调用功能主要用于调用EL缺陷实时检测的算法，为了防止组件图像分割校正环节失败，软件中增加了手动选择组件顶点，对组件图像进行分割校正的功能，此功能是组件图像自动分割校正功能的冗余设计。

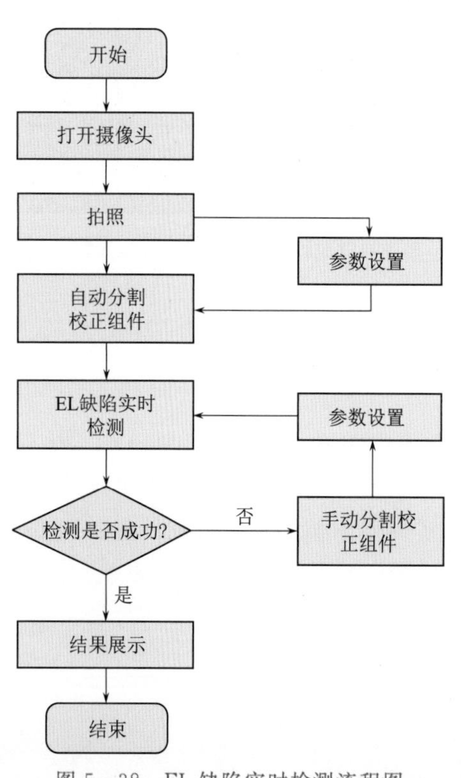

图5-38 EL缺陷实时检测流程图

EL缺陷实时检测流程如图5-38所示。流程中的参数设置为可选项，设置后将按照人工设置的参数进行自动分割校正组件、EL缺陷实时检测，如不进行参数设置则使用算法内预设的默认值进行检测。

2. 软件开发环境

EL缺陷实时检测软件的开发基于Anaconda运行环境管理器和Spyder开发环境，使用Python语言和PyQt5工具集合完成，实现了图像采集与显示、参数设置、算法调用等功能。

Anaconda是一款依赖包管理器和运行环境的管理器，可以同时在同一台电脑上安装多个环境，放置不同的框架，如Tensorflow、Pytorch、Keras等。Anaconda包含了numpy、pandas、matplotlib等180

多个常用的依赖包，能够实现科学计算、机器学习、数据处理等功能[30]，它通过 conda 包管理器能够方便、高效的安装或卸载科学数据包，切换不同的 Python 环境。

Spyder 是交互式的 Python 语言开发环境，提供了代码编辑、交互测试、调试等功能，在安装 Anaconda 时，Spyder 会被一同安装，无需再单独安装开发环境和配置运行环境。

PyQt5 是一个针对 Python 语言的 Qt 应用程序框架的工具集合，提供了图形界面化、多线程、OpenGL、SVG 等接口，使得软件的开发快捷友好。

算法的实现依赖于 OpenCV 库，该库是当前计算机视觉领域应用最广泛的图像处理库。OpenCV 库是一个开源的、跨平台的库，支持多系统平台、多语言开发。由于 OpenCV 库由 C/C++语言开发，语言特性偏向于底层系统，因此算法运行速度快[31]，支持开发实时性项目。在 OpenCV 库中有近五百个独立的函数接口，算法众多且优秀，Python 语言中的 cv2 模块实现了 OpenCV 库中的功能。

5.4.2 软件实现

EL 缺陷实时检测软件的开发分为界面的设计与实现和功能的实现。首先完成了交互界面的 UI 设计，确定按钮、文本框等组件的布局、大小和位置，再设计每个组件的响应事件，实现相应的功能。

1. EL 缺陷实时检测软件界面设计

EL 缺陷实时检测软件界面如图 5-39 所示，主要分为三个区域：功能按钮区域、图像展示区域、参数设置区域。

图 5-39 EL 缺陷实时检测软件界面

界面按照左、中、右三列的方式布局。第一列是 QPushButton 按钮控件组成的功能按钮区域，依次为打开摄像头、关闭摄像头、拍照、手动分割检测、EL 缺陷检测、恢复默认值，其中 EL 缺陷检测分为自动分割校正 EL 缺陷实时检测和手动分割校正 EL 缺陷实时检测。每个按钮点击后调用响应事件，实现相应的功能。功能按钮变量名、响应事件函数及功能说明见表 5-16。

表 5-16 功能按钮变量名、响应事件函数及功能说明

变量名	响应事件函数	功能说明
openCameraBtn	openCameraRtsp	打开 EL 摄像头
closeCameraBtn	closeCamera	关闭 EL 摄像头
caputurePicBtn	caputurePic	拍照，获取组件 EL 图像
detectBlackPartBtn	detectBlackPart	手动分割校正 EL 缺陷实时检测
detectBlackNVBtn	detectBlackNV	自动分割校正 EL 缺陷实时检测
resetBtn	resetButtonClicked	将参数展示区的文本框恢复默认值

第二列是两个 QLabel 标签控件 videoRegion 和 picRegion，分别用于展示相机拍摄到的视频流和拍照获得的照片。

第三列是 QLineEdit 单行文本框控件和 QPushButton 按钮控件组成的参数展示区域，文本框控件用于展示参数，按钮控件用于修改参数。可修改的参数根据 EL 缺陷实时检测算法的参数确定，文本框控件变量名、参数变量名与参数说明见表 5-17。

表 5-17 文本框控件变量名、参数变量名与参数说明

控件变量名	参数变量名	参 数 说 明
detectMethodBox	detectMethod	检测方式，分为使用默认参数和手动设置参数两种
thresholdCorrectionBox	thresholdCorrection	组件自动分割校正的阈值参数，用于阈值分割
thresholdBlackBox	thresholdBlack	EL 缺陷实时检测的阈值参数，用于阈值分割
kernelBlackBox	kernelBlack	EL 缺陷实时检测的腐蚀膨胀核，用于形态学运算
areaLowBox	areaLow	单个 EL 缺陷的最小面积
areaHighPercentBox	areaHighPercent	单个 EL 缺陷的最大面积占组件面积的比例

界面初始化后功能区域内仅打开摄像头和恢复默认值的按钮能够点击并响应；当摄像头打开后，拍照和关闭摄像头的按钮能够点击并响应；当拍照后手动分割检测、自动分割检测的按钮能够点击并响应。界面初始化时参数显示区域的文本框内显示算法参数的默认值。

2. 图像采集与显示功能

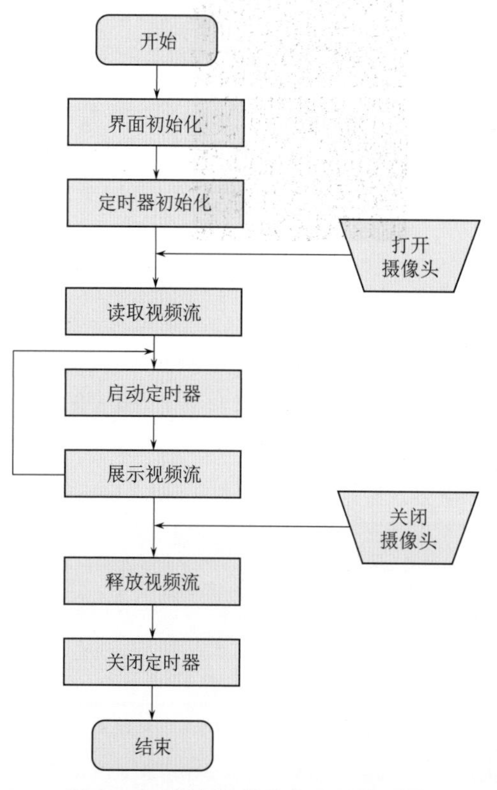

图 5-40 视频流读取与显示流程图

图像采集与显示由打开摄像头、关闭摄像头、拍照三个按钮控件完成，在软件实现上分为视频流的读取与显示、图像获取两部分。视频流读取后显示在界面第二列第一个 QLabel 标签控件中，图像获取后显示在界面第二列第二个 QLabel 标签控件中。

视频流的读取使用 QTimer 定时器循环读取视频流的内容并展示。设置一个重复定时器，定时器的时间设置为 0.1s，则每隔 0.1s 定时器会发出一个 timeout 信号，timeout 信号连接到一个槽函数并重新启动定时器，槽函数的功能为读取视频流并展示。近红外相机的视频流基于 RTSP 协议并通过 RJ-45 以太网接口进行传输。根据近红外相机的 IP 地址和端口号即可获得视频流。

打开摄像头功能分为读取视频流、启动定时器、展示视频流、重启定时器共 4 步。关闭摄像头时释放视频流占用的资源、关闭定时器即可。视频流读取与显示流程如图 5-40 所示。

拍照功能实现较为简单，获取某一时刻视

频流的图像即为采集到的组件 EL 图像，保存为实例变量 image，以便在其他功能的方法内调用。

3. 参数设置功能

参数设置功能由文本框控件和软键盘按钮实现。初始状态下文本框中显示算法参数的默认值，显示的颜色为灰色。软键盘包含数字“0”～“9”共 10 个数字、小数点“.”和回退一格“Del”共 12 个按钮。软键盘按钮点击后的响应事件为更新文本框内容，使得输入的参数能够实时在文本框中显示，参数设置流程图如图 5－41 所示。

参数设置的具体实现步骤为：

（1）界面初始化，文本框显示参数的默认值。

（2）获取文本框当前显示的内容 numStr。

（3）用户通过软键盘输入参数。

（4）判断输入的参数文本 text 是否为“Del”。

（5）如果 text ＝＝“Del”，删掉文本框内容 numStr 末尾字符，numStr ＝ numStr [：－1]；如果 text ！＝“Del”，在文本框内容 numStr 末尾字符增加 text，numStr ＝ numStr ＋ text。

（6）更新文本框内容显示。

在 EL 缺陷实时检测软件界面左侧功能按钮区域“恢复默认值”按钮能够一键将文本框中的参数恢复为算法参数的默认值。

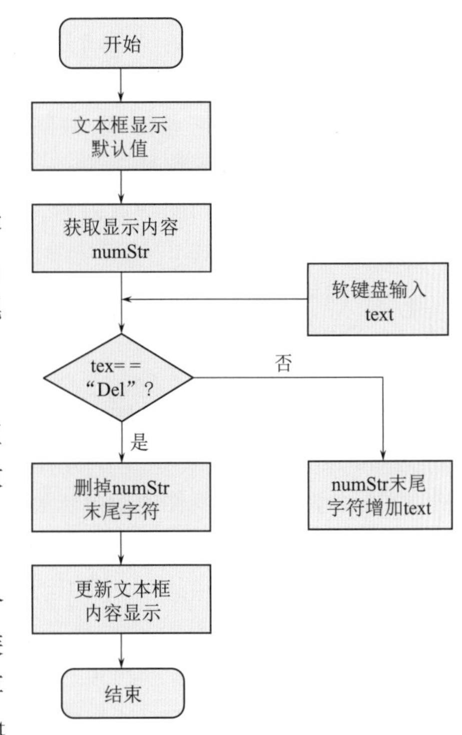

图 5－41 参数设置流程图

4. 算法调用功能

EL 缺陷检测分为组件分割校正和实时检测两个步骤。基于模块化编程的思想，将每一个功能封装为一个 API 接口[32]，组件分割校正和实时检测的算法实现分别由 ImageCorrection 类中的 img _ correct () 函数和 BlackDetect 类中的 detect _ crack () 函数实现。组件分割校正 API 设计、实时检测 API 设计分别见表 5－18、表 5－19。

表 5－18 组件分割校正 API 设计

方法名称	img _ correct ()	说 明
参数列表	image	需分割校正的组件 EL 原图
	thresholdCorrection	用于阈值分割的阈值参数
返回值	imageCorrect	分割校正后的组件图像

表 5－19 实时检测 API 设计

方法名称	detect _ crack ()	说 明
参数列表	imageCorrect	需要 EL 缺陷检测的组件图像
	thresholdBlack	用于阈值分割的阈值参数

续表

方法名称	detect _ crack ()	说　明
参数列表	kernelBlack	腐蚀膨胀核，用于形态学运算
	areaLow	单个EL缺陷的最小面积
	areaHighPercent	单个EL缺陷的最大面积占组件面积的比例
	isDefault	是否使用算法的默认参数
返回值	imageRes	EL缺陷检测结果

点击功能按钮区域的“手动分割检测”按钮后，响应事件的实现步骤如下：

（1）调用鼠标点击的回调函数 setMouseCallback ()。

（2）用户依次点击需要EL缺陷检测区域的左上、右上、右下、左下顶点。

（3）透视变换得到组件图像。

（4）获取文本框内的参数内容。

（5）判断检测方式 detectMethod 是否为使用默认值“default”。

（6）如果 detectMethod ==“default”，参数 isDefault 置为 True；如果 detectMethod ! =“default”，参数 isDefault 置为 False。

（7）调用 detect _ crack () 函数进行EL缺陷实时检测。

（8）展示EL缺陷实时检测的结果图片。

点击功能按钮区域的“EL缺陷检测”按钮后，将对组件EL原图自动分割校正、EL缺陷实时检测，响应事件的实现步骤为：

（1）获取文本框内的参数内容。

（2）判断检测方式 detectMethod 是否为使用默认值“default”。

（3）如果 detectMethod ==“default”，参数 isDefault 置为 True；如果 detectMethod ! =“default”，参数 isDefault 置为 False。

（4）调用 img _ correct () 函数进行组件图像自动分割校正。

（5）调用 detect _ crack () 函数进行EL缺陷实时检测。

（6）展示EL缺陷实时检测的结果图片。

5.4.3 软件测试

EL缺陷实时检测软件运行在合作单位设计与实现的硬件——图像采集诊断一体化智能装置上，在实验楼楼顶的屋顶实验性光伏电站中进行测试。在太阳落山1～3h天色完全黑暗之后，对被测组串/组件施加反向电压，启动一体化装置和EL缺陷实时检测软件，对软件的各项功能进行测试。

1. 图像采集诊断一体化智能装置介绍

图像采集诊断一体化智能装置是由合作单位设计并实现的硬件装置，集图像采集、缺陷诊断为一体。采集组件EL图像、EL缺陷实时检测是该装置的部分功能，同时一体化装置还能够实现可见光图像、红外光图像诊断，实现热斑缺陷诊断、异常遮挡诊断等功能。

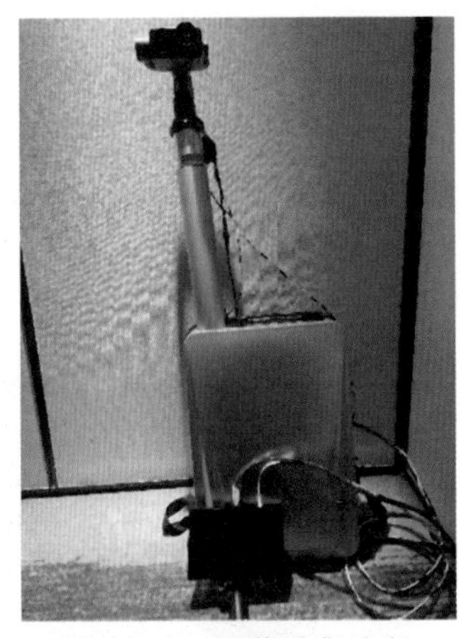
图 5-42 图像采集诊断一体化智能装置

图像采集诊断一体化智能装置由传感器、背包、显示器三部分组成，如图 5-42 所示。

传感器是一个可见光镜头、红外光镜头、EL 镜头三合一的镜头，通过调整镜头滤波器来采集不同波段下的图像，组件的 EL 图像由 EL 镜头拍摄，镜头采用 CMOS 芯片，采集到的图像大小为 1920×1080，焦距范围为 4.7～47mm。摄像头的高度与拍摄角度可通过遥控进行调整，用于控制镜头与光伏组件之间夹角。

背包中包含了计算单元和为一体化装置供电的电源。计算单元采用英特尔第八代酷睿处理器，具有功耗低的特点，因此性能与常见的电脑相比较弱。供电电源采用可重复充放电的锂离子电池，充电时输入 220V 三相交流电，供电时输出 12V 直流电，为计算单元、摄像头和显示器供电。

显示器由合作单位自行设计电路并制板，通过 HDMI 接口与计算单元相连，用于显示系统的图形界面。

2. EL 缺陷实时检测软件功能测试

对 EL 缺陷实时检测软件的图像采集与显示功能、参数设置功能、算法调用功能进行测试。运行 EL 缺陷实时检测软件初始化界面，按钮仅“打开摄像头”和“恢复默认值”可以点击，参数文本框中显示的是算法参数的默认值（图 5-39）。

针对图像采集与显示功能，点击“打开摄像头”按钮，观察到视频流能够稳定的显示在视频流区域中，调节摄像头的高度、角度，视频画面能够实时显示在界面中，打开摄像头与视频流展示功能界面如图 5-43 所示，画面清晰度正常，无卡顿现象，长时间工作无异常。关闭摄像头和拍照功能开启，可以重复关闭摄像头、打开摄像头，软件能够正常运行。

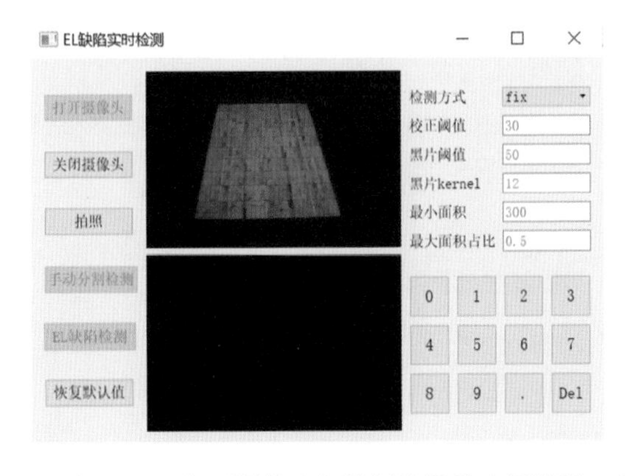

图 5-43 打开摄像头与视频流展示功能界面

点击“拍照”后，能够获得当下时刻视频流中的快照，显示在图像展示区域，拍照与图像展示功能界面如图 5-44 所示。多次点击按钮触发图像采集，拍摄的组件 EL 图像画面清晰度正常，能够有效存储图片，软件正常运行。拍照完成后，手动分割检测、EL 缺陷实时检测功能开启。关闭摄像头后，拍照功能随之关闭。

针对参数设置功能，分别测试数字按钮、Del 按钮和恢复默认值按钮，重复多次通过软键盘输入或删除文本框内的参数，文本框始终能够实时更新内容，参数设置功能界面如图 5-45 所示，软件运行无异常。恢复默认值能够将参数区域恢复为界面初始化的状态，删除掉所有输入的参数。

针对 EL 缺陷实时检测功能，分为自动分割校正 EL 缺陷实时检测和手动分割校正 EL 缺陷实时检测，在每一个检测功能中分别使用默认参数和手动输入参数的方式检测，对一张组件 EL 图像进行以上四种测试。重复拍照对以上功能进行测试，每一次的检测时间在毫秒级别，符合光伏电站现场 EL 缺陷实时检测的要求。自动分割校正 EL 缺陷检测结果如图 5 - 46 所示，对于存在 EL 缺陷的组件，能够检测出 EL 缺陷并将缺陷标注并展示［图 5 - 46（a）］；对于正常组件，EL 缺陷检测结果将展示分割校正并增强后的结果，无 EL 缺陷的标注［图 5 - 45（b）］。

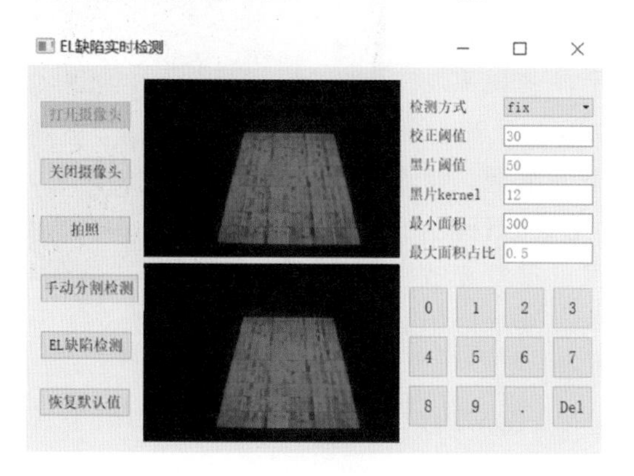

图 5 - 44 拍照与图像展示功能界面

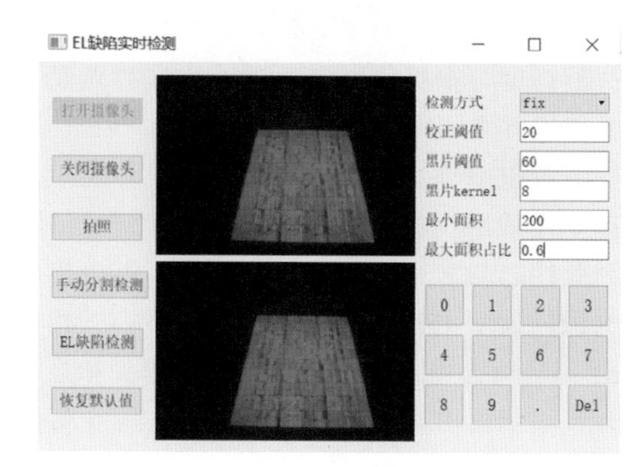

图 5 - 45 参数设置功能界面

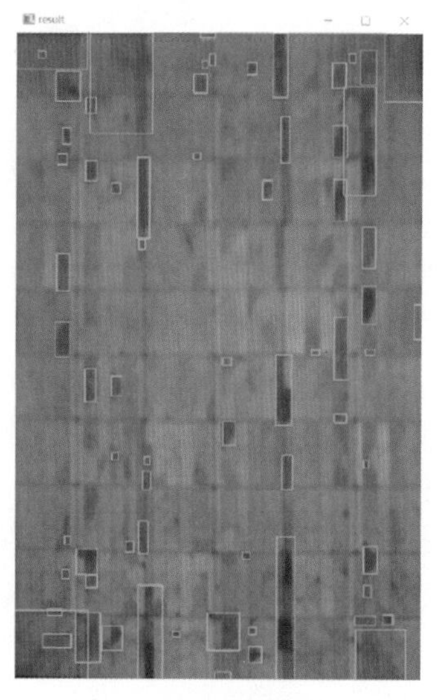

（a）EL缺陷组件

（b）正常组件

图 5 - 46 自动分割校正 EL 缺陷检测结果

手动分割校正 EL 缺陷检测可以检测完整的组件或组件中的某几个电池片。点击手动分割检测按钮后，工作人员可以在组件 EL 原图中依次选定待检测区域的左上、右上、右下、左下角，手动选择检测区域如图 5 - 47 所示。选择完成后将会对选定的区域校正、EL 缺陷检测并展示结果。该功能算法运行的时间为毫秒级，手动分割校正组件局部 EL 缺陷检测结果如图 5 - 48 所示。该功能作为自动分割校正 EL 缺陷检测功能的冗余设计，当自动分割校正组件图像失败时，可以手动选择检测区域，继续完成对组件的 EL 缺陷检测，保证了检测系统在光伏电站现场的稳定性。

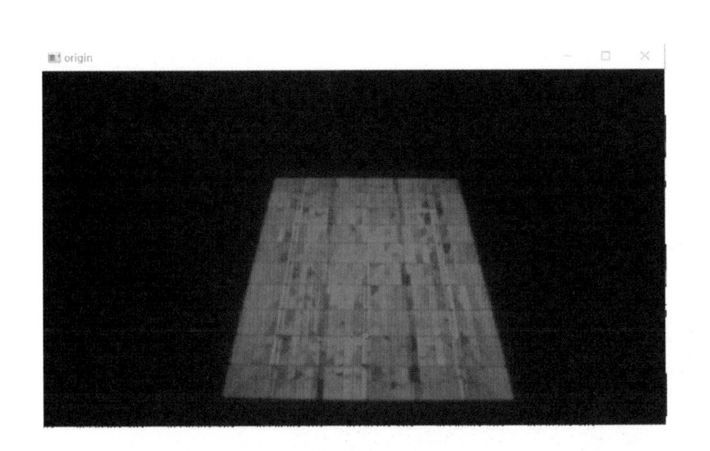

图 5-47　手动选择检测区域

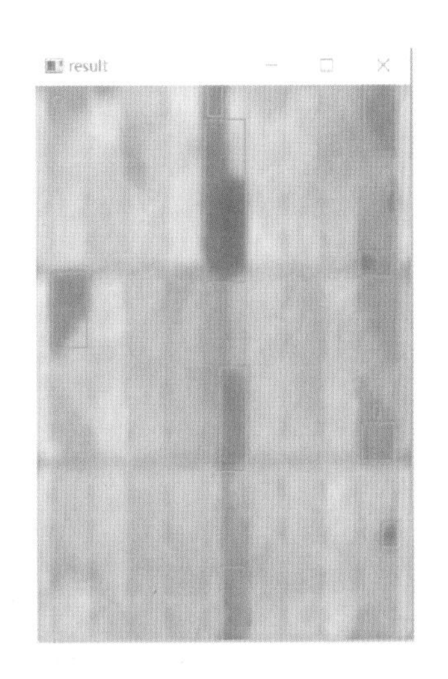

图 5-48　手动分割校正组件局部 EL 缺陷检测结果

5.4.4　云服务器检测测试

云服务器和网页版的图形界面由合作单位设计并实现，使用 JavaWeb、MySQL 数据库等工具开发完成。图像采集诊断一体化智能装置将采集的组件 EL 图像上传至云服务器中，图像名称、组件编号、组件类型、EL 缺陷实时检测得到的结果一同上传至云服务器并保存在数据库中，图像以二进制流的形式在网络中进行通信，具体的通信内容、通信方式和通信协议由一体化智能装置的实现单位与云服务器实现单位协商制定。

基于迁移学习的电池片微裂纹缺陷离线检测算法采用 Pytorch 框架，使用 Python 语言实现。Pytorch 是目前广为流行的深度学习框架，简洁高效，支持运行于 CPU 和 GPU 上[33]。Python 作为一种被广泛使用的脚本语言，适用于混合语言编程的开发[34]，使用 Python 编写电池片微裂纹缺陷离线检测算法，在 GPU 上不断训练模型，保存训练效果最好的模型。使用 Python 编写离线检测程序，程序的输入是组件图像，将组件图像切割成电池片后，调用训练好的模型对电池片进行有无微裂纹的二分类，将微裂纹电池片标注在组件图像中。

在云服务器中，当接收到一体化智能装置推送的组件图像后保存至数据库中，保存完成后依次对组件图像进行微裂纹缺陷离线检测，使用 Python 编写的离线检测程序能够被使用 Java 语言编写的 JavaWeb 服务器调用，完成微裂纹缺陷的检测。云服务器调用微裂纹缺陷离线检测的流程图如图 5-49 所示。

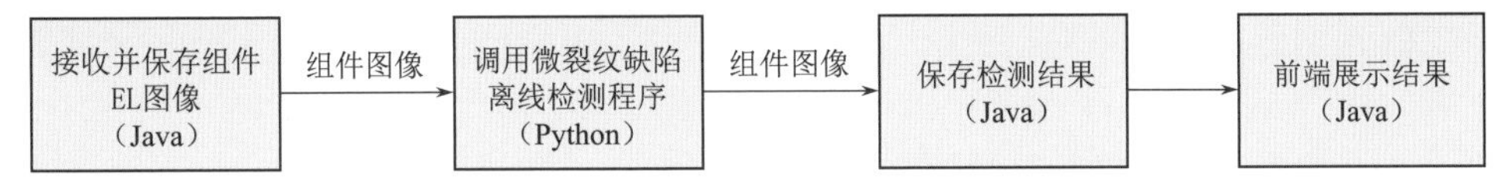

图 5-49　云服务器调用微裂纹缺陷离线检测的流程图

云服务器中微裂纹缺陷离线检测结果如图 5－50 所示。在网页界面中，第一行展示了网页云服务器的功能：左上角黑色字“微裂纹缺陷离线检测”为当前功能，右上角的“首页”和“热斑”按钮分别可以跳转至云服务器网站的首页和跳转至云服务器的热斑检测功能。网页界面的第二行展示了当前组件的编号，选择组件编号即可查看对应的组件离线检测结果。网页界面第三行左侧展示了分割校正后的组件区域图像，右侧展示了离线检测结果，存在微裂纹缺陷的电池片被红色的方框标注，若组件不存在微裂纹缺陷，则界面左右两边的图像相同。

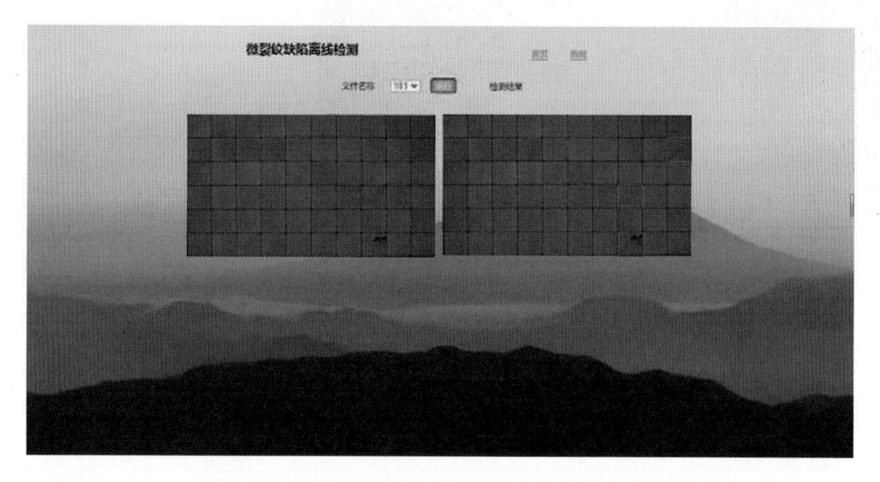

图 5－50　云服务器中微裂纹缺陷离线检测结果

由于屋顶实验性光伏电站中不存在仅含有微裂纹缺陷的组件，该部分的测试在合作单位提供的数据集上完成，将合作单位提供的数据集预先拷贝至一体化智能装置中，使用一体化智能装置将组件图像上传至云服务器中，等待离线检测完成后，使用页面一一查看组件离线检测的结果，存在微裂纹缺陷的组件大部分能够被检测出来。在查看离线检测结果时，如需对当前查看的组件图像再次进行微裂纹缺陷检测，点击界面中的“运行”按钮即可调用微裂纹缺陷离线检测程序，得到离线检测结果。

在 CPU 环境下每一张电池片的检测时间为秒级，不同版型的组件包含不同数量的电池片，每张组件的检测时间为分钟级，在云服务器中使用 GPU 对预测分类加速，能够减少微裂纹缺陷离线检测的耗时，对于不同规模的光伏电站，完成微裂纹缺陷离线检测一般需几个小时到十几个小时不等。在合作单位提供的现场数据集中，大约需 10min 完成对 20 个组件图像的微裂纹缺陷离线检测。

重复上传图像至云服务器的操作，相同的组件图像每次得到的检测结果均相同，说明微裂纹缺陷离线检测算法具有可重复性和稳定性。

5.5　本章小结

随着新能源产业的持续发展，光伏发电的渗透率不断提升，光伏发电装机容量迅速扩大，光伏电站的运维成本和技术成为了制约其迅速发展的主要原因之一。本章节针对光伏组件中无法用肉眼观察到的 EL 缺陷，调研了 EL 缺陷图像拍摄方案、光伏电站中的 EL 缺陷种类和 EL 缺陷检测技术，结合光伏电站现场的实际情况，设计了运行在光伏电站现场的 EL 缺陷实时检测系统和运行在云服务器中的微裂纹缺陷离线检测系统。本章节的主要工作如下：

（1）调研了 EL 缺陷检测方案，提出了分别在光伏电站现场与云服务器中检测 EL 缺陷的方案。对比缺陷图像拍摄方案和国内外 EL 缺陷检测技术的优劣，结合光伏电站的实际情况，分析了 EL 缺陷检测系统的需求，设计了光伏电站现场 EL 缺陷实时检测系统和云服务器中微裂纹缺陷离线检测系统相结合的由端到云的 EL 缺陷检测方案。

（2）光伏电站现场基于组件的 EL 缺陷实时检测。根据现有行业标准对生产制作的标准组件内部 EL 缺陷类型的划分，结合各类 EL 缺陷对光伏组件输出功率的影响，定义了需在光伏电站现场运维场景检测出的 EL 缺陷。针对电站现场图像质量差、检测实时性的需求高和硬件装置计算单元性能一般的问题，设计并实现了基于传统数字图像处理技术的图像增强和 EL 缺陷实时检测算法，完成了组件图像分割校正、EL 缺陷实时检测的功能，检测准确率 95.45%，平均检测用时 107.98ms。

（3）云服务器中基于电池片的微裂纹缺陷离线检测。EL 缺陷中的微裂纹缺陷容易扩展延伸成黑片、裂片等 EL 缺陷，对组件发电效率产生影响，需对微裂纹缺陷预警并作为未来运维的重点检测目标。本章节构建了包含微裂纹电池片、正常电池片两类样本的数据集，并完成数据增强和人工标注。针对电池片背景复杂多变、微裂纹缺陷形状细微的特点和现场数据集少的问题，设计了基于迁移学习的电池片微裂纹缺陷离线检测算法，在云服务器中训练了调整后的 Resnet－50 深度神经网络，实现了对微裂纹缺陷电池片的分类，在组件中标注出微裂纹电池片的位置。微裂纹电池片分类准确率为 77%，存在一定的误检导致虚警，但漏检率低，能够对微裂纹组件有效预警，不漏掉存在缺陷的组件，供运维决策参考。

（4）基于 Python 和 PyQt5 实现的 EL 缺陷实时检测软件。设计了软件的主界面，实现了图像采集与显示功能、参数设置功能、算法调用功能，对 EL 缺陷检测功能进行冗余设计，保证 EL 缺陷检测功能的稳定性。

（5）在实验楼顶的屋顶实验性光伏电站中进行现场实测。针对楼顶的光伏组串，定制了 500V、10A 的直流稳压电源，可供 10 个组件同时检测，提升了检测效率。在屋顶式光伏电站中测试了单晶、多晶缺陷组件和正常组件，软件和硬件装置均能正常工作。在云服务器中测试了基于电池片的微裂纹缺陷离线检测功能，能够检测并标注出微裂纹电池片在组件中的位置，对微裂纹组件进行预警。

参考文献

[1] 李怀辉，王小平，王丽军，等．硅半导体太阳能电池进展［J］．材料导报，2011，25（19）：49－53.
[2] 陈晓达，裴会川，庄天奇，等．光伏组件尺寸与标准化研究［J］．信息技术与标准化，2021（12）：30－36.

[3] JANSCHEK K, TCHERNYKH V, DYBLENKO S. Performance analysis of opto - mechatronic image stabilization for a compact space camera [J]. Control Engineering Practice, 2007, 15 (3): 333 - 347.
[4] T/CPIA 0012—2019 晶体硅标准光伏组件制作和使用指南 [S]. 北京：中国光伏协会，2019.
[5] T/CPIA 0009—2019 电致发光成像测试晶体硅光伏组件缺陷的方法 [S]. 北京：中国光伏协会，2019.
[6] KÖNTGES M, KUNZE I, KAJARI - SCHRODER S, et al. The risk of power loss in crystalline silicon based photovoltaic modules due to micro - cracks [J]. Solar Energy Materials and Solar Cells, 2011, 95 (4): 1131 - 1137.
[7] SONG C Y, ZHAO M. MI - Cored: A Mathematical Morphological Filtering Method by Using Structural Element of "M" Glyph Based on Machine Vision [J]. Computer Science and Application, 2017, 7 (5), 438 - 443.
[8] 赵洁，贾春梅，虞凌宏. 高斯滤波算法在缺陷视觉检测中的应用研究 [J]. 宁波工程学院学报，2014, 26 (4): 7 - 11, 22.
[9] 章为川. 基于各向异性高斯核的图像边缘和角点检测 [D]. 西安：西安电子科技大学，2013.
[10] 唐佳林，王镇波，张鑫鑫. 基于霍夫变换的直线检测技术 [J]. 科技信息，2011 (14): 33, 35.
[11] 代勤，王延杰，韩广良. 基于改进 Hough 变换和透视变换的透视图像矫正 [J]. 液晶与显示，2012, 27 (04): 552 - 556.
[12] STARK J A. Adaptive image contrast enhancement using generalizations of histogram equalization [J]. IEEE Transactions on Image Processing, 2000, 9 (5): 889 - 896.
[13] PARIHAR A S, VERMA O P, KHANNA C. Fuzzy - contextual contrast enhancement [J]. IEEE Transactions on Image Processing, 2017, 26 (4): 1810 - 1819.
[14] 戴华东，胡谋法，卢焕章，等. 基于连通域标记的目标检测算法设计与实现 [J]. 现代电子技术，2015, 38 (20): 71 - 74.
[15] 王学孟，赵汝强，沈辉，等. 用于太阳能电池的多晶硅激光表面织构化研究 [J]. 激光与光电子学进展，2010, 47 (01): 76 - 81.
[16] 刘美双. 晶硅光伏组件中隐裂缺陷的危害与防治 [D]. 上海：上海交通大学，2016.
[17] YOSINSKI J, CLUNE J, BENGIO Y, et al. How transferable are features in deep neural networks? [C] //International Conference on Neural Information Processing Systems. December 8 - 13, Montreal 2014, 3320 - 3328.
[18] TAN C, SUN F, KONG T, et al. A survey on deep transfer learning [C] //Artificial Neural Networks and Machine Learning - ICANN 2018: 27th International Conference on Artificial Neural Networks, Rhodes, Greece, October 4 - 7, 2018. Proceedings, Part Ⅲ 27. Springer International Publishing, 2018: 270 - 279.
[19] GLOROT X, BORDES A, BENGIO Y. Domain adaptation for large - scale sentiment classification: A deep learning approach [C] //Proceeding of the Twenty - Eighth International Conference on Machine Learning Bellevue: 2011, 513 - 520.
[20] SIMARD P Y, STEINKRAUS D, PLATT J C. Best practices for convolutional neural networks applied to visual document analysis [C] //Seventh International Conference on Document Analysis and Recognition (ICDAR 2003), vol. 2. Edinburgh: 2003: 958 - 962.
[21] LONG M. CAO Y. WANG J, et al. Learning transferable features with deep adaptation networks [C] //International Conference on Machine Learning. July 6 - 11, Lille: PMLR, 2015: 97 - 105.
[22] SEJDINOVIC D, SRIPERUMBUDUR B K, GRETTON A, et al. Equivalence of distance - based and rkhs - based statistics in hypothesis testing [J]. The Annals of Statistics, 2013, 41 (5): 2263 - 2291.

[23] HE K M, ZHANG X Y, REN S Q, et al. Deep Residual Learning for Image Recognition [C] //2016. IEEE Conference on Computer Vision and Pattern Recognition (CVPR). Las Vegas: IEEE, 2016, 770-778.

[24] ZHOU Z W, SHIN J, ZHANG L, et al. Fine-tuning Convolutional Neural Networks for Biomedical Image Analysis: Actively and Incrementally [C] //2017. IEEE Conference on Computer Vision and Pattern Recognition (CVPR). Hawaii: IEEE, 2017: 7340-7351.

[25] ZHANG N W, SHAN S, WEI H K, et al. Micro-cracks Detection of Polycrystalline Solar Cells with Transfer Learning [J]. Journal of Physics: Conference Series, 2020, 1651 (1): 012118.

[26] GHIFARY M, KLEIJN W B, ZHANG M J. Domain adaptive neural networks for object recognition [C] //13th Pacific Rim International Conference on Artificial Intelligence. Cold Coast: Springer, 2014: 898-904.

[27] ZHU Y C, ZHUANG F Z, WANG J D, et al. Multi-representation adaptation network for cross-domain image classification [J]. Neural Networks, 2019, 119: 214-221.

[28] TZENG E, HOFFMAN J, ZHANG N, et al. Deep domain confusion: Maximizing for domain invariance [J]. arXiv preprint arxiv: 1412.3474, 2014.

[29] 阙金煌. 基于 Anaconda 环境下的 Python 数据分析及可视化 [J]. 信息技术与信息化, 2021 (4): 215-218.

[30] 滕广华. 基于 PyQt5 的动态交通标志牌管理软件的设计与实现 [J]. 电子技术与软件工程, 2020 (20): 26-28.

[31] 李正, 吴敬征, 李明树. API 使用的关键问题研究 [J]. 软件学报, 2018, 29 (6): 1716-1738.

[32] DAI H L, PENG X, SHI X H, et al. Reveal training performance mystery between Tensor Flow and PyTorch in the single GPU environment [J]. Science China (Information Sciences), 2022, 65 (1): 147-163.

[33] 罗霄, 任勇, 山秀明. 基于 Python 的混合语言编程及其实现 [J]. 计算机应用与软件, 2004 (12): 17-18, 112.

[34] LI N, FAN T, YAN S Q, et al. Design of EL defect detection system for photovoltaic power station modules [C] //4th International Conference on Energy Systems and Electrical Power (ICESEP 2022) Journal of Physics: Conference Series. Hangzhou: IOP Publishing, 2022, 2310: 012006.

第6章

基于多源数据的光伏组件遮挡异常检测

目前，针对光伏组件的故障诊断已有一些研究及方法，然而大多聚焦于故障分类问题，针对遮挡异常本身的相关研究较少。针对光伏电站的运维策略存在难度大、成本高、效率低等问题，本章节基于实测数据进行光伏组件遮挡异常的输出特性分析，从仿真模型、电气数据、可见光图像等多个维度提出光伏组件遮挡异常检测方法，取得了较好的验证效果，有助于改进差异化运维策略，提高运维能力，降低运维成本。

6.1 光伏组件和组串模型参数验证

光伏发电系统的发电效率受到温度、辐照度、故障情况等多个因素的影响，需要有针对性地进行研究，建立准确的光伏发电数学模型是后续研究的前提和基础。考虑到一些研究场景依赖于模型仿真得出的数据，因此对模型的精确程度要求较高，如果误差较大，则会影响研究结论的可靠性。同时，对光伏发电系统模型和实际的实验平台或光伏电站进行对比分析，有利于进行故障诊断和异常检测。

6.1.1 光伏组件模型及实验

光伏组件发电原理和光伏电池等效模型详见2.1节。

根据基尔霍夫定律，单二极管模型的电压电流（$I-V$）关系为

$$I=I_{ph}-I_{d}-I_{sh}=I_{ph}-I_{s}\left\{\exp\left[\frac{q(V+IR_{s})}{\eta kT}\right]-1\right\}-\frac{V+IR_{s}}{R_{sh}} \tag{6-1}$$

式中：I 为光伏电池的负载电流，A；V 为光伏电池的负载电压，V；I_{ph} 为光生电流，与光伏电池面积、表面辐照度及温度有关，与外接负载无关，一般看作恒流源，A；I_{s} 为光伏电池内部等效二极管的反向饱和电流，A；R_{s} 为光伏电池的串联内阻，Ω；R_{sh} 为光伏电池的并联内阻，Ω；η 为二极管理想因子；k 为Boltzmann常数，取值为1.380649×10^{-23}J/K；T 为光伏电池的表面温度，K；q 为元电荷，取值为1.6×10^{-19}C。

1. 光伏组件参数求解

光伏电池的建模的准确性并不完全取决于模型的复杂度，还取决于对模型中的参数求

解的准确性。尽管复杂模型提供了更精确的模型表示，但是其参数提取要比简化模型更为困难，后者的参数可以从光伏组件制造商提供的数据表或者实验数据中获得。单二极管模型是一种在研究中常用的模型，可以达到一定程度的准确度和复杂性的均衡，由式（6-1）可得光伏电池的单二极管物理模型。模型中有五个未知参数，I_{ph}、I_s、R_s、R_{sh} 和 η，找到合适方法精确计算这五个参数具有重要的意义。现有的研究文献中有多种求取五参数的方法：利用光伏组件制造商提供的相关数值信息、通过实际测量得到数据或者这两种皆有。在光伏研究领域内，一般定义温度 25℃，辐照度 1000W/m^2 为标准测试条件。本章节拟采用的参数求解方法为先利用光伏组件制造商提供的相关数据，求解在 STC 下的五个未知参数，再利用转移方程推演至不同的环境情况下。

基于单二极管模型，可以得到光伏电池在任意实验环境下的光伏组件输出曲线，如图 6-1 所示。

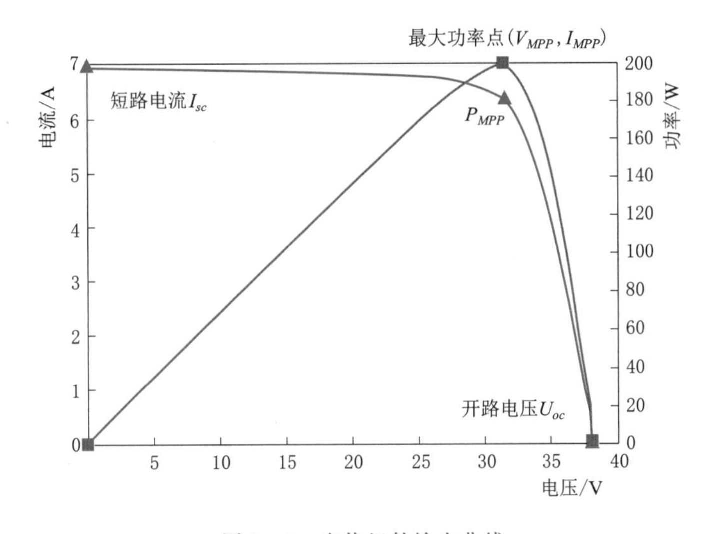

图 6-1　光伏组件输出曲线

图 6-1 中，主要的数据为短路电流 I_{sc}、开路电压 U_{oc}、最大功率点电压 U_{MPP}、最大功率点电流 I_{MPP}。短路电流为光伏电池短路（即两端电压为 0）时通过光伏电池的电流，开路电压指的是光伏电池可提供的最大电压，最大功率点（Maximum Power Point，MPP）指的是光伏电池工作在此处输出的功率最大，对应的电压值为 V_{MPP}，电流值为 I_{MPP}。一般来说，短路电流、最大功率点和开路电压是 $I-V$ 曲线中较为容易被识别的三个关键点，并且光伏组件制造商也会将这三个点在 STC 下的相关数据提供在数据表中，因此，本章节将这些数据用于五参数求解。

将上述的短路电流点（$U=0, I=I_{sc}$）、开路电压点（$U=U_{oc}, I=0$）和最大功率点（$U=U_{MPP}, I=I_{MPP}$）代入式（6-1）中可得到

$$I_{ph}-I_s\left[\exp\left(\frac{qI_{sc}R_s}{\eta kT}\right)-1\right]-\frac{I_{sc}R_s}{R_{sh}}-I_{sc}=0 \tag{6-2}$$

$$I_{ph}-I_s\left[\exp\left(\frac{qU_{oc}}{\eta kT}\right)-1\right]-\frac{U_{oc}}{R_{sh}}=0 \tag{6-3}$$

$$I_{ph}-I_s\left\{\exp\left[\frac{q(U_{MPP}+I_{MPP}R_s)}{\eta kT}\right]-1\right\}-\frac{U_{MPP}+I_{MPP}R_s}{R_{sh}}-I_{MPP}=0 \tag{6-4}$$

当光伏组件处于短路工作状态时，单二极管模型中的二极管处于反向偏置状态[1]，电流明显低于光生电流 I_{ph}，因此可以将式（6-2）简化为

$$I_{ph}\approx I_{sc} \tag{6-5}$$

该式在任意环境情况下都成立[2]。

假设 $R_{sh}\to\infty$ 允许忽略 R_{sh} 分支中的电流[3]，从而简化了式（6-3），结合式（6-5），可得到

$$\eta=\frac{qU_{oc}}{kT\ln\left(\frac{I_{sc}}{I_s}+1\right)} \tag{6-6}$$

一般来说，对于二极管饱和电流 I_s，由于本征载流子产生的温度依赖性，仅考虑温度对其的影响[4]，可近似为

$$I_s=C_0\cdot T^3\cdot e^{\left(-\frac{E_g}{kT}\right)} \tag{6-7}$$

式中：C_0 为温度系数，A/K^3。

C_0 可以由拟合程序得到，文献［2］及文献［3］给出了一种由数据表相关数据信息计算得到 C_0 的方法，即

$$C_0=\frac{I_{sc0}\cdot e^{\lambda_0}}{T_0^3} \tag{6-8}$$

$$\lambda_0=-\frac{U_{oc0}}{\alpha_v-\frac{U_{oc0}}{T_0}}\left(\frac{\alpha_i}{I_{sc0}}-\frac{3}{T_0}-\frac{E_{g0}}{kT_0^2}\right)+\frac{E_{g0}}{kT_0} \tag{6-9}$$

式中：参数的角标“0”为在 STC 下参数的取值；E_g 为材料的能带隙；α_v 和 α_i 分别为 U_{oc} 和 I_{sc} 对应的温度系数，在制造商提供的数据表中可以得到。

25℃环境下不同的光伏电池材料的能带隙取值见表 6-1。

表 6-1　25℃环境下不同的光伏电池材料的能带隙取值

光伏电池材料	薄膜	单晶硅	多晶硅	三节
能带隙取值	1.794×10^{-19}	1.794×10^{-19}	1.826×10^{-19}	2.563×10^{-19}

关于串联内阻 R_s 和并联内阻 R_{sh} 的求解，采用文献［5］及文献［6］中的近似条件，即

$$\left.\frac{\partial I}{\partial U}\right|_{I=I_{sc}}\approx-\frac{1}{R_{sh0}} \tag{6-10}$$

$$\left.\frac{\partial I}{\partial U}\right|_{U=U_{oc}}\approx-\frac{1}{R_{s0}} \tag{6-11}$$

基于上述的推演，可以计算出 STC 下五个建模参数 I_{ph0}、I_{sc0}、R_{s0}、R_{sh0} 和 η_0，然而非 STC 下的实验场景中，辐照度和环境温度的变化以非常复杂的方式影响光伏电池，需要相应调整提取的参数，从而能够在不同的辐照度和温度条件下使用该模型[7]。一些直

接效应可以从物理关系中推导出来，但另一些只能用经验方程来近似。根据国内外的相关研究及实验结果可知，一方面光伏电池的开路电压随着电池温度的升高而降低，这是因为电池温度的升高会导致P-N结的减小，并且也会导致电池材料中电子能量的增加，更多的电子被释放，短路电流略有增加。另一方面，短路电流也会随着辐照度的降低而减少，因为到达光伏电池表面的光子数量取决于辐照度水平，当辐照度降低时，释放的电子变少。尽管光子数量的减少会导致带隙的增加，但是对开路电压的变化较小，对短路电流的影响更明显。许多文献和研究都着重于将模型参数调整为真实环境条件的相关形式。一般情况下，理想因子被认为是恒定的，而 Bai 等人在文献［8］中，考虑到和光伏电池温度的直接相关性，也针对理想因子进行了参数调整。Cubas 等人使用电流温度系数来表示电流对辐照度和温度的依赖性，即利用电流温度系数对开路电流和最大功率点的电流进行了不同温度和辐照度下的调整[9]。文献［6］中，将串联和并联电阻均假定为取决于辐照水平，因此得到了在不同的辐照度下的不同电阻数值。

根据文献［4］和文献［10］中的方法，可以推导到如下关系

$$I_{ph}(G,T)=I_{ph0}\frac{G}{G_0}[1+\alpha_i(T-T_0)] \tag{6-12}$$

$$I_s(G,T)=I_{s0}\left(\frac{T}{T_0}\right)^3\exp\left[\frac{1}{k}\left(\frac{E_{g0}}{T_0}-\frac{E_g(G,T)}{T}\right)\right] \tag{6-13}$$

$$E_g(G,T)=[1-0.0002677(T-T_0)]\cdot E_{g0} \tag{6-14}$$

$$\eta(G,T)=\eta_0\left[1+\alpha_v(T-T_0)+\frac{\eta_0 kT}{qU_{oc0}}\ln\left(\frac{G}{G_0}\right)\right] \tag{6-15}$$

$$R_s(G,T)=R_{s0}\frac{G_0\left[1+\alpha_v(T-T_0)+\frac{\eta_0 kT}{qU_{oc0}}\ln\left(\frac{G}{G_0}\right)\right]}{G[1+\alpha_i(T-T_0)]} \tag{6-16}$$

$$R_{sh}(G,T)=R_{sh0}\frac{G_0\left[1+\alpha_v(T-T_0)+\frac{\eta_0 kT}{qU_{oc0}}\ln\left(\frac{G}{G_0}\right)\right]}{G[1+\alpha_i(T-T_0)]} \tag{6-17}$$

式中：G 为光伏电池表面的有效辐照度；右下角标“0”为在 STC 下的取值。

根据式（6-12）～式（6-17）可以求得在不同温度和辐照度下光伏电池模型的未知参数。

2. 光伏组件模型的实测数据验证

考虑到并联电阻 R_{sh} 为 10^2 量级，远大于串联电阻 R_s，因此 $\frac{U+IR_s}{R_{sh}}$ 远小于 I_{ph}，可以忽略不计[11]，因此可以将式（6-1）简化为

$$I=I_{ph}-I_s\left\{\exp\left[\frac{q(U+IR_s)}{\eta kT}\right]-1\right\} \tag{6-18}$$

则

$$V=\frac{\eta kT}{q}\ln\left(\frac{I_{ph}-I}{I_s}+1\right)-IR_s \tag{6-19}$$

光伏组件由 a 个光伏电池串联而成，因此可得到光伏组件的电流 I_{module} 和电压 V_{module} 之间的关系式为

$$V_{module}=\frac{a\eta kT}{q}\ln\left(\frac{I_{ph}-I_{module}}{I_s}+1\right)-I_{module}aR_s \tag{6-20}$$

基于上式及上述的物理建模及参数求解，搭建光伏组件的仿真模型，可以更改仿真模型所处的光照强度和温度，实现不同环境下的仿真。

首先对光伏组件在 1000W/m^2，25℃下的 $I-V$ 曲线特征进行研究。本章节选用的组件为尚德单晶硅组件，主要参数见表 6-2。

表 6-2　　尚德单晶硅组件主要参数表

指　　标	数　据	指　　标	数　据
STC 下最大功率（P_{MPP}）/Wp	310	STC 下短路电流（I_{sc}）/A	9.77
STC 下最大功率点电压（V_{MPP}）/V	33.4	最大功率的（P_{MPP}）温度系数/(%/℃)	−0.4
STC 下最大功率点电流（I_{MPP}）/A	9.29	开路电压（V_{oc}）的温度系数/(%/℃)	−0.34
STC 下开路电压（V_{oc}）/V	40.2	短路电压（I_{sc}）的温度系数/(%/℃)	0.06

将所需参数代入仿真模型中可得到 STC 下仿真光伏组件 $I-V$ 曲线及 $P-V$ 曲线，如图 6-2 所示。

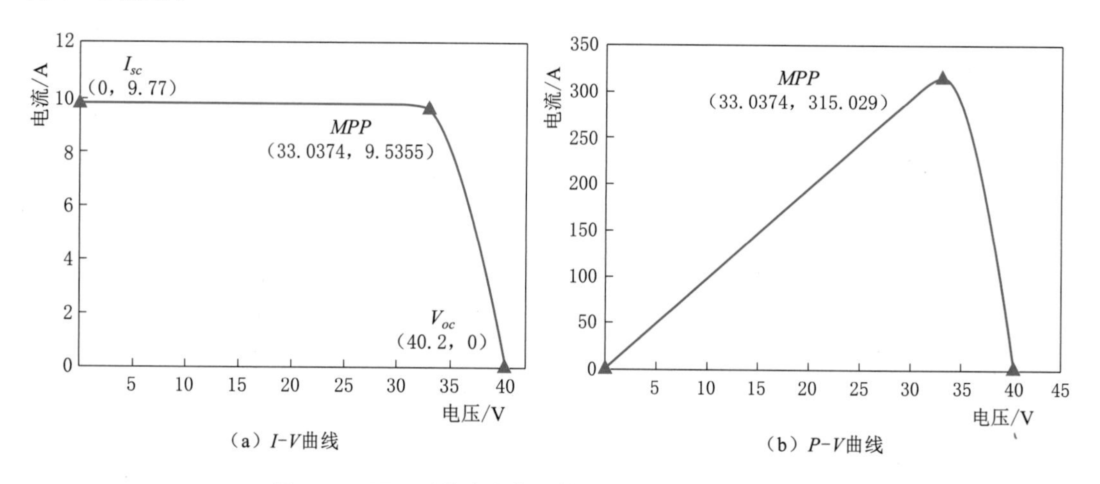

图 6-2　STC 下仿真光伏组件 $I-V$ 曲线及 $P-V$ 曲线

将仿真得到的 I_{sc}、V_{oc} 及最大功率点处的电流、电压、功率数据和尚德 STP310S-20/Wfw 310 单晶硅组件生产厂商提供的说明数据进行对比，相对误差率为

$$RE_x=\frac{|x_{simulated}-x_{measured}|}{x_{measured}}\cdot 100\% \tag{6-21}$$

式中：x 为电流、电压或功率；$x_{simulated}$ 为仿真结果；$x_{measured}$ 为实测数据。

STC 下光伏组件模型验证见表 6-3。

表 6-3 STC 下光伏组件模型验证

指　标	仿真结果	实测数据	相对误差率/%
I_{sc}	9.77	9.77	0
V_{oc}	40.2	40.2	0
I_{MPP}	9.54	9.29	2.69
V_{MPP}	33.04	33.4	1.08
P_{MPP}	315.03	310	1.62

由表 6-3 可得，仿真模型和组件的实际输出特性在 STC 下基本吻合，相对误差率均在 5%以下，达到了较好的仿真效果。下面对组件在不同温度及辐照度下的仿真模型进行研究。

不同环境情况下光伏组件仿真结果如图 6-3 所示，其中图 6-3（a）表示的是光伏组件在 181W/m²，10.2℃下的 $I-V$ 及 $P-V$ 曲线，图 6-3（b）表示的是光伏组件在 693 W/m²，10℃下的 $I-V$ 及 $P-V$ 曲线。不同环境情况下光伏组件模型验证见表 6-4。当辐照度较低时，仿真模型和实测数据之间存在差异，然而考虑到低辐照度情况下组件电流偏低，因此低电流的误差对相对误差率的影响就会更大。

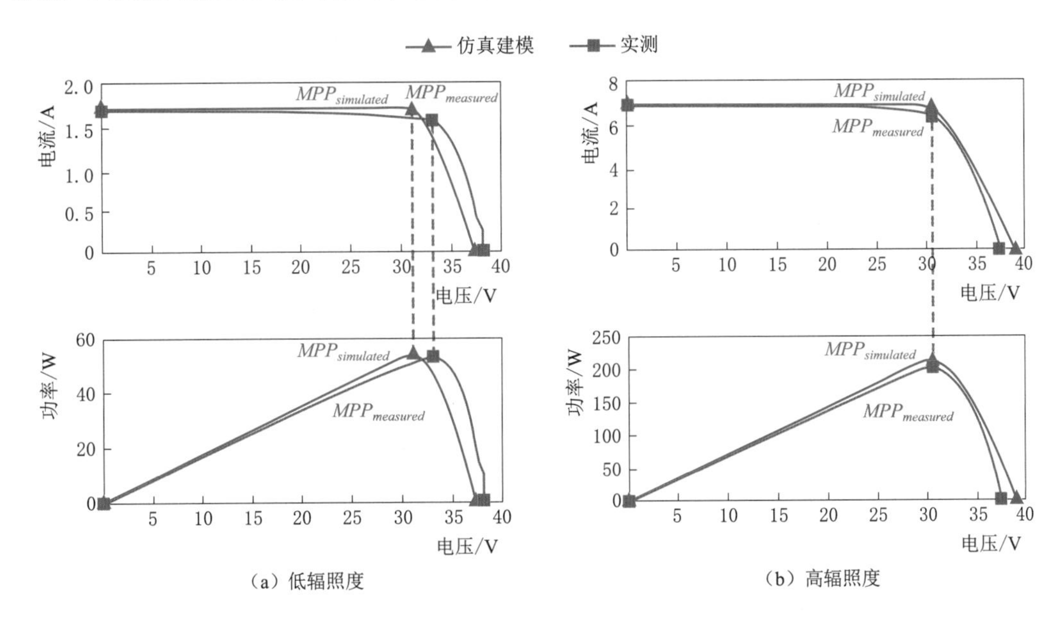

图 6-3　不同环境情况下光伏组件仿真结果

表 6-4 不同环境下光伏组件模型验证

温度/℃	辐照度/(W/m²)	$RE_{U_{oc}}$ /%	$RE_{I_{sc}}$ /%	$RE_{U_{MPP}}$ /%	$RE_{I_{MPP}}$ /%	$RE_{P_{MPP}}$ /%
10.2	181	1.98	1.78	5.99	7.35	0.92
10.1	194	2.03	3.63	5.79	8.67	2.38
9.3	475	2.05	5.06	4.95	0.30	4.66
8.3	476	0.58	2.24	6.88	3.84	3.31

续表

温度/℃	辐照度/(W/m²)	$RE_{U_{oc}}$/%	$RE_{I_{sc}}$/%	$RE_{U_{MPP}}$/%	$RE_{I_{MPP}}$/%	$RE_{P_{MPP}}$/%
8.4	518	1.48	3.13	5.11	8.31	2.77
8.6	520	1.71	1.35	5.14	4.38	0.98
11.7	582	2.53	1.27	4.73	6.87	1.82
6.6	659	2.58	0.79	2.49	5.36	2.73
6.6	665	2.52	0.90	2.23	5.02	2.68
10	693	4.10	0.01	0.67	5.49	4.79

本章节主要利用仿真模型在相对高辐照度（≥300W/m²）的情况下，基于最大功率点的功率进行遮挡异常的检测，由表 6-4 中数据不难看出，在上述情况下，该模型各个误差率都较低，$RE_{P_{MPP}}$ 均小于 5%，证明了所采用的光伏组件仿真模型的有效性，可以利用此模型进行后续的研究。

6.1.2 光伏组串模型及实验

1. 光伏组串模型

光伏组串模型示意如图 6-4 所示。

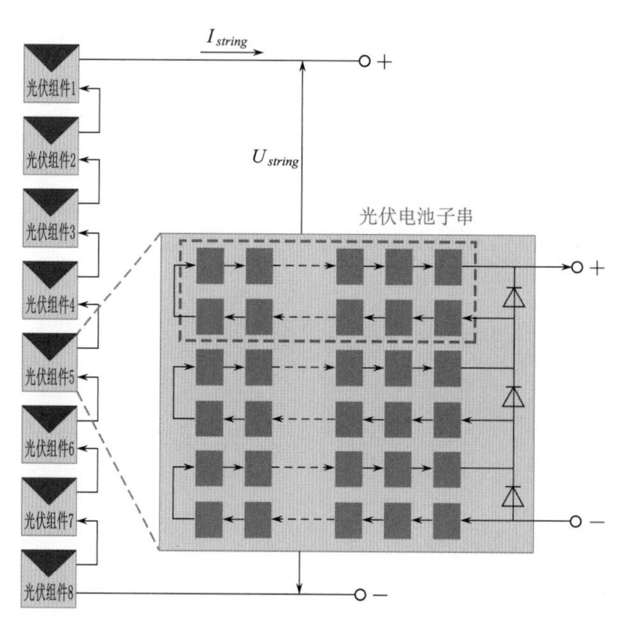

图 6-4 光伏组串模型示意图

组串由上述的 n 个型号相同的单晶硅光伏组件串联而成。模型假定这 n 个组件的特性完全一致，那么设定光伏组串的串联电流为 I_{string}，这 n 个光伏组件的电压之和，即该组串两端的电压为 U_{string}，则每个组件两端的电流和电压为

$$I_{module1}=I_{module2}=\cdots=I_{module\,n}=I_{string} \tag{6-22}$$

$$U_{module1}=U_{module2}=\cdots=U_{module\ n}=\frac{U_{string}}{n} \tag{6-23}$$

结合式（6-20）可建立光伏组串模型，即

$$U_{string}=\frac{na\eta kT}{q}\ln\left(\frac{I_{ph}-I_{string}}{I_s}+1\right)-I_{string}naR_s \tag{6-24}$$

2. 光伏组串模型的实测数据验证

本章节所用的组串为 8 个组件的串联，根据 6.1.2 节中的建模结果及实测数据，选用不同的辐照度和温度的环境因素，不同环境情况下光伏组串仿真结果如图 6-5 所示。

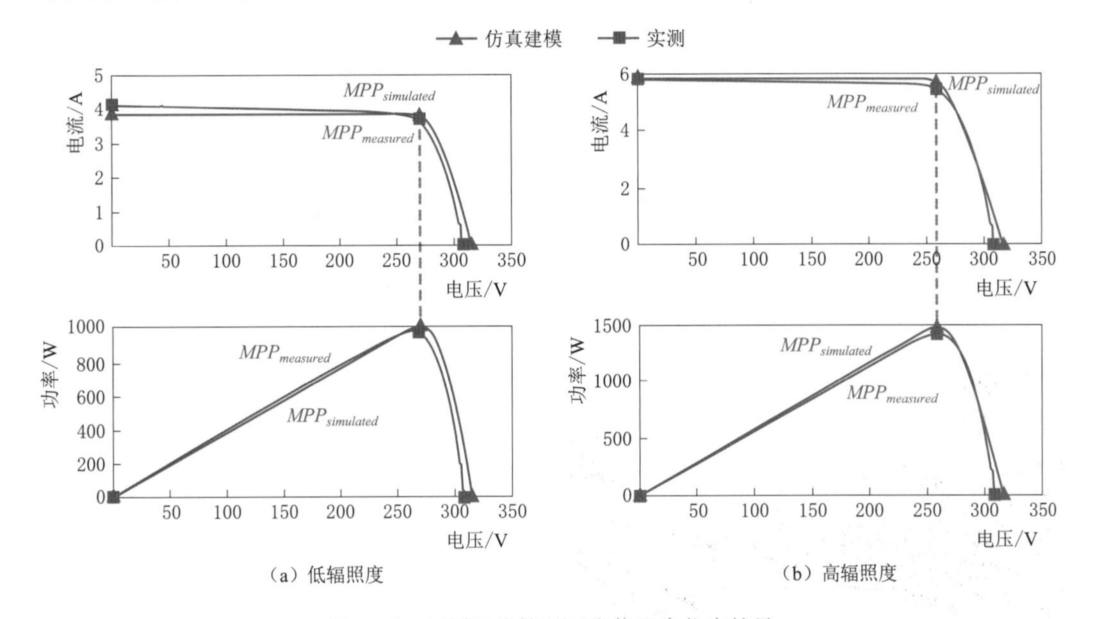

图 6-5　不同环境情况下光伏组串仿真结果

图 6-5（a）表示的是光伏组串在 370W/m²，13.9℃下的 $I-V$ 及 $P-V$ 曲线，图 6-5（b）表示的是光伏组串在 565W/m²，10.5℃下的 $I-V$ 及 $P-V$ 曲线。

不同环境下光伏组串模型验证见表 6-5。

表 6-5　不同环境下光伏组串模型验证

温度/℃	辐照度/(W/m²)	$RE_{U_{oc}}$ /%	$RE_{I_{sc}}$ /%	$RE_{U_{MPP}}$ /%	$RE_{I_{MPP}}$ /%	$RE_{P_{MPP}}$ /%
13.9	380	2.46	6.62	0.72	1.34	2.07
10.4	527	2.93	0.76	0.41	3.01	3.42
10.5	565	2.64	0.37	0.44	4.12	4.58
10.7	563	2.87	0.35	0.85	3.88	4.76

本章节主要利用组串仿真模型在最大功率点的电流、电压及功率数据，由实测数据验证可得，提出的组串模型在最大功率点处的仿真数据和实测数据差异很小，$RE_{P_{MPP}}$ 均低于 5%，可以用于后续的研究。

6.2 基于组串功率数据的遮挡类型辨识

在实际的光伏运维中，针对固定遮挡，如鸟粪、积雪等，如果没有尽快人工介入进行处理的话，可能会在较长一段时间内都对光伏发电系统的发电效率产生影响，甚至会形成热斑等损害光伏组件，而针对可变遮挡，如周围山体、树木的阴影等，这种遮挡类型尽管也会在一定程度上带来影响，但其受环境因素影响较大，对运维的及时性要求较低。为了提高运维效率，针对不同的光伏组件遮挡类型需要提出差异化运维策略。

6.2.1 不同遮挡类型下的组件输出特性

1. 可变遮挡

在大多数光伏电站的实际运维中，光伏电站附近的高大树木、建筑物、电线杆或山体等相邻物体的存在无法避免，这些遮挡物可能会在光伏组件阵列上形成阴影，产生遮挡影响。然而，这些遮挡是可变的，随着时间及光照情况的变化，在光伏组件上形成的阴影面积及透光率均会发生变化，因此光伏组件的电气输出特性会有显著的差异。

图6-6 可变遮挡特性研究实验现场图

以北半球的光伏电站为例，考虑到在选址设计时就可以规避南北向阴影遮挡的影响[12]，同时，经过测算也可以排除前后光伏组串之间的互相遮挡影响，因此只需要考虑光伏组件阵列的东西两侧的遮挡物。可变遮挡特性研究实验现场如图6-6所示，为进行可变遮挡的实验平台，利用黄色的遮阳伞作为西侧的遮挡物，可在光伏组件表面形成阴影，将图中红色框线中的8个组件串联为一个组串，记录实验数据。

2021年12月3日进行可变遮挡的实验，当天辐照度随时间变化曲线如图6-7所示，6：30—17：00的数据表明，该实验是在一个晴朗的天气下进行的。

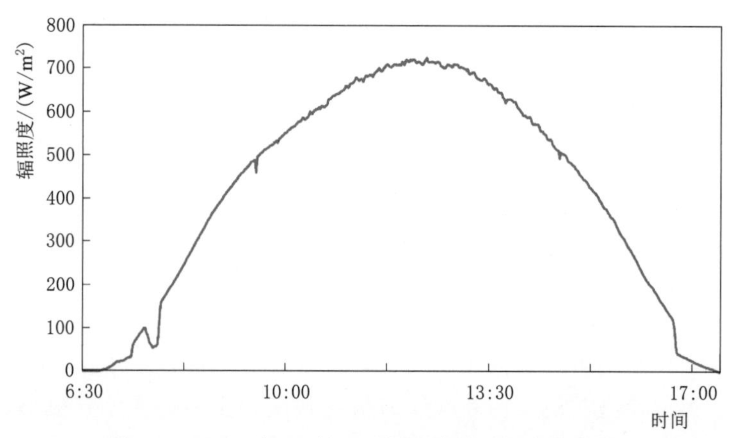

图6-7 2021年12月3日辐照度随时间变化曲线

实验时间为7：00—16：40，然而通过相机记录的可见光图像可以观察到，黄色遮阳伞在实验采用的光伏组串上产生阴影的时间段范围主要在下午，不同时间段范围实验组串 $I-V$ 曲线及对应可见光图像如图 6-8 所示，图 6-8（a）～图 6-8（g）分别为13：30—16：30时间段内，每30min的可见光图像与对应情况下实验光伏组串的 $I-V$ 曲线。图中，实验所用的光伏组串为红色虚线圈出的部分，光伏组件表面的阴影使用白色实线圈出。

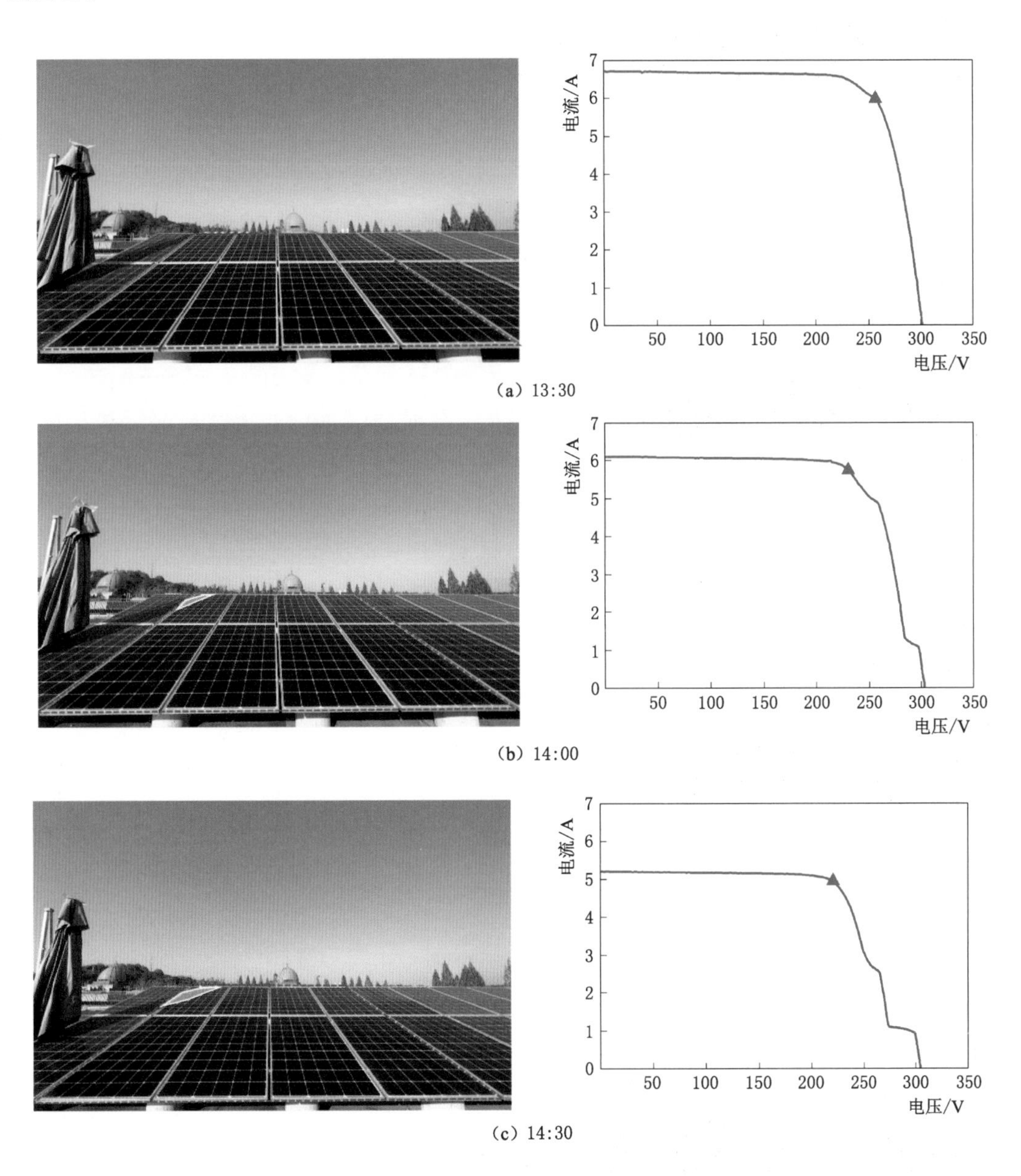

图 6-8（一） 不同时间段范围实验组串 $I-V$ 曲线及对应可见光图像

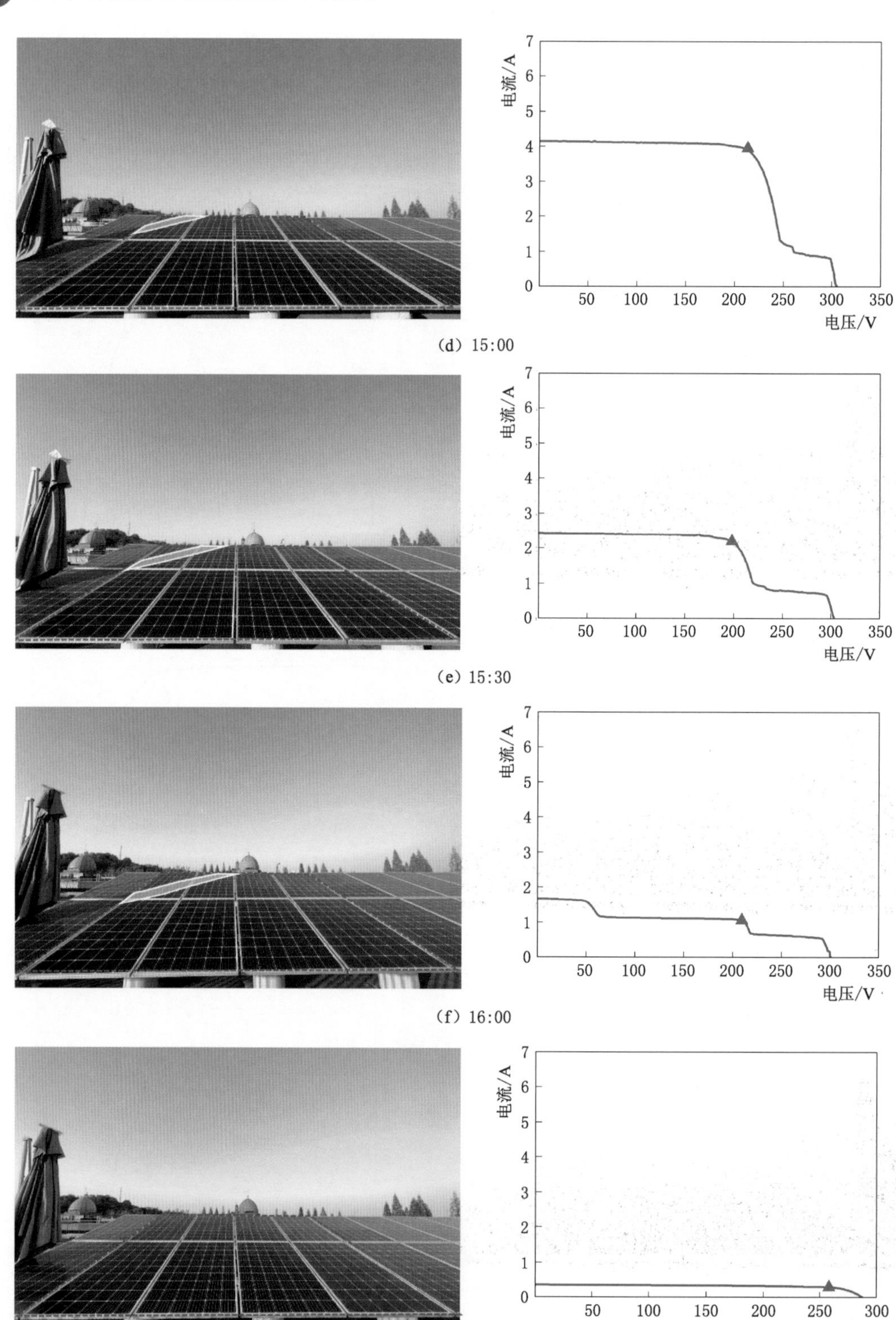

图 6-8（二） 不同时间段范围实验组串 $I-V$ 曲线及对应可见光图像

从图 6-8 中很明显可以看出，13：30 时的 $I-V$ 曲线比较光滑，因为此时遮挡物的阴影并没有达到实验光伏组串处，14：00—16：00 的 $I-V$ 曲线已经出现了一个或者多个膝盖形状，这是因为随着阴影面积的增大和推移，无阴影区域和阴影区域下的辐照度不同，越来越多的光伏组件子串受到影响。同时，随着辐照度的降低，光伏组串的短路电流也随之减少。16：30 时 $I-V$ 曲线回归平滑，这是因为此时已经是日落的时候，光伏组件板上没有阴影遮挡。

2. 固定遮挡

固定遮挡一般是指落在光伏组件表面上的树叶、鸟粪、积雪等，这些遮挡物如果不被清除，会持续性影响光伏组件表面受到的辐照度，进而影响光伏组件的输出功率，加速光伏组件的老化，不利于整体系统的健康平稳运行。

为了研究固定遮挡对光伏组件电气输出特性的影响，利用遮光布模拟遮挡物，在光伏发电系统实验平台进行相关实验，固定遮挡特性研究实验现场图如图 6-9 所示。分别于 2020 年 10 月 24 日及 2020 年 10 月 25 日进行实验，其中 24 日为晴朗天气，25 日为多云天气。为了避免电路串联关系的影响，选择位于不同光伏组串的两块型号一致的光伏组件作为实验组件，其中一块选择遮挡面积为一个光伏电池片的 50%的遮光布进行遮挡，另一块为无遮挡的对照组件，记录实验当天 7：00—17：00 时间段内两个光伏组件的输出功率，采样间隔为 5min，不同天气状况下光伏组件输出功率实验结果如图 6-10 所示。

图 6-9　固定遮挡特性研究实验现场图

如图 6-10 所示，尽管天气状况有差异，但是不难看出，在统计的 7：00—17：00 的时间段内，被遮挡的光伏组件与未被遮挡的光伏组件的输出功率都存在明显的差值。

为了进一步研究遮挡对功率损失的影响，分别采用不同面积的遮光布进行实验，将其遮挡在同一块实验组件的光伏电池上，记录其输出功率，并和同一时间时相同型号的未被遮挡的光伏组件的输出功率数据做比较。

定义组件输出功率损失率（Percentage of Power Loss，PPL）为

$$PPL=\frac{P_{normal}-P_{shaded}}{P_{normal}}\cdot 100\% \tag{6-25}$$

式中：P_{normal} 为实验时相同型号的正常光伏组件的输出功率；P_{shaded} 为实验时被局部遮挡光伏电池的光伏组件的输出功率。

不同遮挡面积下组件输出功率损失率如图 6-11 所示，不难发现，当遮挡面积占光伏电池的比例小于 50%时，光伏组件输出功率的损失，即定义的 PPL 基本为线性上升的趋势，也就说明在这个过程中被遮挡的光伏电池所在电池串的旁路二极管还未被导通；当遮挡面积占光伏电池的比例大于 50%时，被遮挡的光伏电池所在电池串的旁路二极管被导通，即所在电池串被短路，因此该光伏组件仅有另外两个电池串有功率输出，约占正常未

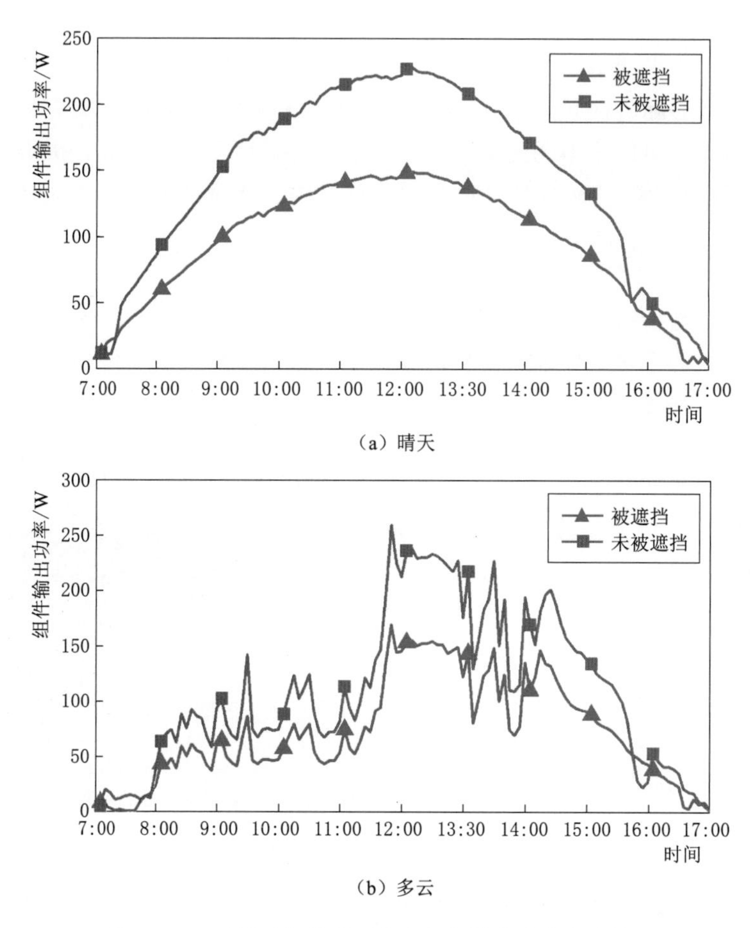

图 6-10 不同天气状况下光伏组件输出功率实验结果

被遮挡情况下光伏组件输出功率的 2/3，再考虑到线路、电阻等损耗，实际情况下实验测得的 PPL 约为 35%。

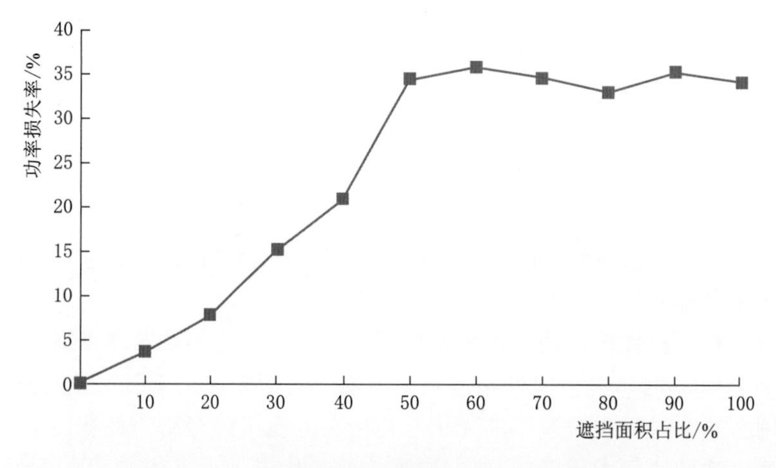

图 6-11 不同遮挡面积下组件输出功率损失率

6.2.2 遮挡类型辨识算法

为了实现遮挡类型辨识，提出一种利用光伏组串输出功率数据的光伏组件遮挡类型辨识算法，如图 6-12 所示。

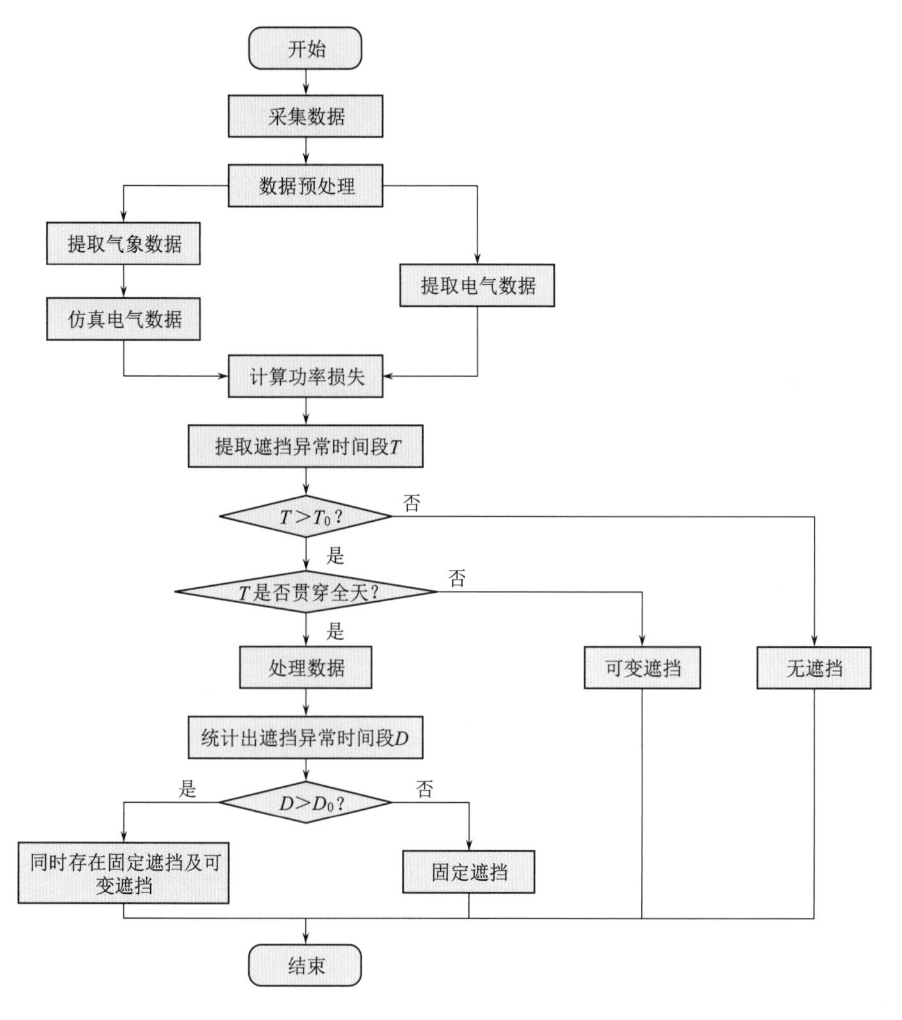

图 6-12 光伏组件遮挡类型辨识算法流程图

算法具体流程如下：

(1) 采集光伏组串的电气数据及环境数据。

(2) 考虑到光伏发电系统在清晨及晚上的发电情况并不稳定，对采集到的数据进行预处理，去除辐照度过低时间段的数据，仅保留辐照度大于 $100W/m^2$ 时的电气数据。

(3) 提取经过预处理的气象数据，利用温度、辐照度及厂商提供的光伏组件相关参数，利用 6.1.2 节中建立的光伏组串模型，仿真得到对应环境条件下正常光伏组串的输出功率。

(4) 提取经过预处理的电气数据，与 6.1.2 节中建模仿真得到的数据进行比较，判断组件输出功率损失超过5%的遮挡异常时间段T。

(5) 判断时间段T是否大于阈值T_0，考虑到数据的偶然性，将T_0定义为15min，如果T不大于T_0则意味着当前光伏组串并未被遮挡，否则进入后续的检测辨识。

(6) 判别时间段T是否贯穿全天，如果未贯穿全天则认定当前光伏组串的遮挡异常为可变遮挡，否则进入后续的检测辨识。

(7) 对组件输出功率损失率进行数据处理，统计出输出功率损失率在$(\alpha-\mu,\alpha+\mu)$范围内的时间段D，其中：α为损失率的二分位数；μ为设定的范围阈值，选取为5%。

(8) 判断时间段D是否大于阈值D_0，将D_0定义为15min，如果不大于阈值则意味着当前光伏组串是固定遮挡，否则同时存在固定遮挡和可变遮挡。

6.2.3 实验及结果分析

为了验证算法的辨识效果，模拟三种遮挡类型：仅存在可变遮挡；仅存在固定遮挡；存在可变遮挡及固定遮挡。将本章节算法用于不同遮挡类型下采集到的气象数据及功率数据，测试该算法在实测数据上能否有效辨识。

1. *仅存在可变遮挡*

2021年12月14日开展可变遮挡的实测数据实验。利用黄色遮阳伞作为实验用具，红色虚线内为实验所用的光伏组串，随着时间推移会在光伏组件面板上形成阴影（图6-6）。记录该实验组串7：00—17：00的输出功率数据，并且利用气象站采集这个时间段内的环境数据。提取输出功率每个采样点的时间点对应的环境数据，利用6.1.2节中的光伏组串仿真模型，可以得到对应的无遮挡的光伏组串的仿真$I-V$曲线，选择最大功率点的功率作为该时间点下正常光伏组串的输出功率。仅存在可变遮挡的实验数据分析如图6-13所示，图6-13（a）为实验组串及参考组串的输出功率，图6-13（b）为实验组串和参考组串直接的功率损失率。

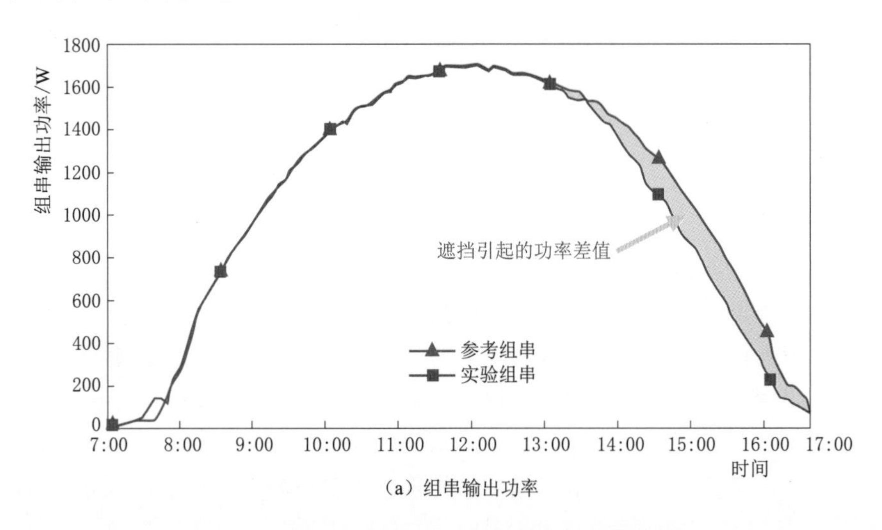

(a) 组串输出功率

图6-13（一） 仅存在可变遮挡的实验数据分析

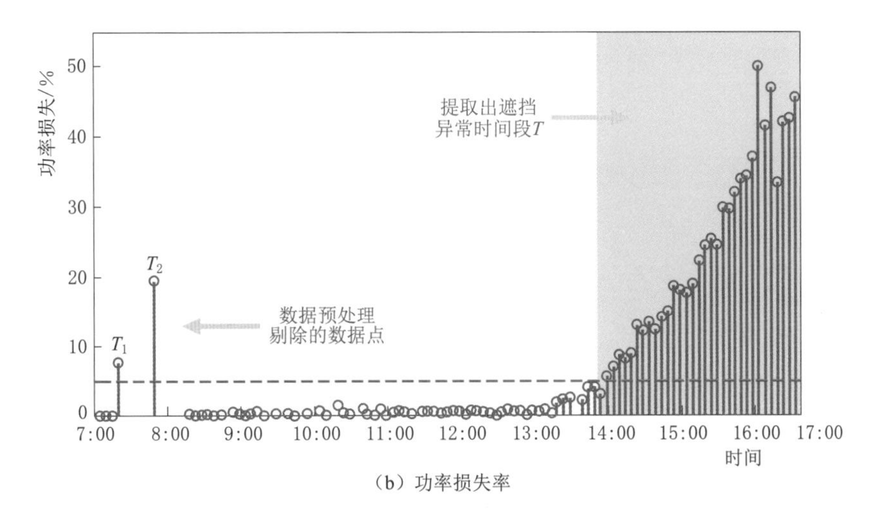

(b) 功率损失率

图 6-13(二) 仅存在可变遮挡的实验数据分析

从图 6-13 中可以看出:①在 14:00 前,实验组串和参考组串的输出功率几乎没有差异。尽管在 T_1 及 T_2 处的功率损失率较大,但是考虑到这两个时间点的辐照度都很低,相对功率损失较大,基于算法中的数据预处理可以将这些点排;②从 14:00 开始,随着实验组串被遮挡物的阴影影响,相比较参考组串的功率损失率一直在持续上升。

如图 6-13(b)可知,14:00—17:00 的功率损失率大于 5%,即红色虚线所示的阈值,这也和图 6-8 中的现象一致。如图中灰色底色显示的区域为光伏组串被遮挡的时间段 T,根据算法的判别依据可得,该时间段并不贯穿全天,仅在下午到落日时间之内存在,因此认定当前实验光伏组串是被可变遮挡影响,符合实验预期。

2. 仅存在固定遮挡

在 2022 年 2 月 25 日开展固定遮挡的实测数据实验,仅存在固定遮挡实验现场图如图 6-14 所示。如图所示,红色虚线内为实验所用的光伏组串,利用裁剪为不同遮挡面积的绿布作为遮挡物,将其粘贴在光伏组件的表面。

记录 8:30—17:30 的气象数据及组串的电气数据,对数据进行预处理,利用算法及仿真模型,进行仅存在固定遮挡的实验数据分析,如图 6-15 所示。

图 6-14 仅存在固定遮挡实验现场图

从图 6-15(a)中不难发现,参考组串和实验组串之间存在明显的功率损失差值,并且贯穿全天。如图 6-15(b)所示为参考组串和实验组串之间的功率损失具体分布,8:30—17:30 都超过了阈值范围(即图中红色虚线),根据本章节算法,可以认定为当前实验数据对应的实验情况存在固定遮挡,进一步进行后续研究。

计算功率损失数据的二分位数,得到的结果为 32.9933%,将功率损失数据和本章节算法提出的 $(\alpha-\mu,\alpha+\mu)$ 相比(此时 $\alpha=32.9933\%$),可得到仅存在固定遮挡的实验数据处理如图 6-16 所示。

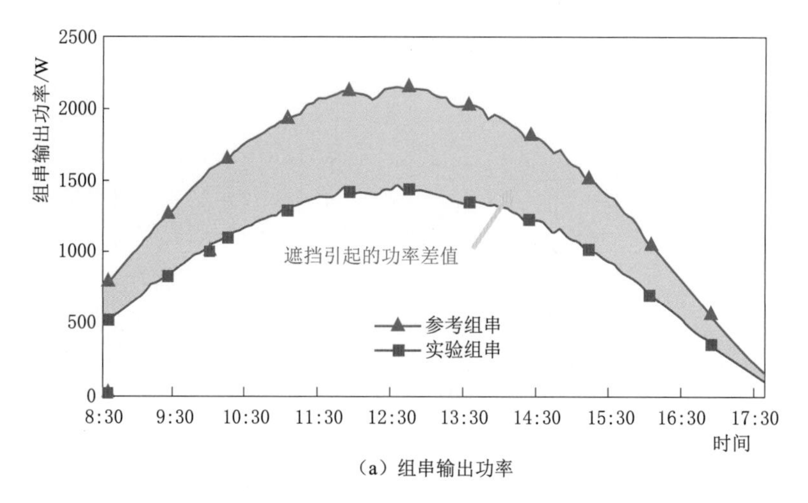

（a）组串输出功率

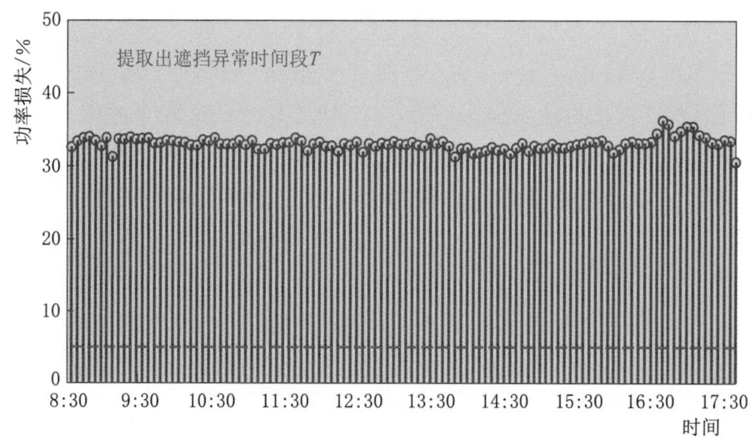

（b）功率损失率

图 6-15 仅存在固定遮挡的实验数据分析

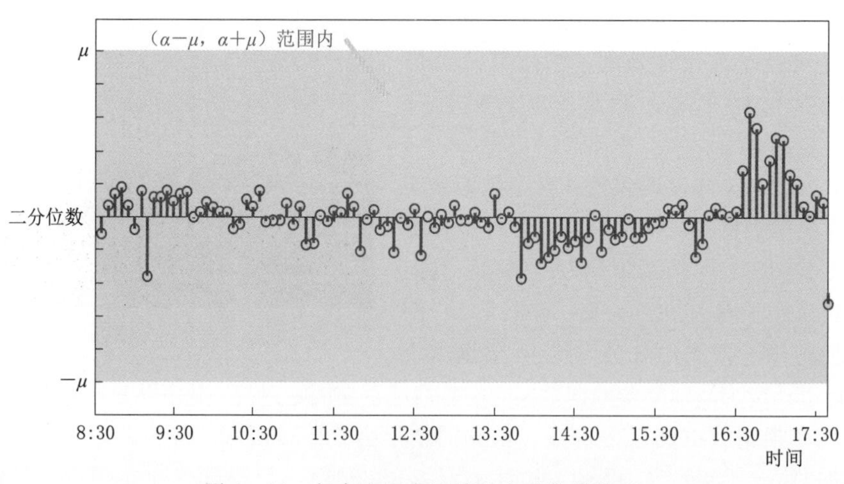

图 6-16 仅存在固定遮挡的实验数据处理

从图 6-16 可得，尽管存在一定程度的波动，但是实验组串和参考组串之间的功率损失率都在（$\alpha-\mu, \alpha+\mu$）范围内，因此不存在受其他遮挡类型影响的情况，基于本章节算法可以判别出当前实验数据对应的遮挡类型为固定遮挡。

3. 存在可变遮挡及固定遮挡

2022 年 2 月 24 日开展固定遮挡的实测数据实验，一方面将黄色遮阳伞放置在光伏组串旁作为可变遮挡物，另一方面将绿布粘贴在光伏组件的表面作为固定遮挡物。记录当天的气象数据及组串的电气数据，初步处理后得到存在可变遮挡和固定遮挡的实验数据分析，如图 6-17 所示。

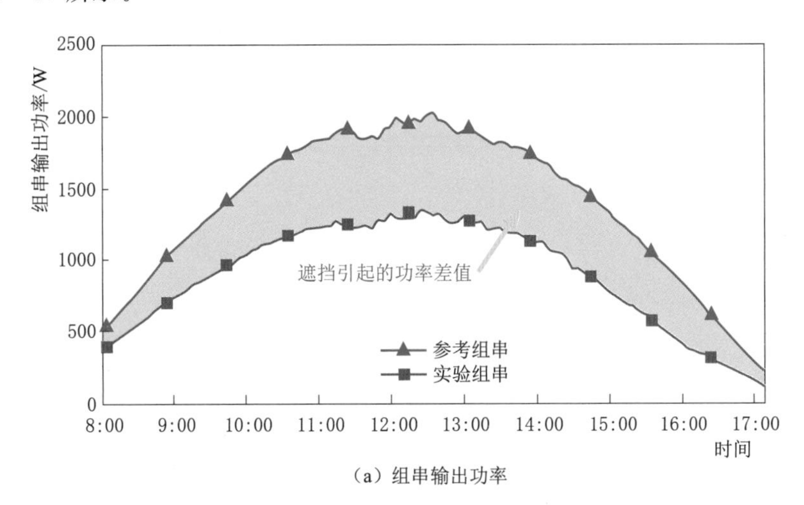

（a）组串输出功率

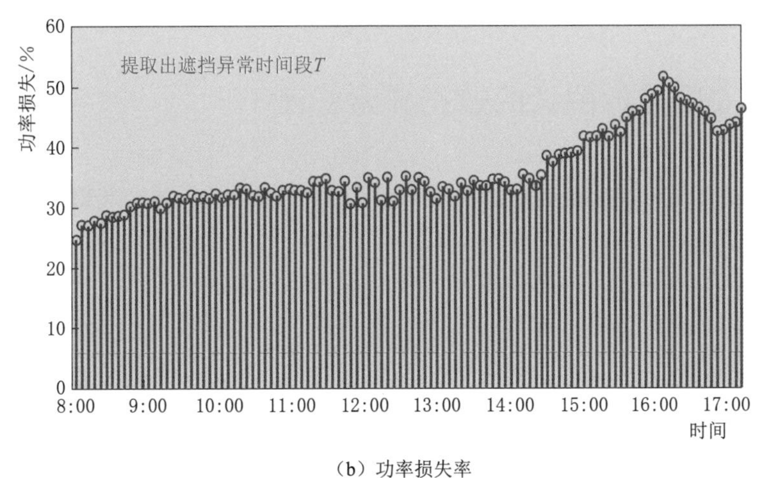

（b）功率损失率

图 6-17 存在可变遮挡和固定遮挡的实验数据分析

从图 6-17（a）中可以看出，从实验开始到结束时，参考组串和实验组串之间存在明显的功率损失差值。图 6-17（b）为参考组串和实验组串之间的功率损失具体分布，和图 6-17（a）中的观察结果一致，存在 8：00—17：00 的贯穿全天的功率损失，并且远高于 5%的阈值（图中红色的线），需要进一步分析。

计算实验组串和参考组串的功率损失数据的二分位数，得到的结果为 33.4377%，即

$\alpha=33.4377\%$，存在可变遮挡和固定遮挡的实验数据处理如图 6-18 所示。

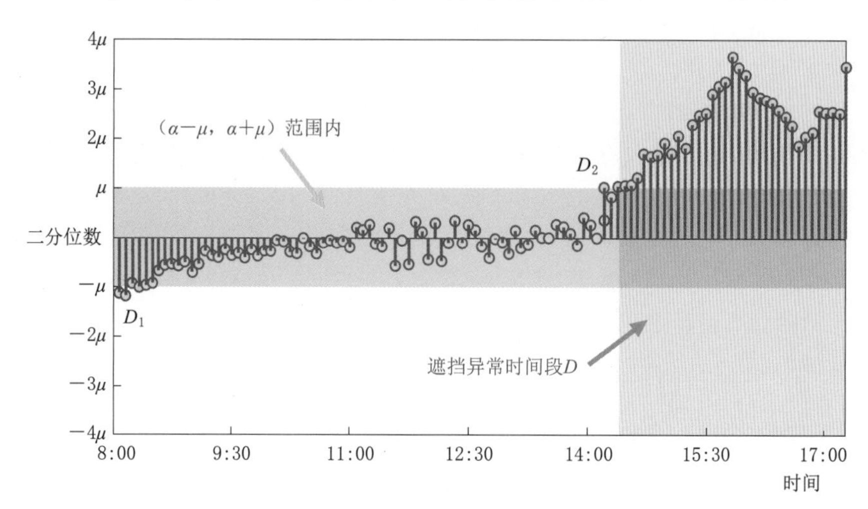

图 6-18 存在可变遮挡和固定遮挡的实验数据处理

其中，8：00—14：30 时间段内的实验数据在算法提出的 $(\alpha-\mu,\alpha+\mu)$ 范围内。尽管 D_1 和 D_2 两处的功率损失偏离了阈值范围，但是根据每 5min 一个采样点的实验条件，这两处的持续时间都小于规定的阈值 D_0（本章节为 15min），可以将其进行排除。14：30—17：00 的实验数据表明，这个时间范围内的实验组串相对参考组串的功率损失大于了算法提出的阈值范围，即认定这个时间段为遮挡异常时间段 D，并且可以得出 $D>D_0$，根据此判断出此时实验组串同时被可变遮挡及固定遮挡影响。

6.3 基于安防摄像图像的遮挡异常检测

6.2 节所述研究内容，能够初步实现对遮挡类型的辨识，但仅采用了光伏组串的功率数据，信息量较少。若需对光伏组件遮挡异常进行进一步的检测定位，需要更大化利用电站信息，从更多视角检测光伏组件遮挡异常。随着智能安防的发展，越来越多的光伏发电站引入了高清摄像头作为监控设备，实现了智能监控、入侵报警、辅助联动等功能，确保光伏发电系统更加稳定、安全、高效运行。相比较使用无人机进行巡检的运维方式，利用高清摄像头采集到的图像进行光伏组件遮挡的检测具有很多优势：其经济成本更低，可以覆盖无人机的视角盲区，对于运维人员也没有额外的能力要求。

6.3.1 摄像头选型及算法框架设计

1. 摄像头选型

在摄像头选型方面，考虑到实际光伏发电站多为固定光伏阵列，仅需要对固定位置进行监控，因此选择成本更低的枪式监控摄像头。同时，枪式监控摄像头带有防护罩，有利于恶劣环境长时间稳定工作，也具有比半球形摄像头更广泛的监控范围。

本章节中选择的摄像头为海康威视摄像头（DS-2CD3T45P1-I），其实物图如图 6-

19 所示。海康威视摄像头技术参数见表 6-6。该摄像头重量仅 340g，可以使用 POE 网线供电，实现 24h 实时监测。同时，可以将电脑与摄像头建立连接实现视频存储，存储视频编码为 Smart H 265，视频压缩码率为 32Kbps～16Mbps。

表 6-6　海康威视摄像头技术参数表

相关技术	参　数
工作温度/℃	−30～60
工作湿度/%	小于 95（无凝结）
镜头焦距/mm	1.68（水平视场角：180°，垂直视场角：90°）
最高分辨率	2560×1440
最远补光距离/m	10

图 6-19　海康威视摄像头实物图

2. 算法框架设计

高清摄像头输出的视频中包含了光伏发电阵列的相关图像信息以及监控时间，可以满足实现光伏组件遮挡异常检测的需要。基于安防摄像头的光伏组件遮挡异常检测算法框架如图 6-20 所示，流程整体可以分为光伏组件提取、图像预处理、遮挡异常检测三个部分。其中，光伏组件提取主要是采用 HSV 颜色空间分割及 GrabCut 算法，从原始图像中分割出光伏组件对应的图像区域；图像预处理利用彩色直方图匹配进行图像增强，并且基于特征实现图像对齐；将待检测图像与基准图像进行差分，实现遮挡异常检测。

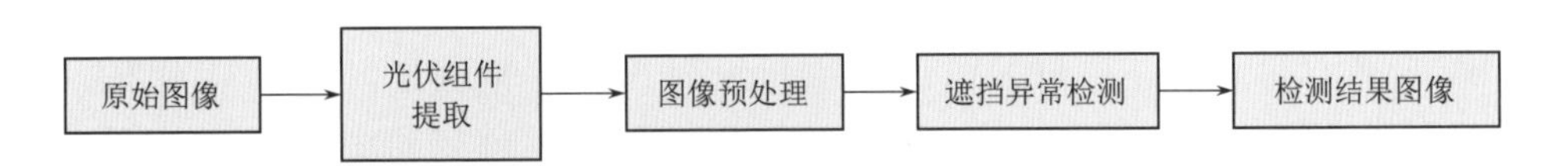

图 6-20　基于安防摄像头的光伏组件遮挡异常检测算法框架

6.3.2 遮挡异常检测算法

6.3.2.1 组件区域提取

考虑到仅需要检测光伏组件板上是否有遮挡物，因此需要对图像中的光伏组件区域进行提取，去除其他无关的背景区域，因此提出一种光伏组件提取算法。光伏组件区域提取算法流程如图 6-21 所示。

分析光伏组件的可见光图像可知，光伏组件区域和图像其他区域差异较大的地方在于颜色，而摄像头近处的光伏组件与远处的光伏组件为两种颜色区域，因此考虑选择不同的阈值范围，利用 HSV 颜色空间分割，分别提取近处及远处的光伏组件对应颜色的区域，并在此基础上利用形态学闭运算及最小外接矩形筛选，去除图像中噪音的干扰。合并提取结果后得到完整的光伏组件区域，接着确定区域边界，利用 GrabCut 算法实现前后景的分离，最终得到提取结果。

1. HSV 颜色空间分割

颜色空间指的是由颜色组成的特定集合，在某种颜色空间中，某个颜色会和某个特定物理样本对应，因此，可以通过物理显示设备将颜色显示出来。同时，也可以将颜色映射成抽象数学模型，即根据给定的映射函数就可以定义某种颜色空间[13]。常见的颜色空间主要有 CIE 颜色空间、RGB 颜色空间、CMYK 颜色空间及 HSV 颜色空间等。

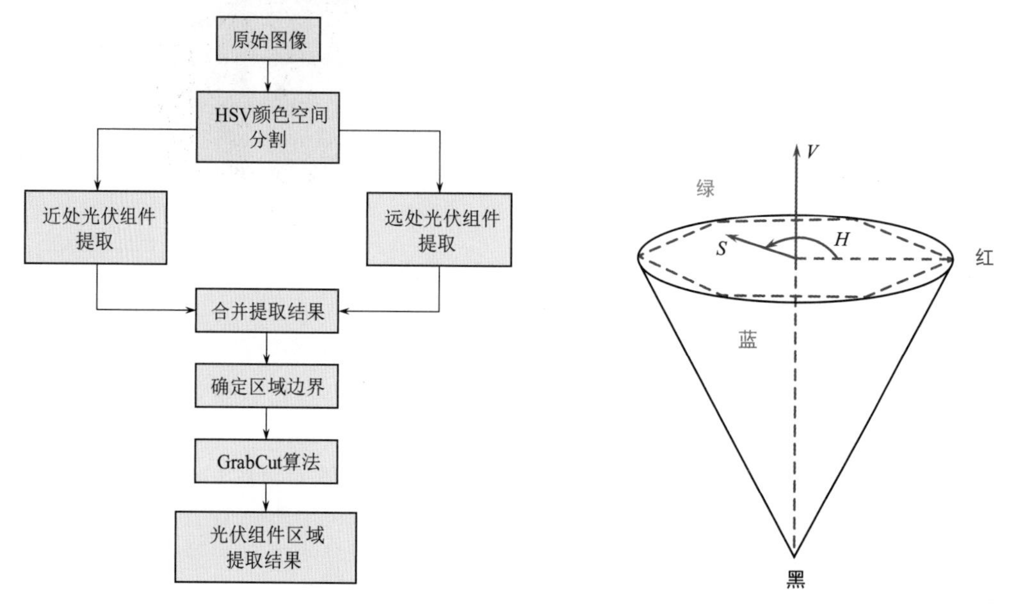

图 6-21 光伏组件区域提取算法流程图

图 6-22 HSV 颜色空间模型

HSV 颜色空间由 PARC 和 NYIT 在 20 世纪 70 年代中期提出，1978 年 A. R. Smith 在计算机图形学期刊上正式阐述该颜色空间[14]。HSV 颜色空间中的 H 代表的是色调 (Hue)，表示颜色的种类；S 代表的是饱和度（Saturation），表示颜色接近光谱色的程度；V 代表的是明度（Value）。一种用倒立的椎体表示的 HSV 颜色空间模型如图 6-22 所示，该模型从 RGB 立方体演化而来。圆锥的顶点处，$V=0$，H 和 S 无定义，代表黑色。圆锥的顶面中心处 $V=\max$，$S=0$，H 无定义，代表白色。

相比较 RGB 等颜色空间，HSV 颜色空间具有更加直观的优点，并且更加接近人类感知和处理颜色的惯用方式。同时，HSV 颜色空间将颜色的明度和色彩分成了两个变量，使得颜色空间对于光照变化具有强鲁棒性[15]。考虑到采集到的可见光图像使用的是 RGB 颜色空间，需要将图像从 RGB 颜色空间转换到 HSV 颜色空间，进而完成后续的研究。具体的转换过程如下。

归一化 RGB 颜色空间的三个分量，即使得 r、g、$b\in[0,1]$。

定义

$$T_{\max}=\max(r,g,b) \tag{6-26}$$

$$T_{\min}=\min(r,g,b) \tag{6-27}$$

H 通道分量 h 为

$$h=\begin{cases}0^\circ & (T_{max}=T_{min})\\ 60^\circ\cdot\dfrac{g-b}{T_{max}-T_{min}}+360^\circ & (T_{max}=r \text{ and } g>b)\\ 60^\circ\cdot\dfrac{r-b}{T_{max}-T_{min}} & (T_{max}=r \text{ and } g\leqslant b)\\ 60^\circ\cdot\dfrac{b-r}{T_{max}-T_{min}}+120^\circ & (T_{max}=g)\\ 60^\circ\cdot\dfrac{r-g}{T_{max}-T_{min}}+240^\circ & (T_{max}=b)\end{cases} \tag{6-28}$$

S 通道分量 s 为

$$s=\begin{cases}0 & (T_{max}=0)\\ \dfrac{T_{max}-T_{min}}{T_{max}} & (otherwise)\end{cases} \tag{6-29}$$

V 通道分量 v 为

$$v=T_{max} \tag{6-30}$$

根据已有的研究及研究经验，可得到 HSV 颜色空间值对照表，见表 6-7，可知人眼颜色与 HSV 颜色空间对应的 h、s、v 分量之间的范围关系。

表 6-7　　HSV 颜色空间值对照表

人眼颜色	黑	灰	白	红		橙	黄	绿	青	蓝	紫
h_{min}	0	0	0	0	156	11	26	35	78	100	125
h_{max}	180	180	180	10	180	25	34	77	99	124	155
s_{min}	0	0	0	43		43	43	43	43	43	43
s_{max}	255	43	30	255		255	255	255	255	255	255
v_{min}	0	46	221	46		46	46	46	46	46	46
v_{max}	46	220	255	255		255	255	255	255	255	255

由于光照条件等原因，图像中光伏组件在摄像头近处及远处呈现两种不同的颜色，需要引入两种不同的 HSV 颜色空间阈值范围，将两次分割的结果进行融合，从而进行完整分割，二值化的过程为

$$g(x,y)=\begin{cases}0, & hsv(x,y)=1\\ 255, & hsv(x,y)=0\end{cases} \tag{6-31}$$

式中：$g(x,y)$ 为图像上某一点 (x,y) 经过 HSV 颜色空间分割后对应的灰度值；$hsv(x,y)=1$ 为原始图像上某一点 (x,y) 满足 HSV 颜色空间分割的两个阈值范围之一。

2. 形态学闭运算

经过 HSV 颜色空间分割后，图像中存在一定的噪声，并且光伏组件之间存在空隙，对后续针对连通域的图像处理操作会造成影响，选择利用形态学闭运算消除噪声及空隙。形态学闭运算一般用于弥补图像中较窄的间断，并且能够消除一些较小的空洞。将利用结构元 B 对图像 A 进行闭运算表示为 $A\cdot B$，定义为

$$A\cdot B=(A\oplus B)\ominus B \tag{6-32}$$

即表明，形态学闭运算就是用 B 对图像 A 先进行膨胀，再用 B 对膨胀后结果进行腐蚀。

假定 B 为一个结构元，A 为被膨胀的图像，则可以定义 $\hat{B}$ 为 B 的反射，也就是 B 中 (x,y) 被 $(-x,-y)$ 替代的集合，即

$$\hat{B}=\{w \mid w=-b,b \in B\} \tag{6-33}$$

定义 $(B)_z$ 为 B 按照点 $z=(z_1,z_2)$ 的平移，即 B 中坐标 (x,y) 被 $(x+z_1,y+z_2)$ 替代的集合，即

$$(B)_z=\{c \mid c=b+z,b \in B\} \tag{6-34}$$

(1) 膨胀。膨胀（dilated）是图像中的高亮部分进行膨胀，扩大高亮区域。

假定 B 为一个结构元，A 为被膨胀的图像，则将 B 对 A 的膨胀定义为

$$A \oplus B=\{z \mid [(\hat{B})_z \cap A \neq \varnothing]\} \tag{6-35}$$

B 对 A 的膨胀是所有位移 z 的集合，因此，$\hat{B}$ 和 A 至少有一个元素是重叠的，可以将上式等价写为

$$A \oplus B=\{z \mid [(\hat{B})_z \cap A] \subseteq A\} \tag{6-36}$$

(2) 腐蚀。腐蚀（eroded）是图像中的高亮部分被腐蚀掉，减小高亮区域。

假定 B 为一个结构元，A 为被腐蚀的图像，则将 B 对 A 的腐蚀定义为

$$A \ominus B=\{z \mid (B)_z \subseteq A\} \tag{6-37}$$

B 对 A 的腐蚀是所有用 z 平移的 B 包含在 A 中的所有点的集合，可以将腐蚀表示为如下等价形式，即

$$A \ominus B=\{z \mid (B)_z \cap A^c=\varnothing\} \tag{6-38}$$

式中：A^c 为 A 的补集；$\varnothing$ 为空集。

3. 最小外接矩形

考虑到图像中仍可能存在一定的噪声，而光伏组件部分相对连贯，因此通过投影像素统计的方法进行光伏组件区域最小外接矩形的提取，最小外接矩形提取算法基本流程如图6-23所示。按照从左到右的顺序扫描图像，记录图像中每一列白色像素的总数作为该列的纵向投影 $v[i]$，i 为图像的列号，理想情况下背景和光伏组件之间的间隙对应的纵向投影为0，考虑到可能有噪声残余而带来干扰，设置一个大于0的投影阈值 D_1，利用这个阈值来判别光伏组件区域，如果大于该阈值，则认为对应列为光伏组件区域的像素，将列的序号记录下来，将记录下来的最小及最大的序号分别作为光伏组件区域的左边界和右边界。同样的，按照从上到下的顺序扫描图像，并且记录白色像素总数，设置一个大于0的投影阈值 D_2，利用阈值来判别光伏组件区域，得到光伏组件区域的上边界和下边界。综合上述得到的左边界、右边界、上边界和下边界，即可得

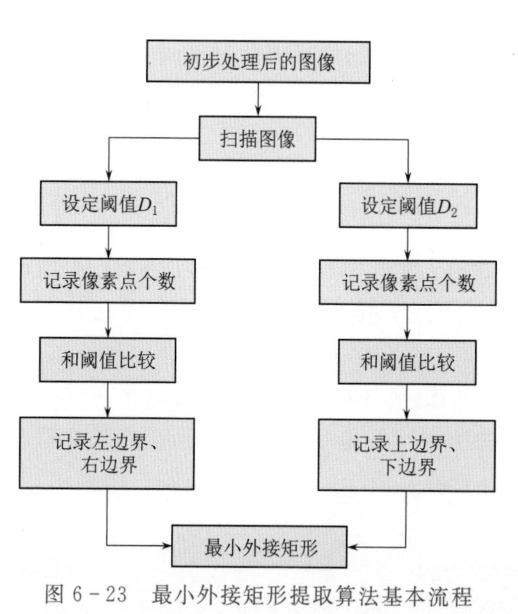

图6-23 最小外接矩形提取算法基本流程

到光伏组件区域最小的外接矩形，以此作为下述 GrabCut 算法的输入。

4. GrabCut 算法

GrabCut 算法是基于 GraphCut 算法基础上的改进，算法整体思想是将原始图像映射为带有非负数权值的 $S-T$ 网络图，其中 S 代表前景终点，T 代表背景终点[16]。GrabCut 算法示意图如图 6-24 所示。

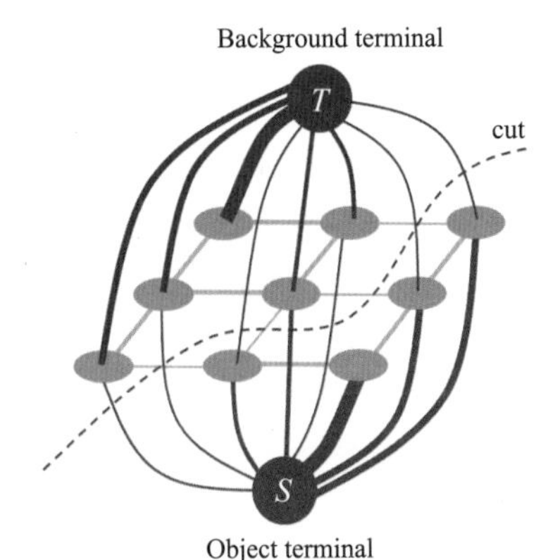

图 6-24 GrabCut 算法示意图

GrabCut 算法的输入为原始图像及一个选定的目标最小外接矩形，根据输入的图案是图像创建无向图 $\zeta=(t,\varepsilon)$，其中该无向图的节点 t 对应为原始图像中像素点 $p\in P$，ε 代表的是图像中边缘的集合，前景终点 S 和背景终点 T 和图像的关系为

$$t=P\cup\{S,T\} \tag{6-39}$$

将原始图像像素点的值用不透明度 α 表示，算法将目标最小外接矩形外的所有像素定义为初始背景像素（$\alpha=0$），矩形内的像素定义为初始前景像素（$\alpha=1$）。

分别针对原始图像的前景和背景，用 K 个高斯分量建立两个 RGB 三通道的多维高斯混合模型（Gaussian Mixture Model，GMM），由此得到向量 $k=\{k_1,k_2,\cdots,k_p,\cdots,k_n\}$，其中 $k_p\in\{1,\cdots,K\}$表示的是图像像素 p 对应的高斯分量。单高斯模型的概率密度函数为

$$g(x\mid\mu,\sigma)=\frac{1}{\sigma\sqrt{2\pi}}\exp\left[\frac{-(x-\mu)^2}{2\sigma^2}\right] \tag{6-40}$$

高斯混合模型由 n 个单高斯模型的概率密度加权之和表示，即

$$q(x)=\sum_{i=1}^{n}q_iG(x\mid\mu_i,\sigma_i^2) \tag{6-41}$$

式中：q_i 为第 i 个高斯模型对应的权值。

GMM 有如下的公式

$$D(x)=\sum_{i=1}^{K}\pi_i g_i(x,\mu_i,\sigma_i),0\leqslant\pi_i\leqslant1\quad\text{and}\quad\sum_{i=1}^{K}\pi_i=1 \tag{6-42}$$

$$g(x,\mu,\sigma)=\frac{1}{\sqrt{(2\pi)^d\mid\sigma\mid}}\exp\left[-\frac{1}{2}(x-\mu)^T\sigma^{-1}(x-\mu)\right] \tag{6-43}$$

式中：d 为数据维度。

对无向图 ζ 施加软约束，得到 GrabCut 算法的吉布斯能量函数为

$$E(\alpha,k,\theta,P)=U(\alpha,k,\theta,P)+V(\alpha,P) \tag{6-44}$$

式中：E 为 Gibbs 能量；U 为数据项，表示原始图像所有像素属于背景区域或者属于前景像素的惩罚；V 为平滑项，表示原始图像两两相邻像素之间的惩罚项；θ 为图像前景和背景的灰度直方图。

其中，U 的能量表达式为

$$U(\alpha,k,\theta,P)=\sum_{p\in P}D(\alpha_p,k_p,\theta,p) \tag{6-45}$$

$$D(\alpha_p,k_p,\theta,p)=-\log[\pi(\alpha_p,k_p)]+\frac{1}{2}\log[\sigma(\alpha_p,k_p)]$$

$$+\frac{1}{2}[I_p-\mu(\alpha_p,k_p)]^{\mathrm{T}}\sigma(\alpha_p,k_p)^{-1}[I_p-\mu(\alpha_p,k_p)] \tag{6-46}$$

式中：$\sigma(\alpha_p,k_p)$为协方差矩阵；det 为求行列式的符号。

GMM 的参数 θ 为

$$\theta=\{\pi(\alpha,k),\mu(\alpha,k),\sigma(\alpha,k)\} \tag{6-47}$$

式中：$\pi(\alpha,k)$为高斯概率分布的样本占总数的权值；$\mu(\alpha,k)$为高斯模型的均值。

GrabCut 算法中，前述的前景及背景对应的这三个参数都采用 K 均值聚类算法确定：首先将前景或背景聚类为 K 种像素，然后针对每种像素分别求出对应的权重、均值向量及协方差矩阵，接着将图像中像素对应的 RGB 值代入前景或背景的 GMM，分别求出像素属于前景和背景的概率，则能够得到图像的前景终点 S 和背景终点 T 到像素点的边的权值。

平滑项 V 表示的是每两个相邻像素 p 与 q 之间的连续性惩罚，可表示为

$$V(\alpha,P)=\gamma\sum_{\substack{\{p,q\}\in N\\ \alpha_p\neq\alpha_q}}\exp(-\beta\|I_p-I_q\|^2) \tag{6-48}$$

式中，利用了两个像素之间的欧式距离来表示相似性，β 决定了图像的对比度。

根据上述的推导，可以得到目标图像，并且针对其进行能量最小化分割，进而将图像分割问题变成二元划分问题。GrabCut 算法利用迭代对 GMM 参数进行优化，得到能量函数的最小值，进而通过最大流、最小流的分割方法求得最优解[17]。

6.3.2.2 图像预处理

1. 图像增强

通过观察得到的实验数据集可以发现，当采集图像的时间不同或天气情况不同，即光照情况不同时，采集到的图像的明度和色彩差异较大。为了提高后续的遮挡异常检测效果，有必要对图像进行处理操作。选取一张基准图像，并将待检测的图像利用彩色直方图匹配方式进行图像增强。

直方图描述的是一种数据分布的统计图，首先将给定的某种变量的取值划分为若干个区间（即 bin），然后将统计得到的该变量的取值落在每个 bin 上的数目，横坐标表示 bin，纵坐标表示每个 bin 上对应的点的个数，以此即可画出对应的二维图[18]。根据变量的选取不同，也可以得到不同的直方图，如灰度直方图、梯度直方图等[19]。直方图匹配的目的是利用待检测图像的直方图和基准图像的直方图，构造一种映射变换，将该变换应用于待检测的图像，从而使得得到的新图像和基准图像具有相类似的色调，利于后续的处理及检测。

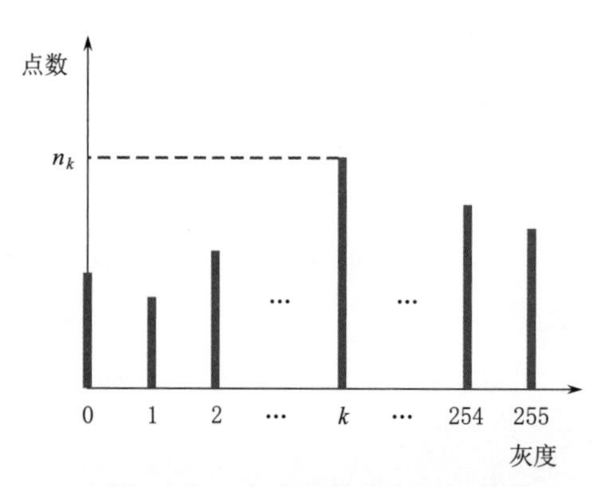

图 6-25 灰度图像直方图示意图

设基准图像、待检测图像、变换后的图像分别为变量 O、W、A，基准图像和待检测图像的像素尺寸完全一致，都为 $M\times N$，M 和 N 为图像的行和列的维数。设图像所有像素的灰度级范围为 $[0,H-1]$，则灰度图像直方图示意图如图 6-25 所示。

直方图的水平轴对应于灰度值 g_k，垂直轴对应的是灰度值为 g_k 的像素点的个数 n_k，即可得到直方图的离散函数为

$$h(g_k)=n_k \tag{6-49}$$

将上式归一化，其中 $k=0, 1, \cdots, H-1$，可得概率密度函数为

$$p(g_k)=\frac{h(g_k)}{M \cdot N}=\frac{n_k}{M \cdot N} \tag{6-50}$$

设待检测图像 W 的灰度级为 x，基准图像 O 的灰度级为 z，则可以得到待检测图像的概率密度函数为 $p_x(x)$，图像增强的目的即是让变换后的图像 A 的概率密度函数和基准图像 O 相类似，为 $p_z(z)$。

对于待检测图像，构造直方图均衡化映射函数为

$$s=T(x)=(H-1)\int_0^x p_x(w)\mathrm{d}w \tag{6-51}$$

式中：s 为灰度值 x 经过变换后得到的新的灰度值；p_x 为 x 的概率密度函数；w 为积分变量。

同样，对于基准图像 O，也可以构造变换函数为

$$r=G(z)=(H-1)\int_0^z p_z(t)\mathrm{d}t \tag{6-52}$$

式中：r 为灰度值 z 经过变换后得到的新的灰度值；p_z 为 z 的概率密度函数；t 为积分变量。

在上述直方图变换映射中，s 和 r 均服从相同的均匀分布，则可得 $s=r$，即

$$T(x)=G(z) \tag{6-53}$$

则必然要求有

$$z=G^{-1}[T(x)]=G^{-1}(s) \tag{6-54}$$

因此可得出结论：利用直方图匹配进行图像增强的过程，实质上就是先均衡化待检测图像，再对得到的图像做基准图像均衡化的逆变换，直方图匹配原理如图 6-26 所示。

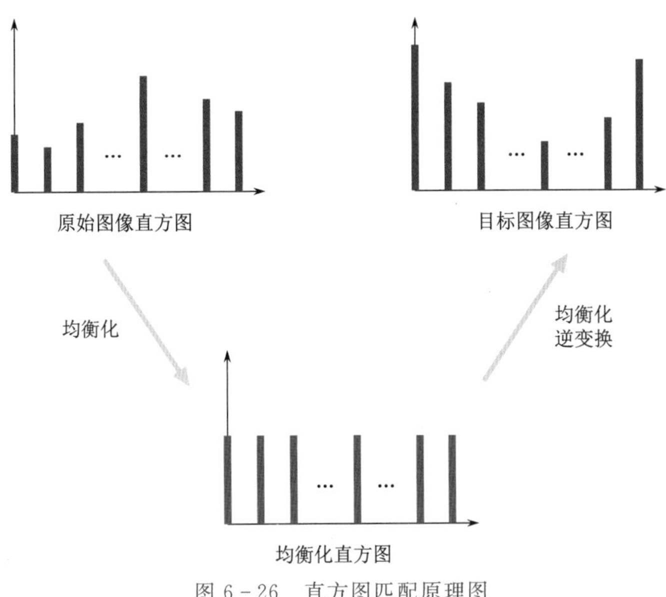

图 6-26　直方图匹配原理图

直方图匹配的过程主要有三个步骤[20]：

（1）计算待检测图像的累计直方图，即

$$s_k = T(x_k) = (H-1)\sum_{i=0}^{k} p_x(x_i), k = 0,1,2,\cdots,H-1 \tag{6-55}$$

（2）计算基准图像的累计直方图，即

$$r_q = G(z_q) = (H-1)\sum_{j=0}^{q} p_z(z_j), q = 0,1,2,\cdots,H-1 \tag{6-56}$$

（3）对于每个灰度级，寻找满足 $\left|\sum_{i=0}^{k} p_x(x_i) - \sum_{j=0}^{q} p_z(z_j)\right|$ 最小的 k 和 q，建立待检测图像和基准图像的累计直方图映射表，再利用该映射表生成变换后的直方图，得到变换后的图像。

上述讨论的是灰度图像的情形，考虑到采集到的实验图像为彩色图像，因此先将彩色图分离为 R、G、B 这三个通道，然后分别在这三个通道上进行直方图匹配，最后得到最终的转换后的图像，实现图像增强。

2. 图像对齐

尽管使用的是固定安防摄像头，但是经过观察可得，不同时间采集的图像之间或多或少存在角度偏移的问题，影响后续和基准图像进行差分检测，需要进行图片的对齐校正。图像对齐即是实现同一目标的多张图像在空间位置的对准，也就是找出基准图像像素和待检测图像像素之间的空间映射关系[21]，本章节选用的是基于特征的匹配方法。

基于特征的图像对齐算法流程如图 6-27 所示，主要分为三个步骤，即关键点检测与特征描述、特征匹配和图像变换。

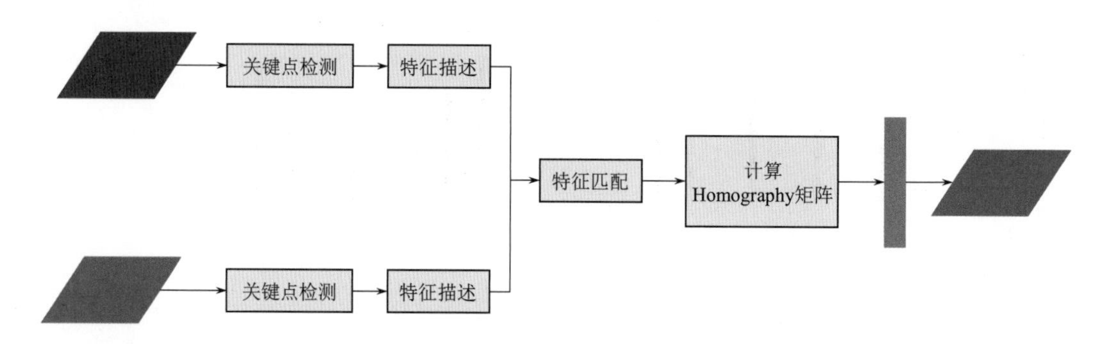

图 6-27　基于特征的图像对齐算法流程图

关键点即是感兴趣点，表示的是图像中独特或者重要的部分，每个关键点由描述点表示，本章节选用 ORB（Oriented FAST and Rotated BRIEF）作为描述符[22]。ORB 是一种快速的二进制描述符，基于 FAST（Features from Accelerated Segment Test）关键点检测算法和 BRIEF（Binary Robust Independent Elementary Features）描述符的组合，具有旋转不变性和对噪声的鲁棒性。

FAST 关键点检测算法是利用对比度，取一幅图像中某个像素点为中心，如果该中心邻域内有足够多的像素点的值和中心有明显差别，则认为该中心为候选关键点。算法流程如下：

(1) 从灰度图像中选取一像素点 d。

(2) 设置一个阈值 w。

(3) 以 d 点为圆心，3 个像素为半径的圆上选取 16 个像素点，将其分为两类，即

$$R_m = \begin{cases} 1, & |P_m - P_d| > w \\ 0, & |P_m - P_d| \leqslant w \end{cases} \tag{6-57}$$

式中：P_d 为像素点 d 的像素；P_m 为圆上 16 个像素点中第 m 像素点的像素，m 的取值范围为 $m \in \{1, 2, \cdots, 16\}$；$R_m$ 为第 m 个像素点的分类结果。

(4) 当圆上至少有 12 个连续的像素点的分类结果为 1 时，判定选取的点 d 为一个关键点。为了提升检测速度，可以先检测圆上第 1、5、9 和 13 个像素点，如果这 4 个点中至少有 3 个点满足分类结果为 1，则可能为关键点，否则就直接剔除该点。

FAST 关键点检测算法虽然检测速度较快，但是该方法仍具有不足。为了改进原始 FAST 关键点检测算法使其具备尺度不变性和旋转不变性，ORB 算法构建了高斯金字塔，在不同的尺度空间中利用 FAST 关键点检测算法对图像进行特征关键点检测，并在此基础上，通过灰度质心法为角点定向。该方法将特征点作为坐标原点，利用式 (6-58) 所定义的矩阵 $M_{p,q}$ 计算所定义的矩阵计算领域质心，将特征点的灰度和质心之间的偏移量的方向作为主方向。质心 C 及特征点的主方向 Q 分别为

$$M_{p,q} = \sum_{x, y \in r} x^p y^q G(x, y) \tag{6-58}$$

$$C = \left(\frac{M_{1,0}}{M_{0,0}}, \frac{M_{0,1}}{M_{0,0}} \right) \tag{6-59}$$

$$\theta = \arctan\left(\frac{M_{0,1}}{M_{1,0}} \right) \tag{6-60}$$

式中：$G(x, y)$ 为图像灰度，(x, y) 在以特征点为圆心，半径为 r 的圆形区域内。

完成关键点检测后，ORB 算法通过改进 BRIEF 算法来实现特征点的描述[23]。BRIEF 算法在特征点的周围领域选取 n 对比对点，进行灰度值比较，进而可以表达图像局部区域的信息。BRIEF 算法具有特征描述算子结构简单、匹配速度快的优点，然而不具备方向不变性，在图像发生旋转的情况下会有方向问题。ORB 算法将特征点所在区域的比对点集表示为矩阵的形式，即

$$\boldsymbol{Q} = \begin{bmatrix} x_1 & x_2 & \cdots & x_n \\ y_1 & y_2 & \cdots & y_n \end{bmatrix} \tag{6-61}$$

根据特征检测已经给出的特征点的方向角 θ，得到相应的旋转矩阵，即

$$\boldsymbol{R}_\theta = \begin{bmatrix} \cos\theta & \sin\theta \\ -\sin\theta & \cos\theta \end{bmatrix} \tag{6-62}$$

将旋转矩阵 $\boldsymbol{R}_\theta$ 与比对点集 $\boldsymbol{Q}$ 相乘，则得到了具有方向特性的特征描述，即

$$\boldsymbol{Q}_\theta = \boldsymbol{R}_\theta \boldsymbol{Q} \tag{6-63}$$

找到可以用于匹配的特征点集后，为了进一步优化匹配效果，采用随机抽样一致（Random Sample Consensus，RANSAC）算法进行去噪，该算法采用迭代的方式从一组包含离群的被观测数据中估算出数学模型的参数。RANSAC 算法假设数据中包含正确数据和异常数据（即需要去除的噪声），将正确数据记为内点（inliers），异常数据记为外点（outliers）。

给定 n 个特征点组成的集合 Q_θ，假设最少可以通过 m 个集合中的特征点就可以拟合出集合中绝大多数的点都符合的模型的参数，可以通过将如下操作迭代 k 次来拟合模型参数：①从 Q_θ 随机选择 m 个特征点。②利用这 m 个特征点拟合出一个模型 X。③计算 Q_θ 中剩余的特征点和模型 X 的距离，距离超过设定的阈值就认定为外点，距离不超过阈值则认定为内点，记录模型 X 对应的内点个数 N_X。

迭代 k 次完成后，选择 N_X 最大的模型 X 作为拟合的结果，即将此模型 X 对应的内点作为最佳匹配特征点集。根据相似性较高的最佳匹配特征点对可以计算得出待检测图像和基准图像的 Homography 矩阵，即

$$\boldsymbol{H} = \begin{bmatrix} h_{0,0} & h_{0,1} & h_{0,2} \\ h_{1,0} & h_{1,1} & h_{1,2} \\ h_{2,0} & h_{2,1} & h_{2,2} \end{bmatrix} \tag{6-64}$$

利用 Homography 方法可以对待检测图像实现图像对齐，即

$$\begin{bmatrix} x_1 \\ y_1 \\ 1 \end{bmatrix} = H \begin{bmatrix} x_2 \\ y_2 \\ 1 \end{bmatrix} = \begin{bmatrix} h_{0,0} & h_{0,1} & h_{0,2} \\ h_{1,0} & h_{1,1} & h_{1,2} \\ h_{2,0} & h_{2,1} & h_{2,2} \end{bmatrix} \begin{bmatrix} x_2 \\ y_2 \\ 1 \end{bmatrix} \tag{6-65}$$

6.3.2.3 遮挡异常检测

考虑到研究对象为光伏组件上的遮挡，安防摄像头固定静止，采集到的图像上的光伏组件区域在经过处理后都处于相同的位置，因此采用图像差分算法。该算法主要是将待检测图像与光伏组件无遮挡异常的参考图像进行减法计算，找出与参考图像像素差异超过一定阈值的区域作为遮挡异常区域，遮挡异常检测算法流程如图 6-28 所示。

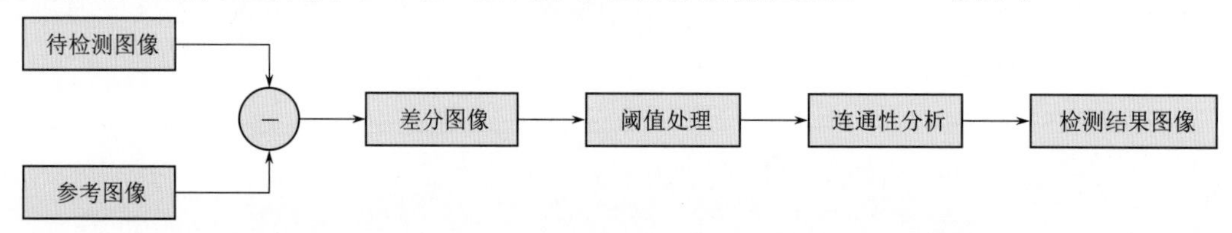

图 6-28 遮挡异常检测算法流程图

将待检测图像记为 B，参考图像记为 C，则待检测图像及参考图像对应像素点的灰度值分别为 $B(x,y)$ 和 $C(x,y)$，将两张图像对应像素点的灰度值进行减法计算，并取绝对值得到差分图像 D，对应的像素点的灰度值为

$$D(x,y)=|C(x,y)-B(x,y)| \tag{6-66}$$

设定阈值 F，逐个对差分图像的像素点进行二值化处理，得到二值化图像 R。其中，灰度值为 255 的即为光伏组件上的被遮挡部分，灰度值为 0 的即为正常光伏组件。对二值化图像 R 进行连通性分析，可得到光伏组件被遮挡的区域，即

$$R(x,y)=\begin{cases}255, & D(x,y)\geqslant F \\ 0, & D(x,y)<F\end{cases} \tag{6-67}$$

6.3.3 实验及结果分析

6.3.3.1 数据采集

本次实验所用的图像均采集自光伏发电系统试验平台的摄像头。为了模拟不同位置的遮挡情况，剪裁不同面积大小的布作为遮挡物粘贴在光伏组件表面，光伏组件遮挡异常模拟实验现场图如图 6-29 所示。

(a) 单晶硅光伏组件

(b) 多晶硅光伏组件

图 6-29 光伏组件遮挡异常模拟实验现场图

在不同的光照条件下共采集 120 张图片，其中 18 张为无遮挡图像，其余为光伏组件上有遮挡的图像。采集的有遮挡的图像中光伏组件被遮挡的情况不一致，即遮挡物的位置、个数、面积均有差异。

6.3.3.2 实验方法及评价指标

将 6.3.1 节中采集的图像数据集作为实验输入，利用基于安防摄像图像的光伏组件遮挡异常检测算法进行检测实验，实验可能出现的结果如图 6-30 所示。其中：N 为实验数据集的全部图像数量；S_i 表示实验数据集中的实际情况对应的图像数量，即分为无遮挡情况下拍摄的图像数量 S_1 及光伏组件有遮挡情况下拍摄的图像数量 S_2；R_i 表示该算法得出的实验结果对应的数量，如实际情况无遮挡的图片经过算法测试后可能会出现检测出无遮挡和检测出有遮挡两种情况，对应的图像数量分别为 R_1 和 R_2，而实际情况有遮挡的图片对应的测试结果有三种情况，即检测出无遮挡、检测出有遮挡且遮挡情况与实际

一致、检测出有遮挡但遮挡情况与实际不一致，对应的图像数量分别为 R_3、R_4 和 R_5。其中，与实际情况一致指的是检测出的光伏组件上的遮挡物的数量与位置都与实际情况完全一致，并且能够完整检测出遮挡物的范围。

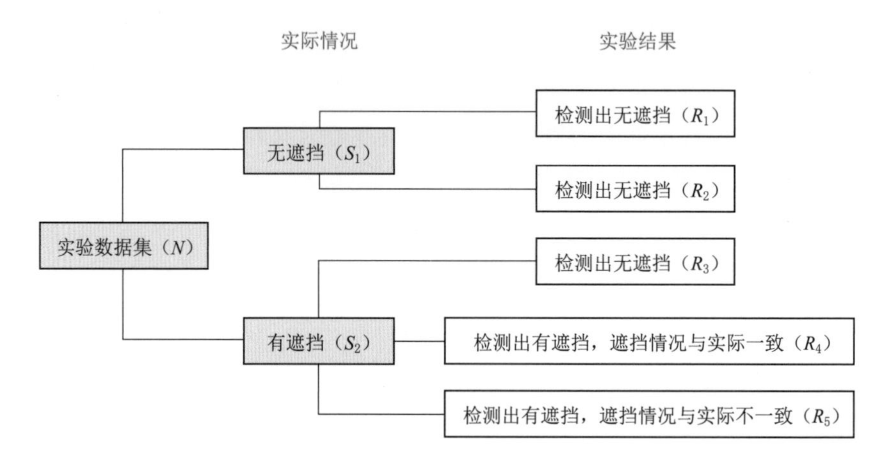

图 6－30 实验可能出现的结果

基于上述实验可能出现的结果，制定检测成功率 P_S 与定位准确率 P_A 两个评价指标用于相关实验。

检测成功率 P_S 代表着算法能否检测出有无异常的能力，即

$$P_S = \frac{R_1 + R_4 + R_5}{N} \tag{6-68}$$

定位准确率 P_A 用于评价算法完全准确地检测出遮挡物对应的数量、位置及遮挡范围的能力，即

$$P_A = \frac{R_1 + R_4}{N} \tag{6-69}$$

6.3.3.3 结果及分析

为了验证提出的基于安防摄像图像的光伏组件遮挡异常检测算法的有效性，选用光伏发电系统实验平台的摄像头，采集在自然光照情况下的可见光图像，在此基础上进行算法验证。

1. 光伏组件区域提取实验

为了验证提出的光伏组件提取算法的有效性，将采集到的可见光图像进行提取实验，光伏组件区域提取实验结果如图 6－31 所示。

其中，图 6－31（a）为安防摄像头采集到的光伏发电系统实验平台的现场照片，图 6－31（b）为原始图像在经过基于 HSV 颜色空间分割之后得到的结果，存在较多的混淆区域，不利于后续的连通域筛选。图 6－31（c）为进行了形态学闭运算后的图像，一定程度上消除了光伏组件之间小的空隙，但是仍然存在较多的噪声区域，并且这些区域的面积较小，因此通过连通域面积筛选选择出光伏组件所在的区域，得到图 6－31（d）所示的结果，并且提取出光伏组件区域最小外接矩形，即图中红色边框框选的区

域，作为后续操作的输入。图 6-31（e）为利用 GrabCut 算法得到的光伏组件提取结果。从上述过程可以发现，提出的光伏组件提取算法能够有效进行组件提取，有助于后续的研究工作。

（a）原始图像

（b）HSV 颜色空间分割后

（c）形态学闭运算后

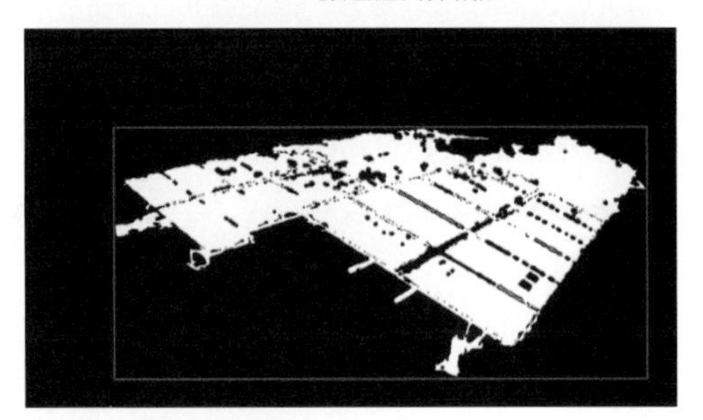

（d）最小外接矩形结果

（e）光伏组件区域提取结果

图 6-31　光伏组件区域提取实验结果

2. 图像增强实验

彩色直方图匹配结果图如图 6-32 所示，图 6-32（a）～图 6-32（c）分别是原始图像（待检测图像）、匹配图像及经过彩色直方图匹配后的结果图像的可见光图像及 RGB 三通道直方图，不难发现，原始图像和匹配图像的色彩及亮度有明显差异，RGB 三通道的直方图也有一定的差距。经过彩色直方图匹配后，得到的结果图像体现了显著的图像增强效果，RGB 三通道直方图分布也与匹配图像的分布更为相似。

3. 图像对齐实验

原始图像如图 6-33 所示，选取实验图像 A 和实验图像 B，在变换前两者有明显的角度差异，将实验图像 B 作为基准图像进行基于特征的图像对齐。

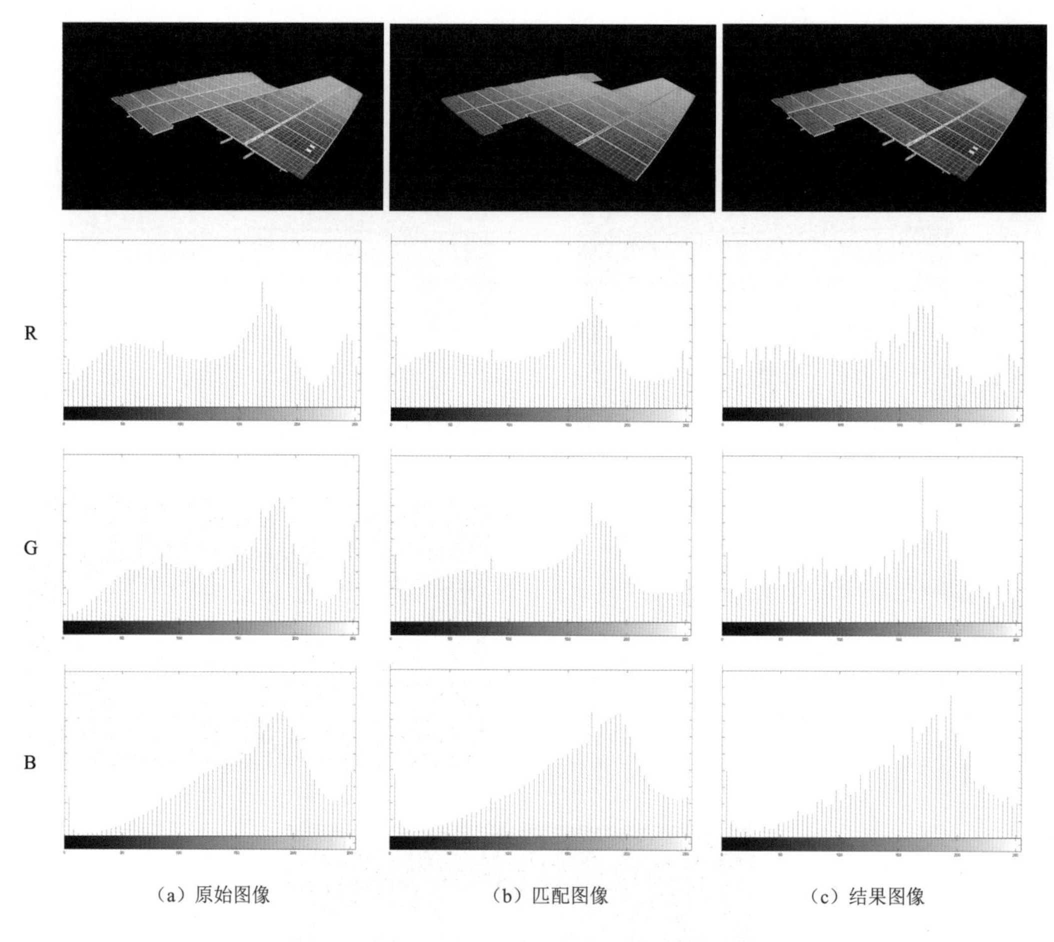

（a）原始图像　（b）匹配图像　（c）结果图像

图 6－32　彩色直方图匹配结果图

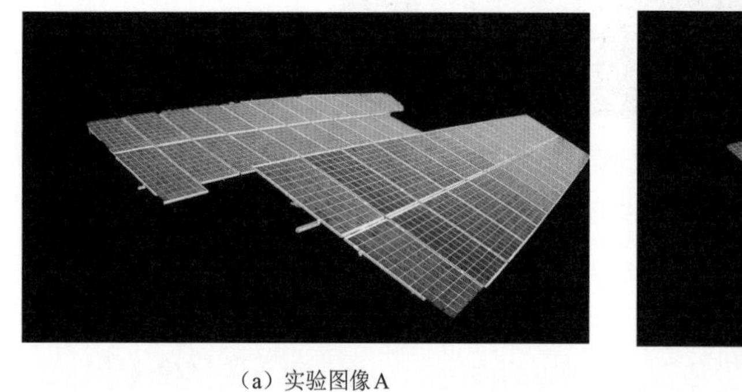

（a）实验图像A

（b）实验图像B

图 6－33　原始图像

将实验图像 A、实验图像 B 作为输入，在经过基于特征的图像对齐算法处理后，得到图像匹配结果，如图 6－34 所示。最终形成了输出结果，如图 6－35 所示，即为对齐后的图像。可以发现，对齐能够有效地校正光伏组件的角度飘移问题，有助于后续的图像差分及遮挡异常检测。

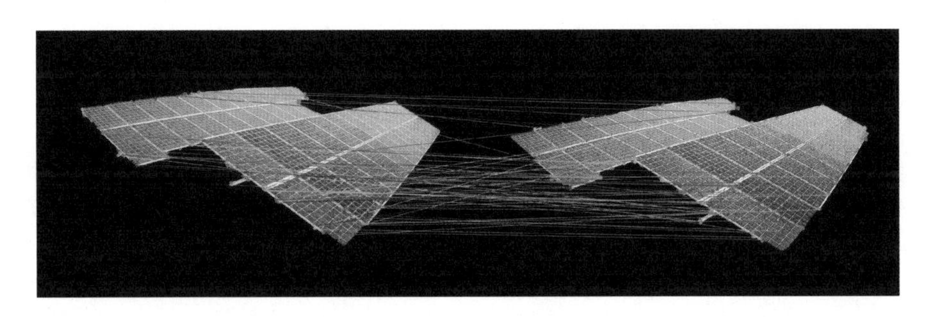

图 6-34　图像匹配结果

4. 遮挡异常检测实验

考虑到仅需要检测光伏组件板上的遮挡情况，而摄像头角度固定，利用光伏组件提取算法，对经过预处理后的待检测图像和基准图像进行光伏组件区域提取，并针对提取出的光伏组件区域进行图像增强与角度校正后进行图像差分运算，对结果图进行图像处理，提取遮挡物边缘点，将其与原始待检测图像融合，得到最终的检测结果，光伏组件遮挡异常检测结果示意图如图 6-36 所示。其中红色方框圈出的位置即为检测出的光伏组件遮挡异常位置。

图 6-35　输出结果

图 6-36　光伏组件遮挡异常检测结果示意图

基于安防摄像头的光伏组件遮挡异常检测算法验证后，实验结果见表 6-8。

表 6-8　基于安防摄像头的光伏组件遮挡异常检测实验结果

预期结果	实验结果	数目
无遮挡	未检测到遮挡	17
	检测到遮挡	1
有遮挡	未检测到遮挡	3
	检测到遮挡，与实际一致	89
	检测到遮挡，与实际不一致	10

算法实验结果如图 6-37 所示，图中为该算法实验中检测准确的情况，其中图 6-37（a）为光伏组件未被遮挡的情况，图 6-37（b）～图 6-37（c）为光伏组件存在不同的遮挡异常的情况。

通过表 6-8 可以发现，该算法存在一些误判情况。算法误判的情况如图 6-38 所示，图 6-38（a）为未被遮挡部分被误判为遮挡的情况。图 6-38（b）中的①区域中，存在两个较小的遮挡物未被识别的误判，②区域中识别的遮挡物范围不完整。从表 6-8 中也不难发现，上述的误判情况仅占较少数。

（a）未被遮挡

（b）遮挡A

（c）遮挡B

（d）遮挡C

图 6－37 算法实验结果

（a）误判情况A

（b）误判情况B

图 6－38 算法误判的情况

通过异常检测实验得出，光伏组件遮挡异常检测算法判断是否存在遮挡的检测成功率 P_S 可以达到96.67%，考虑到具体的遮挡异常识别数量及位置的定位准确率 P_A 为88.33%。可以证明，在大多数情况下，该算法可以实现有效的光伏组件遮挡异常，满足研究要求。

6.4 基于神经网络的遮挡面积分类

不同的固定遮挡物会有不同的遮挡面积，如面积较小的鸟粪、面积较大的树叶等，不同遮挡物对光伏组件产生的影响不同，如小面积的鸟粪遮挡如果不被及时清理，可能会产生热斑，影响组件的性能。因此，判别光伏遮挡故障面积有助于对遮挡故障实现更精确的检测与定量分析，有助于优化光伏电站的运维方案。从6.2节的研究中可以发现，很难通过光伏组串或阵列的输出功率数据实现对于光伏组件遮挡面积的判别，因此考虑针对光伏组件的 $I-V$ 曲线进行研究。

6.4.1 遮挡异常下的组件曲线特性及模型验证

6.4.1.1 光伏组件遮挡异常下的曲线特性分析

1. 局部遮挡对光伏组件的影响

光伏组件在均匀日照条件下典型的 $I-V$ 曲线和 $P-V$ 曲线，如图6-39所示。而部分电池片的遮挡会对组件产生影响，这两种曲线会发生变化。

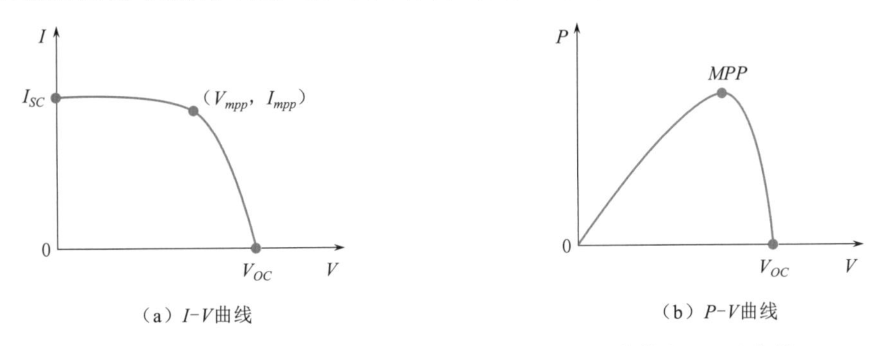

(a) I-V曲线　　(b) P-V曲线

图6-39 光伏组件在均匀日照条件下典型的 $I-V$ 曲线和 $P-V$ 曲线

由于光伏模块的短路电流与辐照度成正比，被遮挡的光伏电池的光电流减少，而没有被遮挡的光伏电池继续在较高的光电流下工作。在所有的串联电池中的串电流必须相等，因此被遮挡的电池片在反向偏置区域工作，从而传导没有被遮挡的电池的更大电流。在反向偏置区域工作的光伏电池的 $I-V$ 曲线如图6-40所示，其说明了串电流是如何流过包括遮挡和未被遮挡的所有串联的电池片。

偏置电压指的是被遮挡的电池片为了支持普通串电流而必须工作的反向电压。高的偏置电压可能会导致雪崩击穿，甚至会对电池片产生影响，形成一个热点，以至于烧坏电池。为了避免上述情况，可以将旁路二极管并联在电池串两端，光伏电池串并联旁路二极管如图6-41所示。

当阴影电池的反向电压增加时，旁路二极管就会限制反向电压小于PV电池的击穿电压。如上图6-41所示，当 $V_2-\sum_{i=1}^{n}V_i \geqslant V_D$，$i \neq 2$ 时，旁路二极管开始作用，其中 V_D

是二极管的正向压降。由于旁路二极管提供了一条电流路径，因此部分遮挡时，电池串不再具有相同的电流。会具有多个局部功率最大点的 $I-V$ 及 $P-V$ 曲线如图 6-42 所示。

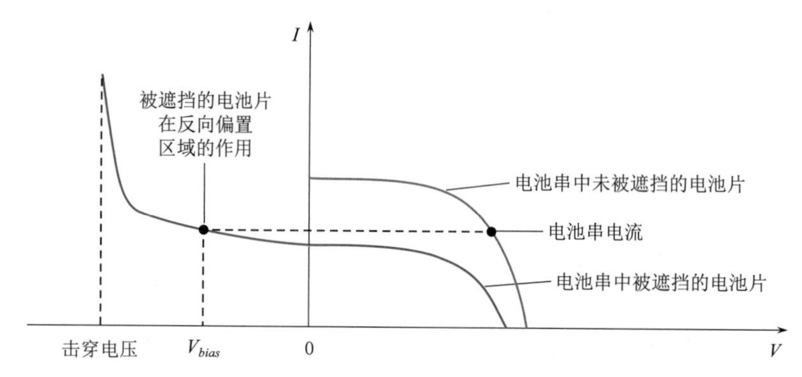

图 6-40 在反向偏置区域工作的光伏电池的 $I-V$ 曲线

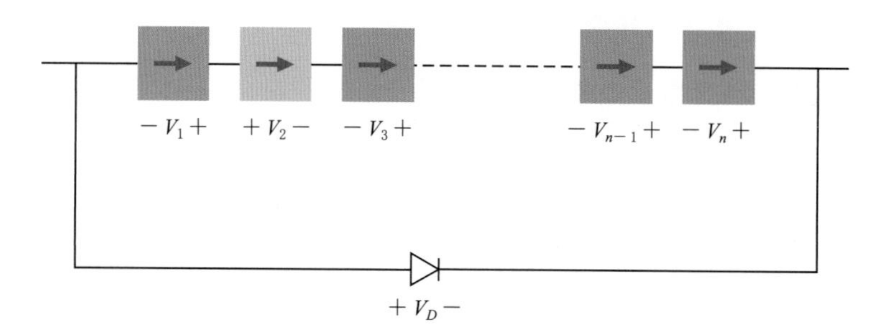

图 6-41 光伏电池串并联旁路二极管

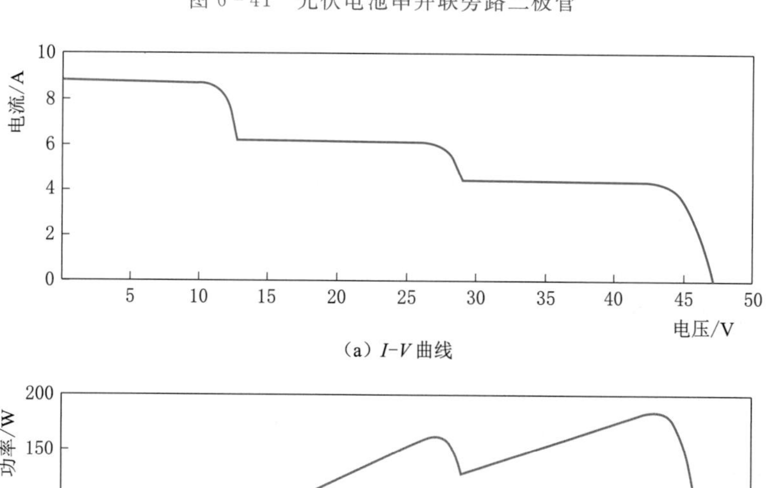

(a) I-V 曲线

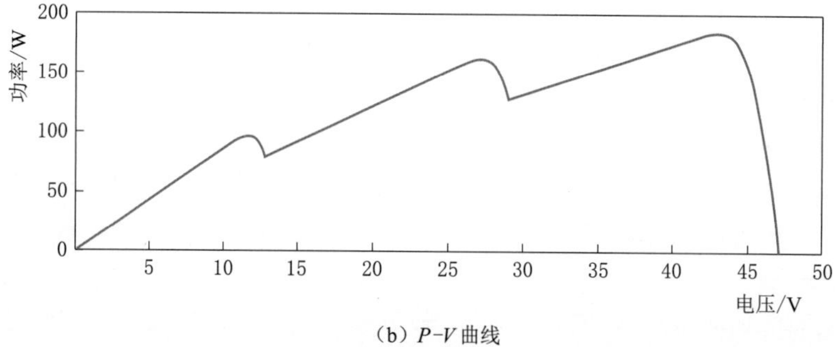

(b) P-V 曲线

图 6-42 具有多个局部功率最大点的 $I-V$ 及 $P-V$ 曲线

当 $I-V$ 曲线产生多个局部最大功率点时，仅依靠全局最大功率点无法完全体现曲线特征。因此后续工作着重分析遮挡面积和多个局部最大功率点的关系。

2. 遮挡面积对光伏组件曲线特性的影响

经过前期实验和文献［24］可知，对一个电池片进行遮挡，当遮挡面积相同时，不同的遮挡形状和方向对光伏组件的 $I-V$ 曲线特征几乎没有影响，主要影响 $I-V$ 曲线的是遮挡的面积，因此选择将遮挡面积作为主要研究重点。

使用相同种类遮光布对光伏组件的一个电池片进行遮挡实验，遮挡面积大小分别为一个电池片面积的 0%、20%、40%、60%、80%、100%，不同遮挡面积下的光伏组件 $I-V$ 及 $P-V$ 曲线如图 6-43 所示。

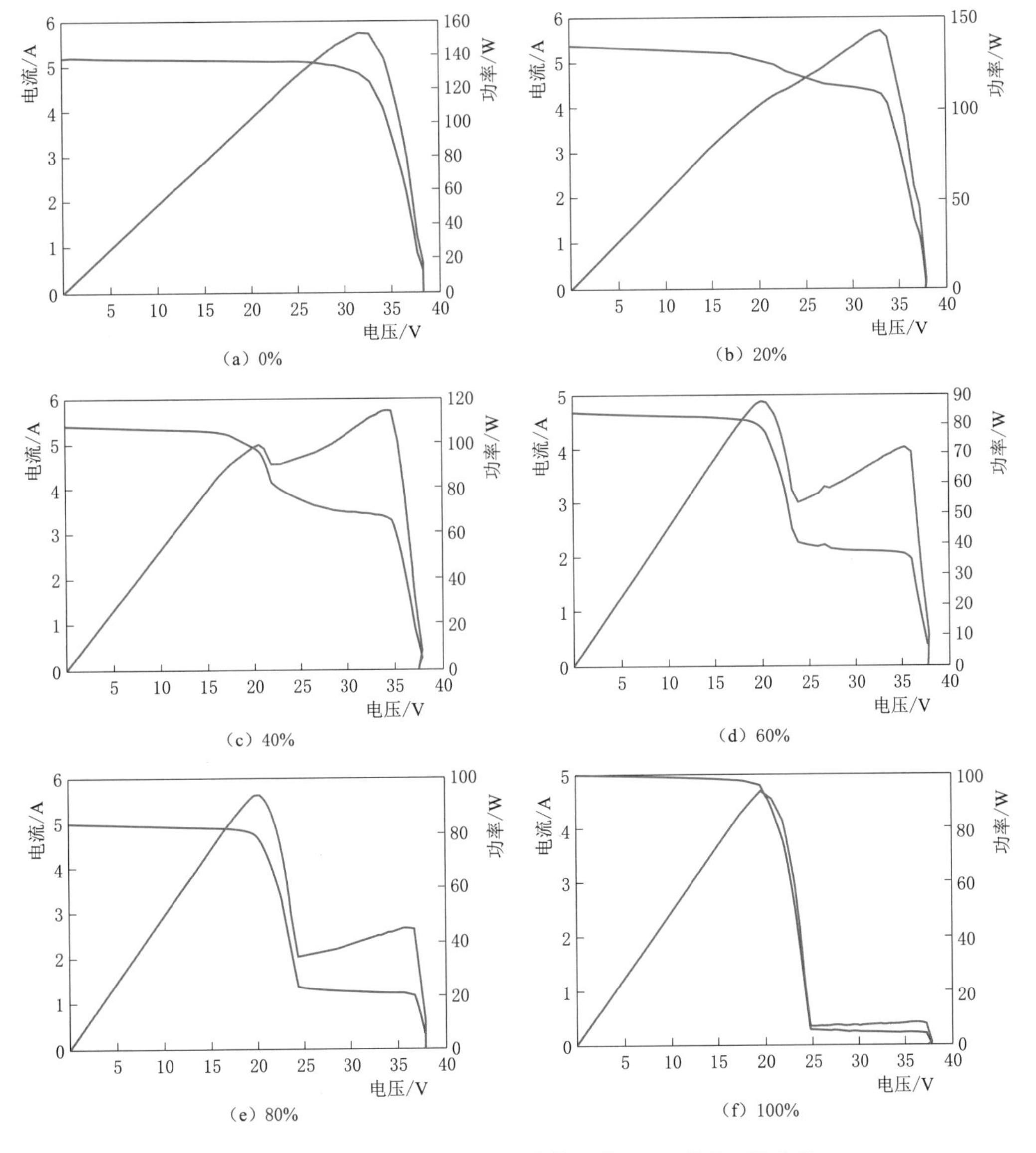

图 6-43　不同遮挡面积下的光伏组件 $I-V$ 及 $P-V$ 曲线

从图 6-43 可以看出，当光伏电池局部遮挡时，$I-V$ 曲线会明显从单膝盖［图 6-43（a）］变为多膝盖［图 6-43（b）～图 6-43（f）］，$P-V$ 曲线会由原来的单波峰情况变为双波峰。这是因为在低电压高电流阶段，由于受局部遮挡的电池串输出电压为负，其并联的旁路二极管会因为承受正压而导通，为正常电流的输出提供了通路，此时组件的输出短路电流不变。然而，随着组件输出电流的降低，受局部遮挡的电池串逐渐从负载状态恢复到发电状态，因此出现了第二个膝形和波峰。

同时，也可以看出，随着遮挡面积的增大，$I-V$ 曲线的第二个膝形值和 $P-V$ 曲线的第二个波峰值随之减小，这是因为电池受到的光照强度随着遮挡面积的增加而降低，导致了被遮挡电池片的短路电流减小，即 $I-V$ 曲线的第二个膝形电流值减少，因此导致了功率的降低。在遮挡面积增大的同时，全局最大功率点也会逐渐由小电流高压区转移到大电流低压区。

随着遮挡面积的变化，全局最大功率点无法完全体现 $I-V$ 曲线的“双峰”特征，因此选择提取 $I-V$ 曲线的两个局部最大功率点。上述图 6-43 中所对应的两个局部最大功率点的电流和电压见表 6-9。

表 6-9　两个局部最大功率点的电流和电压

遮挡面积占比/%	U_1/V	I_1/A	U_2/V	I_2/A
0	31.978	5.005	31.978	5.005
20	32.993	4.61	32.993	4.61
40	34.218	3.332	20.63	4.801
60	35.521	2.286	20.964	4.8
80	36.57	1.296	20.836	4.941
100	37.611	0.291	20.373	5.482

将提取的两个局部最大功率点的电流和电压分别与对应的光伏组件的短路电流和开路电压进行比值，局部最大功率点电气数据随遮挡面积的变化如图 6-44 所示，可以发现，

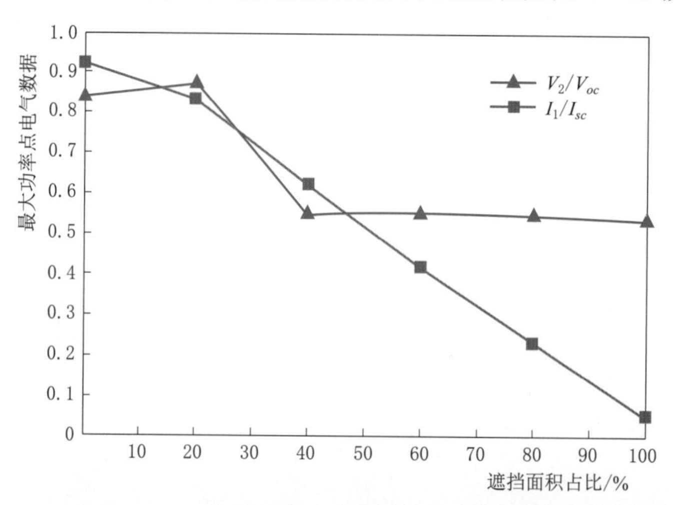

图 6-44　局部最大功率点电气数据随遮挡面积的变化

电池片被遮挡面积比例的改变会影响 V_2/V_{oc}，同时，I_1/I_{sc} 与遮挡面积比例有很大关系，近似呈线性关系。因此，$I-V$ 曲线的两个局部最大功率点是代表性的特征，研究这两个点对于遮挡面积分类有很重要的意义。

6.4.1.2 遮挡情况下光伏组件的建模及验证

1. 局部遮挡情况下光伏组件的建模

根据 6.1.1 节中的研究可得到光伏电池在无故障情况下的 $I-V$ 特性表达式为

$$I=I_{ph}-I_s\left\{\exp\left[\frac{q(U+IR_s)}{\eta kT}\right]-1\right\} \tag{6-70}$$

$$U=\frac{\eta kT}{q}\ln\left(\frac{I_{ph}-I}{I_s}+1\right)-IR_s \tag{6-71}$$

上述模型仅能对普通情况下的光伏电池的电气特性进行模拟，局部遮挡情况下的工作环境更加复杂，同一块光伏电池可能处于不同的工作温度和辐照度下，因此并不适用，需要进行新的研究。

I_{ph} 和辐照度 G 为线性关系[25]，因此，在 25℃标准情况下，仅考虑辐照度的变化[26]，可得到下式，即

$$I_{ph}=\frac{G\cdot s}{G_0\cdot s}I_{ph0} \tag{6-72}$$

式中：s 为光伏电池接收辐照度的面积；I_{ph0} 为 STC 下光伏电池的光生电流值；G_0 为标准实验情况下的辐照度值。

在建模过程中，可以将 I_{ph} 看作固定电流源[27]。在局部遮挡的情况下，可以将光伏电池接收辐照度的面积分为两部分，一部分为未被遮挡的面积，另一部分为被遮挡的面积。因此，光伏电池的光生电流可等效为两个恒定电流源并联，一个是未被遮挡部分的光生电流 I_{ph1}，另一个是被遮挡部分的光生电流 I_{ph2}，局部遮挡下的电池片等效模型如图 6-45 所示。

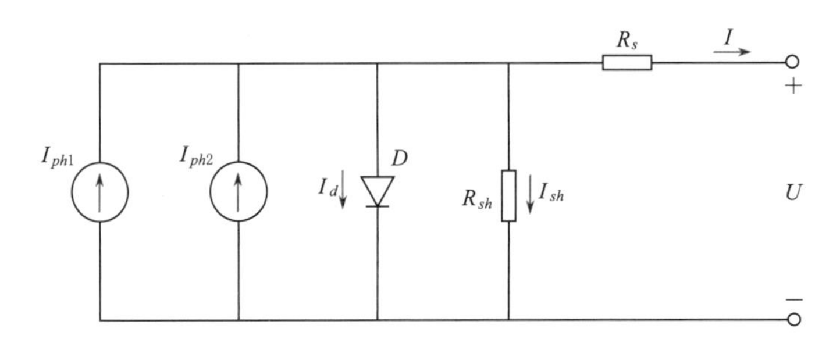

图 6-45 局部遮挡下的电池片等效模型

可得如下关系式，即

$$I_{ph}=I_{ph1}+I_{ph2} \tag{6-73}$$

$$I_{ph1}=\frac{G_1\cdot s_1}{G_0\cdot s}I_{ph0} \tag{6-74}$$

$$I_{ph2}=\frac{G_2\cdot s_2}{G_0\cdot s}I_{ph0} \tag{6-75}$$

式中：G_1 为未被遮挡部分的辐照度；G_2 为被遮挡部分的辐照度。

由于 G_2 近似等于 0[24]，因此 I_{ph2} 近似为 0，即

$$I_{ph}\approx I_{ph1} \tag{6-76}$$

定义 $area\%$为局部遮挡面积占光伏电池总面积的百分比值，可得

$$s_1=(1-area\%)\cdot s \tag{6-77}$$

$$s_2=area\%\cdot s \tag{6-78}$$

$$I_{ph,partial\_shaded}=(1-area\%)\cdot I_{ph} \tag{6-79}$$

因此，可将局部遮挡下的光伏电池的 $I-V$ 关系式建立为

$$U=\frac{\eta kT}{q}\ln\left[\frac{(1-area\%)\cdot I_{ph}-I}{I_s}+1\right]-IR_s \tag{6-80}$$

考虑到实际的研究需要，下面将研究局部遮挡情况下的光伏组件建模。光伏组件示意如图 6-46 所示。

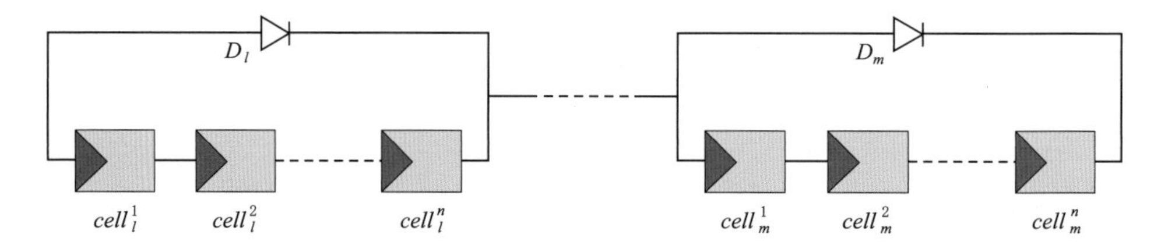

图 6-46 光伏组件示意图

图 6-45 所展示的为目前常见的一种光伏组件示意图，每个光伏电池串两端并联了旁路二极管，m 为组件中旁路二极管的个数，n 为同一个电池串内的光伏电池个数，$cell_i^j$ 表示的是第 i 个电池串内的第 j 个光伏电池，则组件的 $I-V$ 曲线特征即为

$$U=\sum_{j=1}^{m}\sum_{i=1}^{n}U_j^i=m\cdot n\left[a\cdot\ln\left(\frac{I_{ph}-I}{I_s}+1\right)-IR_s\right] \tag{6-81}$$

$$a=\frac{\eta kT}{q} \tag{6-82}$$

在局部遮挡条件下，光伏组件其中一个光伏电池的 $I-V$ 特性可以由下式计算，即

$$U_j^i=\begin{cases}a\cdot\ln\left[\frac{(1-area\%)\cdot I_{ph}-I}{I_s}+1\right]-IR_s & (0\leqslant I<area\%\cdot I_{ph})\\ -[I-(1-area\%)\cdot I_{ph}]R_{sh}-IR_s & (area\%\cdot I_{ph}\leqslant I\leqslant I_{ph})\end{cases}\quad (i=1,2,\cdots,n) \tag{6-83}$$

如式（6-83）所示：当 $0\leqslant I<area\%\cdot I_{ph}$ 时，流过电池的电流偏小，被遮挡的光伏电池仍能够正常输出功率；当 $area\%\cdot I_{ph}\leqslant I\leqslant I_{ph}$ 时，被遮挡的光伏电池反向偏置，会有一部分电流的方向与光生电流相反。反向偏置的光伏电池片等效模型如图 6-47 所示。

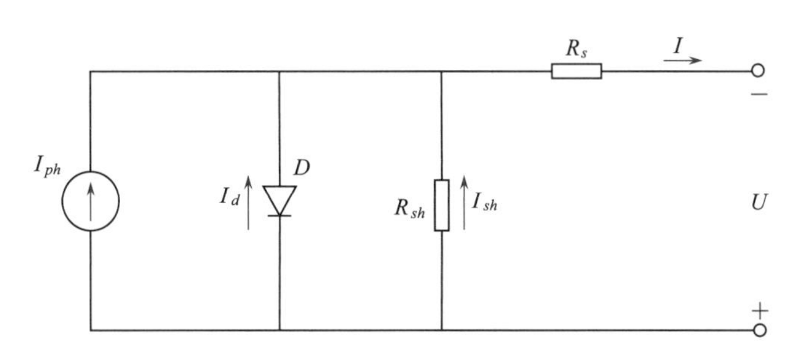

图 6-47 反向偏置的光伏电池片等效模型

在光伏组件被局部遮挡时，电池串两端的旁路二极管的状态可能是导通的，也可能是没有导通的。当电池串的电压大于阈值 U_{bd}（硅电池是 0.7V）时，旁路二极管处于导电状态，其余情况下旁路二极管将处于不导电状态，可以分析得到电池串的 $I-V$ 特性表达式，即

$$U_j=\begin{cases}\sum_{i=1}^{n}U_j^i & (U>-U_{bd})\\ -U_{bd} & (U\leqslant -U_{bd})\end{cases}\quad (i=1,2,\cdots,n,j=1,2,\cdots,m) \tag{6-84}$$

考虑到整个组件即是电池串的串联，因此可以得到整个组件的电压为

$$V=\sum_{j=1}^{m}U_j \tag{6-85}$$

定义整个组件中，第 j 个电池串中第 i 个光伏电池的遮挡情况为 $area_j^i\%$，则可以得到一个组件的 $I-V$ 曲线特性和遮挡情况的对应关系，即

$$H(I,U,area_j^i\%)=0 \tag{6-86}$$

根据 $P=I\cdot U$ 可以得到每条 $I-V$ 曲线对应的 $P-V$ 曲线，即

$$H(P,U,area_j^i\%)=0 \tag{6-87}$$

2. 实测数据验证

根据前述的建模关系，可以建立局部遮挡情况下的光伏组件仿真模型，输出在一定环境因素及遮挡情况下光伏组件的 $I-V$ 曲线。遮挡情况下光伏组件 $I-V$ 曲线如图 6-48 所示。

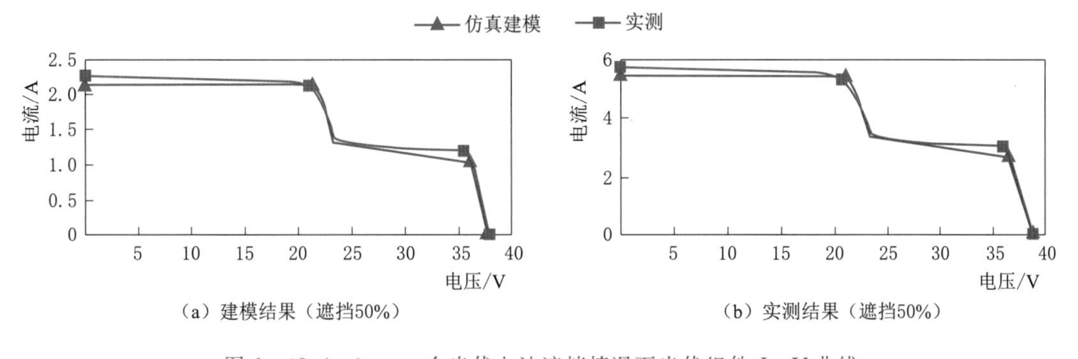

图 6-48（一） 一个光伏电池遮挡情况下光伏组件 $I-V$ 曲线

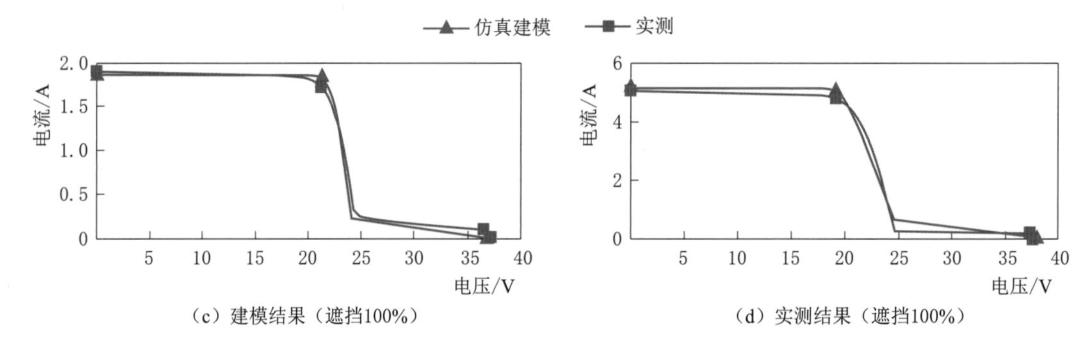

(c) 建模结果(遮挡100%)　　(d) 实测结果(遮挡100%)

图6-48(二)　一个光伏电池遮挡情况下光伏组件 $I-V$ 曲线

如图6-48所示,图6-48(a)和图6-48(b)为光伏组件遮挡住一个光伏电池50%面积的建模结果与实测数据的对比,分别在209W/m²、11.5℃和524 W/m²、9.7℃的环境下;图6-48(c)和图6-48(d)为光伏组件遮挡住一个光伏电池100%面积的建模结果与实测数据的对比,分别在180W/m²、10.5℃和499 W/m²、12.1℃的环境下。不难看出,均达到了较好的仿真效果,曲线重合率很高。

局部遮挡情况下光伏组件模型验证见表6-10,为更多组的实测数据验证结果。

为了更好地验证模型精度,选用同一个数值来对两个局部功率极大点的电流电压进行归一化,即

$$M_{U_i}=\frac{|U_{i,simulated}-U_{i,measured}|}{U_{oc,measured}}\cdot 100\% \tag{6-88}$$

$$M_{I_i}=\frac{|I_{i,simulated}-I_{i,measured}|}{I_{sc,measured}}\cdot 100\% \tag{6-89}$$

选取不同辐照度、温度和遮挡情况下的实测数据对模型进行验证,绝大多数情况下两个局部功率极大点的 M_{U_i} 和 M_{I_i} 都小于5%,极少数高于5%的情况需要考虑到测量的误差和环境条件的变化,可以认为该仿真模型能够较好地实现遮挡情况下光伏组件的 $I-V$ 曲线建模,可以用于后续的仿真数据。

表6-10　**局部遮挡情况下光伏组件模型验证**

辐照度/(W/m²)	温度/℃	遮挡面积占比/%	M_{U_1}	M_{I_1}	M_{U_2}	M_{I_2}
293	10.2	10	0.036652	0.009766	0.036652	0.009766
537	11.7	10	0.025661	0.032639	0.025661	0.032639
280	9.8	20	0.012572	0.028598	0.012572	0.028598
526	11.9	20	0.017035	0.008851	0.017035	0.008851
185	10.1	30	0.001588	0.036486	0.001588	0.036486
646	7.4	37.5	0.010776	0.025872	0.003717	0.007456
209	11.5	50	0.013068	0.00673	0.024162	0.059951
524	9.7	50	0.008551	0.000691	0.020008	0.057434
246	10	60	0.005618	0.02766	0.018963	0.019191
671	6.7	62.5	0.018549	0.013512	0.012153	0.036638
237	10	70	0.000715	0.035122	0.015751	0.017206

续表

辐照度 /(W/m²)	温度 /℃	遮挡面积占比 /%	M_{U_1}	M_{I_1}	M_{U_2}	M_{I_2}
683	7.8	75	0.029026	0.04456	0.023826	0.016986
208	10.1	80	0.006864	0.018043	0.01402	0.023581
555	11.3	80	0.035896	0.085463	0.02247	0.033603
664	7.7	93.75	0.001371	0.057056	0.047667	0.045758
180	10.5	100	0.00378	0.045021	0.003574	0.053781
499	12.1	100	0.006395	0.033419	0.022718	0.037721

6.4.2 遮挡面积分类算法

1. BP神经网络

神经网络最初期时用于模拟高等生物神经系统的结构和功能，有着很好的自适应学习能力，该模型由大量神经元组合形成，神经元之间相互关联，形成了神经网络。

一个神经元可以接收 n 个输入，生成一个输出，输入和输出之间的关系为

$$y=f\left(\sum_{i=1}^{n}w_i x_i+b\right) \tag{6-90}$$

式中：x_i 为接收的一个输入；w_i 为 x_i 对应的权重；b 为神经元的偏置；f 为激活函数；y 为神经元的输出。

一般来说，将每一个输入和对应的权重相乘，加上偏置来获得神经元的每一个最终输入，使用激活函数进行转换，得到最终的输出结果。激活函数一般采用的是非线性函数，最常用的有 $tanh$ 函数和 $sigmoid$ 函数等，分别为

$$f(z)=tanh(z)=\frac{e^z-e^{-z}}{e^z+e^{-z}} \tag{6-91}$$

$$f(z)=sigmoid(z)=\frac{1}{1+e^{-z}} \tag{6-92}$$

作为神经网络中最基本的单元，神经元不仅可以接收样本的数据作为输入，也可以接收其他神经元的输出结果作为输入。根据神经网络中神经元的连接方式，可以将神经网络划分为不同类型的结构，目前常用的主要有前馈型和反馈型两大类。前馈型神经网络中的各神经元接受前一层的输入，并输出给下一层，没有反馈；反馈型神经网络中，存在这样的神经元，它们的输出经过若干个神经元后，再反馈到这些神经元的输入端。

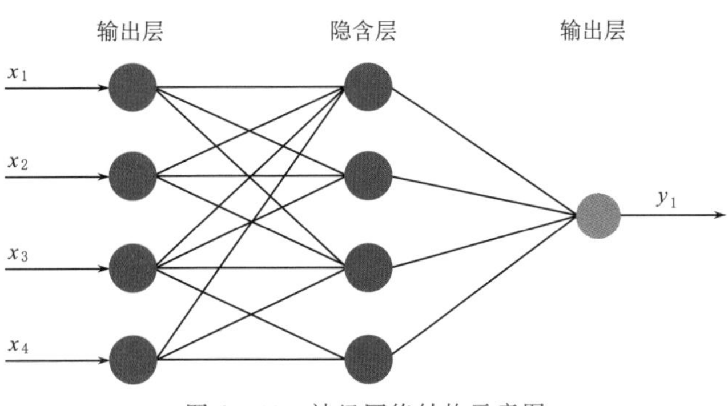

图 6-49 神经网络结构示意图

神经网络结构示意图如图6-49所示，其为一个 N 层前向网络的结构，以此为例说明神经网络模型的结构分布。

将神经网络的最左边一层称为输入层，最右边一层称为输出层，中间的层被称为隐含层。如图所示，神经网络每一层的节点都和下一层的节点相连。一般的，输入层的神经元代表整个模型的输入，不对数据做其他计算，因此不算在总层数中。隐含层与输出层中各个神经元接收前一层并对其做加权求和作为其输入激活值，不同的是，隐含层神经元的输出需要经过非线性激活函数，而输出层不需要。这里将输入层标记为第 0 层，将输出层记为第 N 层，则第 1 至第 $N-1$ 层是隐含层。定义第 k 层的第 j 个节点到第 $k+1$ 层的第 i 个节点的连接权重为 w_{ij}^{k}，第 k 层的偏置和第 $k+1$ 层的第 i 个节点的连接的权重为 b_{i}^{k}，第 k 层第 i 个节点的输出激活值表示为 a_{i}^{k}，f 是该模型使用的非线性激活函数。由此，隐含层的输出激活值表示为

$$a_{i}^{k+1}=f\left(b_{i}^{k}+\sum_{j=1}^{n_{k}} w_{ij}^{k} a_{j}^{k}\right) \tag{6-93}$$

式（6-93）表示的是第 $k+1$ 层接收第 k 层的输出并将其转换为第 $k+1$ 层的输出的全过程，式中的 n_k 表示的为第 k 层的不包含偏置的神经元个数。神经网络通过前向传播完成计算，即从输入层开始，根据当前层和下一层的相关参数，利用对应的激活函数计算出下一层每个节点的激活值，作为下一层的输入，逐步完成计算直到输出层。

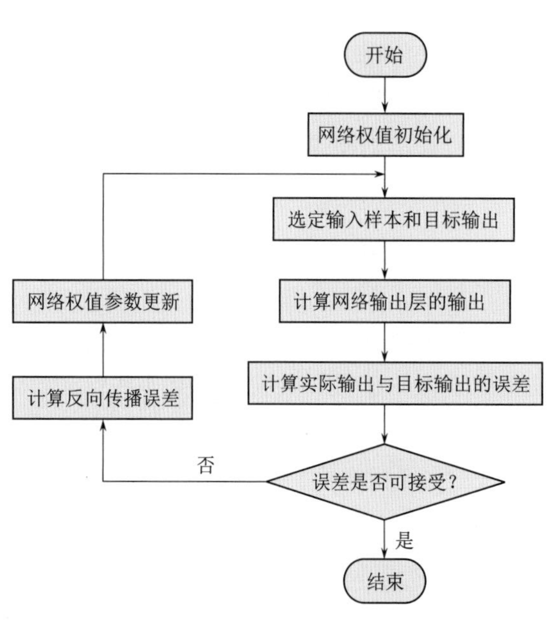

图 6-50 反向传播算法流程图

为了得到满足数据基本要求的神经网络模型的各项参数，需要利用反向传播算法，流程图如图 6-50 所示。

反向传播算法的思想即是根据梯度下降算法，利用样本数据对权重 w 和偏置 b 进行调整，从而使得损失函数最终值尽可能小。给定 M 对样本和标签 $\{(x^1q^1),\cdots,(x^M,q^M)\}$，其中 x^m 表示第 m 组样本，q^m 表示对应的标签，将准备训练的神经网络的最终输出定义为 $h_{w,b}(x^m)$，则该神经网络模型对于样本 x^m 的损失函数为

$$J(w,b;x^m,q^m)=\frac{1}{2}\parallel h_{w,b}(x^m)-q^m\parallel^2 \tag{6-94}$$

对于整个样本集应用式（6-94），可得到整个样本集的损失函数为

$$J(w,b)=\frac{1}{M}\sum_{m=1}^{M}\frac{1}{2}\parallel h_{w,b}(x^m)-q^m\parallel^2 \tag{6-95}$$

在开始建立神经网络时，w 和 b 是未知的，一般初始化为任意接近于 0 的随机值。根据最优化理论和上述公式，$J(w,b)$ 是一个非凸函数，当利用梯度下降算法进行优化时，只能得到 w 和 b 的局部最优解，调整 w 和 b 时需要满足如下公式，即

$$w_{ij}^{k}:=w_{ij}^{k}-\alpha\frac{\partial}{\partial w_{ij}^{k}}J(w,b) \tag{6-96}$$

$$b_{i}^{k}:=b_{i}^{k}-\alpha\frac{\partial}{\partial b_{i}^{k}}J(w,b) \tag{6-97}$$

式中：α 为梯度下降算法的学习速率。

对损失函数的偏导进行化简，即

$$\frac{\partial}{\partial w_{ij}^{k}}J(w,b)=\frac{1}{M}\sum_{m=1}^{M}\frac{\partial}{\partial w_{ij}^{k}}J(w,b;x^{m},q^{m}) \tag{6-98}$$

$$\frac{\partial}{\partial b_{i}^{k}}J(w,b)=\frac{1}{M}\sum_{m=1}^{M}\frac{\partial}{\partial b_{i}^{k}}J(w,b;x^{m},q^{m}) \tag{6-99}$$

为便于计算与表示，定义第 k 层第 i 个节点的残差 δ_{i}^{k} 为损失函数对该节点输入的偏导，即

$$\delta_{i}^{k}=\frac{\partial J(w,b)}{\partial r_{i}^{k}} \tag{6-100}$$

其中表示第 k 层第 i 个节点的输入的结果为

$$r_{i}^{k}=\sum_{j=1}^{n_{k-1}}w_{ij}^{k-1}a_{j}^{k-1}+b_{i}^{k-1} \tag{6-101}$$

对任意给定的训练样本，可以利用前向传播得到网络中每个神经元的激活值，之后可以再通过反向传播计算每个节点的残差值，并同时反向计算损失函数对每个参数的偏导，完成参数的更新。以训练样本（x,q）为例，其对应的损失函数分量为 $J(w,p,x,q)$。对于输出层，其输出不再经过激活函数，即

$$r^{N}=h_{w,b}(x) \tag{6-102}$$

故其神经元对应的残差 δ^{N} 为

$$\delta^{N}=\frac{\partial}{\partial r^{N}}J(w,p;x,q)=-(q-r^{N}) \tag{6-103}$$

对于隐层神经元，其残差总可以用其之后的层的残差线性表示，即

$$\delta_{i}^{k}=\left(\sum_{j=1}^{n_{k}+1}w_{ij}^{k}\delta_{j}^{k+1}\right)f'(r_{i}^{k}) \tag{6-104}$$

那么，利用连续偏导法则，损失函数 $J(w,p,x,q)$对神经网络参数 w，b 的偏导可以表示为

$$\frac{\partial}{\partial w_{ij}^{k}}J(w,b;x,q)=\frac{\partial r_{i}^{k+1}}{\partial w_{ij}^{k}}\frac{\partial}{\partial r_{i}^{k+1}}J(w,b;x,q)=a_{i}^{k}\delta_{i}^{k+1} \tag{6-105}$$

$$\frac{\partial}{\partial b_{i}^{k}}J(w,b;x,q)=\frac{\partial r_{i}^{k+1}}{\partial b_{i}^{k}}\frac{\partial}{\partial r_{i}^{k+1}}J(w,b;x,q)=\delta_{i}^{k+1} \tag{6-106}$$

神经网络的反向传播训练的计算步骤如下：

（1）利用前向传播，逐层计算每个隐含层以及输出层的所有神经元的激活值。

（2）计算输出层神经元的残差值 δ^{N}，从而计算损失函数对输出层权重以及偏置的偏导数，对输出层权重、偏置进行更新。

（3）计算前一层的残差值，利用上述公式完成该层偏导数的计算以及对应参数的更新。

（4）重复步骤（3），直到所有参数都被更新。

根据上述的计算步骤，可以逐层获得每一个神经元的残差值和相对应的偏导，并且利用梯度下降算法减小损失函数，从而训练出满足不同的数据集要求的神经网络。

2. 遮挡面积分类算法

在实际的光伏发电站中，形成遮挡阴影的遮挡物有很多种，如鸟粪、泥土、树叶等，这些遮挡物的面积都不相同，有大有小，对光伏组件的发电情况的影响也有很大的差异，因此考虑提出一种分类算法，判别光伏电池片被遮挡面积是属于（0，25%），（25%，50%），（50%，75%），（75%，100%）四类中哪一类，进而便于后续的遮挡物定性与故障维护[33]。

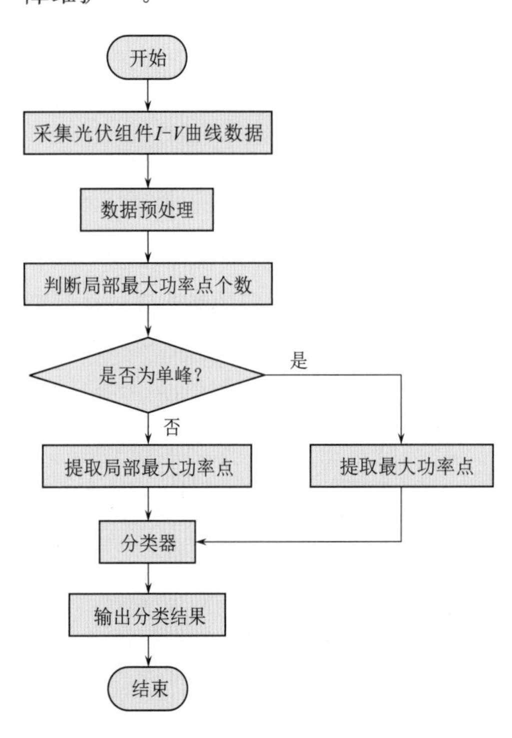

图 6-51 遮挡面积分类算法流程图

根据光伏组件在遮挡情况下的 $I-V$ 及 $P-V$ 曲线的变化规律，如上所述，仅使用全局功率点作为特征并不能够很好地区分遮挡情况。随着遮挡面积的变化，$P-V$ 曲线的双峰特性变化十分明显，因此提出如下的分类算法：测试光伏组件 $I-V$ 曲线，进而得到 $P-V$ 特征数据，经过数据预处理后，先判别 $P-V$ 曲线峰值个数，提取两个局部最大功率点的电流电压值作为特征，再经过分类器输出分类结果，遮挡面积分类算法流程如图 6-51 所示。

可用于数据分类的分类算法有很多，如 K 近邻（K-Nearest Neighbor，KNN）、决策树、支持向量机、随机森林等。然而，随着科学技术的进步，越来越多的 BP 神经网络被用于分类问题的研究。BP 神经网络具有高度的自学习和自适应能力，也具有较强的非线性映射能力，在很多领域的分类问题上都有较好的表现。一方面，考虑到提出的遮挡面积分类算法利用光伏组件的局部最大功率点的电流及电压作为输入数据，具有非线性的特征，一些分类算法可能无法达到较好的分类效果，而 BP 神经网络能够实现非线性拟合。另一方面，BP 神经网络实现简单，网络轻量，能够快速进行分类检测，满足光伏电站实际运维中的高效、快速的要求。因此，选用 BP 神经网络作为分类器设计遮挡面积分类算法，并利用数据集对比其他分类算法的效果，论证该方法的优越性。

6.4.3 实验及结果分析

6.4.3.1 数据采集及预处理

以实验平台中的一块正常光伏组件为实验对象，将组件用遮光布进行遮挡，遮挡区域占整个光伏电池面积的比值从 0%逐渐增加到 100%。

使用日本的 EKO 便携式一体化 $I-V$ 曲线测试仪作为采集组件 $I-V$ 特性的实验仪器，该仪器能够检测到光伏组件的开路电压、短路电流和最大功率点电压、最大功率点电流，显示组件输出特性输出曲线。

现场实验要求在晴朗天气下进行，$I-V$ 曲线测试仪进行特性检测时，扫描时间约为 1s，在此期间基本可以忽略外部环境的变化。每次测试前均对光伏组件进行清洗，以降低灰尘等其他遮挡物因素的影响。

根据上述 6.3 的数据采集方案进行试验，得到了不同遮挡情况下共计 108 组实验数据。为了便于提取 $I-V$ 曲线特征，对原始数据进行预处理，设定采样频率为 $\Delta U=0.5V$，仅采样保留部分数据点，数据预处理结果示意图如图 6-52 所示。

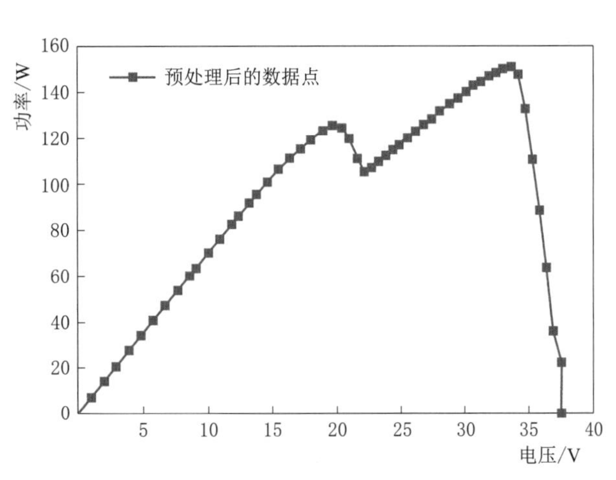

图 6-52　数据预处理结果示意图

通过上述数据预处理，既保留了原有 $I-V$ 曲线特征，又去除了噪声，便于后续提取特征进行分类。原始数据集不同遮挡面积对应实验数据分布情况见表 6-11。

表 6-11　原始数据集不同遮挡面积对应实验数据分布情况

遮挡面积占比/%	[0, 25]	(25, 50]	(50, 75]	(75, 100]
样本个数	22	27	27	32

对上述数据采集结果进行分析可得，由于环境条件的限制，较低辐照度和较高辐照度情况下的样本数据都比较难以采集，温度分布也并不均衡，对后续的算法训练及测试会产生很大的影响，需要采用前述的仿真模型进行数据补充。

结合实测数据的分布情况，设定不同的环境因素及遮挡情况，利用前文所述的仿真模型得到共 95 组补充数据。因此，整个数据集扩充为共计 203 组实验数据，对应的温度、辐照度等实验数据集如图 6-53 所示，扩充数据集后不同遮挡面积对应实验数据分布情况见表 6-12。从中不难发现，通过建立的组串遮挡仿真模型样本数据集进行数据扩充后，数据在温度、辐照度及遮挡面积类别的分布上都达到了较为均衡的效果，能够更好地验证算法的有效性。

表 6-12　扩充数据集后不同遮挡面积对应实验数据分布情况

遮挡面积占比/%	[0, 25]	(25, 50]	(50, 75]	(75, 100]
类别名	1	2	3	4
样本个数	48	51	52	52

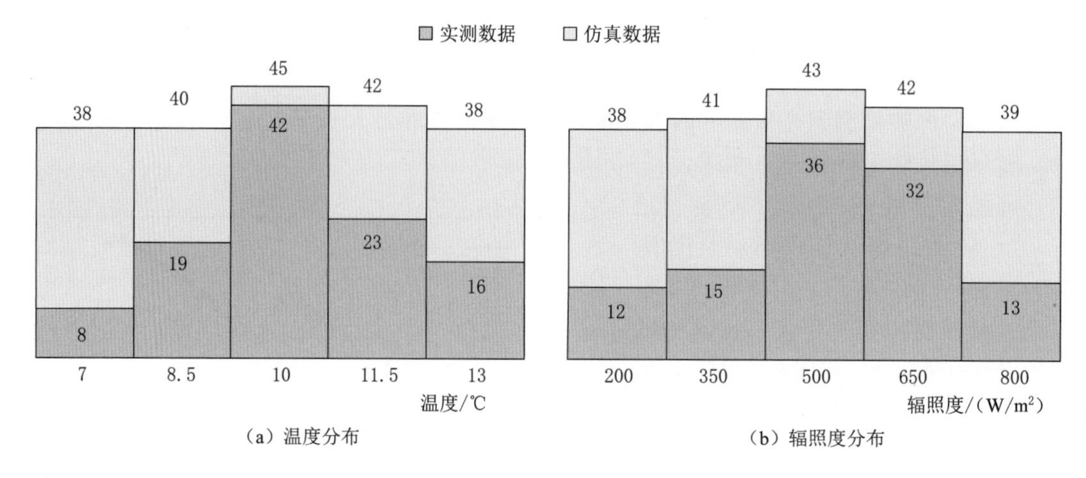

图 6-53 实验数据集

6.4.3.2 实验方法及评价指标

泛化误差（Generalization Error，GE）是一种可用于评价模型的指标，考虑到数据样本较少，拟采用交叉验证方法对泛化误差进行估计。交叉验证方法的提出是为了避免在相同的数据上训练和评价算法的性能导致过拟合，以至于得到过于乐观的结果，其主要思想是利用多次的数据划分，使用部分数据作为训练集拟合模型，使用不同部分数据来作为测试集，合并这些结果作为最终的评价结果。常见的交叉验证算法主要有 Hold - Out 估计[28]、留 p（Leave - P - Out）交叉验证[29]、k -折交叉验证、RLT（Repeated Learning - Testing）交叉验证[30] 等。k -折交叉验证是最广泛使用的泛化误差估计方法之一[31]，其流程示意图如图 6 - 54 所示。

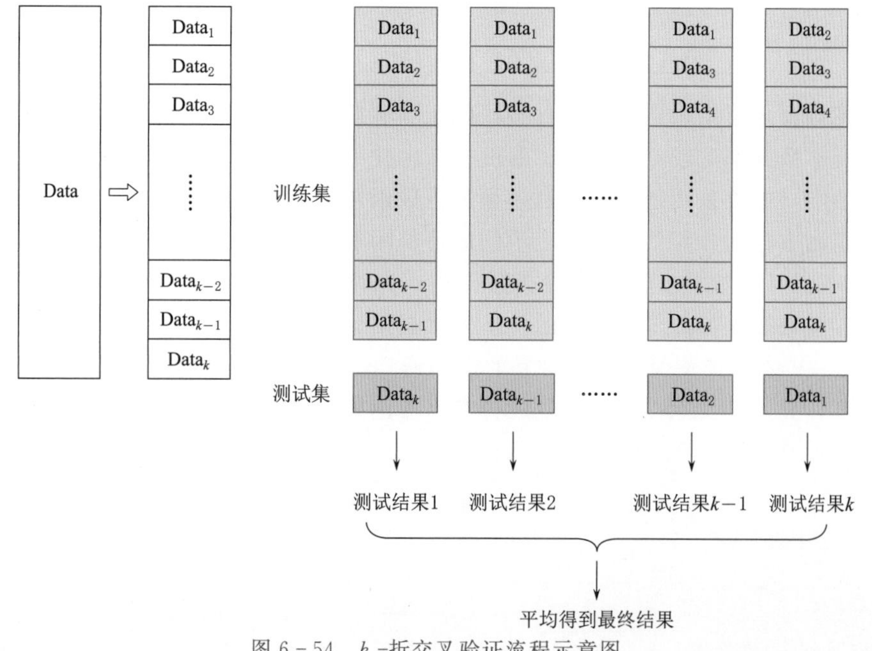

图 6-54 k -折交叉验证流程示意图

k -折交叉验证具体流程如下：

（1）将实验数据集随机打乱。

（2）将（1）中得到的数据集随机分割为 k 个大小大致相同的数据子集，分别记为 $Data_1$、$Data_2$、…$Data_{k-1}$、$Data_k$。

（3）对于每一个数据子集 $Data_i$ 进行如下操作：①将数据子集 $Data_i$ 的数据作为测试集；②将剩余的 $k-1$ 个数据子集作为训练集；③使用训练集进行训练，拟合模型，并在测试集上进行评测；④保留测试结果。

（4）使用上述 k 次的测试结果的平均值来总结模型的性能。

k -折交叉验证保证数据集中的每个样本都作为了一次测试集，作为了 $k-1$ 次训练集，能够有效避免过拟合或者欠拟合的状态发生，最后得到的平均结果具有一定的说服性。本章节选用该方法作为算法模型实验的评价方法。

6.4.3.3 结果及分析

基于上述的实验方法及评价指标，利用数据集进行实验，分析影响算法准确率的原因，并且将该算法和其他常见分类算法进行比较测评，验证所提算法的优越性。同时，评估训练图片和测试图片的占比对算法模型训练结果的影响，验证在少样本数据集上的有效性。

1. 分析影响算法准确率的原因

考虑到应用对象和神经网络不同，神经网络中隐含层的神经元节点数很难用固定的方法进行求解，因此采用超参数优化算法，利用贝叶斯优化器，寻求相对较优的超参数模型，进行 40 次迭代，选取最小分类误差、最小的参数作为算法的相关参数：隐含层第一层含有 100 个节点、第二层含有 120 个节点的神经网络，并且选用 ReLu 作为激活函数，正则化强度为 1.8895e−05。

将上述神经网络用于自采数据集的遮挡面积分类上，算法 10 折交叉验证下的混淆矩阵如图 6 - 55 所示。

算法经验证有 95.6%的准确率，能够有较好的分类效果。然而，仍存在一定的分类错误的情况，这是因为其中有部分数据为遮挡在不同电池串上的实验数据。

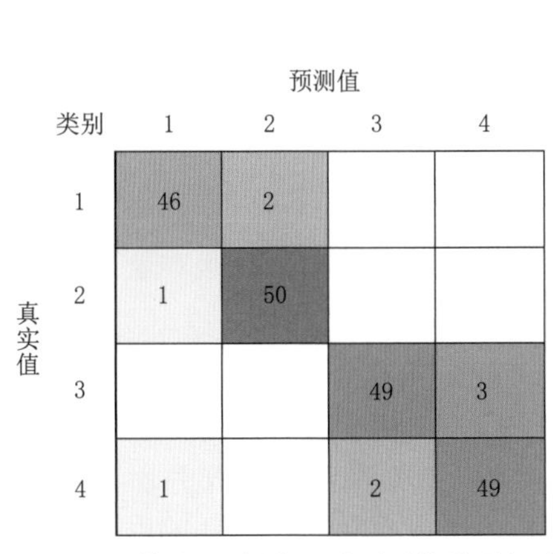

图 6 - 55 算法 10 折交叉验证下的混淆矩阵

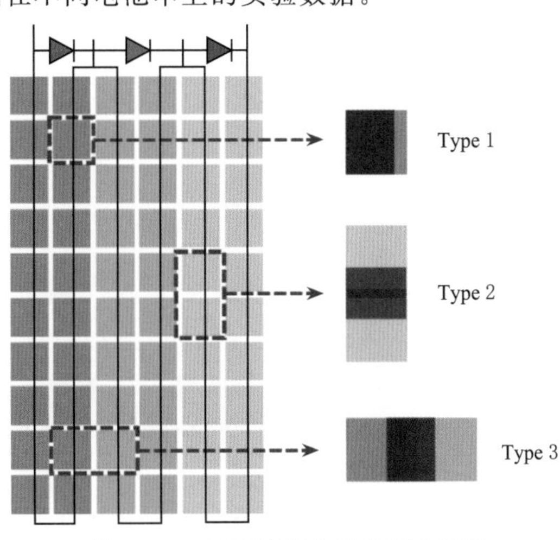

图 6 - 56 不同遮挡位置类型示意图

使用相同种类相同面积的遮光布对光伏组件进行遮挡，遮挡位置分别位于同一电池串的一个电池片上、同一电池串的两个电池片上、两个电池串的两个电池片上，不同遮挡位置类型示意图如图 6-56 所示。

不同遮挡位置类型对应的 $I-V$ 及 $P-V$ 曲线如图 6-57 所示。尽管三种遮挡情况下都出现了双波峰现象，但是不同遮挡位置类型对应的 $I-V$ 曲线和 $P-V$ 曲线发生了明显的变化。相比较遮挡 Type 1，遮挡 Type 2 的 $I-V$ 曲线中的第二个局部功率最大点的电流增大，这是因为单个电池片上的遮挡比例减小了一半。遮挡 Type 3 也因此产生了同样性质的变化。同时，相比较 Type 1 和 Type 2，Type 3 的 $I-V$ 曲线中第一个局部最大功率点的电压明显减少，这是因为 Type 3 遮挡情况下，光伏组件的两个电池串都受到了影响。

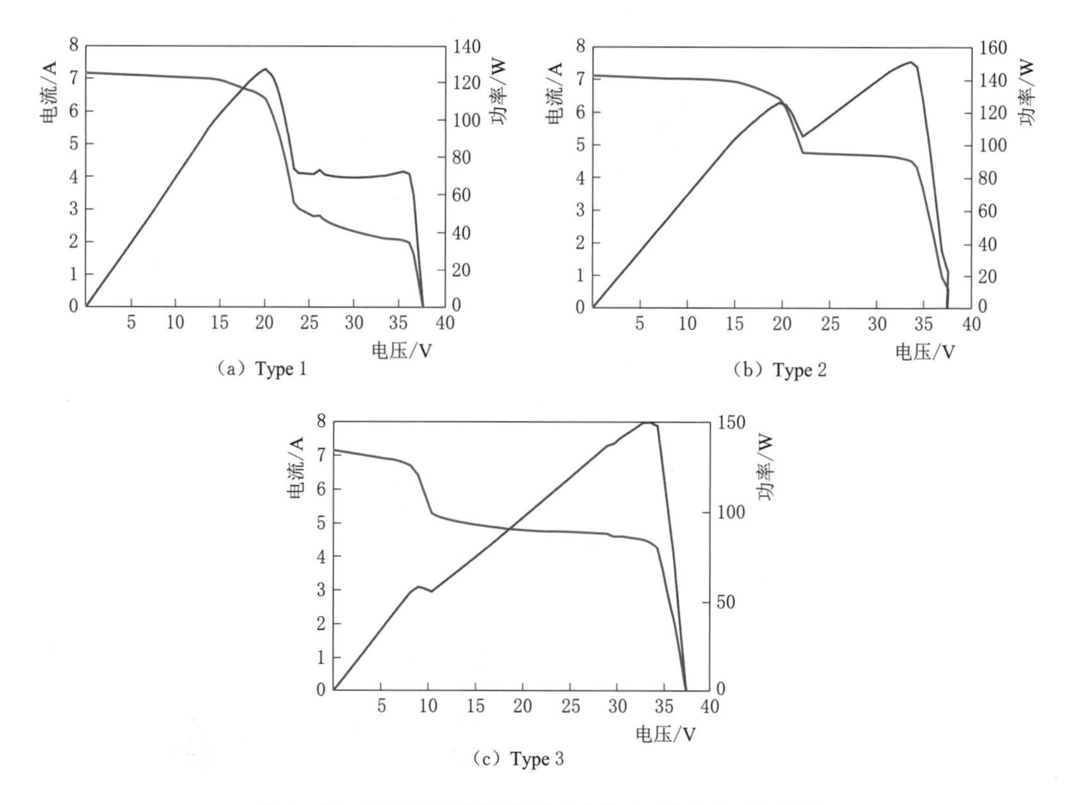

图 6-57 不同遮挡位置类型对应的 $I-V$ 及 $P-V$ 曲线

相同遮挡面积在不同的遮挡位置会造成 $I-V$ 曲线特征的差异，因此很难仅通过电气特性就准确分类遮挡面积范围，会存在误判的情况。

2. 不同分类算法性能评测

关于数据分类问题有许多经典算法，本实验选择如下的三种算法形成对比。

（1）加权 KNN 算法。对于一个给定的测试样本，应用某种距离计算方法，在特征空间内找出最接近该测试样本的 k 个训练样本，即 k 个最近邻，然后统计选出的 k 个最近邻样本，当某一类近邻数量最多时，则可以把该测试样本判定为该类。在全部特征中，有些特征与分类强相关，有些特征与分类是弱相关，也有一部分特征与分类不相关，如果按照所有特征作用相同来计算样本相似度就会导致误导分类过程。加权 KNN 算法即是一种加权的相似度优化方法，在相似度的距离公式中给特征赋予不同权重，进而进行判别。

(2) 支持向量机算法。支持向量机的本质是在训练数据中找出可以用于构造最优分类超平面的支持向量，从数学角度看即是一个二次优化问题的求解[32]。对于非线性的分类问题，该算法的思路是利用某种非线性变换将输入空间数据映射到一个高维的特征向量空间，然后在这个空间中构造最优分类超平面，进而变成了线性分类问题，最后再映射回原有的空间。

(3) 朴素贝叶斯算法。朴素贝叶斯的算法思想为：先分别计算出各个类别的先验概率，再通过贝叶斯定理计算出各特征属于某个类别的后验概率，最终的类别由具有最大后验概率（Maximum A Posteriori，MAP）的类别决定，即

$$P(B \mid A)=\frac{P(A \mid B)P(B)}{P(A)} \tag{6-107}$$

实验算法的具体参数见表 6-13。

分别将上述算法及选用的 BP 神经网络用于实验数据集的训练及测试，采用最常用的 10 折交叉验证，结合实验指标，得到不同算法的实验结果对比图，如图 6-58 所示。

不同算法的准确率见表 6-14，可以发现提出的利用 BP 神经网络的算法达到了较高的准确率，能够应用于基于 $I-V$ 曲线特征的光伏组件遮挡面积分类问题。

表 6-13　实验算法的具体参数

算　法	参　数
加权 KNN	邻点个数：3 距离度量：City block 距离权重：反距离平方
支持向量机	核函数：二次 框约束级别：326.2733 多类方法：一对他
朴素贝叶斯	分布名称：核 核类型：Box

表 6-14　不同算法的准确率

算法	本章节算法	加权 KNN	支持向量机	朴素贝叶斯
准确率	95.6%	89.7%	91.1%	71.4%

3. 不同 k 值算法性能评测

k 值的选择影响了训练集和测试集的数据占比，选择不同的 k 值进行数据划分，然后基于交叉验证的原则取得平均准确率，能够进一步评判本章节算法的有效性和鲁棒性。不同 k 值实验结果对比图如图 6-59 所示。

表 6-15　不同 k 值的算法准确率

k	10	8	5	2
准确率	95.6%	94.6%	92.1%	86.7%

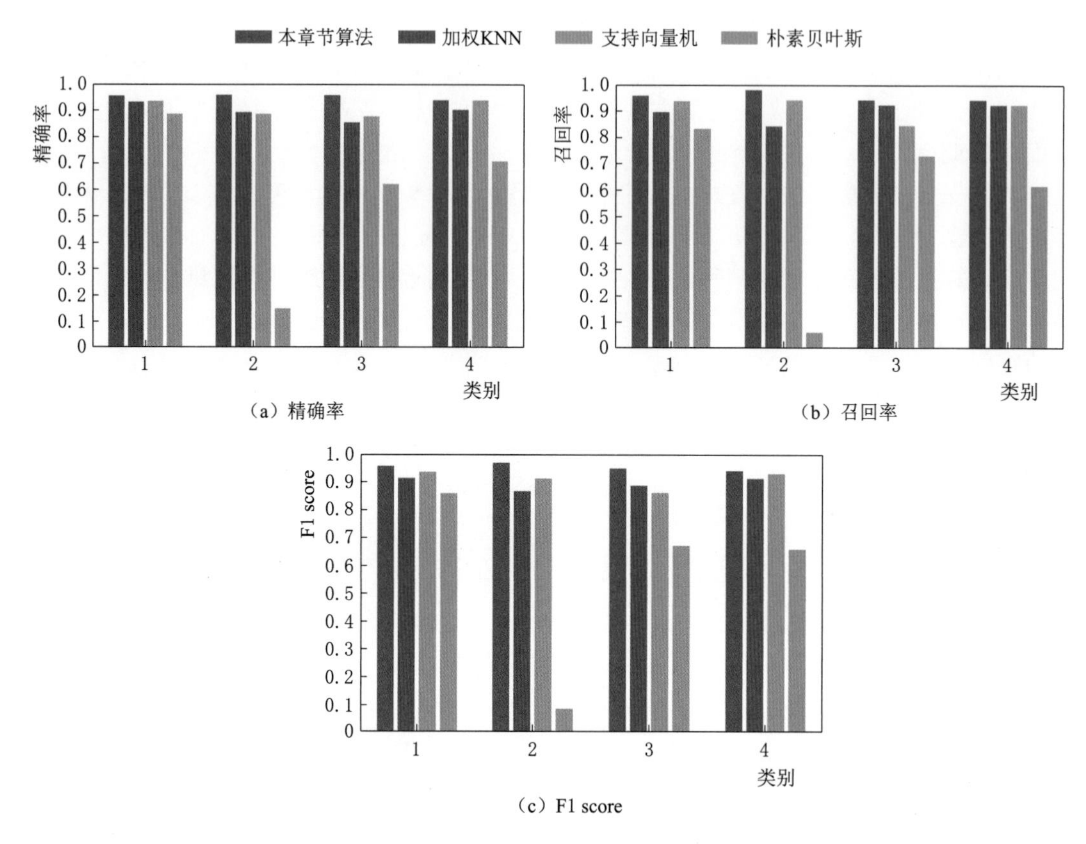

图 6－58　不同算法实验结果对比图

图 6－59 为 k 值不同的情况下各类别数据对应的精确率、召回率和 F1 score，不难发现，尽管 k 值不同但整体表现都较好，最低的召回率为 2 折情况下，但仍有 0.75，其余的情况都在 0.8 以上。不同 k 值的算法准确率见表 6－15，可以发现随着折数的减少，算

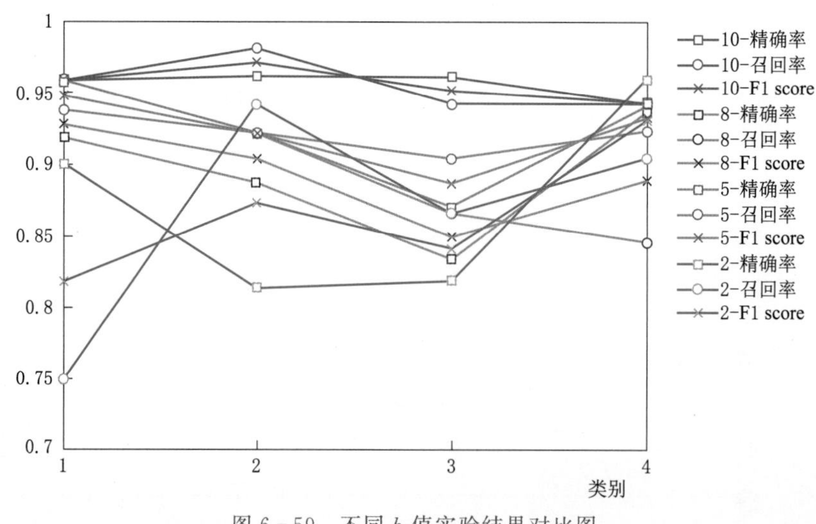

图 6－59　不同 k 值实验结果对比图

法准确率会有一定的下降，这是因为训练集的数据样本减少而测试集的数据样本增加，但是在 50%数据用于训练、50%数据用于测试的 2 折交叉验证中，本章节算法依然达到了 86.7%的准确率，验证了算法即使在样本数较小的情况下也能有很好的分类效果。

6.5 本章小结

近年来，光伏产业得到了迅猛的发展，围绕光伏发电的故障诊断及异常检测也产生许多相关研究。光伏组件遮挡异常对于光伏发电系统的输出及效率有着重大的影响，因此应及时、准确检测出光伏组件遮挡异常，并提出相应的运维策略。本章节依托光伏发电系统实验平台进行了不同环境条件及实验方案下的数据采集，在此基础上实现了对光伏组件遮挡异常检测方法的研究，主要工作内容如下：

（1）建立等效电路模型，为后续研究提供模型基础。依据光伏组件制造商提供的产品参数，利用参数识别算法，建立光伏组件的等效电路模型。根据光伏组串内光伏组件的串并联关系，推演出光伏组串的等效电路模型。在光伏发电系统实验平台上采集不同环境因素下的光伏组件及组串输出数据，进行等效模型的验证。

（2）针对光伏组件遮挡异常类型辨识问题，利用光伏组串功率损失持续时间提出辨识算法。从 $I-V$ 曲线及输出功率的区别分析了可变遮挡及固定遮挡之间的输出特性差异，并提出遮挡类型的辨识算法。采集光伏组串一天的输出功率数据及环境数据，根据后者对前者进行数据预处理，同时利用辐照度及温度等环境因素仿真输出同样时间序列的光伏组串理论输出功率值，计算实验值和理论值之间的功率损失数据，将其随时间序列的变化作为划分可能有遮挡的时间段的依据，从而进行遮挡类型的辨识。

（3）针对光伏组件遮挡异常定位问题，利用安防摄像头采集的光伏电站实地图像，对当前监控范围内的光伏组件遮挡异常进行检测。为了有效提取出图像中光伏组件区域，利用 HSV 颜色空间进行初步分割，并利用形态学闭运算进行去噪，采用 GrabCut 算法进行提取。针对图像存在的问题，通过图像处理算法中的彩色直方图匹配和特征对齐进行图像处理。利用图像差分实现遮挡异常检测，并且在自建数据集上进行了验证，达到了 96.67%的检测成功率及 88.33%的定位准确率。

（4）针对光伏组件遮挡异常定量评估的问题，利用 BP 神经网络实现光伏组件遮挡面积分类。研究了遮挡面积对光伏组件 $I-V$ 曲线及 $P-V$ 曲线输出特性的影响，提出了一种 BP 神经网络用于遮挡面积分类。在实测数据集的基础上，建立光伏组件在局部遮挡下的等效模型，并利用模型仿真数据扩充了自采数据集。将光伏组件的两个局部最大功率点的电流及电压作为输入特征，利用该数据集验证了算法的优越性，准确率可达到 95.6%。

参考文献

[1] ACCARINO J, PETRONE G, RAMOS-PAJA C A, et al. Symbolic algebra for the calculation of the series and parallel resistances in PV module model [C] //International Conference on Clean

Electrical Power (ICCEP). Alghero: IEEE, 2013.
[2] EICKER U. Solar Technologies for Buildings [M]. Hoboken: John Wiley & Sons, inc., 2006.
[3] FEMIA N, PETRONE G, SPAGNUOLO G, et al. Power Electronics and Control Techniques for Maximum Energy Harvesting in Photovoltaic Systems [M]. Florida: CRC Press, 2012.
[4] DE SOTO W, KLEIN S A, BECKMAN W A. Improvement and validation of a model for photovoltaic array performance [J]. Solar Energy, 2006, 80 (1): 78-88.
[5] CELIK A N, ACIKGOZ N. Modelling and experimental verification of the operating current of mono-crystalline photovoltaic modules using four- and five-parameter models [J]. Applied Energy, 2007, 84 (1): 1-15.
[6] ORIOLI A, GANGI A D. A procedure to calculate the five-parameter model of crystalline silicon photovoltaic modules on the basis of the tabular performance data [J]. Applied Energy, 2013, 102: 1160-1177.
[7] HUMADA A M, DARWEESH S Y, MOHAMMED K G, et al. Modeling of PV system and parameter extraction based on experimental data: Review and investigation [J]. Solar Energy, 2020, 199: 742-760.
[8] BAI J, SHENG L, HAO Y, et al. Development of a new compound method to extract the five parameters of PV modules [J]. Energy Conversion and Management, 2014, 79 (3): 294-303.
[9] CUBAS J, PINDADO S, VICTORIA M. On the analytical approach for modeling photovoltaic systems behavior [J]. Journal of Power Sources, 2014, 247: 467-474.
[10] PICAULT D, RAISON B, BACHA S, et al. Forecasting photovoltaic array power production subject to mismatch losses [J]. Solar Energy, 2010, 84 (7): 1301-1309.
[11] MISHINA T, KAWAMURA H, YAMANAKA S, et al. A study of the automatic analysis for the I-V curves of a photovoltaic subarray [C] //Conference Record of the Twenty-Ninth IEEE Photovoltaic Specialists Conference, 2002. New Orleans: IEEE, 2002: 1630-1633.
[12] ZHANG Z, ZHU Z W, SHAN L, et al. The Effects of Inclined Angle Modification and Diffuse Radiation on the Sun-Tracking Photovoltaic System [J]. IEEE Journal of Photovoltaics, 2017, 7 (5): 1410-1415.
[13] 李君伟. 基于HSV的彩色纹理图像分类及目标追踪 [D]. 成都：西南交通大学，2019.
[14] SMITH A R. Color gamut transform pairs [J]. Computer Graphics, 1978, 12 (3): 12-19.
[15] LEE D, PLATANIOTIS K N. A taxonomy of color constancy and invariance algorithm [M] // Advances in Low-Level Color Image Processing. Netherlands: Springer, 2014: 55-94.
[16] ROTHER C, KOLMOGOROV V, BLAKE A. "GrabCut": Interactive foreground extraction using iterated graph cuts [J]. ACM Transactions on Graphics (TOG), 2004, 23 (3): 309-314.
[17] 吴润良. GrabCut彩色图像分割方法研究 [D]. 兰州：兰州大学，2021.
[18] GONZALEZ R C, WOODS R E. Digital image processing [J]. IEEE Transactions on Acoustics Speech and Signal Processing, 1980, 28 (4): 484-486.
[19] 李雨妮，王鹏，肖建力. 一种使用多维度直方图匹配的图像风格迁移算法 [J]. 计算机与现代化，2019 (2)：15-18，26.
[20] 张荞，张艳梅，蒙印. 基于直方图匹配的多源遥感影像匀色研究 [J]. 地理空间信息，2020，18 (12)：54-57，7.
[21] 张怡，孙永荣，刘梓轩，等. 基于RTK定位的图像差分跑道异物检测 [J]. 电子测量与仪器学报，2020，34 (10)：51-56.
[22] RUBLEE E, RABAUD V, KONOLIGE K, et al. ORB: An efficient alternative to SIFT or SURF [C] //2011 International Conference on Computer Vision. Barcelona: IEEE, 2011: 2564-2571.

[23] 屈玳辉. 基于局部特征匹配的大视差图像拼接算法研究 [D]. 大连：大连海事大学，2020.
[24] LI Q X, ZHU L, SUN Y, et al. Performance prediction of Building Integrated Photovoltaics under no - shading, shading and masking conditions using a multi - physics model [J]. Energy, 2020, 213: 118795.
[25] BLASCHKE T, BIBERACHER M, GADOCHA S, et al. 'Energy landscapes': Meeting energy demands and human aspirations [J]. Biomass and Bioenergy, 2013, 55: 3 - 16.
[26] WANG Y Y, PEI G, ZHANG L C. Effects of frame shadow on the PV character of a photovoltaic/thermal system [J]. Applied Energy, 2014, 130: 326 - 332.
[27] 宿嘉磊. 均匀辐照与非均匀辐照下光伏电池输出特性建模与参数求解研究 [D]. 济南：山东大学，2020.
[28] ARLOT S, CELISSE A. A survey of cross - validation procedures for model selection [J]. Statistics Surveys, 2010, 4: 40 - 79.
[29] GEISSER S. The Predictive Sample Reuse Method with Applications [J]. Journal of the American Statistical Association, 1975, 70 (350): 320 - 328.
[30] ZHANG P. Model Selection Via Multifold Cross Validation [J]. The Annals of Statistics, 1993, 21 (1): 299 - 313.
[31] 杨柳，王钰. 泛化误差的各种交叉验证估计方法综述 [J]. 计算机应用研究，2015，32 (5): 1287 - 1290，1297.
[32] 薛浩然，张珂珩，李斌，等. 基于布谷鸟算法和支持向量机的变压器故障诊断 [J]. 电力系统保护与控制，2015 (8): 8 - 13.
[33] XIA L, LI C X, ZHANG K J, et al. A Classification Method of Photovoltaic Modules Shaded Area Based on Weighted K - nn [C] //2021 40th Chinese Control Conference (CCC). Shanghai: IEEE, 2021: 4497 - 4503.

第7章

基于多源信息融合的组件健康评估

由于在实际光伏发电中，光伏组件的电气数据以及当前的环境数据决定了当前光伏组件实际的发电效率，发电效率是衡量光伏组件发电状况的重要指标，同时在光伏组件的各项异常中，热斑效应对光伏组件的发电影响较大，并且还容易引起火灾等其他灾害，因此，本章节研制一种能够同时读取环境数据和光伏组件电气数据并计算发电效率，能够检测热斑，并综合评估光伏组件健康状况的一体化装置。

7.1 评估装置设计与实现

7.1.1 装置需求

随着我国光伏产业爆发式增长和光伏扶贫战略实施，光伏电站点多面广地偏、数据采集难度大、运维人员分散、装备技术水平较低、上下游产业资源缺乏联动等问题凸显，导致运维难度大、成本高、效率低。在光伏组件的发电过程中，发电效率是衡量当前光伏组件发电情况的重要指标，在光伏组件的常见异常中，热斑效应不仅会影响光伏组件的发电效率，也会降低电能质量。同时，过高的温度也很容易引起火灾，造成更大规模的损失。因此，光伏组件健康评估装置主要用于进行检测和计算当前光伏组件的实际发电功率，进而计算发电效率，同时还可以检测当前光伏组件的热斑，除此之外，还可以根据当前的光伏组件的电气情况综合评价此光伏组件的健康度，减轻运维成本，提高运维效率。

光伏组件健康评估装置整体分为硬件系统和软件开发两个部分。硬件系统需要：用于计算和控制的核心主控开发板；由于热斑无法用可见光摄像头直接获取，只能够通过温度进行识别，因此需要用于拍摄热斑图像的红外热成像仪；用于与光伏系统数据库交互的网络设备；用于显示的显示触摸屏；给各类设备进行供电的供电设备。软件开发主要分为发电效率计算模块、热斑检测模块、健康评估模块。

7.1.2 总体结构

光伏组件健康评估装置的设计整体分为硬件系统和软件开发。硬件系统整体由核心主控开发板、红外热成像仪、网络设备、显示触摸屏以及供电设备组成。软件开发由发电效率计算模块、热斑检测模块和健康评估模块组成。在硬件系统中，核心主控开发板和红外热成像仪属于核心器件，需要进行选型规划。软件开发除了各个软件模块，还需要能够与光伏组件进行交互的通信协议。

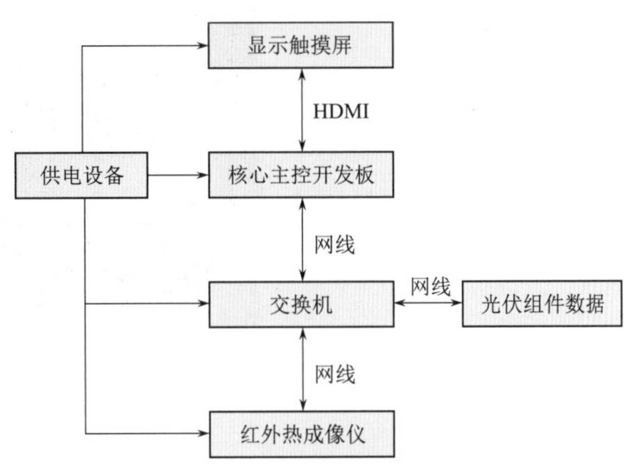

图 7-1 光伏组件健康评估装置整体架构图

7.1.2.1 光伏组件健康评估装置硬件系统

光伏组件健康评估装置整体架构由以下几部分组成。首先是核心主控开发板，用于对数据进行分析和计算，是整个装置的“大脑”。其次是红外热成像仪，用于拍摄热斑图像。由于需要能够读取光伏组件的电气参数以及环境参数，同时需要交换机这种网络设备，交换机用于与光伏组件电气数据和环境数据进行数据交互。除此之外，还配备了供电设备以及可视化界面的显示触摸屏。光伏组件健康评估装置整体架构图如图 7-1 所示。

1. *核心主控开发板选型*

光伏组件健康评估装置主要用于光伏组件的发电效率计算、热斑检测以及健康度评估，同时此装置作为一体化装置应便于携带，体积小，质量轻，因此，其核心控制模块开发板需要有很强的计算能力。本章节采用英伟达公司的 Jetson TX2 开发板作为主控核心模块。此模块配备 NVIDIA Pascal 架构 GPU，同时配有高达 57.9GB/s 的显存带宽，可以适配各类型的终端服务需求。Jetson TX2 开发板主要参数见表 7-1，功能如图 7-2 所示。

表 7-1 Jetson TX2 开发板主要参数表

产品参数	参 数 值
GPU	256 个 CUDA 核心
CPU	双核 Denver 和四核 ARM
内存	8GB
存储空间	32GB
视频编码	500MP/s 1×4K@60（HEVC）3×4K@30（HEVC）4×1080p@60（HEVC）
视频解码	1000MP/s 2×4K@60（HEVC）7×4K@60（HEVC）20×1080p@30（HEVC）

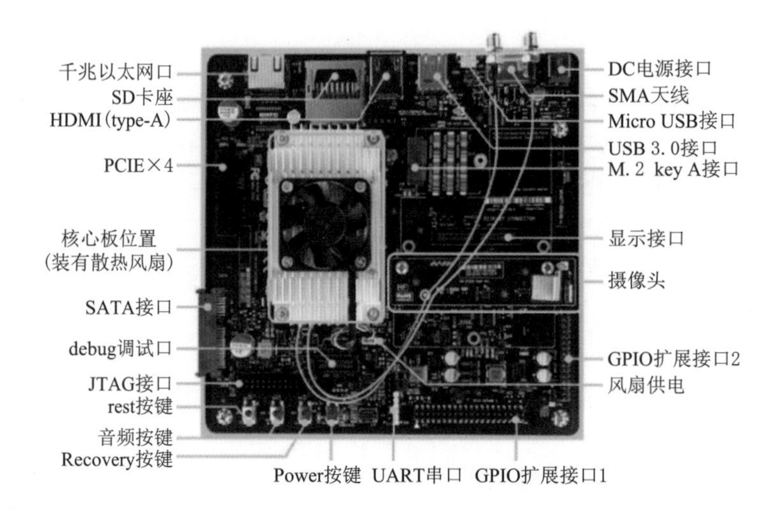

图 7-2 Jetson TX2 开发板功能图

2. 红外热成像仪选型

热斑检测模块是光伏组件健康评估装置的一个重要功能。根据 IEC 测试标准，热斑的定义为单块组件内，电池片温差超过 20℃。而在实际的光伏组件中，20℃的温差无法通过人的肉眼直接判别，换言之，无法使用可见光摄像头进行判断。因此，热斑的拍摄必须使用红外热成像仪进行获取。目前，市面上的红外热成像仪大多分为手持式和在线式两种，如图 7-3 所示。

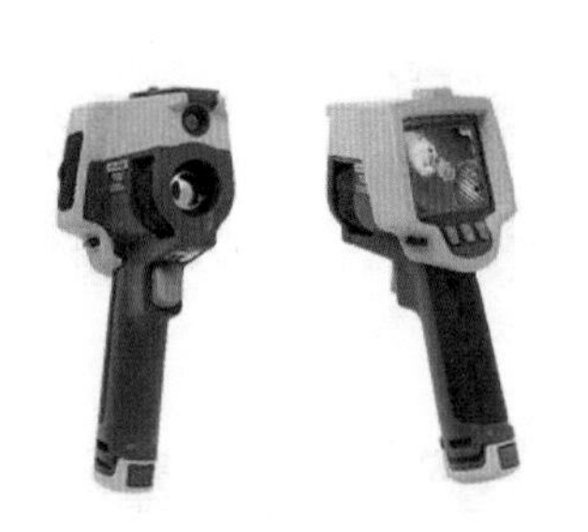

(a) 手持式

(b) 在线式

图 7-3 红外热成像仪

从图 7-3 中可以发现，手持式红外热成像仪易于操作，需要手动触发按钮进行拍摄，但不易于集成至一体化装置中。而在线式红外热成像仪虽然操作相对复杂，但可以通过程序控制，易于集成至一体化装置中。本装置采用海康威视 DS-2TA06-BEE 系列红外热成像仪作为图像采集设备，此设备配有 25mm 热成像电动镜头，其最小成像距离为 0.5m，支持自动聚焦，分辨率为 640×512，测温范围为 -20～150℃或 0～550℃，红外热成像仪产品参数见表 7-2。

表 7-2　红外热成像仪产品参数

产品参数	参　数　值	产品参数	参　数　值
最小成像距离/m	0.5	测温精度/℃	±2
分辨率	640×512	视场角/(°)	25×19
测温范围/℃	−20～150 或 0～550	网口/(Gbit/s)	1

7.1.2.2　光伏组件健康评估装置软件开发

整个光伏组件健康评估装置软件使用 PYQT 编写，PYQT 是一个创建 GUI 应用程序的工具包，是 Python 编程语言和 Qt 库的成功融合[1]。

健康评估装置软件主要由通信协议与软件界面组成，其中软件界面包括发电效率计算模块、热斑检测模块及健康评估模块。

1. 通信协议

光伏组件健康评估装置需要通过以太网与光伏组件数据进行数据交互。目前，整个国家电力行业中，数据交互所用较多的是 103/104 协议，因此，考虑到此装置后续的实用性，光伏组件健康评估装置也使用 104 协议与上位机软件进行通信。104 协议规约由国际电工委员会制定。104 协议规约把传统的 101 协议中的应用服务数据单元（ASDU）用网络规约 TCP/IP 进行传输，该标准为网络传输提供了通信规约依据。采用 104 协议组合 101 协议的 ASDU 的方式后，可以很好地保证规约的标准化和通信的可靠性[2,3]。

104 协议的报文帧分为三类，I 帧、S 帧和 U 帧。其中：I 帧为信息帧，用于传输数据；S 帧为确认帧，用于确认接收的 I 帧；U 帧为控制帧，用于控制启动/停止/测试，统称为 APDU，而短帧报文部分只有 APCI 部分[4]。104 协议帧格式见表 7-3。

表 7-3　104 协议帧格式表

<table>
<tr><td rowspan="17">APDU 应用规约数据单元</td><td rowspan="6">APCI 应用规约控制信息</td><td colspan="3">启动字符（68H）</td></tr>
<tr><td colspan="3">APDU 长度（L）</td></tr>
<tr><td colspan="3">控制域 1（C1）</td></tr>
<tr><td colspan="3">控制域 2（C2）</td></tr>
<tr><td colspan="3">控制域 3（C3）</td></tr>
<tr><td colspan="3">控制域 4（C4）</td></tr>
<tr><td rowspan="11">ASDU 应用服务数据单元（可选）</td><td rowspan="4">数据单元标识符</td><td rowspan="2">数据单元类型</td><td>类型标识（TYP）</td></tr>
<tr><td>可变结构限定词（VSQ）</td></tr>
<tr><td colspan="2">传送原因（COT）</td></tr>
<tr><td colspan="2">ASDU 公共地址（ADR）</td></tr>
<tr><td rowspan="3">信息对象 1</td><td colspan="2">信息对象地址（InforAdr）</td></tr>
<tr><td colspan="2">信息元素集</td></tr>
<tr><td colspan="2">信息对象时标（可选）</td></tr>
<tr><td>……</td><td colspan="2">……</td></tr>
<tr><td rowspan="3">信息对象 n</td><td colspan="2">信息对象地址（InforAdr）</td></tr>
<tr><td colspan="2">信息元素集</td></tr>
<tr><td colspan="2">信息对象时标（可选）</td></tr>
</table>

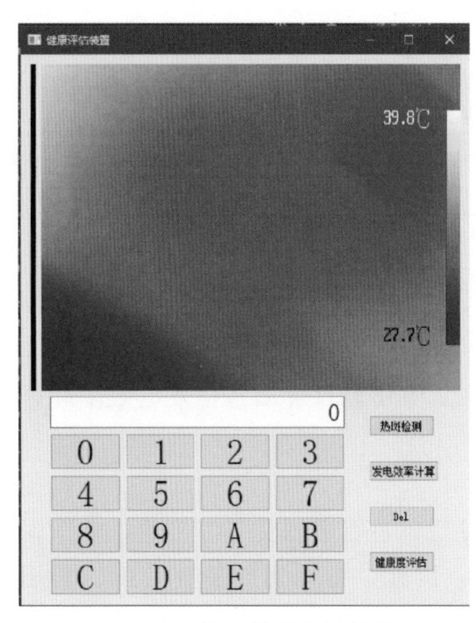

图7-4　光伏组件健康评估装置软件界面图

2. 软件界面

光伏组件健康评估装置软件界面如图7-4所示，界面中有红外热成像仪所拍摄到的红外热成像实时视频图像，用于发电效率计算、热斑检测以及健康度评估的三个按钮，同时界面中还有一个矩阵键盘。由于光伏组件都是以组串的形式串在光伏阵列中，因此需要对单个光伏组件进行编号，通过光伏组件的编号读取指定光伏组件的电压电流等电气数据。

(1) 发电效率计算模块。发电效率计算使用的是7.2.1节中的发电效率计算公式，发电效率计算选取的是指定光伏组件过去3h内的发电电流电压等电气数据，同时以一分钟一次的频率进行采集。因此，过去3h内一共会采集到180个数据点。对每一个数据点通过发电效率公式进行计算，通过光伏组件的出厂参数、环境参数推出此指定光伏组件在此环境下的理论最大发电功率，同时通过以太网通信读取光伏组件实际最大发电功率，进而计算出发电效率。光伏组件发电效率计算界面如图7-5所示，图中的界面代表过去180个点的光伏组件的发电效率。

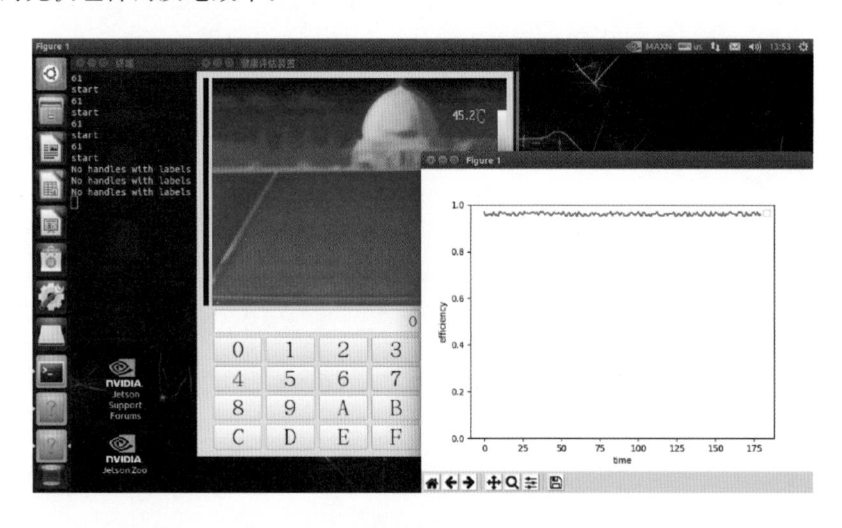

图7-5　光伏组件发电效率计算界面

(2) 热斑检测模块。热斑检测主要使用的是7.2.2节中的K-Means算法，通过光伏组件健康评估装置界面中的热斑检测按钮，将K-Means算法绑定在按钮上，截取红外热成像仪当前拍摄到的图片，对图片用K-Means算法进行检测，检测是否有热斑。光伏组件热斑检测模块界面如图7-6所示，图中框出的即为光伏组件的热斑区域。

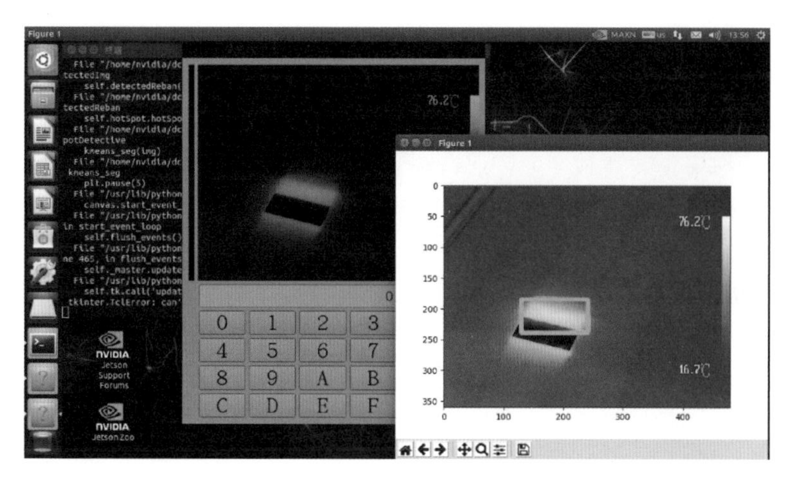

图 7-6　光伏组件热斑检测模块界面图

（3）健康评估模块。健康度评估计算使用的是 7.2.3 节中的光伏组件健康评估算法。健康评估算法主要根据功率损失比和最大功率点偏移，通过光伏组件健康评估模型计算出当前的健康度 R 值，根据 R 值得出当前光伏组件的健康状况属于健康、亚健康、不健康或损坏中的哪一种。光伏组件健康评估模块界面图如图 7-7 所示，图中 R 值为 0.9731，光伏板属于健康状态。

图 7-7　光伏组件健康评估模块界面图

7.2　评估装置功能模块

7.2.1　发电效率计算模块

光伏组件发电效率定义为实际发电能量除以理论发电能量，是衡量光伏组件将太阳能转换为电能能力的重要指标。在短时间内，发电效率可以近似认为光伏组件的实际发电功率除以理论发电功率。在目前的实际发电电站中，光伏组件的后端普遍会接入组件优化器。组件优化器会使用最大功率点跟踪（Maximum Power Point Tracking，MPPT）算法，使光伏组件工作在最大功率点上。因此，光伏组件的发电效率在实际情况中可以用实际最大功率点功率除以理论最大功率点功率计算。在实际的光伏组件发电中，实际最大功率点可以通过数据采集装置或 $I-V$ 曲线仪获得，但光伏组件的理论最大功率点无法测得，因此本章节研究光伏组件的发电电路，建立光伏组件的发电数学模型，计算光伏组件的理论最大功率点，进而计算发电效率。

7.2.1.1 光伏组件发电数学模型

传统上，太阳能电池由一个电流源、一个反向并联二极管、一个串联电阻和一个分流电阻组成的等效电路组成[5,6]。光伏组件电池等效电路如图7-8所示，反向并联二极管被修改为与原电流源反并联的外部控制电流源。

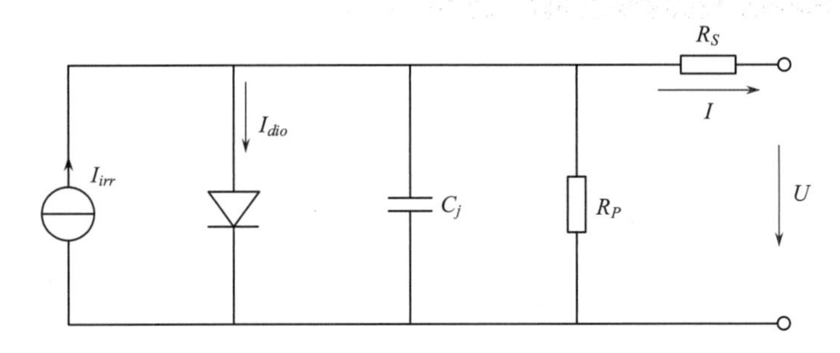

图7-8 光伏组件电池等效电路

根据基尔霍夫定律可知

$$I=I_{irr}-I_{dio}-I_P \tag{7-1}$$

式中：I_{irr} 为由于太阳辐照产生的光电流，在太阳能电池温度一定的情况下，光电流大小随着辐照度大小呈线性变化；I_{dio} 为经过反向并联二极管的电流；I_P 为由于分流电阻产生的分流电流。将相关表达式代入 I_{dio} 和 I_P 得到

$$I=I_{irr}-I_0\left[\exp\left(\frac{q(U+IR_S)}{nkT}\right)-1\right]-\frac{U+IR_S}{R_P} \tag{7-2}$$

式中：q 为电子常数；k 为玻尔兹曼常数；n 为理想情况下的二极管理想常数；T 为太阳能电池温度；I_0 为二极管的饱和电流；R_S 和 R_P 为串联电阻和分流电阻。

上式所表述的是单个太阳能电池的特性方程。光伏组件通常由一系列太阳能电池组成。N_S 表示一个组件中串联的太阳能电池的数量。当一个光伏组件由 N_S 个太阳能电池组成的时候，输出电流 I_M 和输出电压 V_M 遵守以下关系[7]，即

$$I_M=I_{irr}-I_0\left\{\exp\left[\frac{q(V_M+I_MN_SR_S)}{N_SnkT}\right]-1\right\}-\frac{V_M+I_MN_SR_S}{N_SR_P} \tag{7-3}$$

可以看到式（7-2）和式（7-3）在形式上很接近，因此可以合并为以下的光伏组件的 IV 方程，即

$$I=I_L-I_0\left\{\exp\left[\frac{q(U+IR_S)}{AkT}\right]-1\right\}-\frac{V+IR_S}{R_{Sh}} \tag{7-4}$$

式中：I_L 为光电流，A；I_0 为反向饱和电流，A；q 为电子电荷常数；k 为玻尔兹曼常

数；T 为绝对温度；A 为二极管因子；R_S 为串联电阻；R_{Sh} 为并联电阻。

根据文献［7］，可以通过两点近似将式（7-4）简化，其中忽略 $\frac{U+IR_S}{R_{Sh}}$ 项，因为在通常情况下，该值远小于光电流，同时定义开路状态下，$I=0$ 时，$U=U_{oc}$；最大功率点处 $U=U_m$，$I=I_m$，则

$$I=I_{sc}\left\{1-C_1\left[\exp\left(\frac{U}{C_2U_{oc}}\right)-1\right]\right\} \tag{7-5}$$

式中：I_{sc} 为短路电流；U_{oc} 为开路电压。

在最大功率点时，$U=U_m$，$I=I_m$ 可以得到

$$I_m=I_{sc}\left\{1-C_1\left[\exp\left(\frac{V_m}{C_2V_{oc}}\right)-1\right]\right\} \tag{7-6}$$

式中：U_m 为最大功率点的电压；I_m 为最大功率点的电流。

在一般情况下，$\exp\left(\frac{U_m}{C_2U_{oc}}\right)\gg 1$，因此可以忽略 -1，解出 C_1 为

$$C_1=\left(1-\frac{I_m}{I_{sc}}\right)\exp\left(-\frac{U_m}{C_2V_{oc}}\right) \tag{7-7}$$

注意到开路状态下，当 $I=0$ 时，$U=U_{oc}$，并把式（7-7）代入式（7-5）得到 C_2 为

$$C_2=\left(\frac{U_m}{U_{oc}}-1\right)\left[\ln\left(1-\frac{I_m}{I_{sc}}\right)\right]^{-1} \tag{7-8}$$

因此，模型只需要输入光伏组件的出厂参数 I_{sc}、U_{oc}、I_m、U_m 就可以根据式（7-7）、式（7-8）得出 C_1 和 C_2。式（7-5）所定义的即为光伏组件的 $I-V$ 特性曲线。光伏组件的 $I-V$ 特性曲线是分析光伏组件发电性能的重要依据，光伏组件在通常情况下，都会工作在此曲线上，式（7-6）为其最大功率点。

7.2.1.2 光伏组件发电数学模型在不同温度辐照度下的修正

在目前的光伏组件系统中，光伏组件的后端都会接上组件优化器，通过 MPPT 算法让光伏组件工作在最大功率点处。因此，通常正常的光伏组件都会在组件优化器的帮助下工作在最大功率点处。但是此 $I-V$ 特性曲线以及最大功率点都是在标准 STC 下的数据。在实际的光伏发电中，光伏组件的最大发电功率与温度、辐照度等环境参数有关。因此，需要研究温度、辐照度对光伏组件最大发电功率的影响，研究光伏组件发电数学模型在不同温度辐照度下的修正。

1. 补偿系数对 $I-V$ 曲线进行修正

光伏组件的 $I-V$ 特性曲线与温度 T 和辐照度 S 有关，文献［8］通过补偿系数来对式（7-6）进行修正，即

$$\Delta T=T-T_{ref} \tag{7-9}$$

$$\Delta S=\frac{S}{S_{ref}}-1 \tag{7-10}$$

式中：S 为当前辐照度；S_{ref} 为参考辐照度，通常取 1000W/m^2；T 为当前温度；T_{ref} 为参考温度，通常取 25℃；ΔT 和 ΔS 分别为电流修正值和电压修正值。

修正过后的短路电流、开路电压，以及最大功率点处的电流、电压分别为

$$I'_{sc}=I_{sc}\frac{S}{S_{ref}}(1+a\Delta T) \tag{7-11}$$

$$U'_{oc}=U_{oc}(1-c\Delta T)\ln(\mathrm{e}+b\Delta S) \tag{7-12}$$

$$I'_{m}=I_{m}\frac{S}{S_{ref}}(1+a\Delta T) \tag{7-13}$$

$$U'_{m}=U_{m}(1-c\Delta T)\ln(\mathrm{e}+b\Delta S) \tag{7-14}$$

式中：I'_{sc} 和 I'_{m} 为通过温度修正系数 ΔT 得到的修正过后的短路电流和最大功率点处的电流；U'_{oc} 和 U'_{m} 为通过温度修正系数 ΔT 和辐照度修正系数 ΔS 得到的修正过后的开路电压和最大功率点处的电压；a，b，c 为补偿系数。

将式（7-11）～式（7-14）代入式（7-6）～式（7-8）中，即可得到在当前条件下的光伏组件的 $I-V$ 特性。因此也得到了硅太阳电池的数学模型。此时通过这个数学模型，只需要知道光伏组件的出厂参数，即标准环境下的短路电流 I_{sc}、开路电压 V_{oc}、最大功率电压 V_m 和最大功率电流 I_m 以及环境参数就可以推算出在当前环境下光伏组件的修正出厂参数，进而获得当前环境下的理论 $I-V$ 特性曲线以及理论最大功率点。

通过 $I-V$ 特性曲线测试进行采集，即可得到当前光伏组件的实际 $I-V$ 特性曲线，进而得到当前光伏组件的实际最大功率点，结合上文的理论最大功率点功率，即可得到当前的发电效率。

2. 功率预测模型

除了通过补偿系数进行修正获得在实际情况下的光伏组件出厂参数，还可以直接通过功率预测模型直接计算出当前光伏组件在实际情况下的理论最大发电电压和发电电流。此模型可以用于实时仿真，其中通过使用辐照度和温度的瞬时值，将预测到的功率和实际测量的功率进行比较，从而提供与光伏系统在运行期间的缺陷或故障有关的信息。整体功率预测模型为

$$I'_{sc}=I_{sc}\frac{S}{S_{ref}}[1+\alpha_{I_{SC}}(T-T_{ref})] \tag{7-15}$$

式中：S 为实际辐照度；S_{ref} 为参考辐照度，通常取 $1000\mathrm{W/m^2}$；T 为实际温度；T_{ref} 为参考温度，通常取 25℃；$\alpha_{I_{SC}}$ 为短路电流温度系数。

然后，我们构建一个关于 T 的函数 $\delta(T)$，用于简化后续运算：

$$\delta(T)=\frac{\eta kT}{q} \tag{7-16}$$

式中：k 为玻尔兹曼常数；q 为电子电荷。

当前环境下理论最大功率点处的发电电流 I'_M 为

$$I'_M=I_M\left[c_0\frac{S}{S_{ref}}+c_1\left(\frac{S}{S_{ref}}\right)^2\right][1+\alpha_{I_M}(T-T_{ref})] \tag{7-17}$$

式中：c_0 为辐照度一阶系数；c_1 为辐照度二阶系数；α_{I_M} 为峰值电流系数。

开路电压 U'_{oc} 为

$$U'_{oc}=U_{oc}+N_s\delta(T)\ln\left(\frac{S}{S_{ref}}\right)+\alpha_{U_{oc}}(T-T_{ref}) \tag{7-18}$$

式中：N_s 为组件串联电池片个数；$\alpha_{U_{oc}}$ 为开路电压系数。

当前环境下理论最大功率点处的发电电压 V'_M 为

$$U'_M = U_M + N_s\left\{c_2\delta(T)\ln\left(\frac{S}{S_{ref}}\right) + c_3\left[\delta(T)\ln\left(\frac{S}{S_{ref}}\right)\right]^2\right\} + \alpha_{U_M}(T - T_{ref}) \quad (7-19)$$

式中：α_{V_M} 为峰值电压系数。

因此，通过式（7－17）和式（7－19）即可计算得到当前光伏组件在当前环境下的理论最大功率点处的发电电流和发电电压，进而获得理论的最大发电功率。

7.2.1.3 发电效率研究实验

本小节主要对上文的数学模型进行计算，分别计算由补偿系数修正模型和功率预测模型计算出的理论最大功率点，同时通过 $I-V$ 特性曲线仪测量得到实际发电最大功率点，进而计算得到发电效率，最后对比两种算法结果。

1. 数据来源

采用 2020 年 12 月 20 日 11：00—15：00 记录的光伏组件数据，光伏组件来源于 7.3 节所搭建的光伏组件实验平台，光伏组件具体数据如图 7－9 所示。

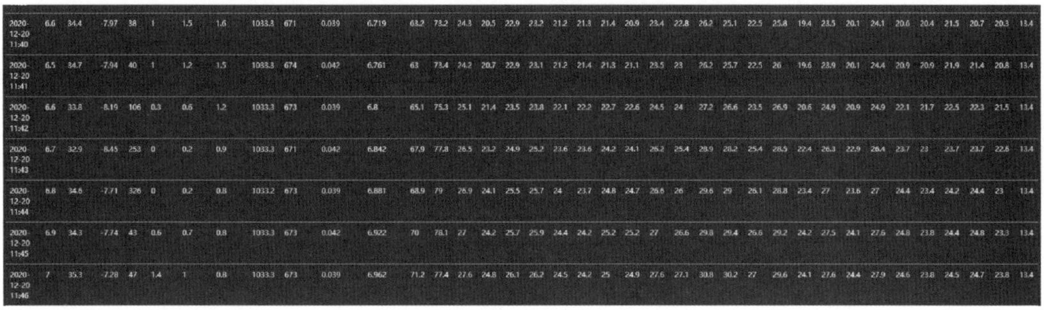

2020-12-20 11:40	6.6	34.4	-7.97	38	1	1.5	1.6	1033.3	671	0.039	6.719
2020-12-20 11:41	6.5	34.7	-7.94	40	1	1.2	1.5	1033.3	674	0.042	6.761
2020-12-20 11:42	6.6	33.8	-8.19	106	0.3	0.6	1.2	1033.3	673	0.039	6.8
2020-12-20 11:43	6.7	32.9	-8.45	253	0	0.2	0.9	1033.3	671	0.042	6.842
2020-12-20 11:44	6.8	34.6	-7.71	326	0	0.2	0.8	1033.2	673	0.039	6.881
2020-12-20 11:45	6.9	34.3	-7.74	43	0.6	0.7	0.8	1033.3	673	0.042	6.922
2020-12-20 11:46	7	35.3	-7.28	47	1.4	1	0.8	1033.3	673	0.039	6.962

2020-12-20 11:40	63.2	73.2	24.3	20.5	22.9	23.2	21.2	21.3	21.4	20.9	23.4	22.8	26.2	25.1	22.5	25.8	19.4	23.5	20.1	24.1	20.6	20.4	21.5	20.7	20.3	13.4
2020-12-20 11:41	63	73.4	24.2	20.7	22.9	23.1	21.2	21.4	21.3	21.1	23.5	23	26.2	25.7	22.5	26	19.6	23.9	20.1	24.4	20.9	20.9	21.9	21.4	20.8	13.4
2020-12-20 11:42	65.1	75.3	25.1	21.4	23.5	23.8	22.1	22.2	22.7	22.6	24.5	24	27.2	26.6	23.5	26.9	20.6	24.9	20.9	24.9	22.1	21.7	22.5	22.3	21.5	13.4
2020-12-20 11:43	67.9	77.8	26.5	23.2	24.9	25.2	23.6	23.6	24.2	24.1	26.2	25.4	28.9	28.2	25.4	28.5	22.4	26.3	22.9	26.4	23.7	23	23.7	23.7	22.6	13.4
2020-12-20 11:44	68.9	79	26.9	24.1	25.5	25.7	24	23.7	24.8	24.7	26.6	26	29.6	29	26.1	28.8	23.4	27	23.6	27	24.4	23.4	24.2	24.4	23	13.4
2020-12-20 11:45	70	78.1	27	24.2	25.7	25.9	24.4	24.2	25.2	25.2	27	26.6	29.8	29.4	26.6	29.2	24.2	27.5	24.1	27.6	24.8	23.8	24.4	24.8	23.3	13.4
2020-12-20 11:46	71.2	77.4	27.6	24.8	26.1	26.2	24.5	24.2	25	24.9	27.6	27.1	30.8	30.2	27	29.6	24.1	27.6	24.4	27.9	24.6	23.8	24.5	24.7	23.8	13.4

图 7－9　光伏组件具体数据图

如图 7－9 可知光伏组件的电气数据以及附近的环境数据。光伏组件的型号以及具体出厂参数见 7.3 节中介绍，其中光伏组件重要参数见表 7－4。

表 7－4　　光伏组件重要参数表

参　数	值	参　数	值
U_m/V	31.4	I_m/A	9.29
U_{oc}/V	40.2	I_{sc}/A	9.77

2. 基于补偿系数修正的最大功率点计算

通过 7.2.1 节，采用光伏组件在不同温度辐射度下的修正，根据式（7－9）～式（7－12），取补偿参数 $a=0.0025$，$b=0.5$，$c=0.00288$，取参考温度 T_{ref} 为 25℃，参考辐照度 S_{ref} 为 1000W/m²，同时当天的环境温度 T 为 6.7℃，实际辐照度 S 为 671W/m²。代入式（7－6）～式（7－8）中，得到

$$\Delta T = T - T_{ref} = 6.7 - 25 = -18.3 \quad (7-20)$$

$$\Delta S = \frac{S}{S_{ref}} - 1 = \frac{671}{1000} - 1 = -0.329 \quad (7-21)$$

式中：ΔT 和 ΔS 分别为代入实际补偿参数之后的温度修正参数和辐照度修正参数值。

修正过后的短路电流、开路电压，以及最大功率点处的电流及电压分别为

$$I'_{sc}=I_{sc}\frac{671}{1000}[1+0.0025\times(-18.3)] \tag{7-22}$$

$$U'_{oc}=U_{oc}[1-0.00288\times(-18.3)]\ln[e+0.5\times(-0.329)] \tag{7-23}$$

$$I'_{m}=I_{m}\frac{671}{1000}[1+0.0025\times(-18.3)] \tag{7-24}$$

$$U'_{m}=U_{m}[1-0.00288\times(-18.3)]\ln[e+0.5\times(-0.329)] \tag{7-25}$$

式中：I'_{sc} 和 I'_{m} 为通过温度修正系数 ΔT 得到的修正过后的短路电流和最大功率点处的电流；U'_{oc} 和 U'_{m} 为通过温度修正系数 ΔT 和辐照度修正系数 ΔS 得到的修正过后的开路电压和最大功率点处的电压。

$$C_1=\left(1-\frac{I'_m}{I'_{sc}}\right)\exp\left(-\frac{U'_m}{C_2U'_{oc}}\right) \tag{7-26}$$

$$C_2=\left(\frac{U'_m}{U'_{oc}}-1\right)\left[\ln\left(1-\frac{I'_m}{I'_{sc}}\right)\right]^{-1} \tag{7-27}$$

将式（7-22）、式（7-25）代入式（7-5）得到

$$I=I'_{sc}\left\{1-C_1\left[\exp\left(\frac{U}{C_2U'_{oc}}\right)-1\right]\right\} \tag{7-28}$$

理论的 $I-V$ 特性曲线就由式（7-28）约束，同时计算功率的最大值，即为当前环境下的理论最大发电功率，当前环境下的理论 $I-V$ 特性曲线如图 7-10 所示。

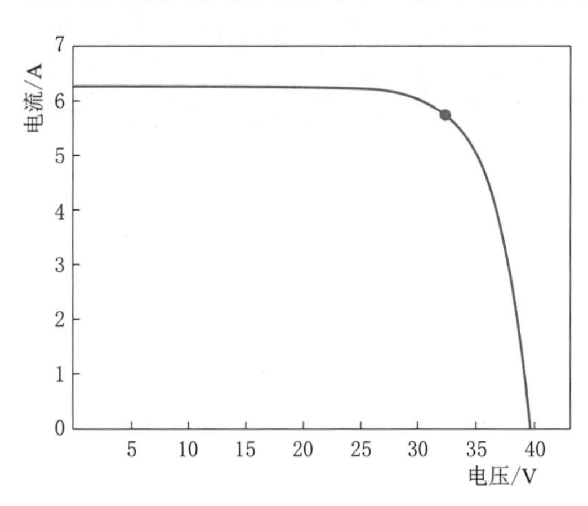

图 7-10　当前环境下的理论 $I-V$ 特性曲线

从图 7-10 中可以得到，当前理论的最大发电功率在图绿点处，此时理论最大功率点电压为 34.03V，电流为 6.06A，理论最大功率为 206.22W。此时的理论最大功率近似为 STC 下最大功率的 67%，与辐照度变化呈线性关系。

3. 基于功率预测模型的最大功率点计算

使用 2020 年 12 月 20 日 11：00—15：00 记录的光伏组件数据，根据式（7-15）～式（7-19）及文献［9］，大部分的光伏模型参数都可以取参数 $c_0=0.9995$，$c_1=0.0026$，$c_2=-0.5385$，$c_3=-21.4078$，$\alpha_{I_M}=-0.039$，$\alpha_{I_{SC}}=0.0401$，$\alpha_{U_{OC}}=-0.3549$，$\alpha_{U_M}=-0.456$。代入式（7-15）～式（7-19）计算可以得到当前理论的最大功率点处的发电电压为 31.54V，发电电流为 6.41A，因此最大功率点功率为 202.17W。同样的此时的理论最大功率近似为 STC 下最大功率的 67%，与辐照度变化呈线性关系。

4. 实际发电最大功率点计算

使用 $I-V$ 特性曲线仪器进行测试当前光伏组件的实际 $I-V$ 特性曲线，如图 7-11 所示。

从图 7-11 中可以发现，当前光伏组件在实际工作中的最大功率点处，电压为 31.541V，电流为 6.331A，功率为 199.69W。

5. 发电效率计算

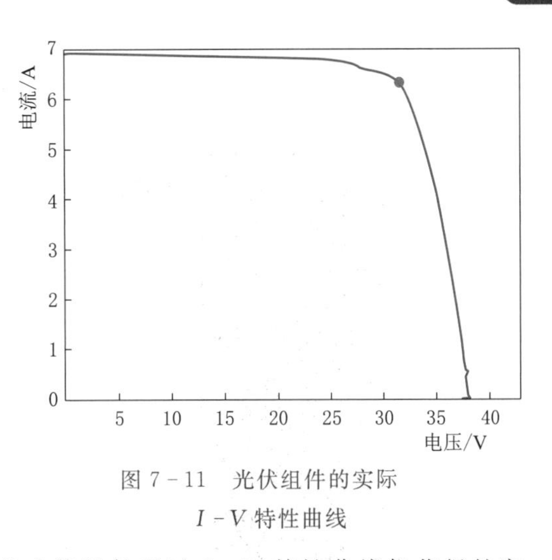

图 7-11　光伏组件的实际 $I-V$ 特性曲线

光伏组件的发电效率一般采用实际最大功率除以理论最大功率得到。通过 7.2.1 节所述两种方法获得了此光伏组件在 671W/m^2，6.7℃下的理论最大发电功率，分别为 206.22W 和 202.17W。此时，实际辐照度为 STC 下的 67%，而根据表 7-4 可以得到，此光伏组件在 STC 下的理论最大功率为 310W。此时，两种方法获得的实际环境下的发电功率刚好都为 STC 下最大发电功率的 67%。根据文献［10］和式（7-2），光伏组件的主要发电电流为光生电流，而光生电流与辐照度成正比关系，因此，此数据符合预期。同时，此光伏组件通过 $I-V$ 特性曲线仪获得的实际最大发电功率为 199.69W，计算可得两种方法获得的发电效率分别为 96.83% 和 98.77%，符合光伏组件的电能正常衰减情况。

7.2.1.4　装置发电效率计算软件模块

前文已经详细地叙述了发电效率计算的理论依据与数学算法。对比两种算法，所获得结果相差不大，因此，软件部分将采用两种算法。首先通过 104 协议读取前 180min 每分钟共 180 个点的辐照度温度等环境参数以及光伏组件出厂参数（7.3 节中的光伏组件测试平台）。之后通过修正系数补偿模型计算当前环境下的理论 $I-V$ 特性曲线，进而计算得到当前环境下的理论最大功率点功率 P_1。同时通过功率预测模型直接获得当前光伏组件在当前环境下的理论最大功率点功率 P_2，取两种算法结果的平均值作为理论最大功率 $P_{理}$。之后，通过光伏组件测试平台上位机软件（7.3 节中介绍）获取当前光伏组件的实际最大功率点功率 $P_{实}$，进而计算得到当前光伏组件的发电效率。发电效率计算流程图如图 7-12 所示。

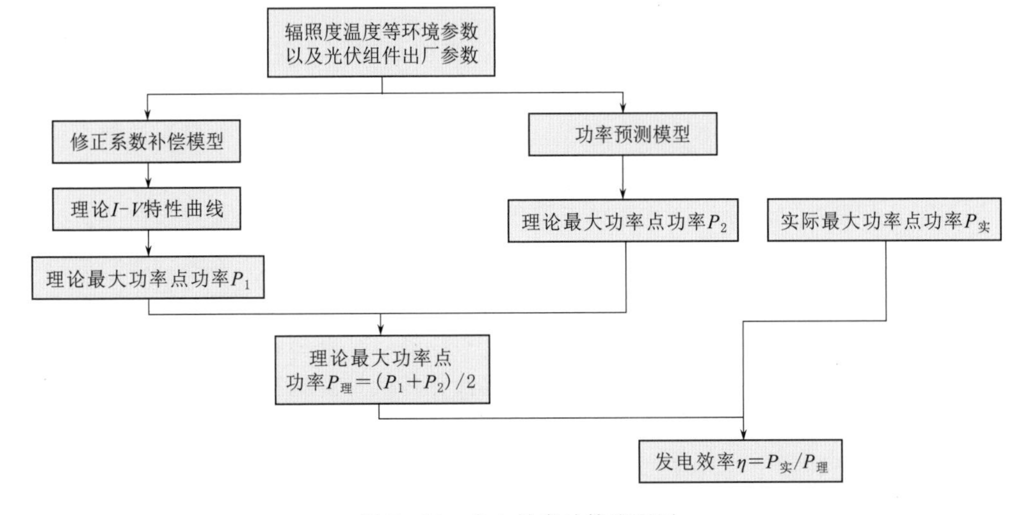

图 7-12　发电效率计算流程图

将上述流程嵌入光伏组件健康评估装置。计算前180min每分钟的发电效率并绘制成图，发电效率计算软件模块如图7-13所示。

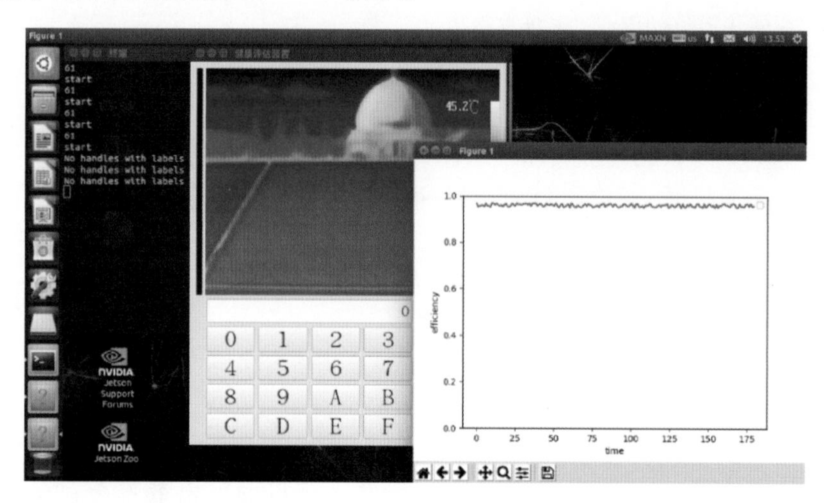

图7-13 发电效率计算软件模块

从图中可以看出，此光伏组件过去3h内的发电效率在98%以上，属于正常发电的光伏组件。

7.2.2 热斑检测模块

如今，人们正在努力增加光伏组件的数量，以此收集更多的太阳能。但是，光伏组件的面板始终会遭受到不同的内部和外部故障，这些故障会对光伏组件面板造成暂时甚至永久的影响，其中一些故障会涉及人的生命财产安全。因此，光伏保护和故障检测对光伏系统起到至关重要的作用。其中，热斑效应对光伏组件的危害很大，是光伏组件的常见故障类型，本章节主要研究光伏组件的热斑检测并开发光伏组件健康评估装置热斑检测软件模块。

1. 光伏组件热斑效应

热斑效应主要是由于光伏组件电池片部分遮挡引起的，会对光伏组件造成永久性损坏。光伏组件由多个太阳能电池组成，为了实现适当的电压，这些太阳能电池串联连接发电。如果一个单元被遮蔽，那么这个遮蔽单元的光电流会迅速减小，并且影响整个模块的电流。在该情况下，这个被遮蔽的电池片单元将在反向偏置电压下暴露，而其他单元则在正常条件下运行发电。因此，该遮蔽单元将作为整个光伏组件的电力负载运行并开始消耗功率产生热量，致使电池温度急剧升高，最终导致电池永久损坏甚至火灾。同时，热斑是无法通过肉眼直接观察到的，换言之，无法通过可见光摄像头拍摄获得。但由于热斑区域在形成后，其温度会明显高于周边环境，因此，可以通过红外热成像图片进行获得。

热斑检测属于目标检测，目前目标检测大多使用传统计算机视觉和机器学习两类方法进行检测。本小节分别采用了两种不同手段进行热斑检测并将合适的热斑检测模型移植至光伏组件健康评估装置中，开发光伏组件热斑检测模块。

2. 实验数据及检测算法选择

实验数据来源于7.3节搭建的光伏组件测试平台所拍的外热斑图像，具体光伏组件测试平台将在7.3节叙述。拍摄获得的红外热斑图像如图7-14所示。

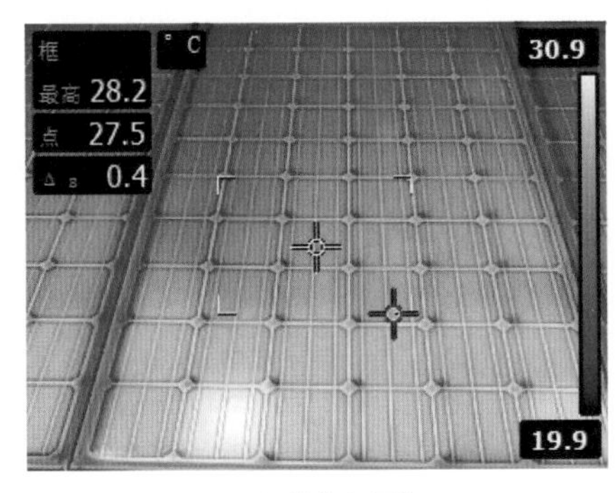

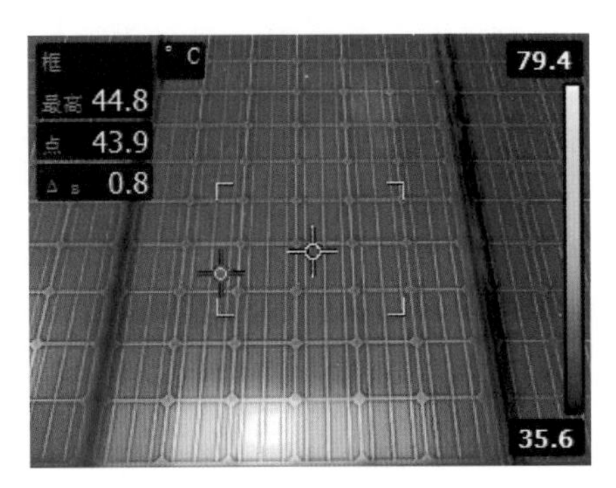

（a）红外热斑图像A　　（b）红外热斑图像B

图7-14　拍摄获得的红外热斑图像

从图7-14中可以看出，此光伏组件中有一块电池片温度明显高于其余电池片，这块区域即为光伏组件的热斑区域。此热斑区域的亮度明显区分于其他区域，可以使用目标检测的思路进行检测。在目前的目标检测算法中，大多使用传统计算机视觉和机器学习两种算法。由于热斑图像在红外热成像图像中，与周边环境及背景的差异性较大，非常适合目标检测中的分水岭算法，同时在分水岭算法中，最大极值稳定区域（Maximally Stable Extrernal Regions，MSER）算法由于检测准确率高、速度快而被广泛应用，因此本章节采用MSER算法进行实验。同时，从机器学习的角度观察，待测目标恰好是高像素值的集中区域，非常适合聚类算法，而K-Means算法作为经典算法，简单易于实现，适合实际运行在嵌入式装置中，因此本章节同样采用K-Means算法进行实验。对比两个算法的准确率、速度等各项指标，选择合适算法植入健康评估装置中。

3. 基于MSER的热斑检测算法研究

MSER算法是一种传统的基于分水岭算法的计算机视觉算法，其对一个灰度图像进行二值化处理，二值化阈值从0到255依次递增。在得到的所有的二值化图像中，如果某些连通域变化非常小或者没有变化，那么此区域就会被定义为最大稳定极值区域[11,12]。

MSER的概念可以通过以下想象来解释。想象一个灰度级图像的所有的可能的阈值，将阈值以下的像素点设为黑色，上面或者相等的为白色。想象这幅图像的阈值从小到大开始增加。一开始图像应该全部都是白色，随着阈值的不断增加，必定不断会有区域由于阈值的改变而变成黑色，并且越来越多，最终全部变为黑色。类似看电影，一部电影由许多帧组合起来，电影的帧组合的集合就是最大极值区域集合。从另一个角度来考虑，需要检测的区域必定是一个整体。对于一个整体而言，其像素值与周围的环境有着很大的变化，而在内部是大致相同，至少也是渐变的，不可能出现跳变。

在许多图像中，局部二值化在某些区域的阈值范围内是稳定的，这些区域有着如下性质：①图像强度的仿射变换不变性；②协方差对邻接保持连续变化 T：$\mathfrak{D}\rightarrow\mathfrak{D}$在图像域；③稳定性，因为只有极值区域，在阈值范围内几乎没有变化；④多尺度检测，由于没有涉及平滑，所以能够检测到非常精细和非常大的结构。

MSER 的数学推导如下。在图像 I 中，I 为一种映射，$\mathfrak{D} \subset Z^2 \to \varphi$，图像中的极值定义如下[13]：$\varphi$ 是完全有序的，自反的，反对称的，并且传递二进制关系小于等于存在。在本章节中只考虑 $S=\{0,1,2,\cdots,255\}$，但是极值区域可在例如实值图像上定义（$\varphi = R$）。定义一种领域关系 $A \subset \mathfrak{D} X \mathfrak{D}$。先考虑四连通域，如果满足 $\sum_{i=1}^{d} |p_i - q_i| \leqslant 1$，那么认为 p、q 是相邻的，记做 pAq。区域 Q 是$\mathfrak{D}$的一个连续子集，并且对于任意的在$\mathfrak{D}$内的 p、q，都能找到一个序列 p，a_1，a_2，…，a_n，q 使得 $pAa_1 \cdots a_i A a_{i+1}$，$a_n A q$。而边界区域 $\partial Q = \{q \in \mathfrak{D} \backslash Q : \exists p \in Q : qAp\}$，$\partial Q$ 与 Q 会有至少一个像素相邻，但不属于 Q 的像素集合。极值区域 $Q \subset \mathfrak{D}$，并且所有的 $p \in Q$，$q \in Q$：$I(p) > I(q)$（最大度区域）或者 $I(p) < (q)$（最小灰度区域）[14,15]。

最大极值稳定区域，让 Q_1，…，Q_{i-1}，Q_i，… 成为一个嵌套序列，$Q_i \subset Q_{i+1}$，如果方程 $q(i) = \dfrac{\left| \dfrac{Q_{i+\Delta}}{Q_{i-\Delta}} \right|}{Q_i}$ 存在局部极小值，那么 Q_i 就是 MSER。

整个 MSER 算法整体上分为三个部分，即数据预处理、遍历图片和判断 MSER 区域[16]。

在数据预处理中，首先会记录每个像素点是否探索过、探索的方向。接下来会计算所有灰度值的个数，根据不同灰度值大小的数量分配堆栈大小，之后分配内存并记录阈值变化的历史。数据预处理流程图如图 7-15 所示。

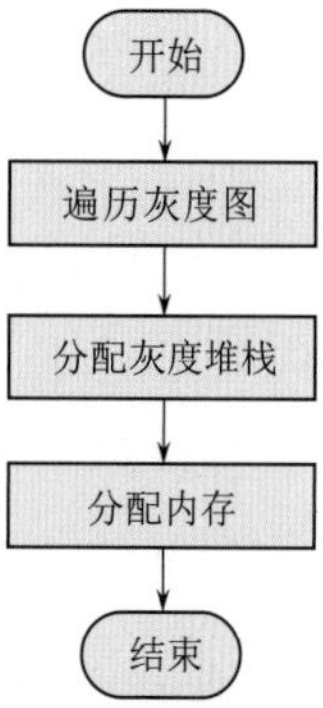

图 7-15　数据预处理流程图

遍历图片主要就是把二值化阈值从 0～255 遍历一遍并进行记录。首先，设置第一个组块的灰度值为 256，这个灰度值实际上是不存在的，用来判断程序是否结束。其次，设置第二个组块为输入图像第一个像素的灰度值并初始化该组块，在最高位标注该像素为已访问过。最后，在四邻域内循环搜索进行二值化阈值水位的上升并记录到堆栈中。遍历图片流程图如图 7-16 所示。

一个 MSER 区域的变化主要是看在二值化过程中，连通域变化的幅度。因此，判断的主要方法为在一定连通域面积差是否满足一定条件。

MSER 区域为

$$\eta = \frac{R_{lh} - R_{lf}}{R_{lf}} \tag{7-29}$$

式中：R_{lh} 为上一个历史父区域像素数；R_{lf} 为上一个稳定父区域像素数。

选取拍摄的 100 张热斑红外热成像图片，使用 MSER 算法进行处理，得到的 MSER 效果图如图 7-17 所示。

在图中发现有很多并不属于热斑的区域被识别出来，对于实际的光伏组件，这些不属于热斑的区域被识别属于误检。针对图片中的实际光伏区域可以发现，当拍摄角度、距离固定的时候，光伏组件的热斑实际上都属于接近正方形的小矩形。因此，可以过滤掉那些长宽差距大的矩形，得到 MSER 改进图，如图 7-18 所示。

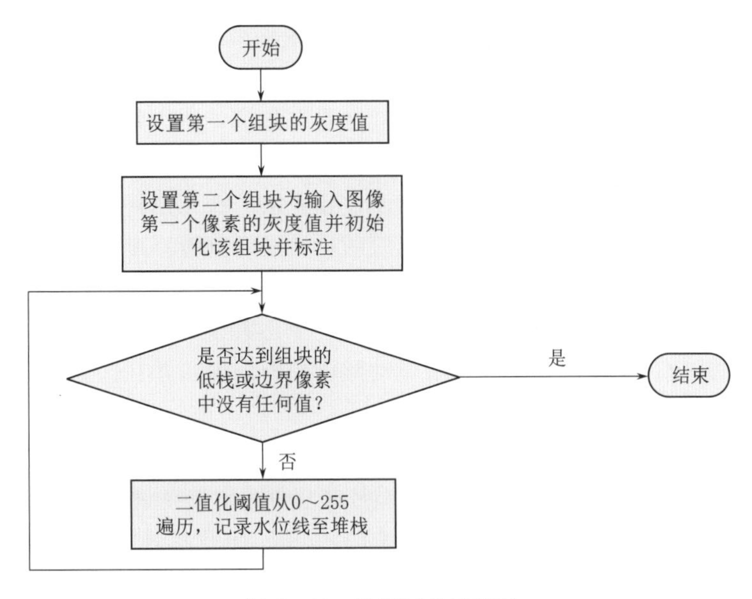

图 7-16 遍历图片流程图

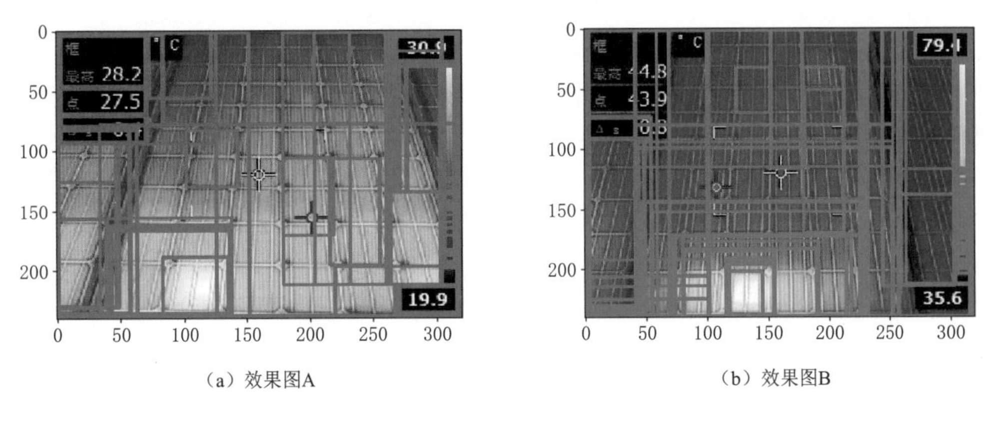

（a）效果图A　　（b）效果图B

图 7-17 MSER 效果图

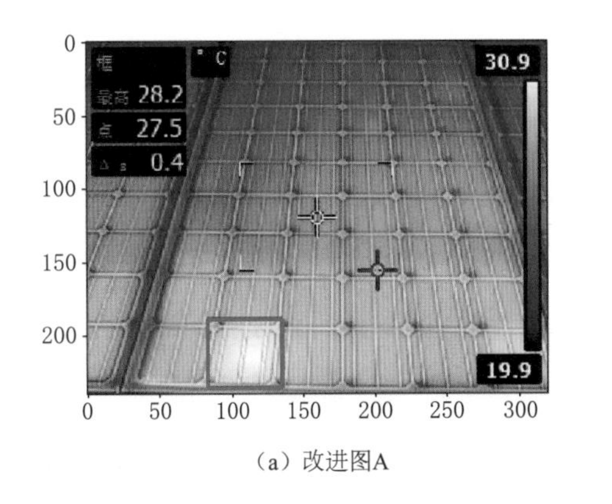

（a）改进图A

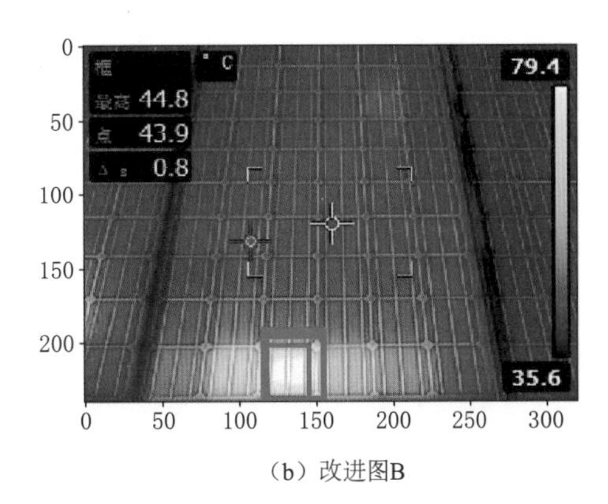

（b）改进图B

图 7-18 MSER 改进图

从图 7-18 可以发现，MSER 算法得到很好的识别效果。数据库中共有 100 张图片，其中 15 张没有热斑。根据 MSER 算法，在 85 张有热斑的图片中检测出 80 张图片有热斑，剩下 15 张没有热斑的图片中，检测出 13 张没有热斑，整体效果偏差。

4. 基于 K-Means 的热斑检测算法研究

在机器学习领域，算法主要分为无监督及监督算法。在无监督算法中，训练样本是没有标签的，训练的目的是通过对这些没有标签的样本进行分析，揭示数据的内在性质及规律，为进一步的数据分析提供基础。此类学习任务中研究最多、应用最广的是聚类算法。

聚类算法的目的是将样本数据集划分为若干个不相交的子集，每个子集被称为一"簇"。通过聚类算法，可以将样本数据集自动形成簇的结构，并且这些结构对于使用者来说是未知的[17]。

假定输入样本集为 $D=\{x_1,x_2,\cdots,x_m\}$，样本集中共包含了 m 个无标记样本，每个样本 $x_i=(x_{i1};x_{i2};\cdots;x_{in})$是一个 n 维的特征向量。那么聚类算法会将样本 D 划分为 k 个不相交的簇$\{C_l \mid l=1,2,\cdots,k\}$，其中 $C_{l'}\bigcap_{l'=l}C_l=\varnothing$，且 $D=\bigcup_{l=1}^{k}C_l$。对应地，用 $\lambda_j\in\{1,2,\cdots,k\}$ 表示样本 x_j 的簇标记。因此，聚类算法的最后结果可以用包含 m 个元素的簇标记向量 $\lambda=\{\lambda_1;\lambda_2;\cdots;\lambda_m\}$ 来表示[17]。

聚类算法的用处很多，它既可以作为一个单独的过程，用于寻找数据内在的分布结构，也可作为分类等其他学习任务的前置过程。比如在光伏组件的红外热成像图片分析中，通过聚类算法分析红外热成像图片，可以聚类出有异常的红外图片，然后分析这些有问题的图片，可以给后续运维人员给出指导意见。

基于不同的聚类策略，人们设计出许多种类型的聚类算法，如 K-Means，K-Medoids，Clara，Clarans 算法等。在这些聚类算法中，K-Means 算法简单易实现，同时热斑图像噪声小，周边没有类似亮度的干扰区域，非常适合 K-Means 算法，也十分适合运行在资源相对紧缺的嵌入式设备中。

K-Means 对于给定的样本集，按照样本之间的距离大小，将样本集分成 k 个簇，让簇内的点尽量紧密连在一起，并使簇间的距离相对较大[18,19]。

假设输入的簇划分为（C_1，C_2，…，C_k），那么最终的目的是最小化平方误差 $E=\sum_{i=1}^{k}\sum_{x\in C_i}\|x-\mu_i\|_2^2$，其中 μ_i 是簇 C_i 的均值向量，也叫作质心[20]，即

$$\mu_i=\frac{1}{|C_i|}\sum_{x\in C_i}x$$

算法整体流程如下：输入样本集为 $D=\{x_1, x_2, \cdots, x_m\}$，聚类的簇树 k，最大迭代次数为 N。输出时簇划分 $C=\{C_1, C_2, \cdots, C_k\}$，则：

（1）从数据集 D 中随机选择 k 个样本作为初始的 k 个质心向量为 $\{\mu_1,\mu_2,\cdots,\mu_k\}$。

（2）对于 $n=1,2,\cdots,N$，有①将簇划分 C 初始化为 $C_t=\varnothing$ 其中 $t=1, 2, \cdots, k$；②对于 $i=1, 2, \cdots, m$ 计算样本 x_i 和各个质心向量 $\mu_j(j=1, 2, \cdots, k)$ 的距离 $d_{ij}=\|x_i-\mu_j\|_2^2$，将 x_i 标记为 d_{ij} 所对应的类别 λ_i，此时更新 $C_{\lambda_i}=C_{\lambda_i}\cup\{x_i\}$；③对于 $j=1, 2, \cdots, k$，对 C_j 中所有的样本点重新计算新的质心，有 $\mu_j=\frac{1}{|C_j|}\sum_{x\in C_j}x$；④如果所

有的 k 个质心向量都没有发生变化，则转到③。

(3) 输出簇划分 $C=\{C_1,C_2,\cdots,C_k\}$。

同样选取 7.1 节搭建的光伏电站红外热斑图像。K-Means 算法是一种迭代求解的聚类分析算法，预先选取 k 个点作为聚类中心，再根据迭代算法不断计算新的聚类中心，直至聚类中心不再变化。由于在每次迭代中都需要重新计算新的聚类中心，所以此算法的收敛速度相对较慢。

对于每一张图片，先将图像由 BGR 通道转化为 RGB 通道，同时将图片的像素点提取出记做矩阵 p（76800×3）。接下来使用 OpenCV 中的 K-Means 算法将图像中的像素按照 RGB 值聚为 10 类，OpenCV 中的 K-Means 代码如下：_，labels，（centers）＝cv2. kmeans（pixel_values，k，None，criteria，10，cv2. KEMANS_RANDOM_CENTERS）。其中 pixel_values 即为之前的像素矩阵 p，k 为聚类个数 10，None 代表没有预设的分类标签，criteria 代表迭代停止的模式选择，本章节选择的是满足误差或迭代次数过多满足任意一个结束，10 代表重复试验 K-Means 算法次数，将会返回最好的一次结果，cv2. KMEANS_RANDOM_CENTERS 代表每次选择初始中心，K-Means 聚类图如图 7-19 所示。

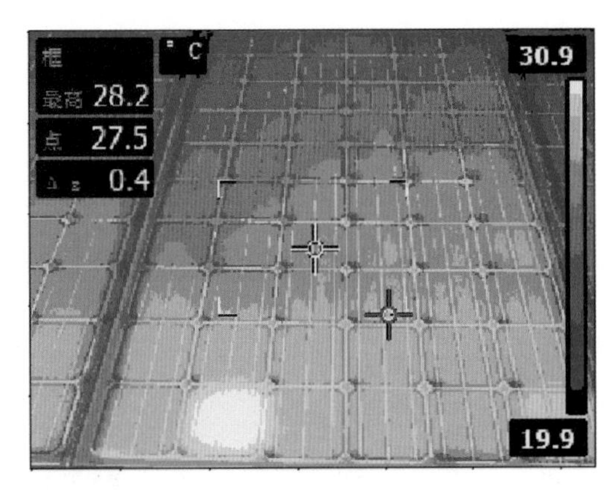

图 7-19　K-Means 聚类图

从图 7-19 中可以发现，经过聚类后许多像素点已经被聚类成一类，但是需要寻找的是热斑的区域。热斑区域的亮度会高于周围，在图像中是亮度最高也就是 RGB 均值最大的那一个类。提取 RGB 均值最大类如图 7-20 所示，将其作为热斑待检区域。

从图 7-20 中提取出来的不仅仅有热斑区域，还有一些干扰区域，主要是由于红外热成像仪在成像时相机本身所做的标注，并且对于同一款红外热成像仪，这些干扰标注位置是固定的，因此可以通过过滤的方式，直接过滤这些固定区域的像素，过滤干扰标注图如

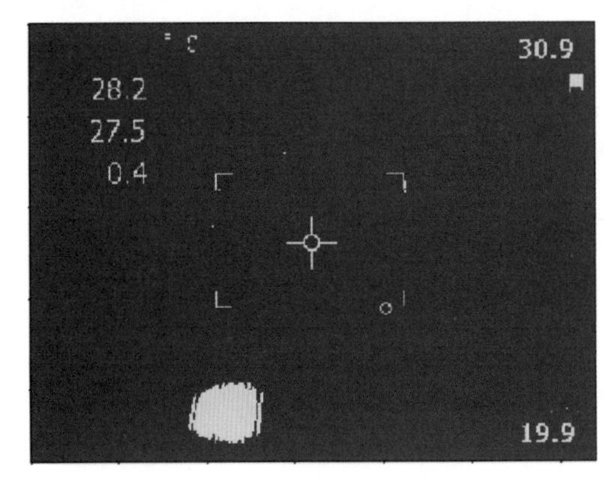

图 7-20　提取 RGB 均值最大类图

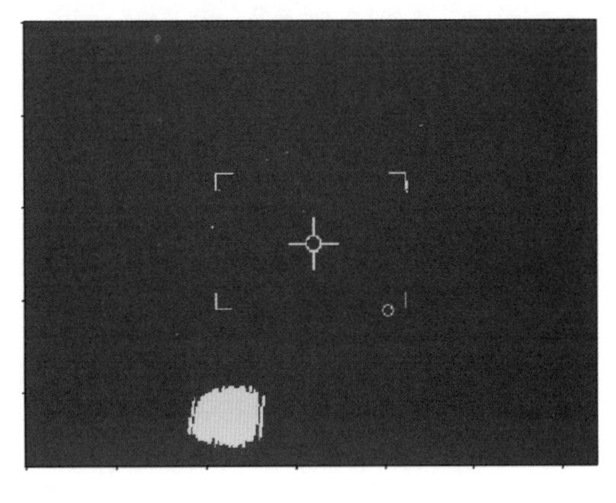

图 7-21　过滤干扰标注图

图 7 - 21 所示。

从图 7 - 21 中，可以发现依然有许多干扰区域，由于光伏组件的热斑大多为长方矩形，并且面积不会过小，因此可以对连通域进行分析，忽略像素少于 100 并且不为长方矩形的连通域，即可提取出热斑区域，K - Means 热斑检测效果图如图 7 - 22 所示。

以上工作可以基本检测出热斑，但有时候会把正常组件中比较亮的区域误认为热斑，正常光伏组件红外图像如图 7 - 23 所示，图中右下角亮度高的区域是由于拍摄距离较近引起的。

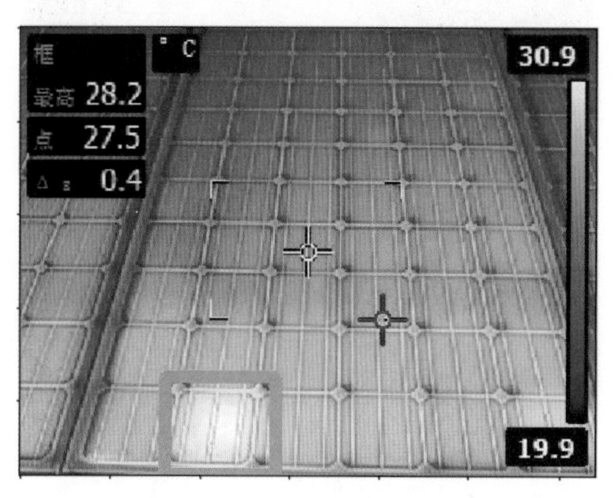

图 7 - 22 K - Means 热斑检测效果图

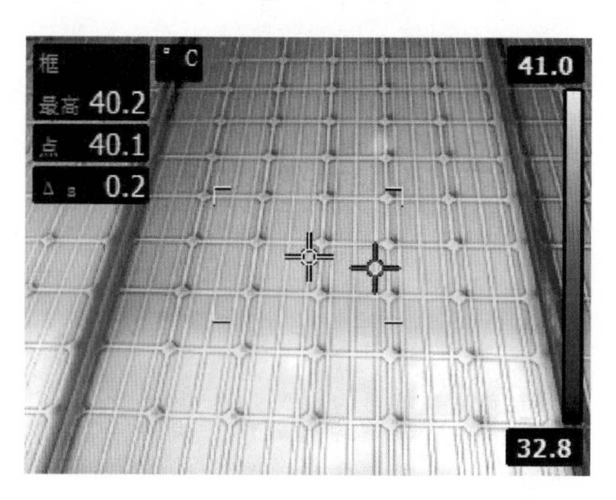

图 7 - 23 正常光伏组件图片

由于红外热成像仪拍摄距离不同等原因，存在一定的测温误差，并不是真的热斑。因此，提出了一种自动识别组件温度差，预判光伏组件正常/热斑的方法。

根据组件的温度差，将其分为三类：温差小于 10℃，分类为正常组件；温差大于等于 10℃，且小于 20℃，分类为轻微热斑；温差大于等于 20℃，分类为严重热斑。热斑分类图像如图 7 - 24 所示。

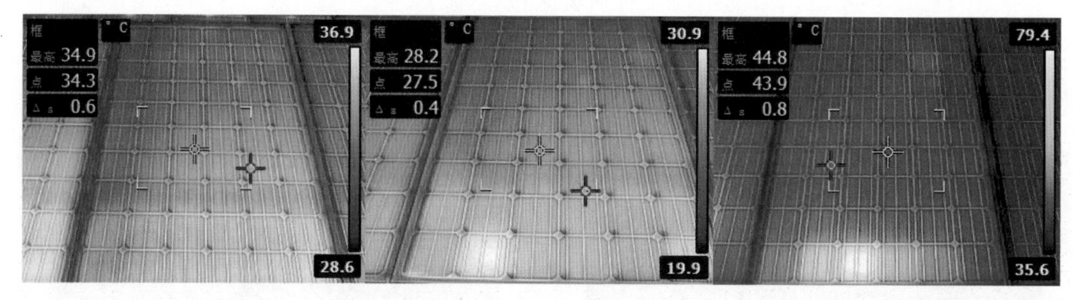

(a) 正常组件 (b) 轻微热斑 (c) 严重热斑

图 7 - 24 热斑分类图像

采用 Tesseract - OCR 自动识别图中的右上角和右下角的温度。Tesseract - OCR 是 HP 在 2005 年开源，从 2006 年开始由 Google 维护升级的一款光学字符识别软件，可以实现多种语言的字符识别，以及多种字体的数字识别。本章节采用了 2019 年基于 LSTM 模型的最新版本。直接用原始模型识别图中的数字效果并不好，因此，选取了一部分训练样本（100 张红外图像，自动切割出右上角和右下角显示温度数字的黑色方框），采用 jTessBoxEditor 标注样本。

通过上述方法，可以获得很好的预分类以及识别效果。数据库中共有 100 张图片，其中 15 张没有热斑。根据 K-Means 算法，在 85 张有热斑的图片中检测出 83 张图片有热斑，剩下 15 张没有热斑的图片中，检测出 14 张没有热斑，热斑检测准确率达到 97.6%。K-Means 热斑检测最终效果图如图 7-25 所示。

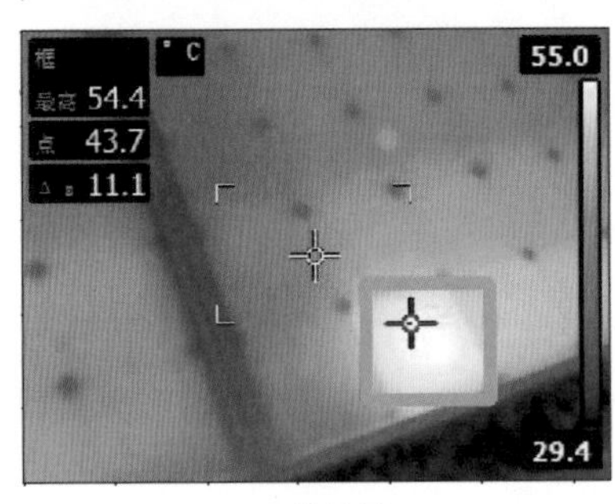

（a）效果图A

（b）效果图B

图 7-25　K-Means 热斑检测最终效果图

5. 实验结果对比

对比 MSER 和 K-Means 算法的检测率，其中热斑检测准确率指的是图像中有热斑并且正确检测出热斑的概率，而无热斑图像检测准确率指的是图像中无热斑并且没有检测出热斑的概率，算法准确率对比见表 7-5。

表 7-5　算法准确率对比表

算法	热斑检测准确率/%	无热斑图像检测准确率/%
MSER	94.1	86.7
K-Means	97.6	93.3

从表 7-5 中可以发现，使用传统的计算机视觉 MSER 算法准确率明显不如 K-Means 算法。但是传统的计算机视觉 MSER 算法速度明显高于 K-Means 算法，算法速度对比见表 7-6。因此，若在热斑检测中，速度要求高于精度可以选择 MSER 算法，否则可以选择 K-Means 算法。

6. 装置热斑检测软件模块

表 7-6　算法速度对比表

算法	检测单张图像花费时间/s
MSER	0.1
K-Means	1.5

前文已经详细地叙述了热斑检测的数据依据以及检测算法。对比两种算法，MSER 算法检测速度快，但实际的检测准确率偏低；K-Means 算法检测速度偏慢，但实际的检测准确率相对较高。在光伏组件的热斑检测场景中，1.5s 和 0.1s 检测时间都属于可以接受的范围，同时，在评价指标中，准确率指标的优先级高于检测速度。因此，综合评估分析，光伏组件健康评估装置使用 K-Means 算法。

将 K-Means 热斑检测算法打包移植至健康评估装置中，热斑检测软件如图 7-26 所示。

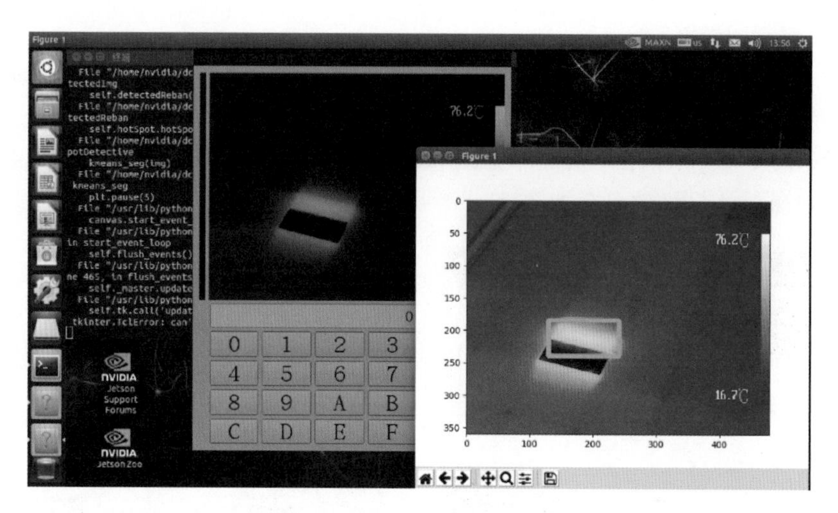

图 7-26 热斑检测软件图

7.2.3 健康评估模块

上文主要介绍了光伏组件的发电效率以及热斑检测相关研究，这些研究通过不同角度对光伏组件的各个方面进行了分析，但都基于单一角度，没有综合各个方面情况对光伏组件的健康状况进行评估。因此，本小节结合实际发电电压电流、热斑遮挡情况以及遮挡形成的 $I-V$ 特性曲线综合评估光伏组件健康状况，并开发光伏组件健康评估装置健康评估模块。

7.2.3.1 热斑遮挡对光伏组件发电功率的影响

热斑会造成光伏组件发电功率降低，前文只是直接检测定位光伏组件的热斑，并没有定量分析热斑对发电功率的影响。因此，设计对比实验，对光伏组件进行遮挡形成热斑。在 7.3 节搭建的光伏组件平台上进行实验，选取串 1-2 为对照组，属于正常发电的光伏组件，串 1-1、串 1-3 为实验组，放置遮光布遮挡光伏组件模拟热斑形成，实验对照图如图 7-27 所示。

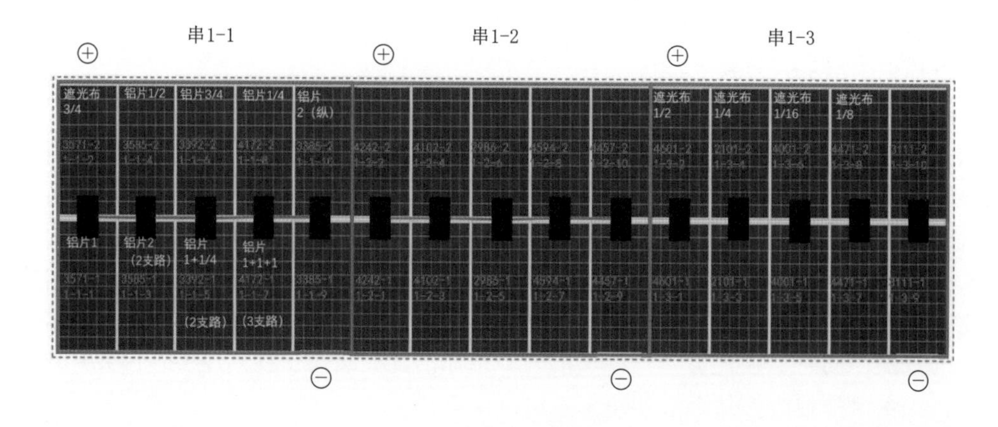

图 7-27 实验对照图

由于在实际条件下，光伏组件上没有真实的热斑，因此考虑使用遮光布遮挡模拟热斑进行实验，使用相同的遮挡材料遮挡不同大小的面积，研究遮挡面积对光伏组件发电电压、电流及功率的影响，以及不同天气情况下不同热斑遮挡对发电功率的影响。

1. 相同遮挡物不同遮挡面积对发电电压的影响

选取2020年10月24日进行实验，当天为晴天天气，适于光伏发电研究。从7.2.1节可以直接得到当前光伏组件的发电电压及电流，进而得到当前的发电功率。选取串1-2中的任意一个光伏组件作为对照组，此对照组可以认为是健康正常发电的光伏组件，选取遮光布均遮挡为1/16、1/8、1/4、1/2和3/4，遮光布不同遮挡面积对发电电压的影响图如图7-28所示。

图7-28中normal代表的是正常发电的光伏组件，属于对照组，从图中可以发现，不同的遮挡产生的热斑大小对于光伏组件的发电电压有较明显的影响，但没有明显的规律。

2. 相同遮挡物不同遮挡面积对发电电流的影响

选取2020年10月24日的实验数据，选取串1-2中的任意一个光伏组件为对照组，选取遮光布均遮挡为1/16、1/8、1/4、1/2和3/4为对照组，遮光布不同遮挡面积对发电电流的影响图如图7-29所示。

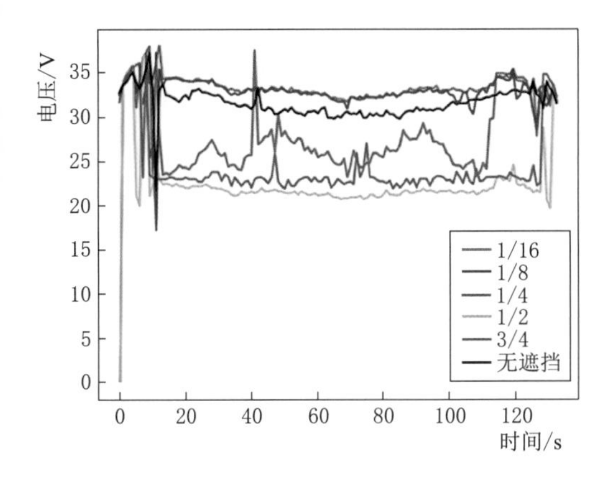

图7-28 遮光布不同遮挡面积对发电电压的影响图

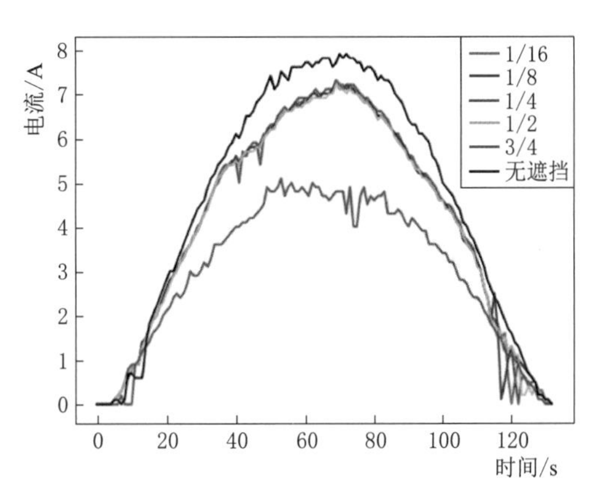

图7-29 遮光布不同遮挡面积对发电电流的影响图

从图7-29中可以发现，有遮挡的光伏组件的发电电流明显低于没有遮挡的光伏组件的发电电流，同时，遮挡面积越大，形成的热斑就越大，发电电流越低，发电电流与遮挡面积、热斑大小呈负相关。在电流的最高点，组件输出电流能够达到8A。

3. 相同遮挡物不同遮挡面积对发电功率的影响

选取2020年10月24日的实验数据，选取串1-2中的任意一个光伏组件为对照组，选取遮光布均遮挡为1/16、1/8、1/4、1/2和3/4为对照组，遮光布不同遮挡面积对发电功率的影响如图7-30所示。

从图7-30中可以看出，随着遮光布的遮挡面积、热斑大小的增大，输出的发电功率随之降低。同时，不管遮挡物面积如何变化，光伏组件在一天内发电功率的整体趋势不会随之改变，仍会在正中午达到最大。因此，建立一个新的指标，功率损失比 P，代表损失的功率占实际应发功率的占比，不同遮挡面积造成的发电功率损失比如图 7-31 所示。

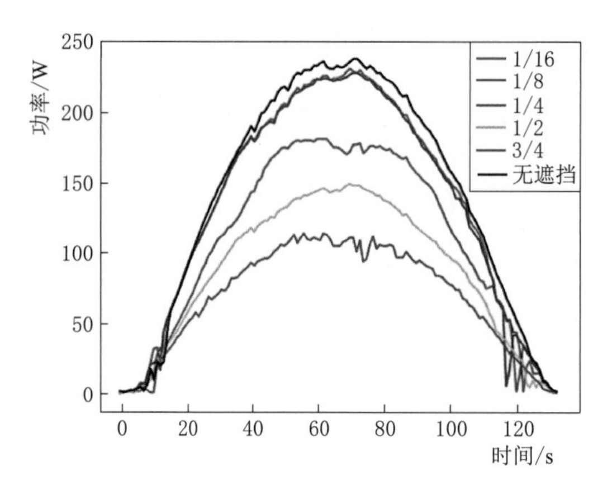

图 7-30 遮光布不同遮挡面积对发电功率的影响

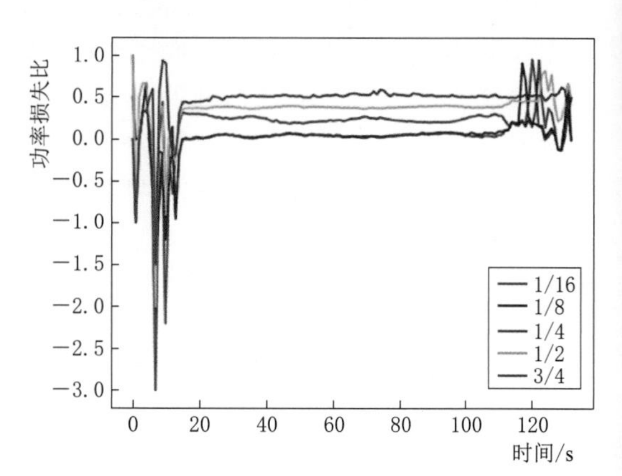

图 7-31 不同遮挡面积造成的发电功率损失比

从图 7-31 中可以明显发现，随着遮挡面积的增大，损失的发电功率比就越大，但当遮挡面积、热斑大小并不是很大，如只遮挡了 1/8 或者 1/16 时，这些遮挡对光伏组件的发电功率并没有特别大的影响。同时，在发电功率较低的时候，遮挡面积、热斑大小对光伏组件发电功率并没有太大的影响。

4. 不同天气情况下不同热斑遮挡对发电功率的影响

前文讨论了不同遮挡面积对光伏组件发电电流、电压及功率的影响，但是此实验都是在晴天、阳光好、光照充足的情况下进行。因此，选取 2020 年 10 月 25 日数据，这天为阴天，阳光及光照条件均不够。章节 7.2.3，采用遮光布进行遮挡模拟热斑形成进行实验，阴天情况下不同遮挡面积对发电功率影响图如图 7-32 所示。

从图 7-32 可以发现，在阴天情况下，光伏组件的发电功率整体上随着遮挡面积、热

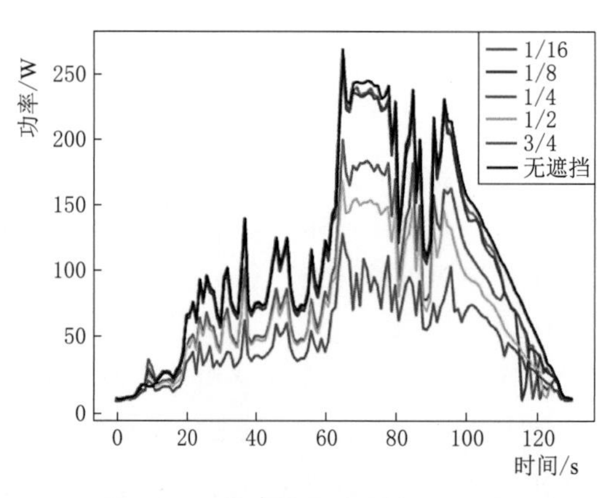

图 7-32 阴天情况下不同遮挡面积对发电功率影响图

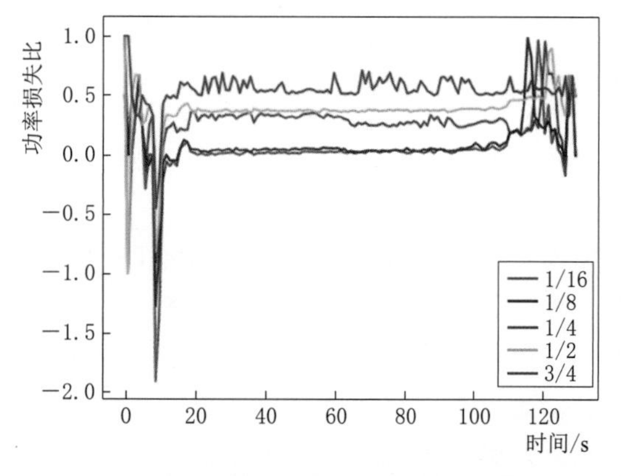

图 7-33 阴天情况下不同遮挡面积造成的功率损失比图

斑大小的增大而增大。但是，在发电功率较低的情况下，遮挡面积、热斑对光伏组件的发电功率影响并不大，只有在发电功率较高的情况下，遮挡面积、热斑才会对光伏组件的发电功率造成较大的影响。计算光伏组件发电功率损失比，定量分析在阴天情况下，不同遮挡面积、热斑大小对光伏组件发电功率损失的占比情况，阴天情况下不同遮挡面积造成的功率损失比如图 7 - 33 所示。

对比图 7 - 33 和图 7 - 31 可以发现，不管是晴天还是阴天，光照充足与否，光伏组件的发电功率整体上随着遮挡面积、热斑大小的增加而降低，但是当遮挡面积、热斑没有达到一定大小程度的时候，这些异常不会对光伏组件的发电功率造成太大的影响。同时，光伏组件的发电功率只会在发电功率较大的情况下容易受遮挡等异常影响，在发电功率较低的情况下，遮挡、热斑等故障异常几乎不会对光伏组件的发电功率造成影响。

7.2.3.2 热斑遮挡对光伏组件 *I* - *V* 特性曲线的影响

在一般情况下，光伏组件出厂时都要进行 *I* - *V* 曲线测试，以便确定组件的功率大小及电性能是否正常。但是在电站安装完成后很少有人会再去对阵列进行 *I* - *V* 曲线测试。*I* - *V* 曲线是衡量一个光伏组件是否正常的依据[21]。正常情况下的 *I* - *V* 特性曲线如图 7 - 34 所示。

图 7 - 34 中，有三个重要的参数，曲线与横轴的交点为开路电压，与纵轴的交点为短路电流，(U_{mp}，I_{mp}) 为最大功率点[22,23]。在实际的光伏运用中，光伏组件不可能完全处于理想正常环境，前文研究了遮挡面积、热斑大小对光伏组件发电功率的影响，因此同样的，本小节研究遮挡面积、热斑大小对光伏组件 *I* - *V* 特性曲线的影响。

1. 相同遮挡物不同遮挡面积对光伏组件 *I* - *V* 特性曲线的影响

选取 2020 年 12 月 22 日进行实验，这一天为晴天，阳光和辐照度都比较充足，适合进行光伏实验。选用遮光布为遮挡材料进行光伏组件遮挡模拟热斑。遮挡大小分别为 5/8，3/4，1/2，1/5 和无遮挡，通过专业的 *I* - *V* 特性曲线测量仪器进行 *I* - *V* 特性曲线测量，相同遮挡物不同遮挡面积对光伏组件 *I* - *V* 特性曲线的影响图如图 7 - 35 所示。

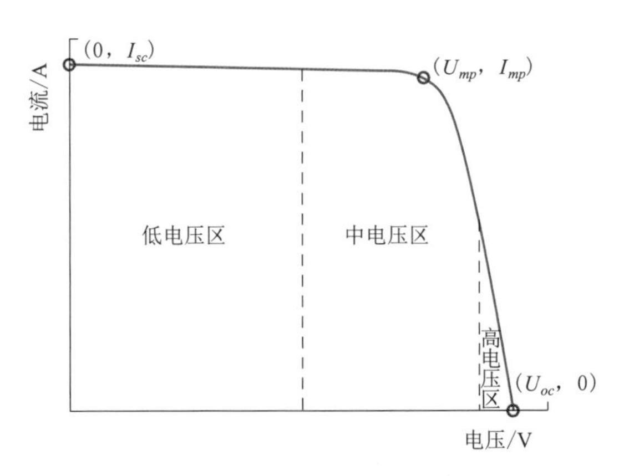

图 7 - 34 正常情况下的 *I* - *V* 特性曲线

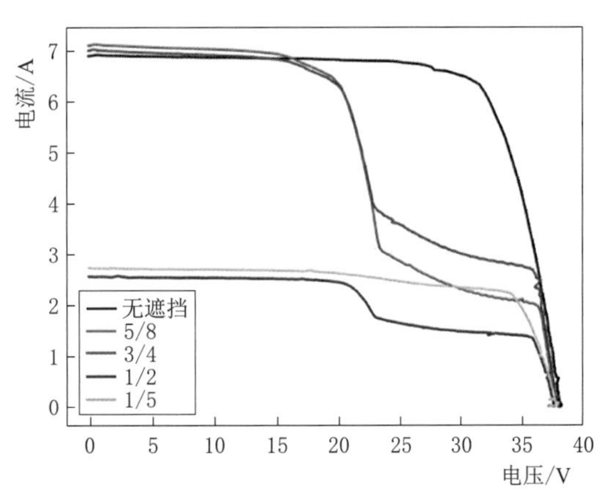

图 7 - 35 相同遮挡物不同遮挡面积对光伏组件 *I* - *V* 特性曲线的影响图

2. 相同遮挡物不同遮挡面积对光伏组件 $I-V$ 特性曲线的实验分析

从图 7-35 中可以发现，当光伏组件经过遮挡，模拟形成热斑之后，光伏组件的 $I-V$ 特性曲线都发生了变化，$I-V$ 特性曲线会从单膝盖变为多膝盖的情况[24,25]。在太阳电池中，当有电池被遮挡时，组件的输出特性可以通过下式表示，即

$$I=I_{ph}-I_0\left[\exp\left\{\frac{q(U/m+R_sI)}{nkT}\right\}-1\right]-\frac{U/m+R_sI}{R_{sh}} \tag{7-30}$$

式中：m 为电池个数；k 为玻尔兹曼常数；q 为电荷量；T 为绝对温度；n 为二极管因子；I_0 为暗饱和电流；I_{ph} 为光电流；R_{sh} 为并联电阻；R_s 为串联电阻。

当组件中有电池被遮盖时的模拟电路如图 7-36 所示。

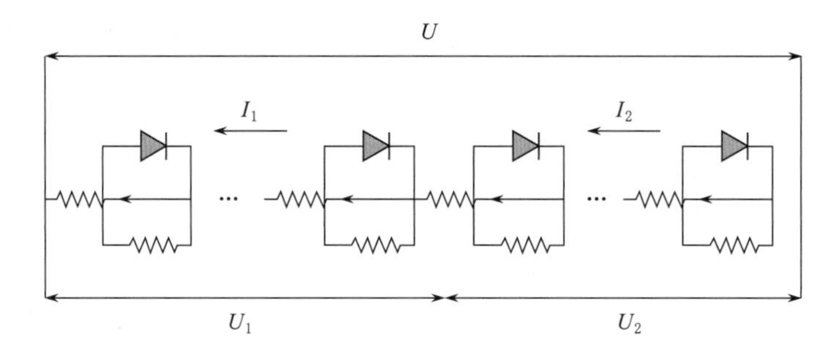

图 7-36 模拟电路图

正常的电池和被遮盖住的电池在组件中是串联关系，因此电压 U 和电流 I 满足以下等式，即

$$I=I_1+I_2 \tag{7-31}$$

$$U=U_1+U_2 \tag{7-32}$$

$$\begin{aligned}I_1=&I_{ph1}-I_0\left[\exp\left\{\frac{q(U_1/m_1+R_sI_1)}{nkT}\right\}-1\right]-\frac{U_1/m_1+R_sI_1}{R_{sh}}\\&-a\left(\frac{U_1}{m_1}+R_sI_1\right)\left(1-\frac{U_1/m_1+R_sI_1}{U_{br}}\right)^{-nn}\end{aligned} \tag{7-33}$$

$$\begin{aligned}I_2=&I_{ph2}-I_0\left[\exp\left\{\frac{q(U_2/m_2+R_sI_2)}{nkT}\right\}-1\right]-\frac{U_2/m_2+R_sI_2}{R_{sh}}\\&-a\left(\frac{U_2}{m_2}+R_sI_2\right)\left(1-\frac{U_2/m_2+R_sI_2}{V_{br}}\right)^{-nn}\end{aligned} \tag{7-34}$$

式中：I_{ph1} 为组件中普通电池的光电流；I_{ph2} 为遮挡电池产生的光电流；a 或 nn 为常用系数值；U_{br} 为电压降落。结合式（7-31）～式（7-34），可以计算出在遮挡情况下的 $I-V$ 特性方程。当光伏组件被部分遮挡时，在发电电压较小的情况下，电流不会出现太大的变化。但是由于本次实验所使用的光伏组件一共有 3 个保护旁路二极管，当电压增大时，每次遮挡都只会短路其中一个。因此，下降的膝盖电压为开路电压的 2/3（图 7-34），出现明显异常的膝盖都发生在 26V 左右，即为开路电压 40V 的 2/3。同时，由于光伏组件的发电电流主要为光电流，与所受辐照度成正比关系，当出现异常膝盖现象时，发电电流会明显下降，与遮挡面积大小成正相关，符合式（7-31）～式（7-34）所得结论。

7.2.3.3 光伏组件健康评估算法

前文主要介绍了通过遮挡模拟热斑，分析遮挡对光伏组件的发电功率和 $I-V$ 特性曲线的影响，提出了功率损失比这个参数，发现遮挡会对光伏的 $I-V$ 特性曲线产生影响，不仅会影响它的开路电压、短路电流，还会影响光伏组件 $I-V$ 特性曲线的整体走势，从一个拐点的“单膝盖”类型变为多个拐点的“多膝盖”类型，进而会影响其最大功率点，并影响其最大功率。因此，可以结合功率损失比和最大功率点的偏移，通过数据融合算法设计光伏组件健康评估算法，建立光伏组件健康评估体系。

1. 数据融合算法

传统的数据融合方法有加权平均法、贝叶斯估计等方法。传统的加权平均法对于某一维度的特征值 x 计算加权平均值，作为融合后的结果，计算结果过于简单线性化，同时线性方程无法将较为健康的组件统一计算为健康，比如 90%和 99%健康的光伏组件应当都为健康光伏组件，使用线性方程后，两个组件的健康度相差过多；而贝叶斯估计和其他基于神经网络的方法计算过于复杂，因此，本章节提出了一种基于非线性加权平均融合算法，将加权平均算法的权重从线性的定值改为带权重的非线性函数，即

$$R=\alpha F(powerLoss)+\beta G(offset) \tag{7-35}$$

式中：R 为数据融合值；α 和 β 为权重；F 和 G 为两个非线性函数；$powerLoss$ 为功率损失比；$offset$ 为最大功率点偏移。

对于最大功率点的偏移，可以直接计算在没有遮挡情况下的最大功率点，记为 $P(U_{mp},I_{mp})$，而其余有遮挡情况下的最大功率点则记为 $P'(U'_{mp},I'_{mp})$，计算 P 和 P' 之间的欧式距离作为最大功率点的偏移，即

$$offset=\sqrt[2]{(U_{mp}-U'_{mp})^2+(I_{mp}-I'_{mp})^2} \tag{7-36}$$

式（7-35）中的 F 和 G 需要寻找两个非线性的函数，同时保证在 $(0,+\infty)$ 的范围内，F 和 G 的值是随着自变量的增加而减小的。

2. Sigmoid 函数和高斯函数

Sigmoid 函数在生物学等各个领域中非常常见，函数本身连续，同时其取值范围在（0，1）之间，可以将任意一个实数映射到（0，1）之间[26,27]，sigmoid 函数为

$$S(x)=\frac{1}{1+e^{x}} \tag{7-37}$$

Sigmoid 函数图像如图 7-37 所示。从图中可以发现，在 x 取值为 $(0,+\infty)$ 的时候，$S(x)$ 的取值为 $(0.5,1)$，同时函数随着 x 的增大递增。因此考虑式（7-35）中的 F 取值为 $1-S(x)$，这样在 $(0,+\infty)$ 的取值范围内，F 的取值范围为 $(0,0.5)$，同时 F 的大小随着取值的增大而减小。

高斯函数的形式为

$$G(x)=a\,e^{-(x-b)^2/2c^2} \tag{7-38}$$

高斯函数图像如图 7-38 所示，高斯函数 G 同 Sigmoid 函数一样，线性平滑，当把 a 取值为 1，b 取值为 0，c 取值为 1 时，高斯函数同样可以将 $(0,+\infty)$ 内的任何数映射到 $(0,1)$ 中[28,29]，同时，函数为递减的，满足式（7-35）的需求。

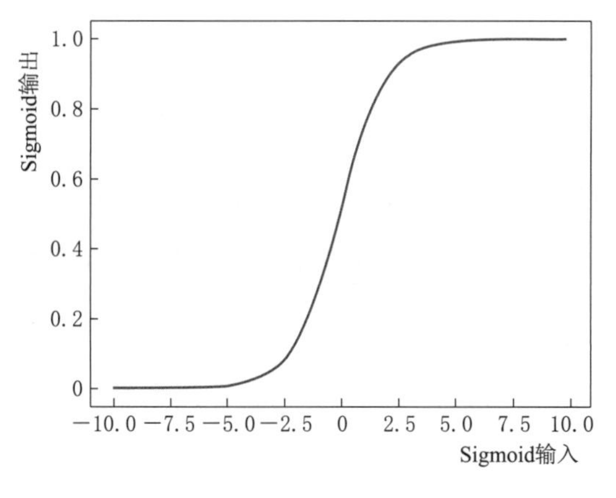

图 7-37 Sigmoid 函数图像

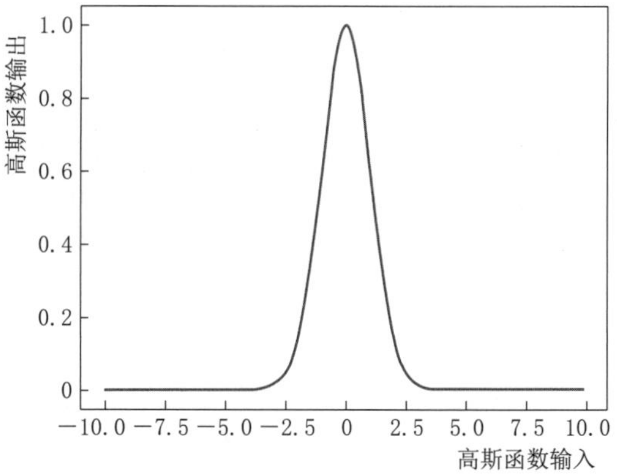

图 7-38 高斯函数图像

式（7-35）通过 Sigmoid 函数和高斯函数变为

$$R=\alpha S(powerLoss)+\beta G(offset)$$
$$=\alpha\frac{1}{1+e^{powerLoss}}+\beta e^{-offset^{2}/2} \tag{7-39}$$

取 α 为 1，β 为 0.5，这样 R 的值域为（0,1），R 代表光伏组件的健康度，R 越大代表光伏组件越健康，R 越小光伏组件越不健康。

3. 光伏组件健康评估算法实验

选取 2020 年 10 月 22 日进行实验，实验对照图（图 7-27）中串 1-2 和串 1-3 为实验组，使用遮光布进行不同程度的遮挡，遮挡大小为 1/5、1/2、3/4 和 5/8，模拟不同情况下的光伏组件故障，组 1-2 为正常光伏组件，作为对照组。计算不同大小的遮挡面积的光伏组件的健康度，健康评估算法实验表见表 7-7。

从表 7-7 中可以发现，随着遮挡面积的增大，光伏组件的健康度 R 值逐渐减小，代表光伏组件情况越来越差，因此可以通过 R 值来定量光伏组件的当前健康情况，针对不同的健康度 R 值，给予不同的后续运维方法。通过 R 值的大小，定义光伏组件健康状况，建立光伏组件健康评估体系，光伏组件健康评估体系见表 7-8。

表 7-7 健康评估算法实验表

遮挡面积	健康度 R 值
1/5	0.82
1/2	0.44
5/8	0.37
4/3	0.22

表 7-8 光伏组件健康评估体系

R 值范围	组件健康情况
$R\geqslant 0.9$	健康
$0.6\leqslant R<0.9$	亚健康
$0.3\leqslant R<0.6$	不健康
$R<0.3$	损坏

通过 R 值对应的组件健康情况，可以对组件进行针对性的后续运维。

7.2.3.4 装置健康评估软件模块

前文已经详细地叙述了光伏组件健康度算法体系的建立。由于在实际的电站中，很难找到实验场景的对照组光伏板，因此，可以通过 7.2.1 节的算法计算当前光伏组件的理论最大功率和理论最大功率点作为对照组。通过理论最大功率和实际最大功率计算出功率损失比 *powerLoss*，之后在通过理论最大功率点和实际最大功率点计算出最大功率点漂移 *offset*，之后通过式（7－39）计算当前光伏组件的健康度，进而获得当前光伏组件的健康状况。将算法移植集成至装置中，健康度评估软件流程如图 7－39 所示。

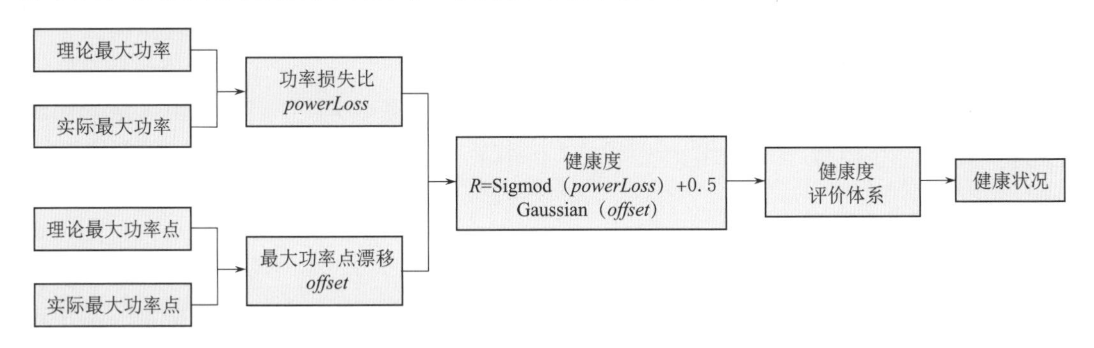

图 7－39　健康度评估软件流程图

开发光伏组件健康度评估模块，模块具体测试内容将在 7.3 节进行叙述。健康评估软件模块如图 7－40，可以发现，此光伏组件目前的 R 值为 0.9731，属于健康状态。

图 7－40　健康评估软件模块

7.3　评估装置测试

前文叙述了光伏组件健康评估装置的硬件系统及软件开发。因此，本节主要对光伏组件的各个软件进行测试。目前并没有现成的光伏电站能够作为直接的测试平台，因此，本章节还搭建了能够作为光伏组件健康评估装置测试平台的光伏电站，此测试平台是装置的数据来源。同时，此平台也作为后续研究的实验平台，提供了光伏组件 EL 检测的反向供电功能。

7.3.1　测试平台搭建

光伏电站测试平台作为数据来源以及测试平台，需求主要分为以下三部分：①数据采集侧，此侧需要能够正常发电的光伏组件、能够采集电气数据和环境数据的数据采集器、环境检测设备以及后续研究的反向电压源；②数据存储侧，此侧需要能够查询和存储数据的上位机软件及数据库；③通信侧，此侧需要能够通信数据采集侧和数据存储侧的通信协议。光伏电站需求图如图7-41所示。

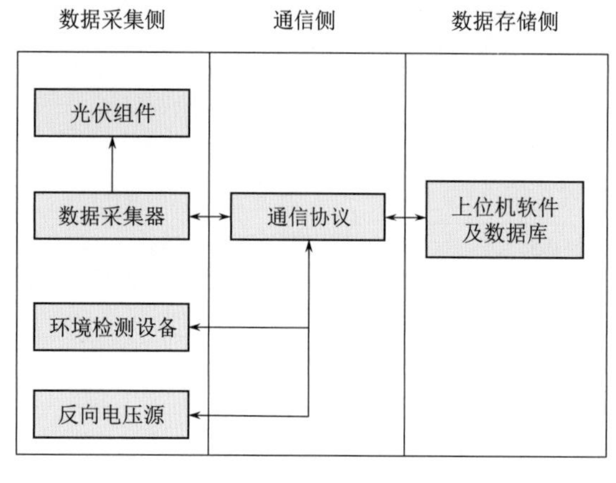

图7-41 光伏电站需求图

光伏电站实验平台整体由8块光伏组件、电气数据采集器、环境检测设备和上位机软件组成。其中电气数据采集器采集光伏组件的发电电流和发电电压等电气数据，环境检测设备主要收集风速、风向、温度、湿度、辐照度等环境数据，上位机软件主要用来存储和展示采集到的电气数据和环境数据，并且为后文的便携式光伏组件健康评估一体化装置提供数据支撑。同时，由于此实验平台需要为之后的隐裂研究提供技术支撑，而隐裂检测目前大多采用反向供电电压源的EL检测方式，整个光伏电站还配备了反向电压源。光伏电站实验平台整体规划如图7-42所示。

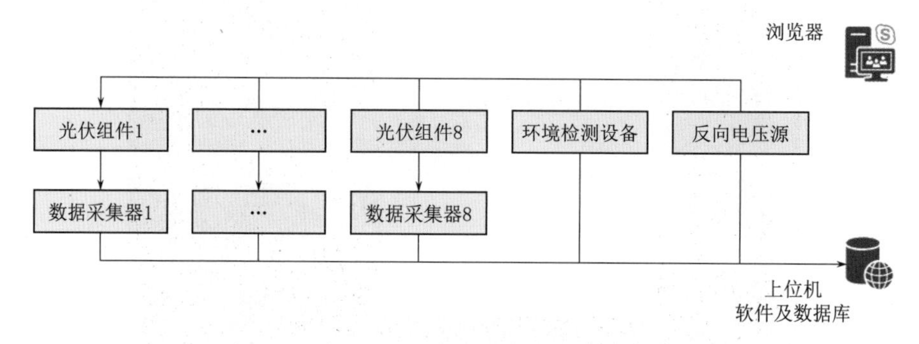

图7-42 光伏电站实验平台整体规划

光伏电站测试平台主要用于测试光伏组件健康评估装置，整体由光伏组件、数据采集器、反向电压源、通信协议，以及上位机软件及数据库组成。

7.3.1.1 光伏组件

光伏组件太阳能电池板主要有多晶硅太阳能电池板和单晶硅太阳能电池板两种。

单晶硅太阳能电池是当前开发极快的一种太阳能电池，它的构成和生产工艺已定型，产品已广泛用于宇宙空间和地面设施。这种太阳能电池以高纯的单晶硅棒为原料，纯度要求99.999%。单晶硅太阳能电池的光电转换效率为15%左右，最高可达到24%，在目前已有种类的太阳能电池中光电转换效率极高，但其制作成本很高，以至于还不能被大量广泛的使用。由于单晶硅一般采用钢化玻璃以及防水树脂进行封装，因此其坚固耐用，使用寿命一般可达15年，最高可达25年。

多晶硅太阳能电池的制作工艺与单晶硅太阳能电池相似，但是多晶硅太阳能电池的光电转换效率约12%，降低不少。从制作成本上来讲，其材料制造简便，节约电耗，总的生产成本较低，因此得到大量发展。此外，多晶硅太阳能电池的使用寿命要比单晶硅太阳能电池短。

本章节搭建的光伏组件电池板单晶及多晶组件使用的是无锡尚德产品。

1. 单晶组件

实验使用的单晶组件 STP310S－20/Wfw 具体规格参数见表 7－9。

2. 多晶组件

实验使用的多晶组件 STP275－20/Wfw 具体规格参数见表 7－10。

表 7－9　STP310S－20/Wfw 具体规格参数表

产品参数	产品参数值
峰值功率（P_{max}）/W	310
峰值工作电压（U_{mpp}）/V	33.4
峰值工作电流（I_{mpp}）/A	9.29
开路电压（U_{oc}）/V	40.2
短路电流（I_{sc}）/A	9.77

表 7－10　STP275－20/Wfw 具体规格参数表

产品参数	产品参数值
峰值功率（P_{max}）/W	275
峰值工作电压（U_{mpp}）/V	31.2
峰值工作电流（I_{mpp}）/A	8.82
开路电压（U_{oc}）/V	38.1
短路电流（I_{sc}）/A	9.27

7.3.1.2　数据采集器

1. 数据采集器整体功能

数据采集器主要用于采集光伏组件的发电电流、发电电压，并根据传输协议通过485总线将数据上传至上位机软件及数据库。数据采集板整体如图 7－43 所示。

整个数据采集器基于 Stm32 单片机设计，将光伏组件的 PV 正负线接在电流传感器和电压传感器两端，并将输出接入单片机的 AD 采样口，通过单片机的 AD 采样芯片以 239.5 个机器周期为周期读取光伏组件的直流侧电压电流。同时，拟定好数据协议，采用标准的 modbus 协议，针对广播指令和点对点指令可以返回相应的电路电压采样值，同样使用 modbus 协议返回。单片机系统除了电压电流 AD 检测采样，还在 2 个 GPIO 口处加入了 2 个继电器的控制开关，此控制开关同样可以通过接收上位机所发送的控制指令控制对应继电器的通断，从而能够实现外接电源对光伏组件进行反向加电，方便进行隐裂检测。除此之外，单片机还配有 1 个 8 位的拨码开关，此开关对应的二进制数值则为此单片机以及对应光伏组件的物理地址。所述环境检测数据与电气数据融合线：各类环境检测传感器与所有的光伏组件数据采集板的数据连接到一根 485 总线上，通过分时复用传递至软件。

图 7－43　数据采集板整体

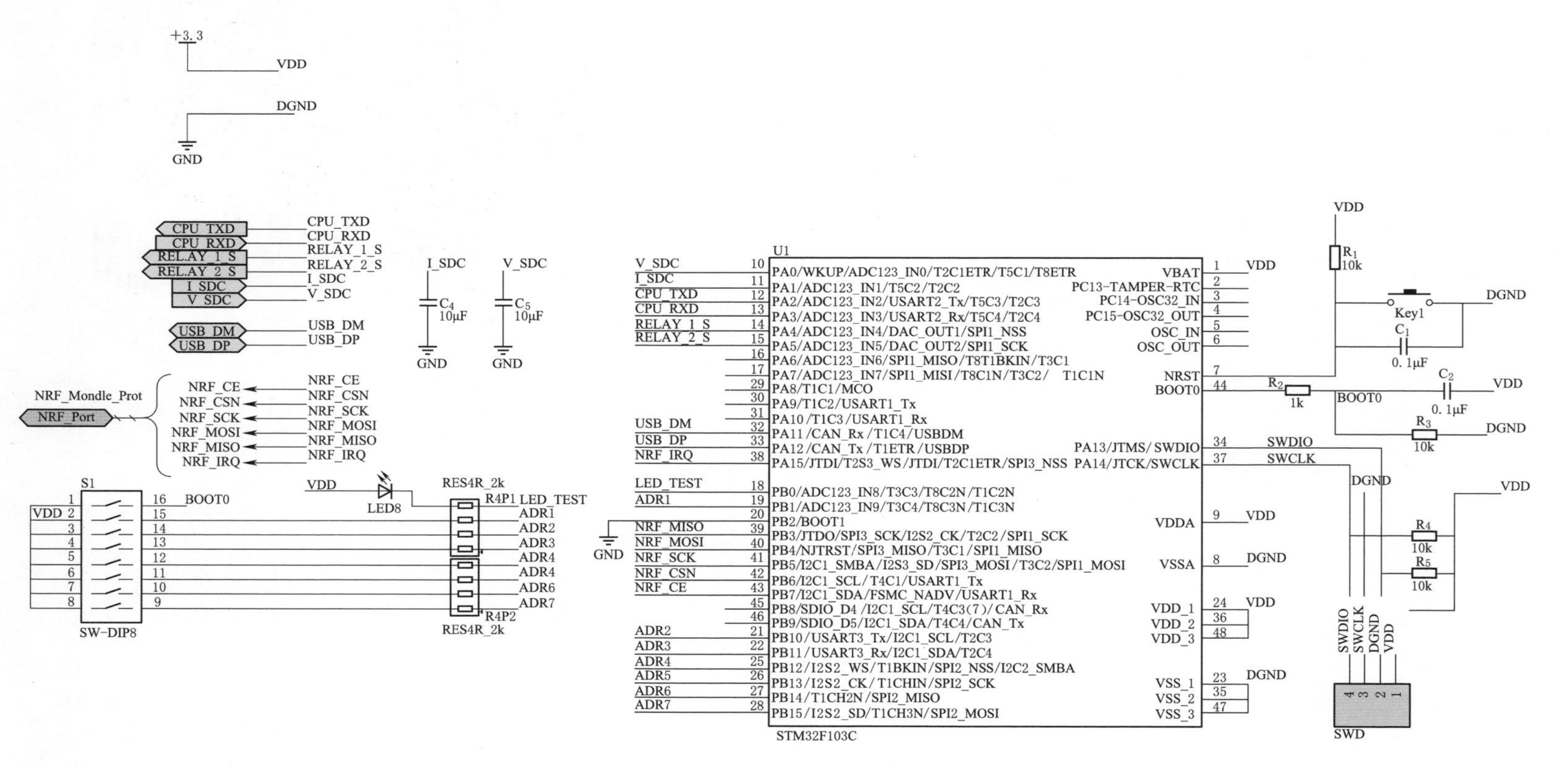

图 7 - 44　整体核心控制电路原理图

2. 数据采集器主控核心控制电路

数据采集器主控核心芯片为 Stm32f103c 单片机。使用 PA2 和 PA3 口作为单片机的串口通信口，作为串口中断使用，用于和 485 总线进行通信；使用 PA4 和 PA5 口作为继电器控制引脚接口，控制继电器开合设置反向电压；使用 PA0 和 PA1 口作为电压和电流 AD 采样口，通过自带 ADC 采样功能采集电流和电压；使用 PB1、PB10、PB11、PB12、PB13、PB14、PB15 作为拨码开关的高信号输入。整体核心控制电路原理图如图 7 - 44 所示。

3. 电流电压采集电路

电流电压采集通过 ACS712 和 HCNR201 进行采集，将采集的电流电压通过 ADC 采样输入至单片机中，电流电压采集电路原理如图 7 - 45 所示。其中 SDC _ IN 为光伏组件 PV 输入端，I _ SDC 为电流检测输出端，接在 Stm32 的 PA1 口上，作为单片机的 ADC 输入。V _ SDC 为电压检测输出端，接在 Stm32 的 PA0 口上，同样作为 ADC 输入。

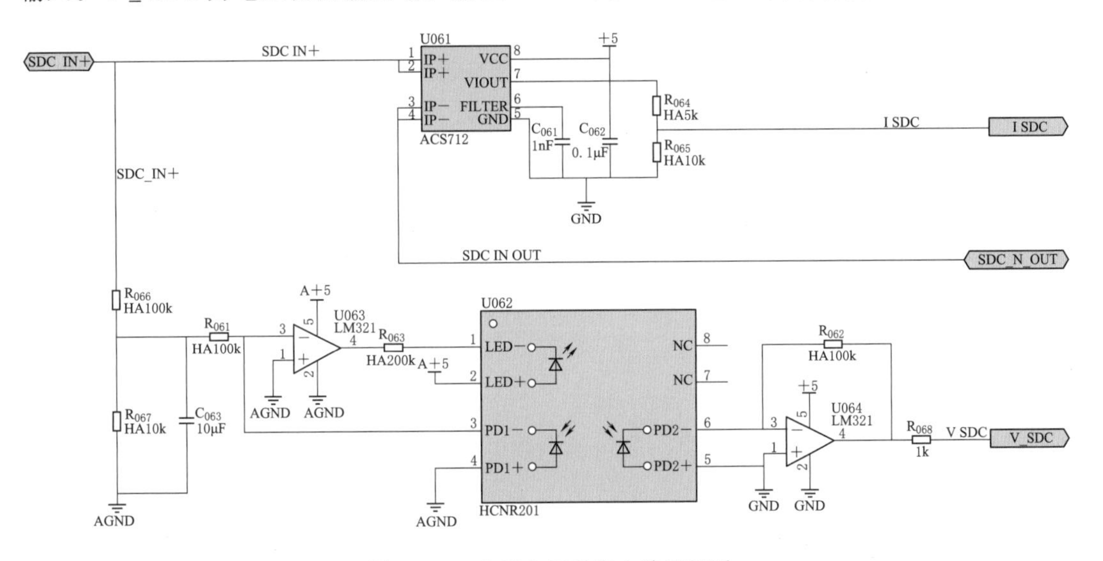

图 7 - 45　电流电压采集电路原理图

4. 电流采集模块

电流采集主要通过 PA1 的 ADC 采样口采集。电流传感器使用 ACS712 霍尔传感器。该器件具有精准的低偏置线性霍尔传感器电路，且其铜制的电流路径靠近晶片的表面[30]。通过该铜制电流路径施加的电流能够生成可被继承霍尔 IC 感应并转化为成比例电压的磁场。通过将磁性信号靠近霍尔传感器，实现期间精准度优化。ACS712 被广泛运用于电机控制、载荷检测和管理、开关式电源和过电流故障保护[31]。

Stm32 将通过 ACS712 霍尔传感器获取的电流接入 ADC 采样芯片，当 485 总线上传来数据出发串口中断时，单片机判断是否是电气读取指令，如果是则读取 10 次 ADC 采样芯片数据并求平均数作为电流采样值。

5. 电压采集模块

电压采集模块主要通过 PA0 的 ADC 采样采集。电压通过 HCNR201 进行隔离。HC-NR201 是一个高线性模拟光耦，内含 1 个高性能 AIGaAs LED 和 2 个高度匹配的发光二极管。HCNR201 可以用来提供需要良好稳定性、线性度、带宽和低成本等各种被广泛应用的模拟信号隔离，HCNR201 具备高度灵活度，并可通过应用电路的适当设计带来许多不同工作模式，包括单极/双极、AC/DC，以及反相和同相，HCNR201 为许多模拟隔离问题的解决方案[32]。

Stm32 将通过 HCNR201 获取的电压接入 ADC 采样芯片，当 485 总线上传来数据出发串口中断时，单片机判断是否是电气读取指令，如果是则读取 10 次 ADC 采样芯片数据并求平均数作为电压采样值。同时，在 HCNR201 的前端设计了一个放大电路，以减小误差，在后端连接了一个射级跟随器，以提高整个电路的负载能力。

7.3.1.3 环境检测设备

环境检测设备主要测量环境的温度、湿度、风速、风向、辐射度、PM2.5 等数据，类似一个小型气象站，共有 3 个传感器组成，分别为辐射度传感器、超声波风速风向传感器和温湿度 PM2.5 PM10 变送器。

1. 辐射度传感器

辐射度传感器使用 YGC－TBQ 太阳总辐射传感器。此设备采用热电感应原理，此表核心感应元件采用绕线电镀式多接点热电堆，其表面涂有高吸收率的黑色涂层。热接点在感应面上，而冷结点则位于机体内，冷热接点产生温差电势。在线性范围内，输出信号与太阳辐照度成正比。辐照度传感器如图 7－46 所示。

2. 超声波风速风向传感器

超声波风速风向传感器是一种基于超声波原理研发的风速风向测量仪器，利用发送的声波脉冲，测量接收端的时间或频率（多普勒变换）差别来计算风速和风向。声音在空气的传播速度会与风向上的气流速度叠加。若超声波的传播方向与风向相同，它的速度会加快；反之，若超声波的传播方向与风向相反，它的速度会变慢。因此，在固定的检测条件下，超声波在空间中的传播速度可以和风速函数对应，通过计算即可得到精准的风速和风向。超声波风速风向传感器如图 7－47 所示。

图 7－46　辐照度传感器

图 7－47　超声波风速风向传感器

3. 温湿度 PM2.5 PM10 变送器

温湿度 PM2.5 PM10 变送器采用较高灵敏度的温湿度传感器和粉尘传感器来检测当前环境中的温度、湿度以及粉尘浓度，并通过 485 传输到上位机或服务器，模块自带电源防反接保护电路，可防止电源反接时烧坏变送器。温湿度 PM2.5 PM10 变送器如图 7-48 所示。

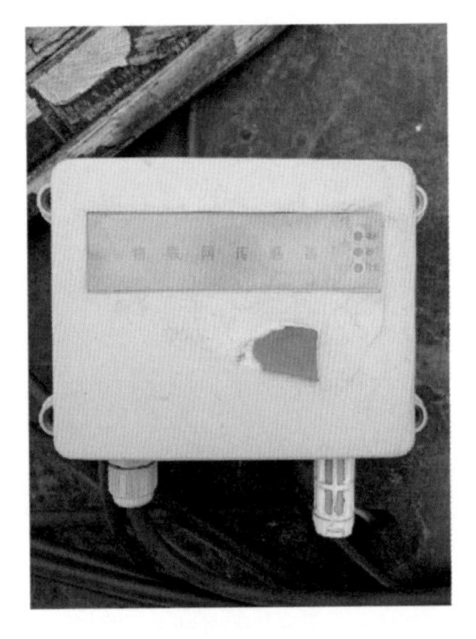

图 7-48 温湿度 PM2.5 PM10 变送器

7.3.1.4 反向电压源

光伏电站测试平台还可作为后续研究的实验平台。后续研究会继续深入研究隐裂及其他异常对光伏组件的影响。隐裂检测需要在光伏组件两侧接入反向电源进行隐裂图像拍摄。因此反向电压源采用程控电源作为电源输入，通过控制 PV 端的继电器开合，控制电压方向，实现反向电源的接入。

反向电压继电器控制电路原理图如图 7-49 所示，继电器的关断控制信号口通过限流电阻接在 Stm32 的一个普通的 GPIO 引脚上。通过控制 GPIO 引脚的高低电平，即可控制继电器的开合。同时将光伏组件的电压正负接在继电器的两个接触引脚上，这样就可以通过控制继电器的开合进而控制电压源的正负输入。

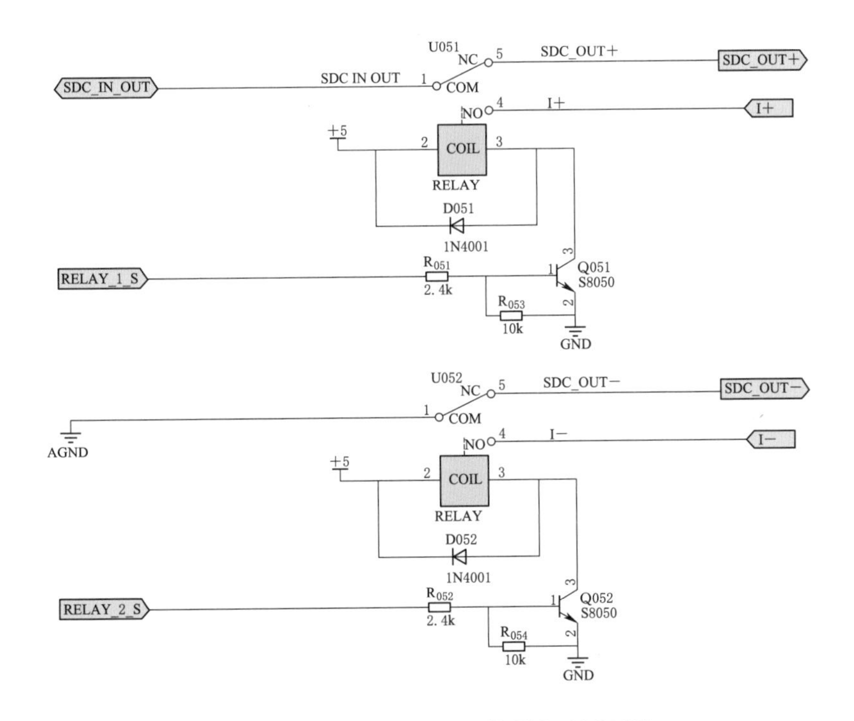

图 7-49 反向电压继电器控制电路原理图

7.3.1.5 通信协议

1. 通信协议发送格式

所有的传感器、数据采集器、程控电源都搭载在同一根485总线上，这根485总线连接到上位机上。上位机根据通信协议通过485总线向传感器、数据采集器和程控电源发送指令，各个设备根据指令做出相应回复指令。其中，辐射度传感器、超声波风速风向传感器、温湿度PM2.5 PM10变送器都有自带的通信协议，而数据采集器由于是自研，需要自定义一套新的通信协议。

自定义通信协议仿照modbus协议进行编写，标准发送信息帧格式表见表7-11。

表7-11 标准发送信息帧格式表

帧头	地址域	功能域	时间域	CRC校验	结束
16bit	8bit	8bit	8bit	16bit	T1—T2—T3—T4

其中帧头为FEFE，地址域为8个数据采集器地址，单个设备地址为00—7F。当地址域为FF时，代表广播所有设备。

功能域有效的编码范围为00、01、02。当消息从上位机发往数据采集器时，功能代码将告知从机需要干什么。00对应开继电器，01对应关继电器，02对应读取电流和电压。开关继电器的目的是能够切换正反向电压。

时间域代表数据采集器接到有效地址经过多少时间再返回指令。当发送广播指令时，数据采集器的延迟时间为时间域的值乘上数据采集器的地址域的值。如地址域为0x02，时间域为0x01，则延迟时间为0x01与0x02的乘积，即0x02，经过2ms后返回指令，这样可以把搭载在同一根485总线上的数据采集器做到分时复用。当对单个数据采集器发送指令时，延时时间为时间域数值，单位为毫秒。

CRC校验即CRC生成之后，低字节在前，高字节在后。

2. 通信协议接收格式

若CRC校验错误或者发送不存在的数据采集器地址信息，则没有任何数据返回。若成功返回，返回指令分为开断继电器和电流电压返回两种。

开断继电器的返回除了帧头替换为FCFC，其余内容和发送一致。

电流电压返回指令的标准接收返回信息帧格式表见表7-12。

表7-12 标准接收返回信息帧格式表

帧头	地址域	电流方向	电流值	电压值	CRC校验	结束
16bit	8bit	8bit	8bit	8bit	16bit	T1—T2—T3—T4

帧头为FCFC，地址域为8个数据采集器自身的地址，电流方向为当前电流的正负方向，如正为00，负为01，电流值为实际电流值的20倍，电压值为实际电压值的8倍，CRC校验码为地址域、电流方向、电流值、电压值通过CRC校验生成的校验码。

3. 通信协议举例

（1）点对点单机发送。发送FE FE 02 00 01 11 C0，其中：FE FE为帧头；02为地址为02的数据采集器；00为功能域，代表开继电器；01代表时间域，经过1ms后返回指令；11 C0为02 00 01通过CRC校验得到的CRC校验码。

（2）广播发送。发送 FE FE FF 00 01 80 30，其中：FE FE 为帧头；FF 代表广播所有从机；00 代表功能域，开继电器；01 代表时间域，对于所有数据采集器，将地址域的值和时间域的值相乘得到延迟返回指令的时间，如地址为 02 的数据采集器，将 02 和 01 相乘得到 02，即为这个数据采集器的延期时间，即经过 2ms 后返回指令，其余数据采集器以此类推；80 30 为 FF 00 01 通过 CRC 校验得到的校验码。

（3）继电器开断接收。若发送 FE FE 02 00 01 11 C0 则立即开启地址为 02 的数据采集器的继电器，延迟 1ms 返回消息，若成功开启，则返回相同的消息，本例中则返回 FC FC 02 00 01 11 C0，否则返回 00；若发送 FE FE 02 01 01 10 50 则立即关闭地址为 02 的数据采集器的继电器，延迟 1ms 返回消息，若成功关闭，则返回相同的消息，本例中则返回 FC FC 02 01 01 10 50，否则返回 00。

（4）电流电压读取接收返回。若发送 FE FE 02 02 01 10 A0 则立即读取地址为 0x02 的数据采集器的电压电流，延迟 1ms 后返回消息。成功读取会返回当前的电流电压值，共 6 个字节：第一个字节代表数据采集器地址；第二个字节代表电流的正负号，如正则为 00，负则为 01；第三个字节代表电流值的 20 倍；第四个字节代表电压的 8 倍；最后两个字节代表由前四个字节生成的 CRC 校验码。未成功读取则不返回任何消息。

发送 FE FE 02 02 01 10 A0，经过 1ms 后返回收到 FC FC 02 00 14 14 0E 93，代表 02 号数据采集器电流正 1A，电压 2.5V。

在广播的情况下，每个数据采集器立即执行指令，经过时间域和地址域的乘积后返回消息。每个数据采集器返回的消息均与点对点进行控制返回的消息一致。

如发送 FE FE FF 00 0A C1 F7 进行广播所有数据采集器进行开启继电器操作，则每个数据采集器都会发送回×× 00 0A ×× ××。第一个××代表地址，后两个的××代表 CRC 校验码。

7.3.1.6 上位机软件及数据库

上位机软件及数据库可以使使用者通过 Web 浏览器观察当前各个数据采集器的情况、每个光伏组件的发电情况以及环境数据，同时使用者可以通过 Web 页面查询指定组件情况、开断继电器及施加反向电压情况。上位机软件界面如图 7-50 所示。

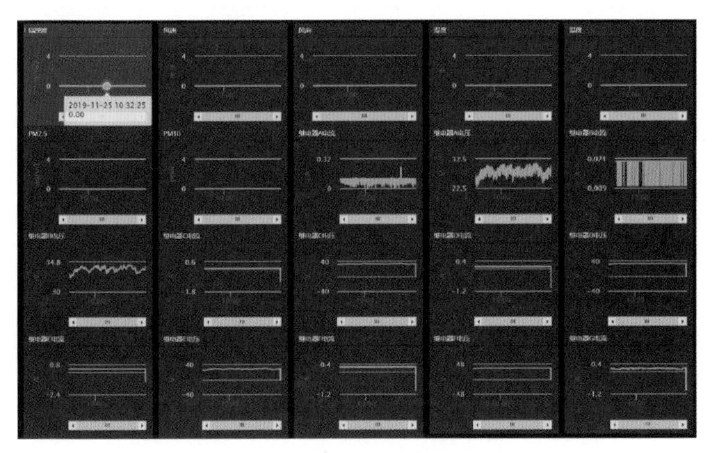

图 7-50 上位机软件界面图

7.3.2 装置功能测试

光伏组件健康评估装置外壳通过3D打印制作，整体外观如图7-51所示。下文主要对装置的三个软件部分进行测试。

图7-51 光伏组件健康评估装置整体外观

1. 发电效率模块测试

发电效率模块在晴天、阴天、雨天三种不同天气情况下进行测试，并计算三种不同天气条件下的发电效率。发电效率计算测试表见表7-13。

表7-13 发电效率计算测试表

天气状况	理论最大功率点电压/V	理论最大功率点电流/A	实际最大功率点电压/V	实际最大功率点电流/A	发电效率/%
晴天	34.03	6.06	31.54	6.331	96.83
阴天	29.23	3.76	29.3	3.57	95.17
雨天	27.99	1.11	30.8	0.7	86

从表7-13中可以发现，不论在晴天、阴天还是雨天情况下，光伏组件的发电效率都处于比较高的情况。在天气情况较差时，整个光伏组件的发电处于波动状态，符合刚刚出厂的光伏组件的电能衰减规律。

2. 热斑检测模块测试

热斑在短时间内无法形成，但使用遮挡可以形成与遮挡类似的红外热成像图片，因此，本节测试使用遮挡模拟形成的热斑，光伏组件热斑测试图片如图7-52所示。热斑检测测试数据表见表7-14。

表7-14 热斑检测测试数据表

测试图片数量	正确检测图片数量	检测正确率/%	检测时间（单张）/s
120	113	94.17	1.5

图 7-52 光伏组件热斑测试图片

从图 7-52 中也可以发现，光伏组件的热斑环境相对复杂，识别难度较高。从表 7-14 中可以发现，热斑检测模块检测 100 张热斑图片准确率为 94.17%，准确率较高，光伏组件健康评估装置热斑检测模块效果较好。

3. 健康度评估模块测试

使用光伏组件健康评估装置对测试平台的 8 块光伏组件进行健康度评估测试，检测计算其光伏组件健康度 R 值，健康度评估测试表见表 7-15。

表 7-15 健康度评估测试表

光伏组件编号	健康度 R 值	健康情况	光伏组件编号	健康度 R 值	健康情况
1	0.915	健康	5	0.9513	健康
2	0.9343	健康	6	0.9501	健康
3	0.9907	健康	7	0.9623	健康
4	0.9877	健康	8	0.9169	健康

从表 7-15 中可以发现，对实验室的光伏组件进行健康度评估，其健康度 R 值均在 0.9 以上，属于健康状况，符合刚出厂的实际情况。

7.4 本章小结

太阳能是我国可再生能源中的重要一环，作为一种清洁能源，已经成为城市可持续发展中的重要能源。将太阳能这种源源不断地自然资源充分利用起来，并最大限度地利用太阳能，既会降低城市能源的使用成本，又会让城市持续发展下去，对于城市的未来发展有重要的意义。但是，太阳能发电的主要部件光伏组件却经常面临一系列故障，如热斑、隐裂等，因此对于常见的光伏组件故障，需要有相对应的故障检测方法，并且能够综合各个故障统一评估光伏组件的健康情况。因此，本章节研究了光伏组件的发电机理、热斑检测、遮挡模拟形成的热斑对光伏组件发电功率以及 $I-V$ 特性曲线的影响，同时建立光伏组件健康评估算法以及健康体系，最后将之前的各个理论算法综合到实际装置中，研制光伏组件健康评估装置，有效的提升运维人员工作效率。现对本章节主要工作总结如下：

（1）研制光伏组件健康评估装置。此装置采用 Nvidia Jetson TX2 核心开发板为主控系统，外接红外热成像仪等设备，集成发电效率计算、热斑检测以及健康评估算法，能够有效提高运维人员运维效率。

（2）研究光伏组件电池片发电原理。研究光伏组件发电的数学模型，建立补偿系数模型和功率预测模型两种模型计算光伏组件在实际温度、辐照度的情况下的理论应发功率，同时根据光伏组件实际采集到的电气数据计算实际的工作输出发电功率，进而计算实际的发电效率。将上述模型编程移植入光伏组件健康评估装置作为发电效率计算模块。

（3）对光伏组件的热斑使用两种方法进行检测。第一种是传统的计算机视觉 MSER 算法，这种方法准确率较低但检测速度较快；第二种是基于机器学习的 K-Means 算法，这种方法准确率较高但是速度相对较慢。两种方法有时会把正常组件中比较亮的区域误认为热斑，比如由于拍摄距离过近会导致亮度过高引起误检，因此提出了基于温度的组件预分类，将热斑在进行检测之前根据温差分类为普通热斑、轻微热斑和严重热斑。将 K-Means 算法移植，完成光伏组件健康评估装置热斑检测模块。

（4）开发光伏组件健康评估装置健康度评估模块。通过用遮挡模拟光伏组件热斑，研究不同遮挡面积模拟的热斑对光伏组件发电功率以及 $I-V$ 特性曲线的影响。同时根据对光伏组件发电功率的影响计算功率损失比，根据对 $I-V$ 特性曲线的影响计算最大功率点偏移量，由功率损失比和最大功率点偏移这两个量融合建立光伏组件健康评估体系，计算光伏组件健康度。

（5）对光伏组件健康评估装置进行功能测试。由于目前并没有现成的光伏电站能够作为直接的测试平台，因此搭建了光伏电站测试平台，此平台也作为后续研究的实验平台。光伏电站实验平台整体由 8 块光伏组件、电气数据采集器、环境检测设备和上位机软件组成。其中电气数据采集器采集光伏组件的发电电流和发电电压等电气数据，环境检测设备主要收集风速、风向、温度、湿度、辐照度等环境数据，上位机软件主要用来存储和展示采集到的电气数据和环境数据，为之后的测试提供了平台支撑。

参考文献

[1] 耿颖. 使用 Python 语言的 GUI 可视化编程设计 [J]. 单片机与嵌入式系统应用，2019，19 (2)：20-22，44.

[2] 薛飞. IEC60870-5-104 协议的软件建模与实现 [D]. 保定：华北电力大学，2012.

[3] 杨士昉，杨仕友，费章君. 基于 IEC104 规约的配电房运行状态监控系统开发 [J]. 电工技术，2020 (13)：110-112，119.

[4] 吴晓宇. 基于 IEC104 规约的配网监控服务器的设计与实现 [D]. 北京：华北电力大学（北京），2018.

[5] RAUSCHENBACH H S. Solar Cell Array Design Handbook [M]. Dordrecht：Springer，1980.

[6] 赵富鑫，魏彦章，太阳电池及其应用［M］. 北京：国防工业出版社，1985.
[7] SINGER S，ROZENSHTEIN B，SURAZI S. Characterization of PV array output using a small number of measured parameters［J］. Solar Energy，1984，32（5）：603－607.
[8] KHALLAT M A，RAHMAN S. A Probabilistic Approach to Photovoltaic Generator Performance Prediction［J］. IEEE Transactions on Energy Conversion，1986，EC－1（3）：34－40.
[9] 苏建徽，余世杰，赵为，等. 硅太阳电池工程用数学模型［J］. 太阳能学报，2001（4）：409－412.
[10] SEDIGHI A，VAFADUST M. A new and robust method for character segmentation and recognition in license plate images［J］. Expert Systems with Applications，2011，38（11）：13497－13504.
[11] 梁玮，罗剑锋，贾云得，等. 一种复杂背景下的多车牌图像分割与识别方法［J］. 北京理工大学学报，2003（1）：91－94，99.
[12] 黄存令，段锦，祝勇，等. 一种改进的极值中值滤波算法［J］. 长春理工大学学报（自然科学版），2013，36（Z2）：141－143.
[13] 郑毓. 基于MSER和卷积神经网络的自然场景文本定位［D］. 西安：西安电子科技大学，2017.
[14] CAO D P，ZHONG Y，WANG L S，et al. Scene Text Detection in Natural Images：A Review［J］. Symmetry，2020，12（12）：1956.
[15] 匡娇娇. 基于贝叶斯模型的自然场景文本检测算法研究［D］. 武汉：武汉大学，2017.
[16] 郝雅娴. K－Means聚类中心最近邻推荐算法［J］. 山西师范大学学报（自然科学版），2021，35（01）：72－78.
[17] CHEN H W，YUAN X C，WU L C，et al. Automatic point cloud feature－line extraction algorithm based on curvature－mutation analysis［J］. Optics and Precision Engineering，2019，27（5）：1218－1228.
[18] 周世兵，徐振源，唐旭清. 新的K－均值算法最佳聚类数确定方法［J］. 计算机工程与应用，2010，46（16）：27－31.
[19] 陶性留，俞璐，王晓莹. 基于非负矩阵分解和模糊C均值的图像聚类方法［J］. 信息技术与网络安全，2019，38（3）：44－48.
[20] 黄晓辉，王成，熊李艳，等. 一种集成簇内和簇间距离的加权k－means聚类方法［J］. 计算机学报，2019，42（12）：2836－2848.
[21] 董双丽，刘书强，林荣超，等. 光伏组件积尘遮挡损失测试方法探究［J］. 太阳能，2016（11）：20－22.
[22] 李勇，吴炜. 光伏组件与阵列遮挡阴影下的输出特性仿真分析［J］. 太阳能，2016（10）：50－55.
[23] 柴亚盼，童亦斌，金新民. 局部遮挡情况下光伏组件的仿真研究［J］. 华东电力，2013，41（02）：376－379.
[24] 云志刚，杨宏，李文滋. 光伏组件中电池遮挡与 $I-V$ 曲线特性变化关系［C］//第八届全国光伏会议暨中日光伏论坛. Shenzhen：中国太阳能学会，2004：679－682.
[25] 刘美双. 晶硅光伏组件中隐裂缺陷的危害与防治［D］. 上海：上海交通大学，2016.
[26] 张顺，龚怡宏，王进军. 深度卷积神经网络的发展及其在计算机视觉领域的应用［J］. 计算机学报，2019，42（3）：453－482.
[27] LI Y. FAN C X，LI Y，et al. Improving deep neural network with Multiple Parametric Exponential Linear Units［J］. Neurocomputing，2018，301：11－24.
[28] 陶砾，杨朔，杨威. 深度学习的模型搭建及过拟合问题的研究［J］. 计算机时代，2018（2）：14－17，21.
[29] 杨景明，杜韦江，吴绍坤，等. 基于FPGA的BP神经网络硬件实现及改进［J］. 计算机工程与设计，2018，39（6）：1733－1737，1773.

[30] 王香婷，苏晓龙．基于霍尔传感器的电流检测系统 [J]．工矿自动化，2008 (2)：74-76.
[31] 许哲峰．光学手指导航模块在无线遥控器中的应用开发 [D]．哈尔滨：哈尔滨工业大学，2011.
[32] 凌思睿，丁博深．火箭发动机试验电磁阀电流隔离式测量电路 [J]．火箭推进，2020，46 (5)：102-108.